Lebensmittelkontrolle in der Diktatur

Für meine Enkelkinder: Albert und Hanno

**Die Aufgabe des denkenden Menschen
ist die Wahrheitsfindung.**

(Karl R. Popper)

Hans-Joachim Zietze

Lebensmittelkontrolle in der Diktatur

Zum Anspruch und zur Wirklichkeit der
Lebensmittelüberwachung in der DDR

Bibliografische Information der Deutschen Nationalbibliothek
Die Deutsche Nationalbibliothek verzeichnet diese Publikation
in der Deutschen Nationalbibliografie; detaillierte bibliografische
Daten sind im Internet über http://dnb.d-nb.de abrufbar.

Satz, Herstellung und Verlag:
BoD – Books on Demand
ISBN 978-3-7534-7483-0

Inhalt

Vorwort   9

Kapitel I: Grundsätze und Strategie der Lebensmittelüberwachung   13
  Geschichtlicher Überblick   13
  Vorchemische Lebensmittelkontrolle   14
  Der Beginn der wissenschaftlichen Lebensmittelkontrolle   15
  Die Lebensmittelgesetzgebung in Deutschland   17
  Entwicklungsetappen der Lebensmittelüberwachung in Deutschland   19
  Die Lebensmittelgesetzgebung in der DDR   20
  Zur politisch-ideologischen Indoktrination des Lebensmittelgesetzes (LMG)   22
  Staatliche Lebensmittelkontrolle im rechtsfreien Raum   25
  Laien und Amateure in der Lebensmittelüberwachung   26
  Standardisierung und Qualitätspolitik in der Lebensmittelgesetzgebung   28
  Ausnahmegenehmigungen als
  Dauerzustand einer Normabweichung   32
  Verkehr mit Lebensmitteln   37
  Wertgeminderte Lebensmittel ohne Preisminderung   39
  Auf der Karriereleiter von oben nach unten   40
  Fremdstoffe in Lebensmitteln   48

Kapitel II. Der Vollzug der Lebensmittelkontrolle in der DDR   52
  Qualitätskontrolle und Gesundheitsschutz im Rahmen
  der Lebensmittelüberwachung   54
  Der Vollzug des Gesundheitsschutzes   57
  Schwerpunkte der amtlichen Lebensmittelkontrolle   59
  Die Bedeutung der Eigenkontrolle   62
  Kontrolle ehrenhalber   68

Kapitel III: Zur Situation der Lebensmittelhygiene aus der Sicht
der Inspektionspraxis   78
  VEB Lebensmittelproduktion   79
  Fragwürdige Investitionen in Lebensmittelbetrieben   84

Das Konzept der Störfreiheit   85
Ein überforderter Großhandel   90
Ein Fall – für den es sich zu streiten lohnt!   93
Mykotoxine in Lebensmitteln   94
Zur lebensmittelhygienischen Problematik des Aus- und Verschneidens
von angefaultem Obst und Gemüse   96
Der Lebensmitteleinzelhandel in einer Mangelwirtschaft   99
Die sozialistische Kaufhalle als ostdeutscher Supermarkt   100
Akute Probleme im Lebensmitteleinzelhandel   103
Die Bekämpfung gegen Mäuse – eine Mischung
von Ernst, Bluff und Clownerie   105
Hygienische Aspekte bei der Leergutrückführung und
Reklamationsverfahren   110
Impressionen des Lieferalltags   113
Ein Wunschtraum in der DDR – jeder liefert jedem Qualität   117
Herausforderungen an die Gemeinschaftsverpflegung   121
Anmerkungen zum Stand der
Gemeinschaftsverpflegung in der DDR   124
Lebensmittelhygienische Probleme in
Betriebsküchen und Kantinen   125
Gemeinschaftsverpflegung nach Hausfrauenart   128
Ein leidiges Problem der Gemeinschaftsverpflegung :
Speisentransportbehälter   131
Schul- und Kinderspeisung – aber wie?   136

Kapitel IV: Erkrankungen nach Verzehr von Lebensmitteln   143
Zur epidemiologischen Bewertung der Lebensmittelhygiene   143
Erkrankungen nach Verzehr von Gemeinschaftsverpflegung   147

Kapitel V: Einschätzung der lebensmittelhygienischen Situation aus der
Sicht des Staatsapparates   156
Herausgefordert und überfordert   161
Arbeiten – wo es den Menschen gruselt   164
Die Beseitigung hygienischer Missstände nach dem Rezept
»Wasch mir den Pelz – aber mach ihn nicht nass!«   168

Kapitel VI: Menschen im Lebensmittelbetrieb 179
   Frustration am Arbeitsplatz 179
   Frauen im Lebensmittelbetrieb 187
   Psychologie der Unsauberkeit 188
   Die Umwelt prägt den Menschen 194
   Risiko Mensch 195

Kapitel VII. Lebensmittelkennzeichnung im Sinne einer Volksverdummung 201
   Verdachtsdiagnose: Staatlich sanktionierte Irreführung 202

Kapitel VIII. Lebensmittelkontrolle und Umweltschutz 215
   XAX-M – ein Stoff mit unbekannter Wirkung 226
   Die DDR- Lebensmittelkontrolle stellt sich selbst infrage 231
   Altlasten der DDR- Lebensmittelkontrolle 238

Epilog 245

Literaturverzeichnis 248

Autorenregister 276

Glossar 282

Abkürzungen 285

Bilddokumentation 1-18 288

Anlagen 6-19 305

Vorwort

Beim Aufräumen meines Gartenhauses fand ich ein vergilbtes Manuskript, das ich kurz vor meiner Ausreise aus der DDR 1985 verfasst hatte. In diesem Manuskript hatte ich mich kritisch mit der Lebensmittelkontrolle in der DDR auseinandergesetzt. Inzwischen hatte ich mich beruflich verändert und viele Dinge waren in Vergessenheit geraten, an die ich mich nach nunmehr über 30 Jahren kaum noch detailliert erinnern konnte. Und so fragte ich mich, ob es nicht doch von Interesse sein könnte, den Nachgeborenen einen Eindruck davon zu vermitteln, mit welchen Schwierigkeiten die Lebensmittelüberwachung in der damaligen DDR konfrontiert war.

Ich hatte von 1964 bis 1969 an der Humboldt-Universität in Berlin Lebensmittelchemie studiert mit dem Ziel, den Beruf eines Lebensmittelchemikers auszuüben. Nach einer dreijährigen Tätigkeit als wissenschaftlicher Mitarbeiter in einem Ministerium habe ich das getan, wofür Lebensmittelchemiker in erster Linie auch ausgebildet werden, nämlich in der Lebensmittelkontrolle zu arbeiten. Was ich dann im Rahmen meiner Tätigkeit von 1972 bis 1986 in der staatlichen Lebensmittelüberwachung in der DDR erlebt habe, darüber habe ich in diesem Manuskript berichtet.

Die Lebenswirklichkeit in der DDR war – wie auch in allen anderen kommunistischen Staaten – durch ein permanentes Mangelwirtschaftssystem geprägt. So manchem Zeitgenossen ist der Begriff eines Mangels vielleicht erstmals in der Corona-Pandemie bewusst geworden, als die Bereitstellung der vielerorts ersehnten Impfstoffe sich zunächst als mangelhaft erwies. Und es offenbarte sich einmal mehr, dass Mangelzustände – und seien sie auch nur temporär – eine Herausforderung an die Solidarität für die Gesellschaft darstellen. Je länger ein Mangelsymptom anhält, desto geringer wird die Geduld, es auszuhalten und auf Besserung zu warten. Wie aber haben die Menschen in einer Gesellschaft empfunden, in welcher der Mangelzustand ein dauerhafter Begleiter ihrer Lebenswirklichkeit war?

Mit der Aufarbeitung der deutschen Geschichte hat es auch heute noch so seine eigene Bewandtnis. Als ich mich an die Bundesstiftung zur Aufarbeitung der deutschen Geschichte mit dem Antrag wandte, eine Veröffentlichung meiner Dokumentation finanziell zu unterstützen, erhielt ich prompt eine Absage mit der Begründung, *»wonach die vorhandenen Haushaltsmittel nicht ausreichend vorhanden wären. Kosten und Absatz einer solchen Veröffentlichung wären überschaubar …«* (323). Im Klartext lautete also die

Botschaft: »Dieses Thema interessiert weder uns noch andere. Wir werden die Veröffentlichung eines solchen Zeitzeugenberichtes daher auch nicht unterstützen.«

Eine seltsame Institution – wie ich finde –, die sich angeblich die Aufarbeitung der deutschen Geschichte auf ihre Fahnen geschrieben hat, aber Zeitzeugenberichten offenbar wenig Beachtung beimisst.

In den nachfolgenden Kapiteln hat der unvoreingenommene Leser nun die Möglichkeit, sich selbst ein Bild von den Verhältnissen in der damaligen Lebensmittelkontrolle zu machen. Ich berichte anhand ausgewählter Beispiele von den Schwierigkeiten derjenigen, die sich bemühten, unter den gegebenen Möglichkeiten noch das Beste zu machen, und die von dogmatischen Entscheidungsträgern immer wieder ausgebremst wurden.

Im Gegensatz zu einer Demokratie, deren Fundament die Freiheit und die offene Diskussion bilden, wurde in der DDR ausschließlich nach politisch-ideologischen Doktrinen entschieden. Zu welchen Auswirkungen das speziell auch in der Lebensmittelüberwachung führte, darüber berichte ich in den nachfolgenden Kapiteln.

Die DDR war eine Diktatur. Und in einer Diktatur geht es in erster Linie darum, die nach ideologischen Doktrinen vorgegebenen speziellen gesellschaftlichen Normen und Wertvorstellungen durchzusetzen. Im Kern lassen sich die Verhältnisse in einer Diktatur ziemlich einfach beschreiben: Die einen befehlen und die anderen gehorchen. Die Lebensmittelüberwachung in der DDR blieb davon nicht unberührt.

Im menschlichen Leben kommt der Ernährung ein Stückchen Lebensqualität zu, denn Ernährung, Gesundheit, Wohlbefinden und Lebensfreude sind untrennbar miteinander verbunden. Jeden Tag essen und trinken die Menschen und sie gehen davon aus, dass alles, was sie zu sich nehmen, auch hinreichend geprüft und in Ordnung ist. Denn schließlich gibt es ja auch ein Lebensmittelgesetz und eine Lebensmittelkontrolle, deren Aufgaben darin bestehen, darüber zu wachen, dass nur einwandfreie Lebensmittel dem Verbraucher angeboten werden.

Das Lebensmittelgesetz der DDR erhob den Anspruch, eine gesundheitspolitische Mission im Sinne eines umfassenden Gesundheitsschutzes des Verbrauchers zu erfüllen. Dem stand die Praxis der Lebensmittelüberwachung gegenüber. Ein Heer von Opportunisten, folgsamen und angepassten Mitläufern ordnete sich den ideologischen Doktrinen unter und war bemüht, sich der Obrigkeit anzudienen. Und natürlich gab es auch einen kleinen Kreis von engagierten Mitwirkenden, die sich bemühten, im Strom des Widersinnigen das Vernünftige zu realisieren. Aber auch jene Wenigen, die

sich aufrecht haltend und mit Konsequenz in Konfrontation gingen, blieben oftmals
wirkungslos.

So war die Lebensmittelkontrolle durch die Aneinanderreihung vieler Zugeständnisse
geprägt, die vor allem durch ein Wirtschaftssystem bedingt waren, welches nur den
Mangel kannte. Fachliche Beurteilungen hatten sich vorrangig politisch-ideologischen
Zielstellungen unterzuordnen. Das begründete zu Recht den Ruf der Lebensmittelkontrolle in der DDR, zweifelhaft und schwach zu erscheinen. Von diesen Erfahrungen
ausgehend muss ich retrospektiv eingestehen, dass die Vielzahl an teilweise unnötigen
Zugeständnissen sich für den Verbraucher auch nicht ausgezahlt hat.

Nach heutigen Maßstäben bemessen, war die Lebensmittelkontrolle in der DDR ein
einziges Desaster. Wenn Essen und Trinken zu einem Lebensrisiko werden und eine
schwache Lebensmittelkontrolle keinen ausreichenden Schutz mehr bietet, ist etwas faul.
In der DDR funktionierte die Lebensmittelkontrolle vor allem deshalb nicht, weil sie
sich zahlreichen politischen Zielvorstellungen unterzuordnen hatte. Zu den geistigen
Wegbereitern einer solchen Praxis gehörten auch zahlreiche Intellektuelle, deren Geis-
teshaltung sich darin offenbarte, sich für bestimmte politische Interessen herzugeben,
anstatt sich in ehrbarer Weise ihrer eigentlichen fachlichen und wissenschaftlichen
Aufgabe zu widmen.

Sowohl in der Lebensmittelproduktion als auch im Lebensmittelhandel offenbarten sich
erhebliche Missstände. Sie äußerten sich in einer miserablen Qualitätsproduktion von
Lebensmitteln und in einer Vielzahl lebensmittelhygienischer Probleme. Letztlich litten
darunter der Gesundheitsschutz und damit auch die Lebensmittelsicherheit.

Das System der Mangelwirtschaft brachte es mit sich, dass die Lebensmittelüberwachung häufig in einem vollzugsleeren Raum stand. Das, was die Lebensmittelkontrolle
vorgab als Zielstellung zu verfolgen, stand im krassen Widerspruch zu dem, was sie
tatsächlich zu leisten vermochte.

Man mag entgegenhalten, dass auch die gegenwärtige Lebensmittelüberwachung
z.T. noch Defizite und Schwachpunkte offenbart. Das ist sicherlich so. Aber insgesamt
gesehen wird heute – vor allem vor dem Hintergrund der Einführung eines europäischen Lebensmittelrechtes – eine Lebensmittelüberwachung praktiziert, die mit der
z.T. laxen Handhabung der Lebensmittelkontrolle in der DDR in keinster Weise noch
etwas gemeinsam hat. Die nachstehenden Ausführungen sind für den Leser vielleicht
insoweit von Interesse, als sie einen Einblick vermitteln, unter welchen gesellschaftlichen

Bedingungen eine vernünftige Lebensmittelüberwachung nicht bzw. nur unter großen Schwierigkeiten möglich war.

In der DDR bin ich vielen Menschen begegnet, die sich an die gesellschaftlichen Bedingungen weitestgehend angepasst hatten. Es war eine Art kollektiv vollzogene Verleugnung der Wirklichkeit, in welcher man zwar diesen oder jenen Widerspruch erkannte, diese aber als eine unumstößliche Tatsache hinnahm. Besonders nachdenklich stimmte mich das Verhalten zahlreicher Intellektueller, von denen zu erwarten gewesen wäre, dass sie sich im Hinblick auf ihre wissenschaftliche Berufung und ihre geistige Urteilskraft mehr der Wahrheit verpflichtet gefühlt hätten. Wer sich widerstandslos – aus welchen Gründen auch immer – irgendwelchen unsinnigen ideologischen Doktrinen oder sonstigen fragwürdigen politischen Interessen unterordnet, hat eigentlich seinen wissenschaftlichen Anspruch verloren. Auch heutzutage tendieren immer wieder einige Intellektuelle dazu, politischen oder sonstigen fragwürdigen Interessen zu Diensten zu sein, die Wahrheit zu verbiegen und der Laienwelt etwas vorzugaukeln.

Wenn es stimmt, was die amerikanische Politikwissenschaftlerin Karin Stenner (325) behauptet, *»dass rund ein Drittel der Bevölkerung jedes beliebigen Landes eine autoritäre Veranlagung habe«*, dann heißt das einmal mehr, dass die Demokratie ein sehr fragiles Gebilde ist. Man ist gut beraten, mit kritischem und wachem Verstand allen denjenigen Kräften entgegenzutreten, die versuchen, die Demokratie verächtlich zu machen oder sie sogar abschaffen zu wollen. Vor einem Rückfall in eine Autokratie oder in die Tyrannei einer Diktatur kann ich nur warnen. Ich habe sie erlebt und weiß, wie sich das anfühlt.

Kapitel I: Grundsätze und Strategie der Lebensmittelüberwachung

Geschichtlicher Überblick

Die Notwendigkeit einer Lebensmittelkontrolle wurde schon früh erkannt. Sie lässt sich weit in den geschichtlichen Ablauf zurückverfolgen. Erste Anfänge der Lebensmittelüberwachung gehen bis in das 2. Jahrtausend v.u.Z. zurück. Den Quellen aus der Zeit der hochentwickelten Gesetzgebung des Hammurapi (2133–2081 v.u.Z.) ist zu entnehmen, dass bereits schon damals zeitweilig eine Regelung des Lebensmittelverkehrs notwendig war und festgestellte Lebensmittelverfälschungen bestraft wurden. So lautete eine der ältesten Vorschriften aus jener Zeit:

> »Wenn die Bierwirtin ein minderwertiges, dem Getreidepreis nicht entsprechendes Bier verkauft, soll sie überführt und alsdann im Flusse ertränkt werden!«

Damit bestand an sich schon damals vor 4.000 Jahren ein Bedürfnis zum Nachweis von Lebensmittelverfälschungen. Aus dem alten Ägypten ist bekannt, dass nicht nur die Technik der Lebensmittelherstellung relativ weit entwickelt war, sondern auch die Kunst der Fälschung und Erkennung.

Das deutsche Lebensmittelrecht reicht bis in das 12. Jahrhundert zurück. So heißt es um 1120 im Soester Stadtrecht:

> »Wer faulen (d.h. verfälschten) Wein mit gutem (d.h. reinem) Wein mischt, der hat, wenn er überführt wird, sein Leben verwirkt.«

Im Jahre 1250 wurde den Käufern in Dortmund verboten, das Fleisch bei Besichtigung zu wenden, also selbst anzufassen. Als äußerst drakonisch stellten sich z.T. auch die Strafen dar, die bei festgestellten Lebensmittelverfälschungen oder -betrugsmanövern verhängt wurden. Aus der Chronik der Stadt Nürnberg ist überliefert, dass im Jahre 1440 einem Bürger die Ohren abgeschnitten wurden, weil er beim Getreidemessen betrogen hatte. Zahlreiche Männer und Frauen wurden zwischen 1444 und 1456 mit ihren gefälschten Gewürzen teils verbrannt, teils lebendig begraben. Noch im Jahre 1693 wurde ein Bürger wegen überhöhter Preise an den Pranger gestellt.

Vorchemische Lebensmittelkontrolle

Schon im Mittelalter hatte man offenbar erkannt, dass Verordnungen zur Regelung des Lebensmittelverkehrs ihren Zweck nur erfüllten, wenn sie mit einer Kontrolle verknüpft wurden. Die ersten von Amts wegen durchgeführten Lebensmittelkontrollen beinhalteten eine Prüfung von Wein, Bier, Brot und Fleisch. Aus dem Jahre 1498 ist bekannt, dass die Weinkontrolle von praktischen Sachverständigen vorgenommen wurde, die offenbar in der Lage waren, zeittypische Fälschungen zu erkennen. Auf den Märkten waren Brotprüfer, Fleischbeschauer und Bierkieser tätig, die von den Zünften oder von den Stadträten bestellt waren (3).

Im Grunde konnten sie nur feststellen, was man sehen, riechen oder schmecken kann. Als kurios nimmt sich bereits die Bierprüfung im 15. Jahrhundert heraus. Sie soll als amtliche Bierbeschau so ausgeübt worden sein, dass die »Bierkieser« das Bier auf eine hölzerne Bank ausgossen und sich dann in ihren ledernen Hosen daraufsetzten. Wenn sie dann nach längerem Sitzen aufstanden, konnten sie aus der mehr oder minder starken Klebkraft des eingetrockneten Bieres auf dessen Extraktgehalt schließen (4).

Bis etwa zu Beginn des 17. Jahrhunderts erfolgte die Lebensmittelkontrolle nur mit Hilfe der Sensorik, d.h. noch ohne chemische und physikalische Methoden. Die ersten erfolgreichen Versuche, chemische Methoden bei der Lebensmittelprüfung anzuwenden, nahmen ihren Ausgang in Südwestdeutschland. In Frankreich und Süddeutschland war es am Ende des 17. Jahrhunderts zu umfangreichen Weinfälschungen gekommen. Saure Weine hatte man mit Bleiessig entsäuert. Über die Gesundheitsschädlichkeit dieser Behandlungsmethode wurde man sich offenbar erst im Klaren, als Massenerkrankungen mit Hunderten Opfern auftraten (5). Das veranlasste Gelehrte aus Freiburg, Ulm und Tübingen nach einer Nachweismethode für Blei im Wein zu suchen. So entstand die sog. *»Würtembergische Weinprobe«*.

Die Prüfung auf bleihaltige Weine erfolgte nach dieser Methode durch Abkochen mit Auripigment (Arsensulfid) und gebranntem Kalk. Beim Zusatz des calciumsulfidhaltigen Filtrats zu bleihaltigen Weinen bildete sich ein schwarzer Niederschlag von Bleisulfid. Nach Sperlich (6) handelt es sich bei dieser noch in ihrem Ursprung dem alchimistischen Zeitalter verhafteten Fällungsreaktion um die erste praktisch angewandte lebensmittelchemische Untersuchungsmethode. Das Jahr 1707, in welchem diese Methode (7) erstmals veröffentlicht wurde, ist demzufolge als Beginn der chemischen Lebensmittelanalytik zu bezeichnen.

Der Beginn der wissenschaftlichen Lebensmittelkontrolle

Die Würtembergische Weinprobe wurde in verbesserter Form noch bis ins 19. Jahrhundert angewandt (8). Die eigentliche systematische und wissenschaftliche Überwachung des Verkehrs mit Lebensmitteln und Gebrauchsgegenständen wurde erst im 19. Jahrhundert mit der Entwicklung der Naturwissenschaften möglich. Sie war auch dringend notwendig geworden. Ausschlaggebend war die soziale Umschichtung der früher weitgehend landwirtschaftlich tätigen Bevölkerung zu Industriearbeitern. Der frühere Selbstversorger wurde zum abhängigen Konsumenten, der fast völlig auf den Kauf seiner Lebensmittel angewiesen war. Viele Menschen zogen vom Land in die rasch wachsenden Städte, in denen eine große Nachfrage nach Nahrungs- und Genussmitteln herrschte. Nahrungsmittel wurden in zunehmendem Maße industriell hergestellt und behandelt. Sie wurden entweder in konservierter Form oder bereits mehr oder weniger gebrauchsfertig in den Verkehr gebracht. Unlautere Gewerbe- und Industriebetriebe nutzten diese Situation aus, indem sie die Lebensmittel verfälschten. Sie bedienten sich dabei auch zunehmend der erweiterten naturwissenschaftlichen Erkenntnisse.

Die Entwicklung einer wissenschaftlichen Lebensmittelkontrolle begann zunächst mit der Erforschung der Zusammensetzung von Lebensmitteln. Mit dem analytischen Nachweis von schädlichen Metallen (z.B. Hahnemann'sche Bleiprobe in Wein) um 1800 wurden die ersten Analyseverfahren entwickelt. Um 1830 waren bereits die ersten relativ vollständigen Lebensmittelanalysen ausgeführt. Einen chronologischen Überblick über die einzelnen Entwicklungsetappen gibt u.a. Maier (1).

»Ab Mitte des 19. Jahrhunderts«, so berichtet Maier (1), »führten überwiegend gewerbliche Laboratorien im Auftrag von Behörden und Unternehmen unabhängige chemische Untersuchungen durch. Als Gründervater gilt Remigius Fresenius, der sein Laboratorium 1848 in Wiesbaden begründete. Die selbstständigen öffentlichen Chemiker etablierten damit ein weiteres Berufsfeld … Waren die Nahrungsmittel- und Handelschemiker einerseits freie Unternehmer, sahen sie sich andererseits einem strengen wissenschaftlichen Ethos und dem Gemeinwohl verpflichtet, um dem Verdacht zu begegnen, in erster Linie die Interessen der Auftraggeber zu bedienen.«

So entstand einer der ersten reichsweit regulierten Chemikerberufe in der Nahrungsmittelchemie. Und ergänzend führt Maier (1) hierzu aus:

»Die Nahrungsmittelchemiker galten zunächst als Gewerbetreibende. Als Teil der staatlichen Gewerbeaufsicht und Gesundheitsvorsorge fiel den »geprüften Nahrungsmittelchemikern« die Aufgabe zu, chemische Analysen vorzunehmen und gerichtliche Gutachten zu erstellen. Um ihre Neutralität und allgemein gültigen Untersuchungsstandards zu garantieren, musste als Voraussetzung für die Einstellung als Gewerbeaufsichtsbeamter eine Nahrungsmittelchemiker-Prüfung abgelegt werden. Die ab 1897 gültige Ordnung sah ein 3-jähriges Referendariat mit abschließender 2. Prüfung vor, nach der die Amtsbezeichnung ‚Gewerbeassessor‘ verliehen wurde. Ab 1901 organisierten sie sich in der Freien Vereinigung Deutscher Nahrungsmittelchemiker mit rund 400 Mitgliedern im Jahre 1908.«

Mit der nach 1870 einsetzenden raschen industriellen Entwicklung stiegen auch in zunehmendem Maße die Fälle von groben und gewissenlosen Lebensmittelverfälschungen. Sperlich (6) schreibt hierzu:

»Es waren die sogenannten Gründerjahre, als nach dem siegreichen Krieg in das Deutsche Reich Milliarden der französischen Kriegsentschädigung hineinströmten. Die Folge war ein ungesunder Wirtschaftsboom. Zahlreiche neue Unternehmen wurden gegründet – daher der Name Gründerjahre – darunter viele unsolide. Im Zusammenhang damit stiegen auch die Lebensmittelverfälschungen in einer für uns kaum vorstellbaren Weise. Butter wurde mit Kartoffelmehl oder mit ‚Kunstbutter‘ aus Talg, Wurstwaren wurden mit Mehlkleister gestreckt, zum Brotbacken wurde Alaun oder Kupfervitriol als Backhilfsmittel verwendet. Bier wurde zwecks Hopfenersparnis mit der bitter schmeckenden Pikrinsäure versetzt. Es gab Firmen, die aus Ton künstliche Kaffeebohnen herstellten, die dem Bohnenkaffee zugemischt wurden.«

So etwa stellte sich die Situation Ende der 70er Jahre des vorigen Jahrhunderts dar. Sie führte 1877 zur Einrichtung eines chemischen Laboratoriums in dem ein Jahr zuvor gegründeten Kaiserlichen Reichsgesundheitsamt.

Die Lebensmittelgesetzgebung in Deutschland

Parallel zu den ersten Bemühungen, Lebensmittelkontrollen durchzuführen, entwickelte sich auch eine Rechtsauffassung und Rechtsprechung. Die erste Reichsverordnung, die den gesamten Verkehr mit Lebensmitteln berücksichtigt, wurde 1532 in Freiburg vom Reichstag des Heiligen Römischen Reiches deutscher Nation erörtert und noch im gleichen Jahr erlassen. Sie klingt in unserem jetzigen Hochdeutsch etwa so:

> »Wer in böser Absicht und gemeingefährlicher Weise Maße, Waagen, Gewichte, Spezereien oder andres Kaufmannsgut fälscht und als ehrlich gebraucht oder ausgibt, der soll in empfindliche Strafe genommen, des Landes verwiesen oder an seinem Leibe mit Ruten ausgehauen werden, sofern die Fälschung oft, umfangreich und böswillig geschehen ist, soll der Täter mit dem Tode bestraft werden.«

Eine systematische Ausgestaltung hat die Lebensmittelgesetzgebung des alten Reiches jedoch nicht erfahren. Das Lebensmittelrecht ging in den Landesgesetzen (Polizei- und Strafgesetzbüchern und -Verordnungen) auf. In dem erlassenen Reichsstrafgesetzbuch vom 01.01.1872 sind die Lebensmittel noch stiefmütterlich behandelt. Jedoch war der Verkauf von gefälschten Esswaren und Getränken bereits landesweit strafbar.

Der Beginn der amtlichen Lebensmittelüberwachung in Deutschland ist eng mit dem Namen Bismarck verknüpft. Es wird ihm nachgesagt, dass er aus Furcht vor einer Verfälschung seines geliebten Weines mit Chemikalien die Einrichtung des chemischen Laboratoriums im Kaiserlichen Gesundheitsamt unterstützt habe (1). Obwohl das 1876 gegründete Kaiserliche Gesundheitsamt eigentlich zur Bekämpfung von Epidemien, vor allem der Cholera, geschaffen wurde, bekam es auf Drängen von Bismarck als erste große Aufgabe die Regelung der Nahrungsmittelgesetzgebung übertragen. Bismarck hat damit wesentlich die Nahrungsmittelgesetzgebung initiiert. Das Kaiserliche Gesundheitsamt löste mit dem 1879 erlassenen Nahrungsmittelgesetz diese Aufgabe sehr schnell. Das erste deutsche Nahrungsmittelgesetz betreffend den Verkehr mit Nahrungs- und Genussmitteln sowie Gebrauchsgegenständen ist vom 14.5.1879 datiert.

Die Entwicklung zeigte bald, dass die Begriffe Nahrungs- und Genussmittel bei der Anwendung des Gesetzes nicht umfassend waren. Engst (41) bemerkt hierzu:

> »Substanzen, die weder der Deckung des Nahrungsbedarfes noch dem Genuss dienten, wurden durch die Begriffsbestimmungen des Gesetzes nicht erfasst. Backpulver, Kon-

servierungsmittel, Farbstoffe und andere artfremde Substanzen konnten nur indirekt beanstandet werden, z.B. wenn sie einem Nahrungsmittel eine gesundheitsschädliche Beschaffenheit verliehen oder den Tatbestand der Verfälschung oder Nachahmung unterstützt bzw. bewirkt hatten.«

Diese Situation machte bald die Überarbeitung dieses Gesetzes notwendig. In der Neufassung des Gesetzes von 1927 wurde deshalb der Begriff »Lebensmittel« eingeführt. Er umfasste alle Stoffe, *»die dazu bestimmt sind, in unverändertem, zubereitetem oder verarbeitetem Zustand von Menschen gegessen oder getrunken zu werden, soweit sie nicht überwiegend zur Beseitigung, Linderung oder Verhütung von Krankheiten bestimmt sind.«*

Diese Formulierung gestattete alles, was mit der Nahrung zugeführt wird, unter die strengen Bestimmungen des Lebensmittelgesetzes zu stellen. Lebensmittelfarbstoffe, Konservierungsmittel, Backpulver, also Stoffe, die dazu bestimmt sind, mit der Nahrung gegessen und getrunken zu werden, waren demnach ebenso Lebensmittel wie die Genussmittel oder Stoffe, die der Deckung des Energiebedarfes dienten.

Bis zum derzeitigen Stand der Lebensmittelgesetzgebung hat das Lebensmittelrecht in Deutschland zwischenzeitlich zahlreiche Änderungen erfahren. Es wurde mehrmals den veränderten Bedingungen des Lebensmittelverkehrs angepasst (1927, 1935, 1943, 1958 und 1974 in der BRD (2), 1962 in der DDR).

Mit der Auflösung der DDR und der Etablierung einer neuen gesamtdeutschen Rechtsordnung wurde auch das Lebensmittelgesetz (LMG) der DDR außer Kraft gesetzt. Das zum Zeitpunkt der Wiedervereinigung geltende Gesetz über den Verkehr mit Lebensmitteln, Tabakerzeugnissen, kosmetischen Mitteln und sonstigen Bedarfsgegenständen (**LMBG**) der BRD erweiterte seinen Geltungsbereich auch auf die neuen Bundesländer. Im Jahre 2002 wurde es gemäß VO (EG) Nr. 178/2002 als Nachfolgegesetz durch das Lebensmittel-, Bedarfsgegenstände- und Futtermittelgesetzbuch (**LFGB**) ersetzt. Es waren vor allem die Lebensmittelskandale der 90er Jahre – allen voran der europäische Dioxinskandal in Futtermitteln –, die dazu führten, dass die bis dahin auf EU-Ebene erlassenen produktbezogenen Einzelvorschriften zum Lebensmittelrecht durch ein fachübergreifendes Gesamtkonzept ersetzt wurden. Durch direkt geltende Verordnungen wurde somit eine Harmonisierung des Lebensmittelrechts als *»**Gemeinschaftsrecht**«* im gesamten europäischen Raum eingeführt. Schrittweise wurde nunmehr von 2002 bis 2005 auf der Grundlage des sog. *Weißbuches* zur Lebensmittelsicherheit ein neues übergeordnetes Recht eingeführt, welches heute als europäisches Lebensmittelrecht auf nationaler Ebene angewandt wird.

Entwicklungsetappen der Lebensmittelüberwachung in Deutschland

Schon sehr früh erkannte man die Notwendigkeit, dass zur Einhaltung der lebensmittelgesetzlichen Bestimmungen ein gut funktionierendes Überwachungssystem mit den dafür notwendigen Befugnissen und einer entsprechenden Autorität erforderlich ist. Mit der Gründung des Kaiserlichen Gesundheitsamtes wurden gleichzeitig auch die ersten Voraussetzungen für den Aufbau eines Überwachungssystems geschaffen. In diesen Jahren erfolgte die Gründung der ersten Chemischen Untersuchungsämter, deren Hauptaufgabe die Untersuchung der Lebensmittel- und Bedarfsgegenstände war.

Es wurden Chemische Untersuchungsämter gegründet 1876 in Nürnberg, 1877 in Hannover, 1878 in Hamburg, 1879 in Krefeld, 1881 in Breslau und 1884 in München, Erlangen und Würtemberg. Maier (1) schreibt hierzu:

> »Bald waren es 107 Anstalten auf dem Gebiet der heutigen Bundesrepublik. Die Organisation war in den einzelnen Ländern unterschiedlich. Zum Beispiel unterstanden sie in Preußen den Kommunen, in Bayern waren sie staatlich und an Universitätsinstitute angeschlossen. Auch die Größe war und ist unterschiedlich. Heutzutage variieren die Einzugsgebiete der Ämter zwischen 140.000 bis 6 Millionen Einwohner.«

Die alliierten Militärregierungen, denen in der Zeit nach 1945 *die höchste Autorität* in Deutschland zustand, haben weder in Westdeutschland und auch nicht in Ostdeutschland in das deutsche Lebensmittelrecht eingegriffen. Auf dem Gebiet der damaligen DDR wurden noch 1945 Zentralverwaltungen gebildet, darunter diejenigen für das Gesundheitswesen und für Handel und Versorgung. Teils durch eigene Anordnung, teils durch Empfehlungen an die Länder schuf die Zentralverwaltung für das Gesundheitswesen in der DDR ab 1946 ein neues Lebensmittelrecht, welches das bestehende erneuerte bzw. ergänzte.

In der alten Bundesrepublik entstand eine Überwachungsstruktur nach den föderalen Gegebenheiten, wonach die einzelnen Bundesländer und die jeweiligen Stadtstaaten für die amtliche Lebensmittelüberwachung zuständig waren. Den zuständigen Landesministerien bzw. in den Stadtstaaten den jeweiligen Senatsverwaltungen oblag es nun, die Lebensmittelüberwachung zu organisieren.

Mit der Wiedervereinigung Deutschlands wurde diese Struktur übernommen und ist bis heute so erhalten.

Die Lebensmittelgesetzgebung in der DDR

Die Grundlage der Lebensmittelgesetzgebung in der DDR bildete das Gesetz vom 30.11.1962 über den Verkehr mit Lebensmitteln und Bedarfsgegenständen – Lebensmittelgesetz **(LMG)** (10). Dieses Gesetz stellte als Rahmengesetz in Verbindung mit einer Vielzahl von Ergänzungsbestimmungen (11) die allgemeine Rechtsorientierung für die Lebensmittelüberwachung dar.

Mit Inkrafttreten des Lebensmittelgesetzes am 3.12.1962 wurde das bis dahin in der DDR noch im Wesentlichen gültige Lebensmittelgesetz aus dem Jahre 1927 durch ein neues Lebensmittelgesetz abgelöst. Entgegen der bisher geltenden Definition schränkte es den Begriff *»Lebensmittel«* auf Substanzen ein, die nur zur Deckung des Nahrungsbedarfes oder zum Genuss bestimmt sind. Wörtlich hieß es hierzu im § 2 (1) des neuen Lebensmittelgesetzes (LMG):

>»Lebensmittel sind Stoffe, die dazu bestimmt sind, zur Befriedigung des Nahrungsbedarfes oder zum Genuss in unverändertem, zubereitetem, be- oder verarbeitetem Zustand von Menschen gegessen, getrunken oder auf andere Weise aufgenommen zu werden.«

Alle übrigen Stoffe, die bestimmungsgemäß einen verbleibenden Bestandteil im Lebensmittel bilden und daher mit verzehrt werden (§2 (4) LMG), d.h. also Backpulver, Konservierungsmittel, Lebensmittelfarbstoffe und anderes, standen den Lebensmitteln (in der gesetzlichen Behandlung) – wie Tabakwaren – gleich, ohne jedoch selbst »Lebensmittel« zu sein. Die erwähnten übrigen Stoffe wurden im § 4 des Lebensmittelgesetzes als Fremdstoffe näher definiert.

Das Lebensmittelgesetz in der DDR war ein Rahmengesetz. Die dazu erlassenen Ergänzungsbestimmungen dokumentierten einen kaskadenförmigen Aufbau des weiteren Lebensmittelrechts. Als Rahmengesetz enthielt das LMG grundsätzliche Festlegungen, von denen man erwartete, dass sie unverändert viele Jahre den Verkehr mit Lebensmitteln und Bedarfsgegenständen bestimmten (51). Detaillierte Reglementierungen blieben gemäß § 11 dieses Gesetzes Durchführungs- und Nachfolgebestimmungen überlassen.

Sie waren schneller abzuändern als das Gesetz selbst, dessen Festlegungen bei derartigen Abänderungen allerdings nicht verletzt werden durften. Damit sollte die Möglichkeit der Berücksichtigung neuer Erkenntnisse gewährleistet werden. Das Lebensmittelrecht wurde dadurch auch entsprechend elastisch gestaltet.

Das Lebensmittelgesetz der DDR erhob in seiner Präambel und im § 1 den Anspruch, eine gesundheitsprophylaktische Mission zu erfüllen. Die Aufgaben und Maßnahmen, die der Lebensmittelwirtschaft sowie anderen beteiligten Organe bei der Sicherstellung des Lebensmittelverkehrs zukamen, waren im § 1 (3) des LMG zusammengefasst. Es hieß dort:

»Bei diesen Maßnahmen sind die gesundheitlichen Erfordernisse sinnvoll mit den wirtschaftlichen Notwendigkeiten zu verknüpfen mit der Maßgabe, dass diese der Gesundheit der Bevölkerung zu dienen haben.«

Die gesundheitspolitische Aufgabe des Lebensmittelgesetzes war somit klar herausgestellt. Danach war es unstatthaft, wirtschaftliche Belange in den Vordergrund zu stellen, wenn sie nicht den volksgesundheitlichen Interessen entsprachen. Diese Formulierung hat sich in der Praxis allerdings als recht problematisch erwiesen. Es hatte sich nämlich wiederholt gezeigt, dass gerade unter den angespannten wirtschaftlichen Bedingungen in der DDR dieses Gebot ständig verletzt wurde. Die Vielzahl der vorliegenden Ausnahmegenehmigungen dokumentierte diese Situation (Tabelle 1). Für den Vollzug der Lebensmittelkontrolle bedeutete das den Zwang, oftmals nachträglich Verfahrensweisen oder Tatsachen akzeptieren zu müssen, die aus ökonomischen Interessen als *»zwingende Notwendigkeit«* dargestellt wurden.

Aus den Bestimmungen des § 1 (3) LMG resultierte ferner, dass es unstatthaft und sinnwidrig wäre, in der Lebensmittelüberwachung eine Einrichtung zu sehen, die nur offensichtlich gesundheitliche Aspekte zu berücksichtigen hatte. Engst (41) bemerkte hierzu:

»Ihre Maßnahmen sind nicht auf Fragen der akuten Verhütung von Krankheiten durch Lebensmittel und der Sicherung der Hygiene im Lebensmittelverkehr im engeren Sinne zu beschränken; sie muss zweifellos auch der Zusammensetzung der Lebensmittel, ihrer Qualität und Aufmachung sowie erwünschten und unerwünschten Begleitstoffen Aufmerksamkeit zuwenden, die in unübersehbarem Ausmaß die Volksgesundheit belasten.«

Das Lebensmittelgesetz der DDR war auf die besonderen politischen und wirtschaftlichen Gegebenheiten in der DDR abgestellt. Und im Unterschied zu den Lebensmittelgesetzgebungen in der BRD oder auch in vielen anderen Ländern war es in besonderer Weise durch eine starke politisch-ideologische Indoktrination geprägt.

Zur politisch-ideologischen Indoktrination des Lebensmittelgesetzes (LMG)

Die DDR war in ihrer marxistisch-leninistischen Eigendefinition eine Diktatur der Arbeiter-und Bauern-Macht. Sie war also keine Rechtsgesellschaft mit einer rechtsstaatlichen Praxis nach dem Verständnis einer freiheitlich-demokratischen Rechtsauffassung.

Die marxistisch-leninistische Rechtslehre hat für die Beurteilung der Frage, was Recht sei und was nicht, als bestimmendes Kriterium die ihrer Ideologie entsprechende tautologische Formel des Rechtspositivismus zur Hand: Recht ist, was der Staat (als formell kompetentes Organ) als Recht verkündet.

Mit anderen Worten hieß das: Es galt ein Rechtskodex nach dem Prinzip: Die Interessen der Gesellschaft oder des Kollektivs sind denen des Individuums übergeordnet. Hierin spiegelte sich die Auffassung vom »*Klassencharakter*« des Rechts wider, denn in der marxistisch-leninistischen Rechtsinterpretation war das Recht unter der Diktatur des Proletariats, »*der Wille der Arbeiterklasse*«, zum Gesetz erhoben.

Im Bereich des marxistisch-leninistischen Rechts galt demzufolge, dass die Politik der alleinige Maßstab für gesellschaftliches Handeln und auch gegenüber dem Recht war. Im Klartext hieß das, das Recht war eine der Politik untergeordnete Kategorie und damit ein wesentliches Mittel, die Gesellschaft in einer bestimmten Weise zu gestalten. Das Recht war dieser Doktrin zufolge vor allem eine definierte Norm zur Verwirklichung ideologischer Glaubensbekenntnisse. So gab es auch kein Verfassungsgericht, an das man sich hätte wenden können, wenn einem Unrecht widerfahren war.

Das Inverkehrbringen der Lebensmittel wurde demzufolge durch eine Rechtsverordnung geregelt, die – wie im Übrigen auch alle anderen Rechtsbestimmungen – grundsätzlich so abgefasst war, dass sie mit der politischen Zielsetzung übereinstimmte und diese sicherte.

Für die Lebensmittelgesetzgebung wurde diese erforderliche Anpassung und Elastizität der Rechtsordnung gesetzestechnisch dadurch erreicht, dass das Lebensmittelgesetz (LMG) der DDR als ein Rahmengesetz formuliert wurde, welches mit seinen Rahmenregelungen einen breiten Auslegungsspielraum schaffte, der häufig durch Ausführungsbestimmungen präzisiert wurde (51). Der Gesetzestext wurde durch eine Präambel eingeleitet, in der die Zielsetzungen der nachfolgenden Regelungen dargelegt wurden. Sie war allgemein politischer Natur (»*Aufbau des Sozialismus, Stärkung der Republik etc.*«) und verkündete im Großen und Ganzen die jeweilige politische Zielsetzung. Um eine solche Politik in die Praxis umzusetzen, bedurfte es der Unterstützung von Entscheidungsträgern, die bereit waren, diesem politischen Auftrag zu folgen. In diesem Kontext ist auch zu verstehen, warum die maßgeblichen Entscheidungsträger in der Lebensmittelüberwachung der DDR in bestimmten Situationen zuallererst nach politischen Vorgaben so und nicht anders entschieden haben.

Autokratische Systeme und alle Diktaturen funktionieren nach dem Prinzip des weitgehend blinden Dienens und Gehorchens. Das schließt die öffentliche eigene freie und kritische Willens- und Meinungsbildung aus. Dadurch entsteht ein Konformitäts- und Anpassungsdruck auf alle Gesellschaftsmitglieder nach dem Prinzip: Bloß nicht auffallen und offenbaren, dass man bestehende politische Zielsetzungen anzweifelt oder gar in Frage stellt.

Ein solcher Verhaltenskodex zeichnete vor allem die vielen folgsamen und angepassten Mitläufer in der DDR aus. Kritiker hatten es unter solchen Bedingungen wirklich nicht leicht. Fachliche Kompetenz und andere spezielle Eignungen mussten sich stets einem Bekenntnis zur treuen Gefolgschaft unterordnen.

Die Indoktrinierung des Lebensmittelgesetzes lässt sich eigentlich nur im Kontext dieser vorstehenden Betrachtungsweise verstehen. Ein indoktriniertes Gesetz kann nur dann mit einer ideologisch-politischen Zielstellung umgesetzt werden, wenn in den maßgeblichen Entscheidungsabläufen auch hinreichend willige und loyale Entscheidungsträger sitzen, die als Erfüllungsgehilfe des Parteiapparates fungieren.

In den nachfolgenden Kapiteln skizziere ich anhand von Anekdoten und einiger ausgewählter Fallbeispiele unterschiedlichste Verhaltensweisen bei einzelnen Entscheidungsabläufen, die zeigen, dass sachlich begründete rationale Sachentscheidungen oftmals einer politischen Zielsetzung geopfert wurden.

Es ist nicht überliefert, ob den Verfassern des Lebensmittelgesetzes in der DDR bewusst war, dass ein breiter Ausgestaltungs- und Auslegungsspielraum natürlich auch denjenigen in die Hände spielte, die ungeachtet der jeweiligen politischen Zielsetzung sich dem eigentlichen Anliegen der Lebensmittelüberwachung in ehrbarer Weise verpflichtet fühlten. Entkleidete man das Lebensmittelgesetz von seinen doktrinären Begleitinhalten, stellte sich nämlich heraus, dass das Lebensmittelgesetz (LMG) der DDR auch durchaus sinnvolle Regelungen und Feststellungen enthielt. Einige der skandalösen Entscheidungsabläufe wären durchaus vermeidbar gewesen, wenn sich die in der Lebensmittelkontrolle maßgeblichen Protagonisten mehr ihrem Berufsethos verpflichtet gefühlt hätten und nicht zuallererst als Diener und Gefolgsleute der Partei in Erscheinung getreten wären. Und es gab Ereignishorizonte mit Abgründen, in die man gar nicht hineinschauen wollte.

Im Jahr 1971 erhielt ich eine Einladung zu einem als streng vertraulich eingestuften Arbeitstreffen mit Sportmedizinern in Ostberlin. Eingeladen hatte einer der führenden Sportmediziner in der DDR, ein gewisser Dr. Höppner, der – wie sich später herausstellte – das Zwangsdoping-Programm in der DDR maßgeblich initiierte.

Das Arbeitstreffen fand in seinem Büro in der Friedrichstraße in Ostberlin an einem Nachmittag statt. Der Kreis der teilnehmenden Gäste war mit etwa zehn Personen recht überschaubar. Nach einer kurzen Begrüßung eröffnete Dr. Höppner die Besprechung und kam auch gleich zur Sache. »Ich habe Sie heute hier eingeladen«, so begann er, »um mit Ihnen folgendes Thema zu besprechen. Wir haben eine Devisenbereitstellung für den Kauf von Anabolika aus dem NSW erhalten. Diese finanziellen Mittel erlauben es uns, eine Menge von insgesamt 1,56 Tonnen Anabolika zu kaufen. Davon gehen aber etwa 80 % an den großen Bruder (gemeint ist die Sowjetunion Anm. des Autors), für den wir diesen Einkauf mit durchführen. Ich habe Sie heute hierher eingeladen, um von Ihnen zu erfahren, ob und in welchem Umfang auch in Ihren Dienstbereichen Interesse und Bedarf an der Bereitstellung solcher Substanzen besteht. Bitte nehmen Sie hierzu kurz Stellung!« Mir verschlug es die Sprache. Natürlich wusste ich, dass diese Substanzen schon in geringsten Mengen eine spezielle Wirkung entfalten und als Dopingmittel in gesundheitlicher Hinsicht sehr umstritten waren. »Oh Gott«, schoss es mir durch den Kopf, »wo bist du denn hier hineingeraten?« Ich hatte bislang mit der Bearbeitung und Betreuung ernährungswissenschaftlicher Forschungsprojekte zu tun, die aber mit sportmedizinischen Fragestellungen keine Berührung hatten. Also verneinte ich erst einmal ein Interesse unsererseits. Auch mein Fachkollege von der militärmedizinischen Fakultät zeigte seinerseits wenig Ambitionen, sich auf dieses Thema einzulassen. Nur so viel verriet uns Dr. Höppner dann doch, dass man im Bereich der Sportmedizin plane, leistungsfördernde Substanzen einzusetzen, um den DDR-Leistungssport an die Weltspitze zu führen.

Es waren solche Begegnungen, die mich sehr nachdenklich stimmten. Die Sportmediziner, die mir hier begegneten, waren alles andere als empathische Leute. Sie zeigten sich
sehr verschlossen und wenig gesprächsbereit, wenn es darum ging, über ihre Projekte
Auskunft zu geben. Man war gut beraten, sich mit ihnen nicht näher einzulassen.

Den Sportmedizinern und Chemikern in der DDR, die sich über alle ethischen und
moralischen Grundsätze und Bedenken hinwegsetzten und zunächst im großen Stil
Anabolika einkauften, später dann auch selbst synthetisierten und verabreichten, kann
man nur ein skrupelloses Handeln bescheinigen. Diejenigen Tierärzte in der Tierzucht
und in der Landwirtschaft, die in bedenkenloser Weise Antibiotika, anabolisch wir-
kende Substanzen und andere toxische Stoffe unkritisch einsetzten, waren alles andere
als unwissende Naivlinge. Auch wenn man manchen Tierärzten unterstellen darf, dass
sie über keine fundierten chemisch-toxikologischen Kenntnisse verfügten, waren sie
sich ihrer fragwürdigen Handlungsweisen durchaus bewusst. Ich hatte nie das Gefühl,
wenn ich ihnen begegnete, dass sie nicht wussten, was sie taten.

Staatliche Lebensmittelkontrolle im rechtsfreien Raum

Der politischen Zielsetzung entsprechend sah die Lebensmittelgesetzgebung in der
DDR eine ausschließlich nur staatliche Lebensmittelüberwachung vor. Diese staatliche
Lebensmittelkontrolle „ die ich nachfolgend mit dem Akronym »**DDR-LMK** « (d.h.
DDR-Lebensmittelkontrolle) nenne – gestaltete prinzipiell alle ihre Entscheidungen
und Vollzugsmaßnahmen gegenüber den Betroffenen unanfechtbar. So war sie nicht verpflichtet, ihre eigenen Maßnahmen jemals kritisch zu hinterfragen oder transparent der
Öffentlichkeit zu präsentieren. Tätigkeitsberichte – wie sie heute an der Tagesordnung
sind – und wie diese schon damals z.B. aus dem Vollzug der Lebensmittelkontrolle in
der Schweiz (13, 18, 45) und der BRD (232) und anderenorts regelmäßig bekannt gegeben
wurden, gab es in der DDR nicht.
   Ein weiteres Wesensmerkmal der doktrinären Lebensmittelgesetzgebung äußerte sich
u.a. darin, dass dem Warenbesitzer oder Produzenten im Rahmen der Lebensmittelkontrolle das Recht einer beweiskräftigen *Gegenprobe* verwehrt wurde. Die Erfahrungen beim
Vollzug der Lebensmittelkontrolle bestätigten, dass dieser konzeptionelle Fehler in der
Lebensmittelgesetzgebung nicht nur zu einer erhöhten Rechtsunsicherheit der Betroffenen
führte, sondern auch einer willkürlichen und fehlerhaften Praxis Tür und Tor öffnete.

Das Fehlen einer gesetzlichen Gegenprobe war als ein schwerwiegender Mangel der Lebensmittelüberwachung anzusehen. Damit war grundsätzlich die Möglichkeit eingeschränkt, angezweifelte Untersuchungsergebnisse gründlich abzuklären. Ein solcher Rechtsschutz ist nach heutigem Rechtsverständnis eine Conditio sine qua non.

Darüber hinaus eröffnet die Gegenprobe aber auch für die amtliche Lebensmittelüberwachung die grundsätzliche Chance, mögliche Analysefehler rechtzeitig noch vor der endgültigen Auswertung mit dem Beschuldigten aufzudecken bzw. zu korrigieren. Allein die Tatsache, dass rechtskräftige Gegenproben möglich sind, zwingt die Analytiker zu einem sorgsamen und fehlerfreien Arbeiten. Im Hinblick auf korrektes Arbeiten ist das ein wichtiger Impuls. Die Aufdeckung von Analysefehlern, die mit gewisser Wahrscheinlichkeit nie ganz auszuschließen sind, ist ein Umstand, der den analytischen Chemiker nicht unbeeindruckt lässt. In dieser Hinsicht kommt also der Gegenprobenmöglichkeit eine entscheidende Bedeutung im Sinne der Verpflichtung zu einer korrekten Arbeitsweise zu (262, 263).

Ich hatte die Gelegenheit, sowohl in der DDR als auch später in der bundesdeutschen Lebensmittelkontrolle arbeiten zu können. Von meinen Erfahrungen in der Lebensmittelkontrolle in der DDR ausgehend, muss ich eingestehen, dass bei einer Reihe von damaligen Analysedaten der begründete Verdacht einer nur ungenügenden Abklärung bis hin zur Fehlerhaftigkeit gegeben war. Im Unterschied hierzu habe ich die gewissenhafte Analysetätigkeit meiner Fachkollegen im damaligen Landesuntersuchungsinstitut für Lebensmittel, Arznei- und Tierseuchen (LAT Berlin) schätzen gelernt, die sehr darauf bedacht waren, auf keinen Fall Befunde auf der Basis fehlerhafter Analysedaten zu erstellen. Sie haben mit »*sog. Blindproben*« und in »*Ringversuchen*« immer wieder getestet, wie gut oder fehlerhaft sie gearbeitet haben. Die Zuverlässigkeit ihrer Untersuchungsergebnisse wurde durch Qualitätssicherungsmaßnahmen überprüft, die sie im Rahmen von Laborvergleichsuntersuchungen durchführten. Eine solche Praxis war mir in dieser Konsequenz aus keinem der damaligen Untersuchungsinstitute in der DDR so bekannt.

Laien und Amateure in der Lebensmittelüberwachung

Ein besonderes Merkmal der politisch-ideologischen Indoktrinierung des Lebensmittelgesetzes stellte die Einbeziehung sog. ***gesellschaftlicher Kontrollkräfte*** (*Hygieneaktivs, Mitglieder der Arbeiter-und-Bauern-Inspektion (ABI) sowie der Nationalen Front und anderer sog. Massenorganisationen*) für Aufgaben auf dem Gebiet der Lebensmittelüberwachung dar. Diese Festlegung fand sich im Lebensmittelgesetz in den §§ 1 (1) und 16 (2) verankert. Die Bedeutung zur Mitwirkung von gesellschaftlichen Kräften im Rahmen der Kontrolltätigkeit staatlicher Organe wurde in der DDR tagtäglich betont (212). Ich hielt das für eine Absurdität sondersgleichen.

Die Herausforderungen an die Lebensmittelkontrolle sind derart komplex und durch komplizierte Sachverhalte gekennzeichnet, dass sie ein hohes spezialisiertes Fachwissen erfordern, über das der Laie nicht verfügt. Es grenzt an Leichtfertigkeit, in diese Kontrolltätigkeit irgendwelche unqualifizierten Kontrollpersonen einzubinden, die unfähig und überfordert sind, spezielle Risiken zu erkennen und einzuordnen. Allein im Hinblick auf die Gefahrenerkennung und -bewertung in epidemiologischer und mikrobiologischer Hinsicht fehlte ihnen jegliches Fachwissen, geschweige denn, dass sie in der Lage gewesen wären, eine Umweltbelastung durch unterschiedlichste Kontaminationen mit Umweltchemikalien, sonstigen Fremdstoffen, beabsichtigten oder unbeabsichtigten Lebensmittelzusätzen zu erkennen.

In der heutigen Lebensmittelkontrolle nehmen auf der untersten Vollzugsebene landesweit sog. Lebensmittelkontrolleure bestimmte Inspektionsaufgaben wahr (157). Es sind nicht wie z.B. in der Schweiz (233) akademisch qualifizierte Leute, sondern zumeist handwerklich gut geschulte Kontrolleure, die zuvor als Fleischer, Bäcker oder in einem vergleichbaren Lebensmittelberuf gearbeitet haben bzw. neuerdings – wie in Baden-Würtemberg (315) – mindestens über einen Abschluss als Meister verfügen müssen. Für einfache Tätigkeiten der augenscheinlichen Prüfung auf Sauberkeit, allgemeine Hygiene, sachgemäße Warenpflege und die Überprüfung einfacher Kennzeichnungsinhalte ist dieses Ausbildungsprofil auch durchaus ausreichend qualifiziert. Insofern haben sie auch ihre Berechtigung bei der Bewältigung dieser Routine-Inspektionsaufgaben.

Im Hintergrund sind es aber die wissenschaftlichen Sachverständigen, die mit ihrer Fachexpertise dazu beitragen, die hygienischen, toxischen und sonstigen Risikoquellen für Lebensmittel fundiert zu erkennen und zu bewerten.

Ich habe diese kurzen Erläuterungen in Bezug auf eine moderne und effiziente Lebensmittelkontrolle bewusst meinen nachfolgenden Ausführungen vorangestellt, um zu verdeutlichen, welche unsinnige Doktrin den sog. gesellschaftlichen Kontrollkräften in der DDR zugrunde lag. Ein gut funktionierendes und wirksames Überwachungssystem bedarf nicht der Unterstützung von Laien. Ausgenommen vielleicht sog. »Whistleblower«, die mit ihrem Insiderwissen zur Aufdeckung von Lebensmittelskandalen beitragen. Darüber hinaus aber gilt: Entweder das etablierte Überwachungssystem erfüllt die in es gesetzten Erwartungen, dann erübrigen sich ohnehin weitere Aktivitäten dieser Art, oder es erweist sich als unzureichend, dann bedarf es in erster Linie der Unterstützung durch versierte Fachleute.

So war es auch nicht verwunderlich, dass einige meiner Fachkollegen mit mir regelmäßig darüber klagten, wenn sich die sog. gesellschaftlichen Kontrollkräfte in unseren Zuständigkeitsbereichen austobten. Die Problematik, die sich einerseits aus der fachlichen Unbedarftheit, andererseits auch aus dem blinden Kontrollfanatismus ableiteten, werde ich etwas ausführlicher im Kapitel »*Kontrolle ehrenhalber*« darstellen.

Standardisierung und Qualitätspolitik in der Lebensmittelgesetzgebung

Es ist für jedermann einleuchtend, dass Lebensmittel, die in den Verkehr gebracht werden, hinsichtlich ihrer Herstellung, Beschaffenheit und Kennzeichnung strengen Vorschriften unterliegen. In der heutigen Lebensmittelüberwachung ist es vor allem das **Deutsche Lebensmittelbuch (DLMB)**, das eine Sammlung von Leitsätzen beinhaltet, in denen die Herstellung, Beschaffenheit und Merkmale von Lebensmitteln beschrieben werden. Die darin enthaltenen Leitsätze werden von Fachausschüssen erarbeitet, in denen Vertreter aus den Bereichen der Lebensmittelüberwachung, Wissenschaft, Verbraucherschaft und der Lebensmittelwirtschaft im Rahmen eines unabhängigen Gremiums mitwirken. Da das Bundesministerium für Ernährung und Landwirtschaft (BMEL) die Arbeit dieser Kommission finanziert, kann man davon ausgehen, dass die Industrie ihren Einfluss geltend macht, ihre Interessen auch in genügender Weise in den Leitsätzen durchzusetzen.

Es wäre naiv zu glauben, dass die hehren Grundsätze der Wissenschaft und des Gesundheits- und Verbraucherschutzes den alleinigen Maßstab bildeten, nach denen sich die Lebensmittelwirtschaft auszurichten hat. Der Einfluss der Industrie ist heutzutage insbesondere durch ihre Lobbyarbeit in der Politik von erheblichem Einfluss.

Auch in der DDR waren es in erster Linie die Wirtschaftslenker, die den Weg und den Rahmen vorzeichneten, in denen sich die Akteure der Lebensmittelkontrolle zu bewegen hatten. Und auch in der Lebensmittelgesetzgebung fanden diese Interessen ihren Niederschlag.

In der DDR bildeten die *staatlichen Standards* für Lebensmittel und Bedarfsgegenstände diejenige Sammlung von Leitsätzen und Vorschriften, die zur Herstellung, Beschaffenheit und Kennzeichnung von Lebensmitteln zu beachten waren. Sie stellten besondere Regelungen im Sinne des § 11 (2) des LMG dar. Der § 11 des LMG räumte dem Minister für Gesundheitswesen bzw. dem Minister für Land-, Forst- und Nahrungsgüterwirtschaft die Ermächtigung ein, in Anpassung an die wissenschaftlich-technische Entwicklung lebensmittelgesetzliche Ergänzungsbestimmungen (235) zu erlassen. Diese Festlegung machte das Lebensmittelgesetz dynamisch und elastisch. Zu diesen Ergänzungsbestimmungen zählten auch die Standards. Der Präsident des Amtes für Standardisierung, Messwesen und Warenprüfung (ASMW) war ermächtigt, im Einvernehmen mit den beiden anderen Ministern (dies galt nur für den Erlass von DDR-Standards!) oder allein (wenn es sich lediglich um den Erlass von Fachbereichs- oder Werkstandards handelt) lebensmittelrechtliche Normen in Form von Standards für verbindlich zu erklären.

Mit den besonderen Regelungen gemäß § 11 LMG gab der Gesetzgeber die Grundlage für den Erlass von gesetzlichen Bestimmungen, die Anforderungen an einzelne Lebensmittel und Bedarfsgegenstände zum Inhalt hatten.

Es wurde in diesem Zusammenhang unterschieden zwischen
- allgemeinen Regelungen (z.B. Essenzen-VO, Farbstoff-VO etc.);
- DDR-Standards;
- Fachbereichs- und Werkstandards;
- Verordnungen zur Behandlung von Lebensmitteln;
- Regelungen, die Bestimmungen des Gesetzes berühren (z.B. Ausbildungsrichtlinien, Prüfungsordnungen etc.)

Hierin wurde der kaskadenförmige Aufbau des Lebensmittelrechtes sichtbar. Die staatlichen Standards stellten somit die 3. Stufe des kaskadenförmig aufgebauten Lebensmittelrechtes dar. Sie enthielten Forderungen an Rohstoffe, Zusammensetzung, Qualität, Kennzeichnung sowie Transport- und Lagerungsbedingungen. Staatliche Standards im Sinne von DDR-Standards waren gemäß § 11 (2) LMG damit eindeutig lebensmittelrechtliche Normen.

In der Lebensmittelgesetzgebung der DDR wurde den Standardisierungsmaßnahmen ein besonderer Stellenwert eingeräumt. Ihnen kam eine außerordentliche Bedeutung im Hinblick auf die Interessen der Hersteller und Erzeuger zu. In einer diesbezüglichen Publikation (221) hieß es denn auch hierzu:

»Der Standard soll alle Forderungen enthalten, die von der Lebensmittelindustrie an die Rohstoffe und die Hilfsstoffe zu stellen sind. Die Qualität der Erzeugnisse unserer Lebensmittelbetriebe findet durch den Titel – Betrieb der ausgezeichneten Qualitätsarbeit – Anerkennung. Die Standards spielen dabei eine wesentliche Rolle.«

Dieses Konzept diente ausschließlich dazu, dem Hersteller und dem Erzeuger einen Vorteil zu Lasten des Verbrauchers zu verschaffen. Die praktische Handhabung der Standardisierung bestätigte in zahlreichen Fällen diese Intention.

Die DDR-spezifische Vorgehensweise bestand darin, dass die Produzenten die Qualitätsnormen für ihre Erzeugnisse in den Standards festlegten. Sie taten das unter den Bedingungen eines permanenten Rohstoffmangels und produktionsseitiger Schwierigkeiten. In einer Mangelwirtschaft befanden sie sich in einer Situation, in der sie sich um den Absatz ihrer Produkte in der Regel nicht bemühen mussten. So waren sie weder aus existentiellen noch aus anderen Erwägungen daran interessiert, mit höchstmöglicher Qualität um den Verbraucher zu werben. Es gab auch keinen Wettbewerb mit anderen Herstellern, der die Betriebsleitungen motiviert hätte, an der Weiterentwicklung ihrer Produkte zu arbeiten. Die in den Standards fixierten Qualitätsnormen spiegelten diese Verhältnisse wider. Demzufolge wurde der Verbraucher tagtäglich mit der schlechten und miserablen Qualität vieler Lebensmittel in der DDR konfrontiert.

Formal bedurften DDR- und Fachbereichsstandards auch der Mitwirkung und Bestätigung der Lebensmittelüberwachungsorgane. In der Praxis allerdings zeigte sich, dass das ASMW im Wesentlichen im Alleingang diese Aufgaben erledigte. Als Entscheidungsträger in diesen Institutionen fungierten Parteikader, die nur das forderten und bestätigten, was ihnen nach den politischen und wirtschaftlichen Zwängen vertretbar erschien. Die Folge war, dass alle Beteiligten – insbesondere jedoch das Qualitätskontrollorgan – gegenüber der Lebensmittelindustrie eine weitgehende Beschwichtigungsstrategie ausübte.

Zu diesen konzeptionellen Fehlern der Lebensmittelgesetzgebung – die eine der wesentlichen Ursachen der mangelhaften Qualitätsproduktion von Lebensmitteln bildete – kam des Weiteren noch hinzu, dass die **betrieblichen Selbstkontrolleinrichtungen (TKOs)** in der DDR eigentlich nie richtig funktioniert haben (224–227). Sie funktionierten u.a. auch deshalb nicht, weil die Qualitätskontrolleure entweder linientreue Kader waren, die formal alles abnickten, was die Produktionsleiter ihnen vorlegten, oder weil ihre Befugnisse dahingehend eingeschränkt waren, dass die letzte Entscheidung nicht der

Qualitätskontrolleur traf, sondern der Produktionsdirektor. Ein drastisches Beispiel soll diese Verhaltensweise einmal verdeutlichen.

»In einer Ostberliner Schokoladenfabrik mit dem schönen Namen ‚Elfe‘ wurden Kakaobohnen mit starkem Motten- und Madenbefall angeliefert. Die Qualitätsbeauftragte (TKO-Leiterin) reklamierte diese Ware, verfügte die Sicherstellung und stoppte die Verarbeitung. Die Reklamation wurde nicht anerkannt. Daraufhin verfügte die Qualitätskontrolle, dass die Ware schadlos zu vernichten sei. Die Produktionsleitung wurde von dieser Entscheidung informiert. Der Produktionsleiter entschied, die Ware noch in der Nachtschicht zu verarbeiten. Er beauftragte einen Mitarbeiter, den gesamten Bestand der mit Motten und Maden befallenen Kakaobohnen mit einem Insektizid zu besprühen und anschließend in den Conchen zu verarbeiten.
Als am nächsten Tag die Qualitätsbeauftragte sich von der schadlosen Vernichtung vergewissern wollte, wurde sie vom Produktionsdirektor in die Produktionsräume geführt, wo er stolz auf die Schokoladenmasse zeigte und ihr erklärte, dass man knappe Ressourcen nicht einfach vernichtet.«

Dem ahnungslosen Verbraucher in der DDR standen auch institutionell keine Verbraucherschutzinstitutionen oder ähnliche Verbände zur Seite, die sich um Verbraucherschutzinteressen kümmerten. Nach dem trivialen Verständnis der herrschenden Doktrin bestand dafür auch kein Bedarf, weil zwischen dem Hersteller und dem Verbraucher eine Interessenidentität bestand. Es war eine der zahlreichen schwachsinnigen Doktrinen, die offenbarte, dass eine solche Lebensmittelkontrolle nicht funktionieren kann.

Wer ständig nur qualitätsgeminderte Waren herstellt, verinnerlicht irgendwann eine Verhaltensweise, die es ihm nicht mehr möglich macht, Qualität zu produzieren und ein Qualitätsbewusstsein zu entwickeln (50, 216). So verwundert es auch nicht, dass in einem ehemaligen DDR-Betrieb, der nach der Wende mit seinen sog. Führungskräften übernommen wurde, sich unter marktwirtschaftlichen Wettbewerbsbedingungen noch lange schwertat, gehobene Qualitätsstandards einzuhalten, die international üblich waren. Es hatte sich gezeigt, dass diese langjährig tätigen Produktionsverantwortlichen eine Art »Tonnenideologie« verinnerlicht hatten und sich beharrlich verweigerten, neueste Qualitätsstandards zu etablieren. Sie wollten und konnten es nicht. Solange dieses Unternehmen seine Produkte im Ostblock und in Russland verkaufen konnte, hatte es ein halbwegs gedeihliches Auskommen. Als dieser Markt wegbrach, wurde es schwierig.

Ausnahmegenehmigungen als
Dauerzustand einer Normabweichung

Das System der Volkswirtschaft in der DDR erfolgte nach einer sog. Planwirtschaft. Der Name impliziert die Vorstellung, dass allen Initiativen und Aktivitäten geplante Abläufe zugrunde lagen. Die Realität offenbarte aber oftmals das genaue Gegenteil. Was irgendwelche Pläne vorsahen, war die eine Seite der Medaille. Die andere Seite zeigte sich darin, dass tagtäglich improvisiert werden musste, weil rohstoffseitige Engpässe oder sonstige Lieferschwierigkeiten die vorgeplanten Abläufe störten. In der ungeplanten Improvisation hatten es viele Produktionsdirektoren und andere Versorgungsverantwortliche zur wahren Meisterschaft gebracht. Die Fähigkeiten, die sie dabei entwickelten, waren durchaus beachtlich und anerkennenswert. Die Improvisationsfähigkeiten ermöglichten ihnen, Produktionen aufrechtzuerhalten, die unter normalen Bedingungen zusammengebrochen wären.

Im Zuge der Wiedervereinigung darf man diesen Leuten durchaus bescheinigen, dass sie spezielle Fähigkeiten und Kenntnisse hatten, die in der bundesdeutschen Gesellschaft so nicht nachgefragt waren. Wenn in einem westdeutschen Produktionsbetrieb Maschinen funktionsuntüchtig wurden und repariert werden mussten, wurde i.d.R. der zuständige Dienstleister bzw. der Wartungsservice informiert, der die Reparatur oder den Austausch von Ersatzteilen vornahm. In der DDR mussten die Techniker und Ingenieure dieses Problem in Eigeninitiative lösen. Auch sie entwickelten oftmals erstaunliche Fähigkeiten der Improvisation. Eine Improvisation bleibt aber letztendlich eine Improvisation. In begründeten Einzelfällen können solche Fähigkeiten durchaus nützlich und hilfreich sein. Aber als Dauerzustand einer Volkswirtschaft beweist das eher die Funktionsuntüchtigkeit bestimmter Wirtschaftsabläufe.

In Anbetracht der vorstehend genannten wirtschaftlichen Schwierigkeiten in der DDR hatte man vorsorglich das *Konzept der Ausnahmegenehmigungen* in den lebensmittelgesetzlichen Bestimmungen verankert. Nach § 15 LMG waren die jeweils zuständigen Minister zur Erteilung von befristeten Ausnahmegenehmigungen im Verkehr mit Lebensmitteln und Bedarfsgegenständen ermächtigt. Diese Ermächtigung beschränkte sich allerdings auf Regelungen von Einzelheiten gemäß § 11 (1) LMG. Sie bezogen sich jedoch nicht auf Festlegungen im Rahmengesetz. Diese konnten nur durch Volkskammerbeschluss geändert werden.

Aus den Festlegungen zu § 15 (1) und (2) LMG war zu folgern, dass eine Ausnahmegenehmigung grundsätzlich nur befristet war. Sie erlosch automatisch, wenn die festgelegte Gültigkeitsdauer – ein Jahr oder weniger – abgelaufen war. Aber auch hier sah der Gesetzgeber eine Ausnahme vor. Die Ausnahme konnte über diese Frist gültig bleiben, wenn der Inhaber der Genehmigung vor ihrem Ablauf eine gesetzliche Regelung beantragte. Die Ausnahmegenehmigung blieb dann bis zur Entscheidung des Gesetzgebers in Kraft und konnte – sofern sie sich bewährt hatte – als endgültige gesetzliche Regelung aufgenommen werden. Hiervon wurde in der Praxis reichlich Gebrauch gemacht.

Die Befugnis zur Erteilung von Ausnahmegenehmigungen für Lebensmittelstandards war dem Präsidenten des Qualitätskontrollorganes (ASMW) mit einer Vereinbarung vom 04.01.1962 übertragen worden. Auch hierbei sollte der Grundsatz gelten, Ausnahmegenehmigungen zu Standards nur zu erteilen, wenn gleichzeitig gesichert war, dass die Einhaltung der Standards schrittweise und termingerecht erreicht wird. Das hieß also, dass für Ausnahmegenehmigungen, die wegen volkswirtschaftlicher oder produktionstechnischer Schwierigkeiten beantragt wurden, verbindliche Festlegungen Voraussetzungen waren, mit denen die Bemühungen um Wiederherstellung des ursprünglichen gesetzlichen Zustandes nachgewiesen werden sollten. Hieraus wurde bereits die Problematik der Erteilung von Ausnahmegenehmigungen sichtbar.

Aus diesem Grund hatte ein sachkundiger Kenner der DDR-Verhältnisse wie Engst (41) bereits 1963 – kurz nach Inkrafttreten des neuen Lebensmittelgesetzes – auf die Gefahrenmomente hingewiesen, die mit einer allzu großzügigen Handhabung von Ausnahmegenehmigungen einhergehen. Er bemerkte wörtlich hierzu:

»Der Verkehr mit Lebensmitteln und Bedarfsgegenständen wird zurzeit durch zahlreiche Ausnahmegenehmigungen belastet, die unter nicht einheitlichen Gesichtspunkten erlassen worden sind und bisweilen schon seit Jahren in Anspruch genommen werden. Ein derartiges Verfahren verleitet zu großzügiger Handlungsweise, steht der wirkungsvollen und einheitlichen Regelung entgegen und stellt nicht zuletzt den Erfolg für die Allgemeinheit und damit auch die Ziele und die Autorität des Gesetzes und derjenigen, die es durchsetzen wollen, in Frage.
Andererseits darf die Lebensmittelgesetzgebung nicht starr sein. Wissenschaftliche Erkenntnisse und die fortschreitende Entwicklung von Lebensmittelproduktion, -transport, -lagerung usw. sowie die notwendige Überbrückung wirtschaftlicher Gegebenheiten erfordern die Möglichkeit der Ausnahme von einmal getroffenen Festlegungen des Gesetzgebers.

Bei Erteilung derartiger Ausnahmegenehmigungen ist aber ein strenger Maßstab anzulegen. Sie dürfen nicht zur Durchlöcherung des Gesetzeswerkes und damit der Zielstrebigkeit der Produktion und vor allem nicht zur Verschlechterung der Versorgungslage in ernährungsphysiologischer und hygienischer Hinsicht führen.«

Die von Engst zu Recht und in weiser Voraussicht vorgebrachten Einwände zur gesetzestechnischen Handhabung der Standardisierungsregelungen haben sich leider im Nachhinein als sehr zutreffend erwiesen. Dieses Regelungsprinzip stellte quasi einen Freibrief für das ASMW dar, davon großzügig Gebrauch zu machen. Die vom ASMW erteilten Ausnahmegenehmigungen (Tab. 1 und Abb. 1) dokumentieren in besonders aufschlussreicher Weise die labile volkswirtschaftliche und produktionstechnische Grundlage der Lebensmittelproduktion in der DDR.

Tabelle 1

Übersicht über die dem Bezirkshygieneinstitut Berlin (BHI) seinerzeit vorliegenden Ausnahmegenehmigungen des Ministeriums für Gesundheitswesen im Zeitraum 1965 bis 1984

Erscheinungsjahr	Anzahl der erteilten Ausnahmegenehmigungen	davon befristet	davon als unbefristete Genehmigungen
1965–1971	16	1	15
1972	6	-	6
1973	-	-	-
1974	4	-	4
1975	7	-	7
1976	15	-	15
1977	7	-	7
1978	3	-	3
1979	10	2	8
1980	8	3	5
1981	9	2	7
1982	32	20	12
1983	36	33	3
1984	42	18	24
Gesamt	195	79 (40,6 %)	116 (59,4 %)

Aus obiger Übersicht ist erkennbar, dass dem allein für Ostberlin zuständigen Untersuchungsinstitut 195 Ausnahmegenehmigungen vorlagen. Hierbei handelte es sich vor allem um erteilte Ausnahmegenehmigungen, die von allgemeiner und überregionaler Bedeutung waren bzw. nur begrenzte Wirksamkeit für das Territorium von Ostberlin besaßen. Die Anzahl der in Tabelle 1 erfassten Ausnahmegenehmigungen stellte also nur einen Bruchteil der insgesamt vom Ministerium für Gesundheitswesen in dieser Zeit erlassenen Ausnahmegenehmigungen dar. Dennoch sind gewisse generelle Aussagen möglich.

Zunächst wird aus der in Tabelle 1 enthaltenen Übersicht offenbar, dass ein hoher Anteil (ca. 60 %) der erteilten Ausnahmegenehmigungen unbefristet war. Diese Tatsache bestätigte die von Engst (41) seinerzeit geäußerte Befürchtung nach einer Durchlöcherung des Lebensmittelgesetzes. Sie war aber vor allem auch ein Ausdruck der schlechten Versorgungslage in der DDR.

Abbildung 1

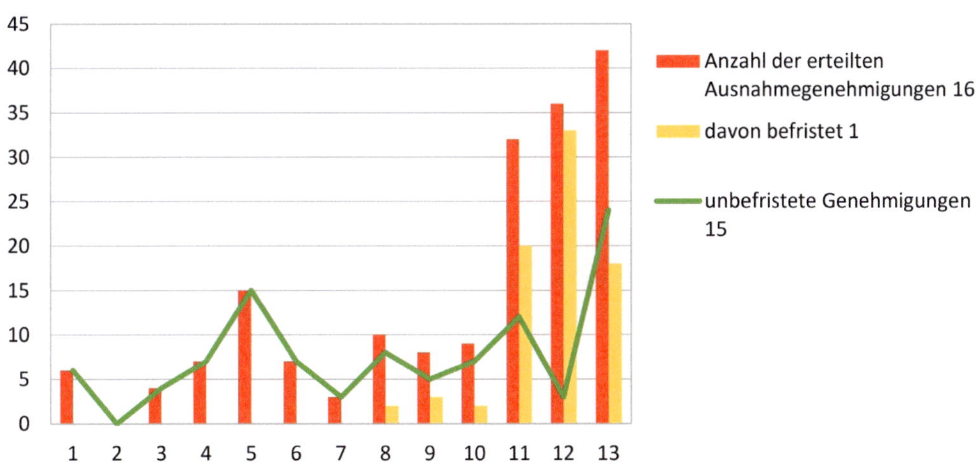

Die Senkung des Fettgehaltes in vielen pflanzlichen und tierischen Produkten, die Verminderung des Stammwürzegehaltes von Bier, die Senkung oder gar vollständige Substitution von Kakao in fast allen kakaohaltigen Erzeugnissen sowie die Minderung des Alkoholgehaltes in vielen Spirituosen – um nur einige auffällige Beispiele zu nennen –

beinhalteten gravierende Qualitätsminderungen der Lebensmittel. Der Verbraucher wurde darüber auch nicht informiert. Er wurde damit konfrontiert und entweder er bemerkte es – dann war es eben so – oder er bemerkte es nicht, dann war es ganz im Sinne der Hersteller.

Derartige qualitätsgeminderte Lebensmittel wurden auch nicht preisgemindert angeboten. Sie wurden oftmals unter neuer und vortäuschender Aufmachung zu gehobenen Preisen in den Verkehr gebracht.

Die Preispolitik in einer Planwirtschaft ist eine Angelegenheit, die der normal verständige Mensch kaum nachvollziehen kann. Ihr liegen keine wirtschaftlichen Sachverhalte zugrunde, sondern Doktrinen eines ideologischen Glaubensbekenntnisses.

In der DDR galt das Prinzip der **subventionierten Preispolitik.** Für Lebensmittel wurden – insbesondere für sog. Grundnahrungsmittel (z.B. Brot, Kartoffeln, Teigwaren etc.) – willkürlich Tiefstpreise festgelegt, unabhängig von ihrem wirtschaftlichen Kostenaufwand. Andererseits wurden aber auch überhöhte Preise für sog. *»Delikat-Lebensmittel«* erhoben, um die Kaufkraft bestimmter Bevölkerungsschichten wieder abzuschöpfen.

Die Subventionspolitik in der DDR trug maßgeblich zu ihrem Zusammenbruch bei. Die Subventionen stiegen von Jahr zu Jahr. Anfang der 80er Jahre war erkennbar, dass die Subventionen aus eigenem Aufkommen nicht mehr zu schultern waren. Die DDR war gezwungen, u.a. auch deshalb Kredite aufzunehmen. Die Bundesregierung kam der DDR entgegen, weil sie einen Zusammenbruch des DDR-Regimes befürchtete.

Eine Kreditverschuldung bringt aber die unangenehme Pflicht mit sich, die Kredite zu bedienen und die Verschuldung unter Kontrolle zu halten. Die Entwicklung in den 80er Jahren zeigte, dass die DDR-Volkswirtschaft damit überfordert war. So war der Zusammenbruch unaufhaltsam.
Natürlich stellte sich in diesem Zusammenhang auch die Frage, warum es die Verantwortlichen in der staatlichen Plankommission oder im Politbüro erst haben so weit kommen lassen. Sie hätten ja auch die Subventionen verringern bzw. sich von der Subventionspolitik verabschieden können. Sie taten es nicht – obwohl es auch in dieser Hinsicht Diskussionen gab –, weil sie in ihrem eigenen Dogma gefangen waren.

Für das unnachgiebige Festhalten an der Subventionspolitik gab es aber noch einen weiteren triftigen Grund, den alle autokratischen und totalitären Herrschaftssysteme enorm fürchten.

Eine Gesellschaft steht auf tönernen Füßen, wenn es ihr nicht mehr gelingt, den Hunger ihrer Untertanen zu stillen. Vor nichts fürchtete man sich in der DDR mehr als vor dem Zusammenbrechen der Versorgungslage. Im Hinblick auf die Versorgung der Bevölkerung wusste man nie, wie weit man den Bogen überspannen konnte. Kritisch wird es aber für jede Diktatur in dem Augenblick, wenn sich die Ressourcen so weit erschöpfen, dass sie ihren Gefolgsleuten bestimmte Privilegien nicht mehr gewähren kann. Eine solche Situation kann dann zu einem abrupten Ende des Herrschaftssystems führen.

Die Erfahrungen in der Lebensmittelüberwachung bestätigen in sehr anschaulicher Weise, welche Auswirkungen z.B. ein Mangelwirtschaftssystem auf den Zufriedenheitsgrad weiter Bevölkerungskreise haben kann. Es gab auch in der DDR – im Unterschied zu den meisten Personen in den Führungsgremien – durchaus kluge Leute, die diese Problematik frühzeitig erkannten und warnend ihre Stimme erhoben, wie z.B. Engst (41), als er mahnte:

»Die Qualität der Lebensmittel ist nicht nur eine entscheidende Grundlage für das Wohlbefinden des Einzelnen, sondern auch ein Ausdruck des Lebensstandards. Volksgesundheitliche Belange und Qualitätsfragen sind somit untrennbar verbunden.«

Verkehr mit Lebensmitteln

Alle Handlungen, denen das Lebensmittel und die gleichgestellten Stoffe von der Gewinnung bis zur Abgabe an den Endverbraucher unterliegen, wurden im § 5 LMG unter dem Begriff *»Verkehr mit Lebensmitteln«* definiert. Diese Verfahrensweise zeigte den Vorteil, dass späterhin die einzelnen Handlungen nicht mehr gesondert aufgezählt werden mussten. Im § 6 LMG wurden die allgemeinen Anforderungen, die an Lebensmittel in gesundheitlicher, zusammensetzungsmäßiger und kennzeichnungsrechtlicher Hinsicht zu stellen waren, festgelegt. Dieser § 6 ersetzte zusammen mit dem § 7 LMG (Verkehr mit wertgeminderten Lebensmitteln) die *Verbotsparagraphen 3 und 4* des alten Gesetzes. Damit wurde im Lebensmittelgesetz der DDR das bisherige **Verbotsprinzip** (*»Es ist alles verboten, was nicht ausdrücklich erlaubt ist«*) weitgehend durch das **Gebotsprinzip** (*»Es ist alles erlaubt, was nicht ausdrücklich verboten ist«*) abgelöst.

Für den Verbraucher von besonderer Bedeutung waren die Bestimmungen des § 6 (4) LMG. Sie sollten den Verbraucher vor wirtschaftlicher Übervorteilung schützen. Untersagt waren *»bei Lebensmitteln Änderungen der Zusammensetzung, des Gewinnungs- und Herstellungs-, Be- und Verarbeitungs- oder Behandlungsverfahrens, der zulässigen Kennzeichnung oder Aufmachung vorsätzlich oder fahrlässig vorzunehmen, die eine Nachahmung, Verfälschung, Täuschung oder Irreführung darstellten«*. Die Festlegungen des § 6 (4) LMG galten in Fachkreisen auch in der DDR als etwas umstritten (41). In einer kritischen Einschätzung hierzu wurde Folgendes bemerkt:

»Unzulässige Änderungen der Zusammensetzung setzen voraus, dass erst einmal Lebensmittel zulässiger Zusammensetzung vorliegen, die nachträglich in unzulässiger Weise geändert werden.
Änderungen des Gewinnungs- und Herstellungs-, des Be- und Verarbeitungs- und Behandlungsverfahrens bei Lebensmitteln stellen keine Nachmachung, Verfälschung, Täuschung oder Irreführung dar. Sie können aber zu nachgemachten, verfälschten, zur Täuschung geeigneten oder irreführend aufgemachten Lebensmitteln führen. Zweifelsfrei ist es aber die Absicht des § 6 (4), die nachträgliche Veränderung einmal hergestellter und gekennzeichneter Lebensmittel zu unterbinden, sofern sie zu nachgemachten, verfälschten, zur Täuschung geeigneten oder irreführend aufgemachten Lebensmitteln führt. Auch Gewinnungs- und Herstellungs-, Be- und Verarbeitungs- und Behandlungsverfahren und Kennzeichnungen dürfen nicht zu nachgemachten usw. Lebensmitteln führen. Auf diese Weise nachgemachte, verfälschte, zur Täuschung geeignete oder irreführend aufgemachte Lebensmittel sind im Einvernehmen mit einem Verstoß gegen § 6 (7) (= Verbotspassus) zu beanstanden.«

Was schwarz auf weiß so geschrieben steht, hieß in der DDR noch lange nicht, dass auch dementsprechend so gehandelt wurde. Das nachfolgende Beispiel soll das einmal veranschaulichen:

Im Jahre 1984 wurde in der DDR das Produkt *»die feine Butter«* in Verkehr gebracht. Dafür lag auch eine Genehmigung des Ministeriums für Gesundheitswesen vor, was einmal zusätzlich unterstreicht, dass im Einverständnis mit diesem Ministerium die lebensmittelgesetzlichen Bestimmungen in ihren Grundsätzen ausgehöhlt wurden.
Bei diesem Produkt handelte es sich um mit Pflanzenfett (14 % Rapsfett) und mit einem überhöhten Wasseranteil (30 %) verfälschte Butter, die nach einer Art Markenbutter aufgemacht war (Abbildung 20). Sie unterschied sich im Preisniveau auch nicht von konven-

tioneller Butter. Diese Verbrauchertäuschung stellte den klassischen Fall einer Lebensmittelfälschung und damit einer Irreführung des Verbrauchers dar.

Im Kapitel »*Lebensmittelkennzeichnung im Sinne einer Konsumentenverdummung*« gehe ich darauf näher ein. Die Kennzeichnungsprüfung von Lebensmitteln gehört aus gutem Grund auch heute noch zu einem der aktuellen Arbeitsschwerpunkte (»*Etikettencheck*«) (»*Etikettenchemie*«) in der europäischen und deutschen Lebensmittelüberwachung.

Für die Hersteller unterschiedlichster Produkte spielen Aufmachung, äußeres Erscheinungsbild und natürlich die Produktkennzeichnung eine große Rolle im Marktwettbewerb.

Die Täuschung und Irreführung des Verbrauchers mit dubiosen Werbeversprechen einzelner Produkte ist ein weites Feld. Die Kosmetikindustrie gehört z.B. zu einer Branche, die hinsichtlich ihrer Werbeversprechen davon reichlich Gebrauch macht. Im Hinblick auf die Kontrolle durch die Lebensmittelüberwachung unterliegen Kosmetika zwar auch einer Sicherheitsbewertung durch Prüfung auf gesundheitsschädliche Inhaltsstoffe, aber was bestimmte Werbeaussagen und -inhalte über diese Produkte anbetrifft, handelt es sich um eine Manipulationsstrategie, die dazu dient, den Verbraucher weitestgehend im Unklaren darüber zu lassen, wie unseriös ihre Werbeversprechen im Allgemeinen tatsächlich sind.

Die Hersteller kosmetischer Produkte können – im Unterschied z.B. zum streng regulierten Arzneimittelverkehr – sprichwörtlich »*das Blaue vom Himmel lügen*« und mit erfundenen Produkteigenschaften und Versprechungen werben, die durch keine wissenschaftlich fundierten und validierten Untersuchungen und Fakten belegt werden müssen.

Wertgeminderte Lebensmittel ohne Preisminderung

Nach § 7 (1) LMG waren Lebensmittel so in den Verkehr zu bringen, dass sie dem Verbraucher in einem Zustand zur Verfügung stehen sollten, der den geltenden gesetzlichen Bestimmungen entsprach. Gemeint waren damit die lebensmittelhygienischen und ernährungswissenschaftlichen Grundsätze. Mit dieser Forderung wurde allen Beteiligten die Verpflichtung zur sachgemäßen und optimalen Behandlung der Lebensmittel während aller Phasen des Lebensmittelverkehrs auferlegt. § 7 (2) LMG legalisierte das Inverkehrbringen wertgeminderter Lebensmittel. Der Begriff »*wertgemindert*« umfasste inhaltlich folgende Bedeutung:

»Als wertgemindert gelten Lebensmittel, die in ihrer Beschaffenheit den bestehenden Normen oder anderen gesetzlichen Bestimmungen widersprechen oder nicht mehr entsprechen. Sie besitzen aber noch einen Nährwert oder Genusswert, der ihren Charakter als Lebensmittel rechtfertigt. Sie müssen hygienisch unbedenklich sein, ausreichend kenntlich gemacht werden und können nur aufgrund von Ausnahmegenehmigungen in den Verkehr gebracht werden.«

Aus diesen Festlegungen leitete sich sinngemäß bei einer attestierten Wertminderung auch eine entsprechende Preiskorrektur i.S. einer Preisminderung ab. Am Beispiel des Verkehrs mit wertgeminderten Lebensmitteln lässt sich in besonders anschaulicher Weise demonstrieren, dass für den Verbraucher in der DDR der »*Schutz des Geldbeutels*« in der Lebensmittelüberwachung keine Rolle spielte.

In fachlicher Hinsicht ist die Preispolitik für die Lebensmittelkontrolleure von nachrangigem Interesse. Aber im Rahmen unserer Tätigkeit wurden wir damit konfrontiert. Wenn die Begutachtung eines Lebensmittels zu dem Ergebnis führte, dass ein Lebensmittel zwar noch nicht verdorben, aber wertgemindert war, wäre der Handel eigentlich verpflichtet gewesen, eine Preisminderung vorzunehmen. Die Begeisterung über ein solches Begutachtungsergebnis hielt sich auch angesichts der Mangelwirtschaft in Grenzen. Im Kontext dieser Betrachtungsweise war zu erklären, warum lebensmittelchemische Befunde mit dem Ergebnis einer Wertminderung oftmals nicht erwünscht waren. Einige Fachkollegen zeigten sich davon ziemlich unbeeindruckt, andere – vor allem in den oberen Entscheidungsebenen – taten sich schwer damit, eine Wertminderung zu attestieren.

Auf der Karriereleiter von oben nach unten

Als ich mein Studium der Lebensmittelchemie beendete, stellte sich für mich und für alle anderen Absolventen die Frage nach der zukünftigen beruflichen Entwicklung. Ich hatte auf dem Gebiet der Fettautoxidation diplomiert (128) und mit dem Gedanken geliebäugelt, auf diesem Gebiet auch promovieren zu können. Es hätte Sinn gemacht, z.B. zu einem Fettforschungsinstitut nach Hamburg zu wechseln, wo man auf dem Gebiet der Fettforschung sich hätte weiterentwickeln können. Aber eine solche Möglichkeit, in den anderen Teil Deutschlands zu wechseln, war natürlich keine realistische Option in der DDR. Dafür aber gab es für Absolventen das System der *staatlichen Absolventenlenkung*.

Ich bekam also drei Stellen in der Lebensmittelindustrie irgendwo in der DDR-Provinz angeboten, die ich dankend ablehnte. Mein Ziel war es, mir selbst eine Stelle suchen und zu entscheiden, womit ich mich zukünftig beschäftigen wollte.

Ich sprach zunächst im Institut für Ernährung in Potsdam-Rehbrücke vor und erhielt auch eine Zusage für eine Promotionsstelle. »Allerdings« – so schränkte der Institutsdirektor dann ein – »können Sie diese Stelle nur antreten, wenn Sie Ihren Wehrdienst vorher in voller Länge ableisten.« Dazu aber verspürte ich wenig Neigung, nach einem zehnsemestrigen Studium nun noch weitere eineinhalb Jahre zu verlieren, bevor ich beruflich Fuß fassen konnte.

Und wie so manches Mal im Leben sollte mir der Zufall zu Hilfe kommen. Völlig unerwartet erhielt ich einen Anruf von einem Studienkollegen, der als Lebensmittelchemiker im Verpflegungsdienst des Verteidigungsministeriums arbeitete. Er wollte sich beruflich verändern und suchte nun einen geeigneten Nachfolger. Mit seinem Arbeitgeber hatte er ein Arrangement getroffen, vorzeitig seinen Arbeitsvertrag auflösen zu können, sofern er einen Nachfolger benannte. »Du suchst doch eine Arbeitsstelle«, so wandte er sich an mich. »Und du möchtest doch gerne weiterhin in Berlin bleiben. Wenn du Interesse hast, solltest du dich bewerben. Ich wechsle in ein anderes Ministerium.«

Ich war mir nicht sicher, ob ich mich angesichts meiner unpolitischen Haltung auf ein solches Angebot überhaupt einlassen sollte. Und was militärische Dinge anbelangte, lagen diese nicht gerade im Mittelpunkt meines Interessenkreises. Hinzu kam, dass ich parteilos war. Ich hatte gerade erst geheiratet, erfreute mich der Geburt meines ersten Kindes. Meine Frau absolvierte ihre letzten Semester und beabsichtigte ebenfalls als Lebensmittelchemikerin in Berlin zu arbeiten.

In der Abwägung zwischen Pro und Kontra entschied ich mich für eine formale Bewerbung in der Annahme: »Es wird sowieso nichts. Mit deiner politischen Einstellung wirst du ohnehin keine Chance haben!« Es sollte aber anders kommen.

Das Angebot bezog sich auf eine Stelle als wissenschaftlicher Mitarbeiter im Status eines Zivilangestellten und war im Bereich der rückwärtigen Dienste im Verpflegungsdienst des Verteidigungsministeriums angesiedelt. Der Leiter des Verpflegungsdienstes im Rang eines Obersts zeigte sich meiner politischen Einstellung zunächst gegenüber wenig interessiert. Er benötigte im Kreis seiner nachgeordneten Stabsoffiziere einen Ernährungsfachmann. Die Empfehlung meines Vorgängers reichte ihm völlig aus, meine Bewerbung positiv zu entscheiden.

Meine Aufgaben im Ministerium beinhalteten die Betreuung und Bearbeitung von ernährungswissenschaftlichen Forschungsprojekten im Bereich der Truppenverpflegung. Diese Tätigkeit brachte es mit sich, dass ich die gesamte diesbezügliche Forschungs- und Industrielandschaft in der DDR kennenlernte. Ein wesentlicher Arbeitsschwerpunkt bezog sich darauf, die Möglichkeiten der Lebensmittelindustrie in der DDR dahingehend zu eruieren, inwieweit sie in der Lage war, spezielle Forschungsergebnisse in die Praxis zu überführen. Nach drei Jahren kannte ich aus meinen Vorortbesichtigungen und -prüfungen alle wesentlichen Kombinate und sonstigen Betriebe der Lebensmittelindustrie in der DDR. Ich wusste nunmehr, was sie leisten konnten und wo sie in ihren produktionstechnischen Voraussetzungen limitiert waren. Ähnliches galt auch für die Industrieforschung. Auch hier offenbarte sich häufig eine große Diskrepanz zwischen den Ansprüchen, bestimmte Forschungsergebnisse zu erreichen, und den tatsächlichen Möglichkeiten, sie auch praktisch zu realisieren. Gelegentlich begegneten mir Institutsdirektoren, die mit ihren visionären Offenbarungen einer Zirkusvorstellung alle Ehre gemacht hätten.

In einer ernährungshygienisch ausgewogenen Truppenverpflegung ist auch der Eiweißgehalt bestimmter Lebensmittel von Interesse. Aus diesem Grunde wandte ich mich seinerzeit an das Institut für Binnenfischerei in Berlin-Köpenick, um mich mit den Fachleuten zu beraten, inwieweit bestimmte Fischprodukte sich als Eiweißlieferanten hierfür anboten. Dass jemand vom Verteidigungsministerium in diesem Institut vorsprach, war durchaus keine Selbstverständlichkeit. Meine Gesprächsteilnehmer ließen diese Gelegenheit nicht ungenutzt, mich über alle ihre Visionen und Forschungsvorhaben zu unterrichten in der Hoffnung, sich durch Aufgaben für das Ministerium profilieren zu können. *»Wir arbeiten an einem Forschungsprojekt«,* so wandte sich der Institutsdirektor an mich, *»das darauf abzielt, sog. Amurgraskarpfen ohne Gräten zu züchten.« »Und wie wollen Sie das anstellen?«,* fragte ich nach. *»Wir werden von den Erfahrungen des großen Bruders (gemeint war die Sowjetunion, Anm. des Autors) ausgehen und gezielt ein solches Forschungsvorhaben vorantreiben! Das könnte doch auch für Sie von Interesse sein«,* schloss er erwartungsvoll sein Plädoyer ab. Ich schaute ihn verblüfft an. Meinte er das nun wirklich ernst? *»Wir werden wieder auf Sie zukommen, Genosse Institutsdirektor, wenn Sie uns den ersten grätenfreien Karpfen servieren«,* entgegnete ich süffisant. *»Und so lange werden wir unser Augenmerk etwas naheliegenderen Dingen zuwenden. Das verstehen Sie doch oder?«* Seine Miene verfinsterte sich. *Offensichtlich hatte er etwas andere Erwartungen.*

Mein größter Erkenntnisgewinn in der Ministeriumsarbeit bestand darin, diejenigen Leute kennenzulernen, die – soweit es die Lebensmittelindustrie und -forschung in der

DDR betraf – als Führungskräfte das Sagen hatten. Die Kombinats- und Betriebsleiter der VEB waren in der Regel recht pragmatische Führungskräfte, die unter den permanenten Problemen eines Mangelwirtschaftssystems sich mehr oder wenig bemühten, angesichts der zahlreichen Schwierigkeiten die Planauflagen zu erfüllen. Bei Versorgungsaufträgen für das Militär hatten sie gelegentlich auch die Chance, ihre veraltete Produktionstechnologie durch Investitionen aus dem NSW zu erneuern. Den Dogmatikern begegnete man eher in den Verwaltungsstrukturen.

Mein Umgang mit den Militärangehörigen erwies sich erstaunlicherweise als recht unkompliziert. Die mir zur Seite gestellten Stabsoffiziere zeigten sich – von wenigen Ausnahmen abgesehen – kooperativ und beschränkten sich im Wesentlichen auf eine fachliche Zuarbeit. Eine Tatsache aber war klar. Der Status eines Zivilangestellten war innerhalb der militärischen Hierarchie stets von untergeordneter Bedeutung. Als man mir nahelegte, Uniformträger zu werden, war es an der Zeit, mir eine neue Aufgabe zu suchen.

Ich hatte mich seinerzeit für das Studium der Lebensmittelchemie entschieden, weil ich die Arbeit in der Lebensmittelüberwachung spannend fand und sie dem Gesundheitsschutz diente. Auch ging ich davon aus, dass es auf diesem Gebiet immer viel zu tun geben würde. In der DDR gab es für Lebensmittelchemiker nur zwei Ausbildungsstätten: Zum einen war es die Humboldt-Universität zu Berlin, die in ihrem Institut für Lebensmittelchemie und technologie ein Studium der Lebensmittelchemie anbot, und zum anderen die Technische Universität in Dresden. Beide Ausbildungsstätten unterschieden sich darin, dass der Ausbildungsschwerpunkt für die Lebensmittelchemiker an der Humboldt-Universität vor allem auf analytischem Gebiet lag, während an der TU Dresden die lebensmitteltechnologische Ausbildung mehr im Vordergrund stand. Es lag also nahe, sich als Absolvent der Humboldt-Universität einen Job im analytischen Bereich zu suchen. Die Tätigkeit in einem lebensmittelchemischen Labor schien dafür prädestiniert. Die DDR war ein kleines Land und die Zahl der jährlich ausgebildeten Lebensmittelchemiker mit etwa jeweils nur zehn Absolventen in einem Studienjahr überschaubar klein. Noch überschaubarer war allerdings die Anzahl von Laborarbeitsplätzen in den wenigen chemischen Untersuchungsanstalten. Um einen Arbeitsplatz im Bereich der amtlichen Lebensmittelkontrolle zu ergattern, bedurfte es also geeigneter Beziehungen oder eines glücklichen Zufalles. Angesichts dieser wenig rosigen Aussichten, einen Arbeitsplatz in der Lebensmittelkontrolle zu finden, musste ich mir schon etwas einfallen lassen, um einen Einstieg in die Lebensmittelüberwachung zu finden.

Ich entschloss mich, meine Tätigkeit auf Ministeriumsebene zu beenden und mir im unteren Verwaltungsbereich der Lebensmittelkontrolle eine Stelle zu suchen. Dabei sah ich mich zunächst mit einem speziellen Strukturproblem in der DDR konfrontiert.

In der Lebensmittelkontrolle arbeiteten zunächst die Lebensmittelchemiker nahezu ausschließlich nur in den Laborbereichen der Bezirkshygieneinstitute. Ähnlich wie es die Fachkollegen in der bundesdeutschen Lebensmittelüberwachung damals und auch heute noch meistens tun (24, 33, 223–226).

Es bedurfte einiger Überzeugungsarbeit, die Entscheidungsträger in der DDR-Lebensmittelüberwachung zu motivieren, die Tätigkeit von Lebensmittelchemikern im Bereich der Lebensmittelüberwachung auf einer Verwaltungsebene zu ermöglichen, die eine vorrangig administrative Arbeit beinhaltete.

Im Jahre 1972 war es dann so weit, dass ich auf allen Entscheidungsebenen den Weg geebnet hatte, den ersten Lebensmittelchemiker als Fachabteilungsleiter in einer Kreishygieneinspektion zu beschäftigen. Ich nahm die Tätigkeit als Lebensmittelchemiker in einer Ostberliner Kreishygieneinspektion *(Berlin-Treptow)* auf. Parallel absolvierte ich meine Fachausbildung am BHI Berlin. Nach erfolgreicher Fachausbildung sollte dann die Funktionsbezeichnung *»Stadtbezirkslebensmittelchemiker«* festgelegt werden mit alleiniger Unterschrifts- und Hoheitsbefugnis.

Ich knüpfte entsprechende Netzwerke und agitierte erfolgreich dafür, Lebensmittelchemiker verstärkt auf dieser Vollzugsebene einzusetzen. Es gelang mir innerhalb von zwei Jahren, alle Kreishygieneärzte in Ostberlin zu überzeugen, die Fachexpertise unserer Berufsgruppe zu nutzen und Lebensmittelchemiker auf dieser Verwaltungsebene zu beschäftigen.

Im Jahr 1976 beendete ich mit drei Fachkollegen diese Fachausbildung. Wir wurden von der zentralen Prüfungskommission zu einer schriftlichen Prüfungsklausur eingeladen. Das Ergebnis dieser Klausur entschied darüber, ob man zu dem abschließend öffentlich durchgeführten Colloquium und der mündlichen Prüfung überhaupt zugelassen wurde. Wir waren insgesamt vier Lebensmittelchemiker, die sich dieser Prüfung stellten. Ich war der letzte Prüfling und präsentierte mich recht selbstbewusst dem Expertengremium. Sie lobten meine schriftliche Klausur und die etwa einstündige Prüfung neigte sich bereits dem Ende zu. Ich war mir sicher, dass nicht mehr viel passieren konnte.

Der Vorsitzende der Prüfungskommission stellte dann die verfängliche Frage, welche Vorstellungen ich denn hätte, wie man die staatliche Lebensmittelkontrolle in der DDR effizient entwickeln und gestalten könnte.

Damit hatte ich mich lange genug beschäftigt. Wenn man von einer Idee überzeugt ist – ich sympathisierte im Stillen mit dem Modell des Schweizer Amtschemikers –, dann ist es nicht einfach, bestimmte Überzeugungen zu verbergen. Das Expertengremium hörte aufmerksam zu. Ich wurde nicht unterbrochen. Am Schluss meines Plädoyers wurde mir die Frage gestellt, *»ob es für einen Lebensmittelchemiker überhaupt Sinn macht, bei der ohnehin schon qualitativ schlechten Lebensmittelqualität überhaupt noch eine Wertminderung zu attestieren.«*

Ich verwies auf die in den Fachbereichsstandards festgeschriebenen Qualitätsmerkmale und erklärte, dass davon abweichend festgestellte Qualitätsmängel im Sinne der Lebensmittelgesetzgebung als wertgemindert zu beurteilen sind. *»Und empfehlen Sie«*, so lautete die letzte Frage, *»solche wertgeminderten Lebensmittel preisgemindert zu verkaufen?«* Ich antwortete: *»Nach meiner persönlichen Meinung würde ich diese Frage mit einem klaren Ja beantworten. Die Entscheidung darüber liegt aber außerhalb der Zuständigkeit unserer Berufsgruppe.«* Damit war die Prüfung auch beendet und ich war mir ziemlich sicher, dass meiner Fachanerkennung nichts mehr im Wege stand.

Das Prüfungsgremium (Anlagen 18 und 18.1) zog sich zurück. Normalerweise wurden die Prüfungsergebnisse ein bis zwei Stunden später öffentlich verkündet. An diesem Tag aber lief alles ganz anders. Das Expertengremium war hin- und hergerissen, ob man mir die Fachanerkennung wirklich erteilen konnte. Einige Experten fanden meine fachlichen Darlegungen und Ergebnisse ausgezeichnet. Andere Mitglieder der politisch-ideologischen Fraktion lehnten eine Fachanerkennung mit der Begründung ab, ich könnte mit meinen Entscheidungen die politischen Zielsetzungen unterlaufen. Nach langer interner Diskussion im Prüfungsgremium setzte sich die Fraktion der Fachexperten durch, die mir attestierten, alle Fragestellungen im Sinne des bestehenden Lebensmittelgesetzes richtig und korrekt beantwortet zu haben. Fachlicherseits hätten sie nichts an meinen Darlegungen auszusetzen gehabt. Der Konflikt, der sich im Hinblick auf das Thema »Preisnachlass bei wertgeminderten Lebensmitteln« offenbarte, bestand darin, dass es nach den gesellschaftspolitischen Vorstellungen in der DDR nicht die Aufgabe der Lebensmittelüberwachung sein konnte, für den Verbraucher *»**einen Schutz des Geldbeutels**«* zu bewirken, indem Lebensmittelchemiker Qualitätsbeurteilungen von Lebensmitteln vornehmen und ggf. deren Qualitätsminderung attestieren.

Ich wurde vor die Prüfungskommission gerufen, wo man mir eröffnete, dass meine Darlegungen im Hinblick zur Verfahrensweise im Umgang mit wertgeminderten Lebensmitteln bei einzelnen Prüfungsmitgliedern zu Irritationen über mein Berufsverständnis geführt hätten. Da aber meine Fachkompetenz nachweislich nicht infrage gestellt werden kann, hat die Prüfungskommission entschieden, mir die Fachanerkennung dennoch zu erteilen. Allerdings wurde auch sichtbar, dass ich im Hinblick auf die Gestaltung einer effizienten Lebensmittelkontrolle augenscheinlich mit dem Überwachungssystem eines Schweizer Amtschemikers sympathisieren würde. In der amtlichen Lebensmittelkontrolle in der DDR sei dafür kein Platz. Von den vier Lebensmittelchemikern, die 1976 ihre Fachausbildung in Ostberlin absolvierten, verließen drei Fachkollegen Anfang bis Mitte der 80er Jahre die DDR.

Das Prüfungsgremium hatte zweifellos Recht, dass unter den gegebenen politischen Verhältnissen es nicht möglich war, eine Lebensmittelkontrolle nach Schweizer Vorstellungen in der DDR zu organisieren. Später erfuhr ich, dass meine Ausführungen zum Umgang mit wertgeminderten Lebensmitteln auch deshalb so kritisch aufgenommen wurden, weil die Befürworter von subventionierten Lebensmitteln eine weitere Preisminderung für absurd hielten.

In der Praxis hatte sich bereits eine Verfahrensweise durchgesetzt nach dem Prinzip: Alle Beteiligten wissen um eine Wertminderung. Sie wird aber nicht kenntlich gemacht und die Produkte werden ohne Preisminderung erst einmal an den Verbraucher abgegeben. Dabei war es zu einem fast üblichen Handelsbrauch geworden, die Reaktionen des Verbrauchers im Hinblick auf seine Reklamationsabsicht zu testen.

Kalkuliert wurde in diesem Zusammenhang, dass nur wenige Verbraucher in der Regel tatsächlich von ihrem zugestandenen Recht der Reklamationsmöglichkeit Gebrauch machen würden. Die Praxis bestätigte leider diese Erwartung. Im Reklamationsfall sollte kulant entschieden werden (aber jeweils nur im konkreten Einzelfall!) und das Gros der noch vorhandenen weiteren wertgeminderten Lebensmittel ohne Preisminderung weiterverkauft werden.

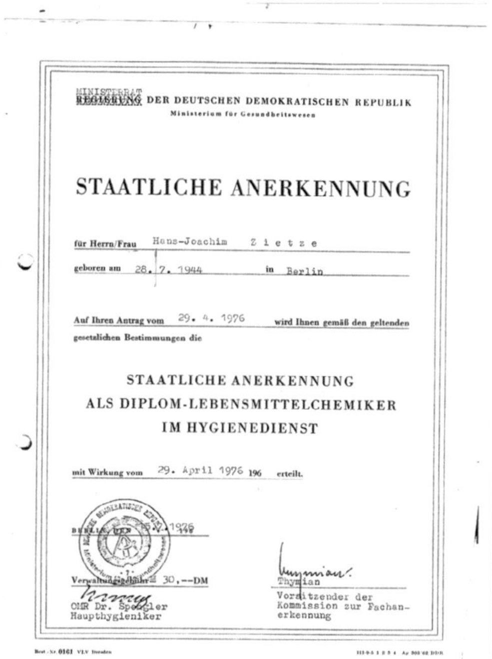

STAATLICHE ANERKENNUNG

MINISTERRAT DER DEUTSCHEN DEMOKRATISCHEN REPUBLIK
Ministerium für Gesundheitswesen

für Herrn/Frau   Hans-Joachim   Z i e t z e

geboren am   28. 7. 1944   in   Berlin

Auf Ihren Antrag vom   29. 4. 1976   wird Ihnen gemäß den geltenden gesetzlichen Bestimmungen die

STAATLICHE ANERKENNUNG
ALS DIPLOM-LEBENSMITTELCHEMIKER
IM HYGIENEDIENST

mit Wirkung vom   29. April 1976   196   erteilt.

Verwaltungsgebühr   30,--DM

OMR Dr. Spengler
Haupthygieniker

Thymian
Vorsitzender der
Kommission zur Fachan-
erkennung

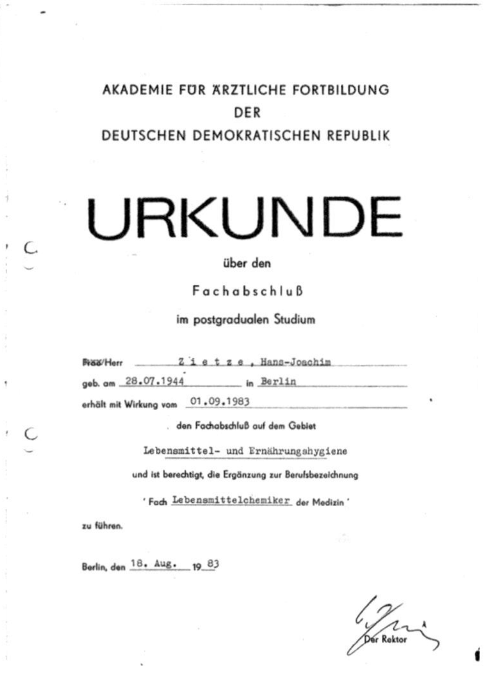

Abbildung 2.1: Fachanerkennung als Diplom-Lebensmittelchemiker im Hygienedienst am 29.04.1976

AKADEMIE FÜR ÄRZTLICHE FORTBILDUNG
DER
DEUTSCHEN DEMOKRATISCHEN REPUBLIK

URKUNDE

über den

Fachabschluß

im postgradualen Studium

Frau/Herr   Z i e t z e , Hans-Joachim

geb. am   28.07.1944   in   Berlin

erhält mit Wirkung vom   01.09.1983

den Fachabschluß auf dem Gebiet

Lebensmittel- und Ernährungshygiene

und ist berechtigt, die Ergänzung zur Berufsbezeichnung

'Fach Lebensmittelchemiker der Medizin'

zu führen.

Berlin, den   18. Aug.   19 83

Der Rektor

Abbildung 2.2: Beurkundung einer neuen Funktionsbezeichnung als Fachlebensmittelchemiker der Medizin am 18.08.1983

Diese Praxis offenbarte, dass die Produzenten oder Warenbesitzer kein wirkliches Interesse daran hatten, zur Wahrung ihres Images oder im Hinblick auf ihren Verkaufserfolg mit höchstmöglicher Qualität um den Verbraucher zu werben. Der in der Propaganda verkündete sog. »sozialistische Wettbewerb« war gekünstelt und aufoktroyiert und nicht als seriöse Motivationsgrundlage geeignet, Qualitätsarbeit abzuliefern. Diese Verfahrensweisen widersprachen zudem auch allen Anforderungen, die sich aus der sog. Sorgfaltspflicht des Herstellers oder Gewerbetreibenden ableiteten (36–38, 49, 50, 213–217).

Die DDR-LMK zeigte sich sehr zurückhaltend, Verfahrensweisen im Umgang mit stark qualitätsgeminderten Lebensmitteln zu sanktionieren, wenn wert- und qualitätsgeminderte Lebensmittel weiterhin ohne Preisnachlass im Verkaufsangebot belassen wurden. Sie hätte es nach ihrem eigentlichen gesetzlichen Auftrag durchaus tun können, wenn die Entscheidungsträger ohne Not ihre berufsethischen Grundsätze nicht der politischen Zielstellung geopfert hätten.

Fremdstoffe in Lebensmitteln

Wie die Lebensmittelgesetzgebungen in anderen Ländern auch, erhob das Lebensmittelgesetz in der DDR den hehren Anspruch, als wichtigstes Anliegen den Schutz der Gesundheit des Verbrauchers sicherzustellen (18, 27, 31, 36, 47). Die lebensmittelrechtlichen Normen sollten das berechtigte Interesse des Verbrauchers berücksichtigen, vor gesundheitlichen Gefahren im Lebensmittelverkehr geschützt zu werden. Das betraf auch den Schutz vor Umweltbelastungen jeglicher Art.

Bezüglich der Regelung des Fremdstoffproblems hatte die Lebensmittelgesetzgebung in der DDR den Versuch unternommen, das Problem zumindest in gesetzgeberischer Weise unkompliziert zu lösen. Dieser Versuch bestand darin, die Fremdstoffe begrifflich eindeutig von den Lebensmitteln zu trennen. Ihre Anwendung war nur über Positivlisten erlaubt. Damit war die Lebensmittelgesetzgebung der DDR einem allgemeinen Trend gefolgt, indem sie sich von dem Weg des **Missbrauchsprinzips** (*»Es ist alles erlaubt, was nicht ausdrücklich verboten ist!«*) abgewandt hatte und sich für das **Verbotsprinzip** mit Erlaubnisvorbehalt (*»Es ist alles verboten, was nicht ausdrücklich erlaubt ist!«*) ausgesprochen hatte.

> »Als Fremdstoffe im Sinne von § 4 LMG wurden Stoffe definiert, die den Lebensmitteln nach Art und Menge und von Natur aus oder aufgrund herkömmlicher physikalischer Behandlungsverfahren nicht eigen sind und als Bestandteil der Lebensmittel mitgegessen, -getrunken, -gekaut bzw. geraucht oder geschnupft werden.«

Nach dieser Regelung waren Fremdstoffe in keinem Falle Lebensmittel. Sie standen den Lebensmitteln lediglich in der Behandlung nach dem Gesetz gleich. Fremdstoffe konnten als Zusatzstoffe dem Lebensmittel beigefügt werden in der Absicht, mit genossen zu werden. Sie konnten auch unbeabsichtigt als Rückstände und Verunreinigungen dem Lebensmittel anhaften. Von den Fremdstoffen waren ausgenommen »*Stoffe, für deren Zugabe zu Lebensmitteln der Gehalt an Nährstoffen maßgeblich war*«.

Diese Einschränkung war notwendig. Andererseits hätte z.B. die Möglichkeit bestanden, Zusätze von Stärke als Bindemittel oder übermäßige Zusätze von Fetten zum Wurstgut als Fremdstoffzusätze zu deklarieren. Derartige Zusätze konnten, wenn sie übermäßig oder unzulässig erfolgten, zur Verfälschung von Lebensmitteln führen, keinesfalls aber die Tatsachen eines Fremdstoffzusatzes bewirken.

Unter gleichen Gesichtspunkten hatte der Gesetzgeber *»Vitamine, Provitamine, Würz-, Duft- und Geschmacksstoffe natürlicher Herkunft und Stoffe, die diesem chemischen Aufbau gleich waren, sowie Luft, Stickstoff, Kohlendioxid und Äthylalkohol«* von der Fremdstoffregelung ausgenommen. Damit wurde die Regelung komplizierter. All die genannten Stoffe, die sehr häufig den Lebensmitteln zugesetzt und zudem physiologisch waren, galten nicht als Fremdstoffe.

Das Lebensmittelgesetz der DDR unterschied sich bezüglich in der Definition des Begriffes *»Fremdstoff«* damit grundsätzlich von der bis dahin gebräuchlichen Lebensmittelgesetzgebung aus dem Jahre 1927. Nach der früheren Begriffsdefinition *»Lebensmittel«* wurden hierin alle Stoffe erfasst, *»die dazu bestimmt waren, in unverändertem oder zubereitetem Zustand von Menschen gegessen oder getrunken zu werden, soweit sie nicht überwiegend zur Beseitigung, Linderung oder Verhütung von Krankheiten bestimmt waren.«* Diese Formulierung schloss in dem Begriff *»Lebensmittel«* auch Lebensmittelfarbstoffe, Konservierungsmittel etc. ein, also Substanzen, die nach heutiger Auffassung Zusatzstoffe darstellen und somit eindeutig als Fremdstoffe definiert sind.

Bereits kurz nach Inkrafttreten des neuen Lebensmittelgesetzes hatte Engst (41) die Erfolgsaussichten einer globalen Regelung des Fremdstoffproblems in der DDR von der zusätzlichen Verabschiedung einer Fremdstoffanordnung abhängig gemacht. Diese sollte klare, detaillierte Festlegungen und insbesondere Positivlisten der zugelassenen Fremdstoffe bringen. Damit wurde in der DDR zunächst ein ähnlicher Weg vorgezeichnet, wie er bereits zuvor seit 1958 in der BRD verfolgt wurde, nämlich vorerst rückhaltlos alle Fremdstoffe zu verbieten und jeweils einzelne auf ihre Unbedenklichkeit geprüfte Stoffe ausdrücklich zuzulassen.

Obwohl bereits bei Erscheinen des Lebensmittelgesetzes im Jahre 1962 im § 4(3) LMG eine Fremdstoffanordnung angekündigt wurde, dauerte es immerhin noch 19 Jahre, bis endlich am 10.08.1981 diese Fremdstoffanordnung in Kraft trat. Worauf Engst seinerzeit jedoch verabsäumte hinzuweisen, war der Umstand, dass die Regelung des Fremdstoffproblems in der DDR nur dann als geglückt angesehen werden konnte, wenn zusätzlich zu der nun nach langer Zeit vorliegenden gesetzlichen Regelung auch das Defizit an Rückstandsuntersuchungen aufgearbeitet wurde. Gerade im Hinblick auf diese Problematik gilt die Erkenntnis, dass jedes Gesetz nur so gut oder schlecht ist, wie es auch durchsetzbar und kontrollierbar gestaltet wird.

Die Vielzahl der erlassenen Ausnahmegenehmigungen, die sich u.a. auch auf die Fremdstoffe bezogen, ließ eher erkennen, dass zahlreiche gesetzliche Regelungen einen Alibicharakter trugen. Die im Kapitel *»Lebensmittelkontrolle und Umweltschutz«* skizzierten Beispiele belegen, dass die Verantwortlichen für die Lebensmittelkontrolle nur geringes Interesse zeigten, ihre Aufmerksamkeit der mit der Schadstoffbelastung verbundenen Umweltproblematik zu widmen, geschweige denn auf eine Senkung bestimmter Schadstoffe hinzuwirken. Wenn man von dem Anspruch der Fremdstoffregelung und dem Ziel aller Bemühungen der Lebensmittelüberwachung ausgeht, die Fremdstoffe aus unserer Nahrung weitestgehend fernzuhalten bzw. durch Einsatzbeschränkungen auf ein Mindestmaß zu reduzieren, so war die Praxis dieser Zielstellung in der DDR durch Unterlassung geprägt.

Im Bereich der heutigen Lebensmittelüberwachung finde ich es sehr bemerkenswert und hilfreich, dass unabhängige Organisationen, wie z.B. *»Foodwatch«* oder auch *»andere Verbraucherschutzorganisationen«* Transparenz einfordern bzw. durch eigene Recherchen dazu beitragen, Defizite aufzuzeigen.

Die Lebensmittelgesetzgebung in der DDR unterschied sich in einigen Aspekten – wie ich vorstehend an einigen Beispielen schon gezeigt habe – grundsätzlich vom Lebensmittelrecht in anderen Ländern (43–50). Die gesellschaftspolitischen Gegebenheiten in der DDR hatten den Charakter dieses Gesetzes bestimmt. Darin unterschied es sich von den diesbezüglichen Gesetzgebungen früherer Jahre und in besonderer Weise vom Lebensmittelrecht in der BRD.

Als ich 1986 in die BRD übersiedelte und im Landesuntersuchungsinstitut für Lebensmittel, Arzneimittel und Tierseuchen (LAT) in Westberlin zunächst einen befristeten Anstellungsvertrag erhielt, wurde mir geraten, eine Rechtsprüfung des bundesdeutschen Lebensmittelrechtes zu absolvieren. Ich nutzte diese Gelegenheit, besuchte Rechtsvorlesungen und absolvierte erfolgreich auch die bundesdeutsche Rechtsprüfung.

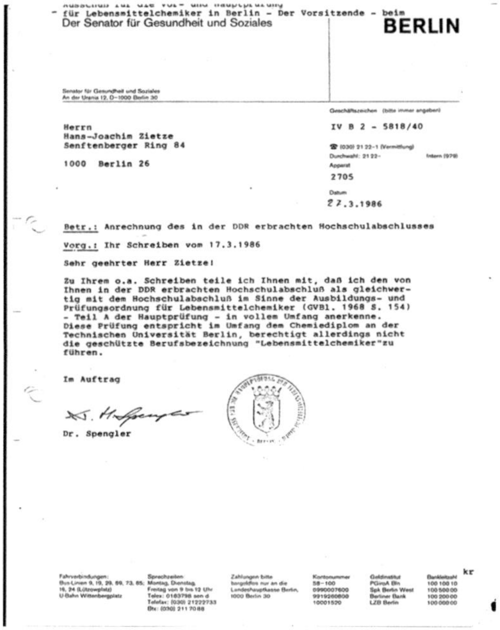

Ausschuß für die Vor- und Hauptprüfung
- für Lebensmittelchemiker in Berlin - Der Vorsitzende - beim
Der Senator für Gesundheit und Soziales

BERLIN

Senator für Gesundheit und Soziales
An der Urania 12, D-1000 Berlin 30

Herrn
Hans-Joachim Zietze
Senftenberger Ring 84

1000 Berlin 26

Geschäftszeichen (bitte immer angeben)
IV B 2 - 5818/40

(030) 21 22-1 (Vermittlung)
Durchwahl: 21 22- Intern (979)
Apparat
2705

Datum
27.3.1986

Betr.: Anrechnung des in der DDR erbrachten Hochschulabschlusses

Vorg.: Ihr Schreiben vom 17.3.1986

Sehr geehrter Herr Zietze!

Zu Ihrem o.a. Schreiben teile ich Ihnen mit, daß ich den von Ihnen in der DDR erbrachten Hochschulabschluß als gleichwertig mit dem Hochschulabschluß im Sinne der Ausbildungs- und Prüfungsordnung für Lebensmittelchemiker (GVBl. 1968 S. 154) - Teil A der Hauptprüfung - in vollem Umfang anerkenne.
Diese Prüfung entspricht im Umfang dem Chemiediplom an der Technischen Universität Berlin, berechtigt allerdings nicht die geschützte Berufsbezeichnung "Lebensmittelchemiker" zu führen.

Im Auftrag

Dr. Spengler

kr

Fahrverbindungen:	Sprechzeiten:	Zahlungen bitte	Kontonummer	Geldinstitut	Bankleitzahl
Bus-Linien 9, 19, 29, 69, 73, 85; 16, 24 (Lützowplatz) U-Bahn Wittenbergplatz	Montag, Dienstag, Freitag von 9 bis 12 Uhr Telex: 0183798 sen d Telefax: (030) 21222733 Btx: (030) 211 70 88	bargeldlos nur an die Landeshauptkasse Berlin, 1000 Berlin 30	58-100 0990007600 9919260800 10001520	PGiroA Bln Spk Berlin West Berliner Bank LZB Berlin	100 100 10 100 500 00 100 200 00 100 000 00

Abbildung 2.3: Anerkennung des Hochschulabschlusses am 27.03.1986

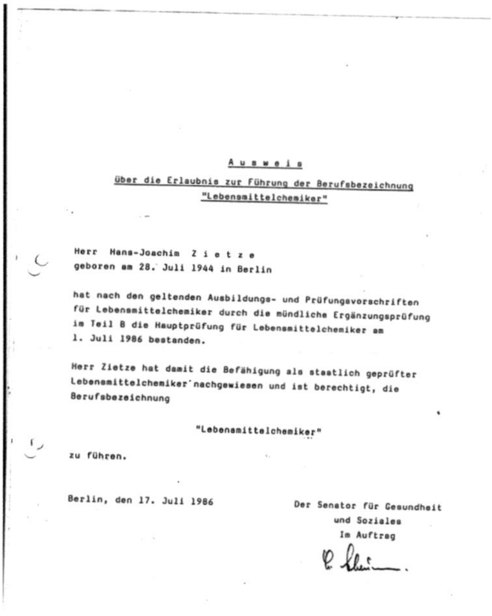

Ausweis

über die Erlaubnis zur Führung der Berufsbezeichnung "Lebensmittelchemiker"

Herr Hans-Joachim Zietze
geboren am 28. Juli 1944 in Berlin

hat nach den geltenden Ausbildungs- und Prüfungsvorschriften für Lebensmittelchemiker durch die mündliche Ergänzungsprüfung im Teil B die Hauptprüfung für Lebensmittelchemiker am 1. Juli 1986 bestanden.

Herr Zietze hat damit die Befähigung als staatlich geprüfter Lebensmittelchemiker nachgewiesen und ist berechtigt, die Berufsbezeichnung

"Lebensmittelchemiker"

zu führen.

Berlin, den 17. Juli 1986

Der Senator für Gesundheit
und Soziales
Im Auftrag

Abbildung 2.4: Anerkennung der Berufsbezeichnung Lebensmittelchemiker in der BRD am 17.07.1986

Wie die Lebensmittelüberwachung in der DDR und in der BRD sich darstellten und mit welchen unterschiedlichen Problemen sie konfrontiert waren, wusste ich nun aus eigener Erfahrung. Mich interessierte zunehmend aber auch, wie eine gute Qualitätskontrolle im Rahmen der sog. *»Eigenkontrolle«* funktionierte.

Kapitel II. Der Vollzug der Lebensmittelkontrolle in der DDR

Der Vollzug der Lebensmittelkontrolle in der DDR erfolgte gemäß §§ 16–18 LMG durch nachgeordnete Überwachungsorgane:

I. des Ministeriums für Gesundheitswesen;
II. des Ministeriums für Land-, Forst- und Nahrungsgüterwirtschaft;
III. des Amtes für Standardisierung, Messwesen und Warenprüfung.

Grundsätzlich gilt, dass der Gesundheitsschutz im Vordergrund der Lebensmittelüberwachung steht und dass alle weiteren Kontrollaspekte diesem Überwachungsziel nachgeordnet sind. Zur lebensmittelchemischen Beurteilung eines Lebensmittels gehört aber auch eine Qualitätsbeurteilung. Allein durch die Kennzeichnung und Aufmachung eines Lebensmittels ist zu prüfen, ob die z.B. mit den Kennzeichnungsinhalten vermittelten Werbe- und Qualitätsversprechen tatsächlich auch eingehalten werden. Insofern obliegt es den wissenschaftlichen Sachverständigen, bei der Prüfung eines Lebensmittels ein Gesamturteil darüber abzugeben, inwieweit ein Lebensmittel in allen seinen Beurteilungskriterien den lebensmittelrechtlichen Normen entspricht.

Im Unterschied zur BRD hatte man sich in der DDR in der Lebensmittelüberwachung für eine weitgehende Trennung des Gesundheitsschutzes und der Qualitätskontrolle entschieden. Das war in erster Linie ein Zugeständnis an die Lebensmittelwirtschaft, die dauerhaft mit der Einhaltung bestimmter Qualitätsnormen zu kämpfen hatte. Das industriefreundliche Amt für Standardisierung, Messwesen und Warenprüfung (ASMW) war federführend mit der Qualitätskontrolle betraut, obwohl es nicht einschränkungslos als Überwachungsorgan im Sinne des Lebensmittelgesetzes angesehen werden konnte, da von dieser Einrichtung gewisse Festlegungen, die für Überwachungsorgane gemäß §§ 17 und 13 LMG zutreffend waren, nicht eingehalten wurden. Dem ASMW oblag in der Überwachung eine – allerdings wesentliche – Teilaufgabe. In seinen Aufgabenbereich fiel die Prüfung der industriellen Fertigung von Lebensmitteln und Bedarfsgegenständen. Prüfungsschwerpunkte bildeten die Kontrollen zur Einhaltung der anerkannten Rezepturen und insbesondere die Festlegungen in staatlichen Standards sowie andere Güte- und Prüfvorschriften. Ausgenommen hiervon waren diätetische Lebensmittel und das Wasser. Ziel der Tätigkeit des ASMW war mithin die Sicherung der Qualität in der Produktion (222–226).

Diese faktische und institutionelle Dreigleisigkeit in der Lebensmittelüberwachung in der DDR stellte eine spezifische Besonderheit dar. Sie unterschied sich damit wesentlich auch von der Überwachungsstrategie in der BRD. In der BRD bestand lediglich hinsichtlich der Herkunft der Lebensmittel eine »Zweiteilung« auf Bundesebene zwischen den Bundesministerien für Jugend, Familie und Gesundheit auf der einen Seite sowie andererseits zum Bundesministerium für Ernährung, Landwirtschaft und Forsten. Sie setzte sich in den meisten Bundesländern (mit Ausnahme von Bayern) auf Landesebene entsprechend fort. Die Qualitätsbeurteilung der Lebensmittel war also integrierter Bestandteil der Sachverständigenbeurteilung.

Nach dieser Zweiteilung wurden ***pflanzliche Lebensmittel*** dem Ministerium für Arbeit, Gesundheit und Soziales oder dem Innenministerium, ***tierische Lebensmittel*** dem Ministerium für Ernährung, Landwirtschaft und Forsten zugeordnet. Sie fand ihren Abschluss bei den Regierungspräsidenten, wo die Lebensmittelüberwachung in den Dezernaten »Gesundheit« und »Veterinärwesen« verankert wurde. Verantwortlich für die Durchführung der Lebensmittelüberwachung zeichnete die Kreisordnungsbehörde, wobei der Oberkreisdirektor oder der Stadtdirektor entscheiden konnte, welches seiner Ämter – das Ordnungsamt, das Veterinäramt oder das Gesundheitsamt – diese Aufgaben übernahm (16, 23, 32).

Soweit es also die Aufgaben der Lebensmittelüberwachung betraf, bestand die Arbeitsteilung z.B. darin, dass die Stadt- und Landkreise als untere Verwaltungsbehörden die untere Vollzugsebene bildeten. Der Komplex der tierischen Lebensmittel (Fleisch, Milch, Eier, Honig) wurde demgegenüber durch die Veterinärämter abgedeckt. Um den Sachverstand und den Verwaltungsvollzug in einer Behörde zu konzentrieren, wurden dann im Zuge weiterer Verwaltungsreformen – wie z.B. in Baden-Würtemberg 1995 – die Veterinärämter in die Landratsämter bzw. Bürgermeisterämter der Stadtkreise eingegliedert (303). So etwa stellt sich heute beispielsweise der Vollzug der Lebensmittelüberwachung in diesem Bundesland dar.

Etwas einfacher, aber institutionell ähnlich lagen zunächst auch die Verhältnisse in der DDR. Auch hier ressortierte die Überwachung der Lebensmittel tierischer Herkunft in einem anderen Ministerium (Ministerium für Land-, Forst- und Nahrungsgüterwirtschaft) als die Überwachung pflanzlicher Lebensmittel (Ministerium für Gesundheitswesen).

Diese Struktur und die daraus resultierende Praxis führten eigentlich zu keinen nennenswerten Problemen. Die Zuständigkeitsbereiche zwischen Lebensmittelchemikern auf der einen Seite und andererseits den Tierärzten waren klar und eindeutig getrennt. In der Praxis hatte sich vor allem auch auf der untersten Vollzugsebene im Hinblick auf die administrative Tätigkeit eine sachbezogene Arbeitsteilung entwickelt.
Für eine Zusammenfassung dieser beiden Ministerien im Interesse einer Einschränkung der Zweigleisigkeit – wie das seinerzeit für die bundesdeutschen Verhältnisse von Acker (24) empfohlen wurde – bestand nach meiner Einschätzung in der DDR kein Bedürfnis. Eine Diskussion darüber schien auch angesichts anderer gravierender Überwachungsprobleme nicht von vordergründigem Interesse.

Qualitätskontrolle und Gesundheitsschutz im Rahmen der Lebensmittelüberwachung

Das Konzept der Lebensmittelüberwachungsstrategie der DDR, das eine Trennung der Qualitätskontrolle von der Überwachung gesundheitlicher Aspekte vorsah, sollte sich als eine Fehlkonstruktion erweisen. Die Durchführung der Qualitätskontrolle – die dem Amt für Standardisierung, Messwesen und Warenprüfung (ASMW) bzw. der technischen Gütekontrolle (TKO) als nachgeordnetem Organ oblag – hatte sich in der Praxis als sehr unbefriedigend erwiesen. Es war ein offenes Geheimnis, dass die Qualitätsproduktion in der DDR seit Jahren weder bei Lebensmitteln noch bei anderen Produkten richtig funktionierte.

Das Ausmaß an unzureichender Qualitätsproduktion allein bei Lebensmitteln verdeutlichte folgender Befund: Das Lager WtB LNO Berlin-Lichtenberg, welches damals als größtes und modernstes Großhandelslager in der DDR galt, ***beanstandete seinerzeit dauerhaft 42 % aller Wareneingänge an Lebensmitteln,*** die direkt aus der Produktion diesem Lager zugeführt wurden. Diese qualitativ geminderten Waren wurden *»im Interesse der Vermeidung unvertretbarer hoher volkswirtschaftlicher Verluste«* nicht zurückgeschickt, sondern an den Einzelhandel weitergegeben.

Die Begeisterung des Einzelhandels über solcherart Belieferung hielt sich verständlicherweise in Grenzen. Die Situation war als Dauerzustand eigentlich untragbar. Das Großhandelslager nahm in diesen Lieferbeziehungen eine Monopolstellung ein. Die Unzufriedenheit des Einzelhandels über diesen Handelspartner vom Großhandel verdeutlichten die Reklamationszahlen. Täglich wurden gegenüber dem Großhandelslager LNO etwa 1.300 Reklamationen angemeldet. Diese Größenordnung offenbarte das ganze Ausmaß einer landesweiten mangelhaften Qualitätsproduktion in der DDR. In meinem nachfolgenden Kapitel *»Ein Wunschtraum in der DDR – jeder liefert jedem Qualität!«* gehe ich auf diese Problematik noch etwa ausführlicher ein.

Einige Jahre nach meiner Übersiedlung nach Westberlin erhielt ich 1989 die Gelegenheit, bei der schwedischen Firma Tetra Pak – einem internationalen Konzern mit zahlreichen weltweit etablierten Produktionsstätten – in der Qualitätskontrolle zu arbeiten. Hier hatte ich Gelegenheit, nicht nur kennenzulernen, wie man vor Ort in Deutschland Qualitätsproduktion definiert und umsetzt, sondern wie auch in anderen Teilen der Welt nach hohen Qualitätsmaßstäben produziert werden kann. Soweit es die Lebensmittelindustrie in der DDR betraf, war sie hinsichtlich ihrer produktionstechnischen Voraussetzungen *»weit hinterm Mond«* und in einem desolaten Dauerzustand. Und wie sich herausstellte, waren die Leistungsschwächen noch wesentlich größer, als ich es ohnehin schon vermutete.

Im Rahmen meiner Tätigkeit in der Qualitätskontrolle dieses Unternehmens bekam ich die Gelegenheit, u.a. auch in der schwedischen Produktionsstätte in Lund zu arbeiten. Die schwedischen Fachkollegen zeigten sich recht interessiert zu erfahren, worauf die offensichtlichen Schwächen im Detail in der DDR zurückzuführen waren. Als ich ihnen einige Ursachen der permanenten Qualitätsprobleme schilderte, fragte mich ein schwedischer Fachkollege:

»Waren das denn alles solche Dummköpfe bei euch in der DDR, dass sie nicht wussten, was sie taten und warum vieles nicht klappte?« Das war die berühmte Gretchenfrage und auf die gab es nur eine Antwort: *»Nein, es waren alles nicht nur unfähige Leute am Werk – die gab es natürlich auch. In einer Diktatur sind alle Nachgeordneten Werkzeuge einer bestimmten Ideologie. Sie sind gehalten, den Doktrinen dieser Ideologie zu folgen und sie umzusetzen. Häufig tun sie das auch wider besseren Wissens und rationaler Einsichten. Aber sie sind jeglicher persönlicher Entscheidungsfreiheit beraubt. Sie können zwar denken, was sie wollen, wenn sie aber auf lange Sicht ihre Gedanken nicht mehr offen äußern können, wissen sie irgendwann nicht mehr, was sie eigentlich selbst denken.*

Sie haben sich so weit angepasst, dass sie nur noch dienen und gehorchen wollen. Sie verlieren jede Urteilskraft, aus dem Spektrum an Handlungsmöglichkeiten diejenige Option zu wählen, die am ehesten situationsgerecht ist.«

Sowohl im wissenschaftlichen Bereich als auch in der Wirtschaft sind mir immer wieder solche Menschen begegnet. Einige – wie ich – haben die DDR deshalb verlassen, andere haben sich bemüht, sich anzupassen und aus allem noch das Beste zu machen. Manche sind auch an dieser ambivalenten Situation zerbrochen.

Neben dem Gros der vielen folgsamen Mitläufer gab es dann natürlich auch noch die engagierten und übereifrigen Dogmatiker, die im vorauseilenden Gehorsam agierten und die man einschränkungslos der Kategorie der Einfaltspinsel und Dummköpfe zuordnen konnte. Sie waren es, die solche untauglichen Konzepte, wie ich sie noch einmal nachfolgend skizzieren möchte, fabriziert haben.

Die formelle Trennung zwischen *»Qualität«* und *»hygienischer Unbedenklichkeit«* eines Lebensmittels – wie sie in der DDR vorgenommen wurde – war sowohl begrifflich als auch überwachungsseitig paradox, wenn man von der Komplexität des Begriffes *»Qualität eines Lebensmittels«* ausgeht (37, 50, 70, 74, 78, 207). Eine einleuchtende Definition des Begriffes *»Qualität eines Lebensmittels«* nahm seinerzeit Trenkle (25) vor, indem er die Qualität eines Lebensmittels definierte als

> »die Summe aller wertgebenden Eigenschaften, die für die Wertschätzung durch den Verbraucher von Bedeutung sind, soweit diese insbesondere aus ernährungshygienischer, lebensmitteltechnologischer, hygienischer und toxikologischer Sicht erfüllbar sind.«

Damit umfasste der Begriff *»Qualität eines Lebensmittels«* im Wesentlichen die folgenden wertgebenden Eigenschaften: Nährwert, Genusswert, Eignungs- oder Verbrauchswert, Sozial- und Gesundheitswert.

Unter diesen Gesichtspunkten kann man wohl kaum einer unterschiedlichen Ansicht darüber sein, dass es wenig sinnvoll ist, im Begriff *»Qualität«* die gesundheitlichen Aspekte auszuklammern und überwachungsseitig zu trennen. Die Erfahrungen in der DDR zeigten, dass ein solches Konzept nicht funktionierte. Die Praxis der Lebensmittelkontrolle gestaltete sich dementsprechend widersprüchlich. So war in zunehmendem Maße zu beobachten, dass die mit der Lebensmittelbegutachtung beauftragten wissenschaftlichen Sachverständigen ihre Beurteilung ausschließlich auf gesundheitsrelevante Kriterien beschränkten. Obwohl die lebensmittelgesetzlichen Bestimmungen (§ 8 (3)

LMG; 2. DB) (51) den wissenschaftlichen Sachverständigen der Lebensmittelüberwachung die Verpflichtung auferlegten,

> »die von ihnen festgestellten Verstöße der Betriebe der Lebensmittelindustrie gegen Standards und sonstige Gütevorschriften der zuständigen Prüfdienststelle des ASMW mitzuteilen«.

Diese Festlegungen schlossen indirekt eine Qualitätsprüfung ein. Hiervon wurde aber nur im Ausnahmefall Gebrauch gemacht. Völlig ignoriert wurde in der Praxis die Forderung, dass auch von den Verantwortlichen der Qualitätsüberwachung gefordert wurde,

> »dass Maßnahmen zentraler und örtlicher staatlicher Organe, die Gesichtspunkte der Lebensmittel- und Ernährungshygiene sowie der Qualität der Lebensmittel betreffen, mit den zuständigen Organen des Gesundheitsschutzes bzw. Veterinärwesens abzustimmen sind.«

In 14 Jahren Inspektionspraxis habe ich es nicht ein einziges Mal erlebt, dass uns direkt oder auf den regionalen Dienstbesprechungen Informationen des ASMW bezüglich getroffener Maßnahmen zu Qualitätsfestlegungen von Lebensmitteln zugegangen sind. Auch das ist ein Beispiel dafür, wie die mit der Lebensmittelüberwachung betrauten Kontrollorgane fruchtlos und uneffektiv nebeneinanderher gearbeitet haben. Im Ergebnis war zu konstatieren, dass die Qualitätskontrolle der Lebensmittel weder bei den betrieblichen Selbstkontrolleinrichtungen noch außerhalb durch administrativ tätige Kontrollorgane funktionierte.

Der Vollzug des Gesundheitsschutzes

In dem breiten Aufgabenfeld der Lebensmittelüberwachung oblag den Organen des Gesundheits- bzw. Veterinärwesens nun die Aufgabe des Gesundheitsschutzes im Verkehr mit Lebensmitteln und Bedarfsgegenständen. Innerhalb des Gesundheitswesens waren hierbei der Staatlichen Hygieneinspektion (26) diese Aufgaben zugeordnet. Die chemische und mikrobiologische Lebensmittelüberwachung erfolgte in der DDR in den Bezirkshygieneinstituten (BHIs), die den Räten der Bezirke bzw. in Ostberlin dem Magistrat unterstellt waren. Den Hygieneinstituten waren in der Regel auch Inspektionsbereiche angeschlossen, die eine Inspektionstätigkeit der wissenschaftlichen Sachverständigen vor Ort ermöglichten.

Die Aufgaben für die Bezirkshygieneinstitute wurden weitestgehend von der Staatlichen Hygieneinspektion beim Ministerium für Gesundheitswesen vorgegeben. Für die chemische und Lebensmittelüberwachung existierten in der DDR 25 Untersuchungseinrichtungen (247). In fast allen Untersuchungseinrichtungen bestanden räumliche, apparative und personelle Probleme. Die Analysetechnik war – von einigen Ausnahmen abgesehen – als nicht dem Stand der Wissenschaft entsprechend anzusehen. Einer effektiven, leistungsstarken und damit auch wirksamen Lebensmittelkontrolle waren bereits von daher schon objektive Grenzen gesetzt.

Insbesondere im Hinblick auf die Kontrolle der Rückstandsregelungen war ein erhebliches Vollzugsdefizit festzustellen. Allein in dieser Hinsicht standen viele Toleranz- und Grenzwerte lebensmittelgesetzlicher Bestimmungen in einem vollzugsleeren Raum.

Der Vollzug der Lebensmittelkontrolle im Bereich des Gesundheitswesens erfolgte auf der untersten Verwaltungsebene durch die Kreishygieneinspektionen (KHIs). Diese waren den Abteilungen Gesundheits- und Sozialwesen der Räte der Kreise bzw. in den Großstädten der Stadtbezirke zugeordnet. In der Regel war eine Kreishygieneinspektion für einen Einzugsbereich zwischen 100.000 und 150.000 Einwohnern überwachungsmäßig zuständig. Überwachungsschwerpunkte bildeten die Epidemiologie, die Lebensmittel- und Ernährungshygiene und die Kommunalhygiene. Personalrechtlich unterstanden die Kreishygieneinspektionen dem Amtsarzt.

Aus meiner Sicht hatte sich die administrative Tätigkeit von Lebensmittelchemikern auf dieser Verwaltungsebene durchaus bewährt. Der Lebensmittelchemiker nahm auf dieser Vollzugsebene eine zentrale Stellung ein, indem er als Mittler zwischen Lebensmittelkontrolleur und Untersuchungslabor fungierte. Hinzu kam, dass gerade bei Inspektionen vor Ort die Fachexpertise unserer Berufsgruppe von Vorteil war, eine Risikoabschätzung vorzunehmen und latente Gefahren und potentielle Risiken am Ort ihres Entstehens zu erkennen und zu lokalisieren.

Meine persönlichen Erfahrungen aus dieser administrativen Tätigkeit haben gezeigt, dass dem Lebensmittelchemiker hier ein reiches Betätigungsfeld bei der Aufdeckung von Schwachstellen und der kontinuierlichen Sicherstellung der Lebensmittelversorgung gegeben war.

Aus der BRD waren mir seinerzeit ebenfalls schon Bestrebungen bekannt, Lebensmittelchemiker in der Funktion eines Dezernenten für die Lebensmittelüberwachung mit analogen Aufgaben zu betrauen. Ich hielt das für einen sinnvollen Weg – war aber auch davon überzeugt, dass die Aufgeschlossenheit gegenüber solchen Initiativen in einzelnen Bundesländern sich sehr unterschiedlich zeigen würde. Als ich 1986 im LAT

Berlin eine Anstellung fand und in diesem Institut auch zwei Jahre gearbeitet hatte, riet man mir, mich auf eine Stelle im Institut zu bewerben, die u.a. auch mit strategischen Fragen der Lebensmittelaufsicht zu tun hatte. In meinem Bewerbungsgespräch führte ich dann aus:

»Von meinen Erfahrungen in der Lebensmittelkontrolle in der DDR ausgehend, empfehle ich, dass die Sachverständigen des LAT zu Betriebsbegehungen in bestimmten Zeitabständen, aber regelmäßig hinzugezogen werden, damit sie Eindrücke von der Herstellung, Lagerung und vom Verkauf von Lebensmitteln, Tabakwaren, Kosmetika und Bedarfsgegenständen gewinnen können. Die Teilnahme von Sachverständigen sollte diesbezüglich institutionalisiert werden.«

Wie sich später herausstellte, war man seitens der Institutsleitung eigentlich nicht wirklich an meiner persönlichen Meinungsäußerung interessiert. Die relativ hochdotierte Stelle war ohnehin schon vorher vergeben. Ich sollte lediglich den Part eines Bewerbungsstatisten erfüllen. Der Abschied aus diesem Institut fiel mir auch nicht schwer.

Schwerpunkte der amtlichen Lebensmittelkontrolle

Die Lebensmittelkontrolle in der DDR war mit einer Vielzahl von Problemen behaftet, die sich ihrerseits aus der Strategie und dem Konzept der Lebensmittelüberwachung ableiteten, andererseits sich aber auch aus gesellschaftspolitischen und ökonomischen Bedingungen ergaben. Diese Probleme wurden sichtbar, wenn man von den allgemeinen Grundsätzen der Lebensmittelüberwachung ausging.

Groebel (23) hatte seinerzeit die Hauptaufgabe der Lebensmittelüberwachung in einer Weise treffend formuliert, wie sie auch heute noch gilt, als er u.a. hierzu ausführte:

»den Verbraucher vor gesundheitlichen Schäden zu schützen, die aus dem Genuss von Lebensmitteln, der Verwendung von Bedarfsgegenständen, kosmetischen Präparaten und Haushaltschemikalien erwachsen können. Außerdem sollen die Verbraucher vor Irreführung und Täuschung und der redliche Handel sowie das redliche Handwerk geschützt werden«.

Dabei wird deutlich, dass die amtliche Lebensmittelkontrolle auf zwei Säulen basiert:
1.   die Kontrolle vor Ort und
2.   die Probenentnahme und -untersuchung.
Für die Lebensmittelüberwachung bestand seit jeher die Herausforderung darin, sich stets den veränderten Erfordernissen anzupassen. Im Hinblick auf die Veränderung der Schwerpunkte in der Lebensmittelüberwachung bemerkte hierzu Lange bereits seinerzeit (30):

»Während in den Zeiten der großen Altmeister der Lebensmittelchemie überwiegend auf Verfälschungen wie Wässerung der Lebensmittel, zu hoher Fettgehalt, Zusatz von Streckmitteln usw. geprüft wurde, gewinnen heute die Untersuchungen auf Umweltbiozide immer mehr an Bedeutung. Früher ging es überwiegend um den Schutz des Verbrauchers vor Verfälschungen und Übervorteilung. Unter Beibehaltung dieser Aufgaben verschieben sich jedoch die Akzente immer mehr in Richtung des Gesundheitsschutzes. Um diese Aufgaben im Sinne eines optimalen Verbraucherschutzes mit größter Effektivität durchzuführen, bedarf es vermehrt der personellen Ergänzung durch qualifizierte Wissenschaftler, des Einsatzes immer komplizierter werdender aufwendiger physikalisch-chemischer Apparaturen etc. Für die Lebensmittelüberwachung muss ich folgende Forderungen erheben:
1.   Chemische Untersuchungsämter müssen räumlich, apparativ und personell besser ausgestattet werden. Auf 600 Proben oder auf 100.000 Einwohner werden ein Lebensmittelchemiker und drei technische Hilfskräfte benötigt.
2.   Die Zersplitterung der Lebensmittelüberwachung muss vermieden werden, ebenso die Verschiebung der Verantwortlichkeit auf nicht kompetente Sachverständige.
Auch die Stellung des Lebensmittelchemikers in der Industrie dürfte an Bedeutung gewinnen. Durch eine verbesserte Zusammenarbeit der Lebensmittelchemiker in Forschung, Überwachung und Industrie sowie von freiberuflicher Seite könnte der Verbraucherschutz optimal gestaltet werden, da gerade hierdurch eine prophylaktische Überwachung, beginnend bei der Untersuchung der Rohstoffe in den Betrieben, ermöglicht wird.«

Ein Vergleich verschiedener Überwachungssysteme einzelner Länder (18, 44, 45, 50) zeigte, dass hierbei das Schwergewicht auf die laboranalytische Kontrolle gelegt wurde. Die Ansichten stimmten darin überein, dass als eine Grundvoraussetzung für ein effektives Überwachungssystem eine leistungsstarke, dem Stand der Wissenschaft entsprechende laboranalytische Basis gegeben sein muss.

Nach Klein (36) bestanden seinerzeit in der BRD allein 57 chemische und Lebensmitteluntersuchungsämter (in der DDR 25), wovon allein 26 in Nordrhein-Westfalen konzentriert waren. Als Mindestprobenzahl wurden von ihm elf Proben (zehn Lebensmittel und ein Bedarfsgegenstand bzw. kosmetisches Mittel) auf 2.000 zu betreuende Einwohner angegeben. Auch in der DDR gab es entsprechende Kennziffern in Bezug auf die Kontrolle von Lebensmittelbetrieben und Probeentnahmen (300). Hinsichtlich der Probenentnahme für Lebensmittel und Bedarfsgegenstände galt eine Anzahl von drei bis sieben Lebensmittelproben und 0,5 Bedarfsgegenstände auf 1.000 Einwohner.

Für die heutige europäisch dominierte Lebensmittelüberwachung gilt nunmehr auf nationaler Ebene ein bundesweiter Überwachungsplan **(Büp)** (319), wonach die Probenentnahme im Lebensmittelbereich auf der Grundlage eines risikobasierten Konzeptes **(RIOP)** erfolgt. Nach diesem bundesweiten Überwachungsplan sind nach der entsprechenden Verwaltungsvorschrift (AVV-RÜb) bei Lebensmitteln auf je 1.000 Einwohner*innen jährlich fünf Lebensmittel, bei Tabakerzeugnissen, kosmetischen Mitteln und Bedarfsgegenständen mind. 0,5 Proben zu entnehmen. Ein Teil dieser Gesamtprobenzahl (0,15 bis 0,45 Proben je 1.000 Einwohner*innen) wird nach § 11 der AVV-RÜb bundeseinheitlich untersucht. Bei einer Bevölkerungszahl von 82 Millionen entspricht dies etwa 12.000 bis 37.000 Proben im Jahr.

Über diese risikoorientierten Planprobenentnahmen hinaus erfolgt zusätzlich gemäß § 50 des Lebensmittel-, Bedarfsgegenstände- und Futtermittelgesetzbuches (LFGB) ein sog. ***Lebensmittelmonitoring*** *»im Sinne eines Systems wiederholter Beobachtungen, Messungen und Bewertungen von Gehalten an gesundheitlich unerwünschten Stoffen wie z.B. Pflanzenschutzmitteln, Schwermetallen, Mykotoxinen und anderen Kontaminanten auf Lebensmitteln (318, 320)«.*

Schaut man sich die heutigen Beanstandungsgründe und -verstöße der Lebensmittelkontrolle an, die bei Betriebskontrollen auffällig sind – und wie diese in den jährlichen Jahresberichten der Lebensmittelüberwachung veröffentlicht werden – so dominieren Beanstandungsgründe der Betriebshygiene, gefolgt von Mängeln zur Kennzeichnung und Aufmachung sowie Beanstandungen zum Hygienemanagement (HACCP).

Im Bereich der heutigen Probenentnahmen und -untersuchungen sind es vor allem Beanstandungen hinsichtlich der Kennzeichnung und Aufmachung von Lebensmitteln, die als Hauptbeanstandungsgründe auffallen.

Bereits in den 1970er und 1980er Jahren gab es einige Autoren (24, 30) mit weitsichtigen Vorschlägen zur Verbesserung des seinerzeitigen Überwachungssystems. Klein (36) forderte z.B. eine Verbesserung der Überwachung durch gezieltes **Vorgehen mit mehr Präventivcharakter** ohne Kostenvermehrung. Für diesen Vorschlag konnte ich mich sehr erwärmen, aber ich wusste auch, dass z.B. unter den bundesdeutschen Verhältnissen eine Umsetzung außerordentlich schwierig sein würde. Die Industrielobby in der BRD zeigte sich im Hinblick auf das Prinzip der Privatautonomie des Herstellers wenig geneigt, risikobasierte Vorortkontrollen durch wissenschaftliche Sachverständige in der Routineüberwachung zu akzeptieren. Als sehr sympathisch und bemerkenswert sinnvoll erschienen mir auch ähnliche Vorschläge:
- Grenzkontrollen vorzunehmen;
- eine Verlagerung der Kontrollen in den Bereich der Urproduktion und den tierischen Lebensbereich anzustreben;
- Verstärkung der Kontrollen im Produktionsbereich.

Im Rahmen der Maßnahmen zur Verbesserung der Lebensmittelüberwachung wurde immer wieder auch auf die besondere Bedeutung der Selbstkontrolleinrichtungen der Lebensmittelwirtschaft verwiesen. In der DDR hatte ich nur funktionsuntüchtige Selbstkontrolleinrichtungen (TKOs) kennengelernt. Und so war ich neugierig, einmal zu erfahren, wie die hochgelobte Eigenkontrolle in den Betrieben der freien Marktwirtschaft tatsächlich funktioniert. Nach dem Prinzip »Learning by doing« suchte ich mir also eine Stelle in der Qualitätskontrolle in der freien Wirtschaft.

Die Bedeutung der Eigenkontrolle

Grundsätzlich gilt zunächst einmal, dass der Verbraucher einwandfreie und vor allem sichere Lebensmittel erwartet. Und dafür verantwortlich ist in erster Linie der Lebensmittelunternehmer.

Durch betriebliche Eigenkontrollen und im Rahmen seiner Sorgfaltspflicht hat er zu gewährleisten, dass nur sichere Lebensmittel in den Verkehr gebracht werden. Den amtlichen Überwachungsbehörden kommt dabei die Aufgabe zu, durch risikobasierte Kontrollen und Probeentnahmen dafür zu sorgen, dass diese Erwartung auch erfüllt wird (Kontrolle der Kontrollen!). Darüber hinaus muss die amtliche Lebensmittelkontrolle aber auch in der Lage sein, die *»schwarzen Schafe«* von den redlichen Unternehmern und Gewerbetreibenden herauszufinden und zu sanktionieren. Insofern kommt der staatlichen, d.h. der amtlichen Lebensmittelkontrolle im System einer effizienten Lebensmittelkontrolle eine Vorrangstellung zu. Sie ist letztlich auch für die Überprüfung der Eigenkontrolle in den Betrieben zuständig.

Nach heutiger Rechtsauffassung und Praxis beruht das System der Lebensmittelüberwachung also auf zwei wesentlichen Säulen:
1. auf die staatliche organisierte amtliche Lebensmittelüberwachung und
2. auf die Eigenkontrolle durch den Unternehmer bzw. Gewerbetreibenden.

Ich war den Lobpreisungen gegenüber den betrieblichen Eigenkontrollsystemen zunächst recht skeptisch gegenüber eingestellt. Eine Vielzahl von unterschiedlichsten Beanstandungen und Skandalen – vor allem in Betrieben der Fleischwirtschaft – offenbarten immer wieder erhebliche Schwachpunkte. Wie die sog. **Eigenkontrolle** wirklich funktionierte, wollte ich nun selbst herausfinden.

Was die Erwartung an die Eigenkontrollpflicht anbelangt, ist der hehren Zielstellung eigentlich nichts hinzuzufügen, wie diese z.B. aktuell auch wieder im jüngsten Jahresbericht der Berlin-Brandenburger Lebensmittelkontrollbehörde vom 3.8.2020 wie folgt zutreffend formuliert wurde (312):

»Jeder Lebensmittelunternehmer ist verpflichtet, Lebensmittel so herzustellen, zu verarbeiten und/oder zu vertreiben, dass die Sicherheit und die Redlichkeit des Handelsverkehrs gewährleistet wird. Er hat durch geeignete betriebliche Eigenkontrollen u.a. für die Verfahren zur Herstellung und Behandlung eine Gefahrenanalyse durchzuführen, um Kontrollpunkte und erforderliche Sicherungsmaßnahmen festzulegen. Außerdem muss er durch eine geeignete Dokumentation jederzeit belegen können, von wem die Ausgangsstoffe bezogen und an wen die Produkte geliefert werden.«

Nachdem ich die Gelegenheit hatte, in einer gut funktionierenden betrieblichen Qualitätskontrolle zu arbeiten, lautete meine Antwort: Ein redlicher Hersteller und Händler hat ein gesundes Eigeninteresse, eine gut funktionierende Eigenkontrolle zu etablieren. Er wird auch den Aufwand dafür nicht scheuen.

Eine Eigenkontrolle aber kostet Geld und erfordert einen entsprechenden materiellen und personellen Aufwand. Sie verringert damit auch die Rendite. Und hier stellt sich die berechtigte Frage: Haben einzelne Unternehmen immer die Kapitalkraft und den Willen, deshalb Einbußen an den Gewinn-Margen, d.h. an ihren sog. *»Return of Investment«*

freiwillig hinzunehmen. Diesbezüglich sind meine Bewertungen sehr unterschiedlich. In der Praxis hat sich z.B. gezeigt, dass insbesondere kleinere Unternehmen nicht so kapitalstark sind, ein aufwendiges Eigenkontrollsystem zu betreiben. Ihre Prioritäten bestehen darin, zuerst in die Technologie zu investieren und – wenn dann noch Kapital übrig ist – eine funktionierende Selbstkontrolle zu etablieren oder zu organisieren. Die Konsequenz ist in solchen Fällen gelegentlich eine schwache Eigenkontrolle.

Daraus resultiert, dass der amtlichen Kontrolle im Sinne des Gemeinwohls eine vorrangige Bedeutung zukommt. Dass es diesbezügliche Defizite gibt, ist ein offenes Geheimnis. Allein was die Anzahl der Lebensmittelkontrolleure gegenwärtig in Deutschland anbetrifft, wird davon ausgegangen, dass bundesweit in den insgesamt ca. 400 mit der Lebensmittelüberwachung befassten Ämtern in Deutschland zurzeit mindestens 1.500 Lebenskontrolleure fehlen (304).

Darüber hinaus existieren auch heutzutage noch solche Verwaltungsstrukturen, die Fehlverhaltensweisen begünstigen. Das aktuelle Beispiel der Fleisch- und Wurstwarenfabrik Wilke in Nordrhein-Westfalen aus dem Jahr 2020 verdeutlicht das anschaulich.

»Dieses Unternehmen war der größte Gewerbesteuerzahler im Bereich einer Kommune, die gleichzeitig die Aufsicht über diesen Gewerbebetrieb ausübte. Die beiden Tierärzte, die für die Kontrolle dieses Unternehmens zuständig waren, standen in Lohn und Brot der Kommune. Es lässt sich doch leicht denken, dass die Kommune kein wirkliches Interesse daran hatte, seinem größten Steuerzahler das Leben schwer zu machen. Der Skandal im Hinblick auf die verschimmelten und sonst wie verdorbenen Fleisch- und Wurstwaren wurde nicht von den eigenen Tierärzten aufgedeckt, sondern durch Insiderinformation.«

Ein Schwachpunkt der Eigenkontrolle – nicht nur in der Lebensmittelwirtschaft, sondern generell in vielen Qualitätskontrolleinrichtungen – besteht darin, dass die Qualitätskontrolleure in Lohn und Brot des Arbeitgebers stehen, für den sie diese Kontrolltätigkeit ausführen. Und da gilt das bekannte Prinzip *»Wessen Brot ich esse, dessen Lied ich singe!«* Letztendlich sagt der Arbeitgeber, wo es langgeht. Das hier bestehende fundamentale Abhängigkeitsverhältnis wird im Konfliktfall in der Regel zugunsten des Arbeitgebers entschieden. Eine gute Qualitätskontrolle funktioniert aber nur, wenn der Arbeitgeber das auch will und wenn der Qualitätskontrolleur geradlinig und unbestechlich seinem eigentlichen Auftrag gewissenhaft folgt. Das ist der Idealfall – nach meinem Dafürhalten ist das eher die Ausnahme als die Regel. Der Druck der Arbeitgeber auf ihre Qualitätskontrolleure ist im Konfliktfall in den meisten Unternehmen dauerhaft und erheblich.

Der Hersteller und Produzent hat die Verantwortung und Verpflichtung ein den gesetzlichen Bestimmungen entsprechendes Produkt herzustellen. Dieser Verantwortung muss er gerecht werden, indem er mit seiner Eigenkontrolle gewährleistet, dass die spezifischen Anforderungen an sein Produkt auch gewährleistet werden. Dafür steht ihm heute u.a. ein umfangreiches Qualitätsmanagement – wie z.B. mit dem HACCP – Konzept – zur Verfügung, welches ihm bei konsequenter Beachtung die Einhaltung der lebensmittelrechtlichen Normen erleichtert und garantiert.

Aus den aktuellen Jahresberichten der Lebensmittelüberwachung z.B. in Berlin (307) wird allerdings erkennbar, dass in den im Jahre 2019 kontrollierten Berliner Lebensmittelbetrieben in 5.585 Betrieben (= 29 %) Beanstandungen, d.h. Verstöße gegen das Lebensmittelrecht, festgestellt wurden. Bei einer Kontrolldichte von 33 % lag die Beanstandungsquote immerhin noch bei rund 29 %. Am häufigsten wurden Verstöße gegen die »Hygiene allgemein«/Betriebshygiene (91 %) und gegen die »Hygiene – HACCP, Ausbildung« (ca. 46 %) sowie gegen die »Kennzeichnung und Aufmachung« festgestellt.

Allein wenn man sich die Beanstandungsquoten der letzten Jahre ansieht – wie diese z.B. in den Jahresberichten zur Lebensmittelüberwachung (306–309) in den einzelnen Bundesländern sehr transparent veröffentlicht werden –, so fällt auf, dass die Anzahl und auch die Art der Verstöße auf relativ konstantem Niveau verharren. Das ist auch ein Beleg dafür, dass die Lebensmittelkontrolleure über mangelnde Beschäftigung nicht klagen können. Und es zeigt auch, dass die Eigenkontrolle in vielen Betrieben immer wieder zu wünschen übrig lässt.

Außerhalb der vielen redlichen Hersteller, Produzenten und sonstigen Beteiligten gibt es also noch genügend viele *schwarze Schafe*«, die schummeln und betrügen wollen. Insofern bedarf es dauerhaft einer übergeordneten starken amtlichen Kontrolle. Und diese muss unabhängig erfolgen und transparent für den Verbraucher gestaltet werden.

Aber auch das System der Eigenkontrolle bietet noch viel Potential, es zu verbessern. In Ergänzung zu den amtlichen Inspektionen werden heute vermehrt auch Auditierungen von Unternehmen durchgeführt, die einen neuen Ansatz verfolgen. Der Begriff »**Audit**« umfasst eine »Kontrolle«, die zum einen den aktuellen Zustand eines Betriebes bewertet, darüber hinaus aber auch eine Aussage erlaubt, ob der Betrieb grundsätzlich bestrebt und geeignet ist, die Anforderungen des Lebensmittelrechtes zu erfüllen. Mit dem Audit wird also überprüft, inwieweit der Betrieb ein effizientes Eigenkontrollsystem etabliert hat und ob es auch richtig angewendet wird. Die Erkenntnisse und Ergebnisse eines Audits sollen dem Lebensmittelunternehmer helfen, rechtskonforme und sichere Lebensmittel zu erzeugen.

Die Auditierung stellt insofern heute eine Kontrollform dar, die zunehmende Bedeutung erlangt. Sie erfolgt systematisch, d.h., sie wird vorab angekündigt und erfordert eine entsprechende Vorbereitung. In einem Audit wird der gesamte Produktionsprozess eines Lebensmittels analysiert und im Hinblick auf besondere Schwachstellen und Gefahren, welche die Verbrauchersicherheit gefährden können, überprüft und bewertet. Ein Audit informiert also darüber, ob und inwieweit sich der Hersteller eines Lebensmittels mit dieser Problematik erfolgreich auseinandergesetzt hat.

Schaut man heute retrospektiv auf die Verhältnisse in der damaligen DDR zurück, so hat sich – vor allem auch mit der Etablierung des europäischen Lebensmittelrechtes – eine zwischenzeitliche positive Entwicklung der Lebensmittelüberwachung in Deutschland vollzogen, die mit den Einschränkungen der Lebensmittelüberwachung in der damaligen DDR in keinster Weise mehr vergleichbar ist. Dem Verbraucher eröffnen sich heute allein mit dem Verbraucherinformationsgesetz (VIG) Auskunfts- und Einsichtsmöglichkeiten über die Arbeitsweise und -ergebnisse der Lebensmittelüberwachung, die weitestgehend die Erwartungen an eine transparente Informationspflicht auch erfüllen.

Wenn man von den dargestellten Grundsätzen der Lebensmittelüberwachung ausgeht, so blieb im Hinblick auf die Verhältnisse der Lebensmittelkontrolle in der DDR festzustellen, dass sich ihrer Verwirklichung sowohl konzeptionell als auch in volkswirtschaftlicher Hinsicht schwerwiegende Hindernisse in den Weg stellten. Die aufgezeigten konzeptionellen Probleme (Dreiteilung der Lebensmittelkontrolle, Funktionsuntüchtigkeit betrieblicher Selbstkontrolleinrichtungen, Überbetonung der ehrenamtlichen Kontrolle, Verzicht auf beweiskräftige Gegenproben, fehlende Verbraucherschutzinstitutionen) waren im Wesentlichen gesellschaftspolitisch determiniert. Eine Verbesserung war nur im Zuge von gesellschaftspolitischen Gesamtreformen zu erhoffen. Ich habe daran nicht geglaubt – und im Unterschied zu den vielen Bürgerrechtsbewegungen, die sich Ende der 80er Jahre in der DDR etablierten –, die erstarrten und verkrusteten Gesellschaftsstrukturen nicht für so schnell überwindbar gehalten. Als ich 1986 die DDR verließ, herrschte noch in weiten Teilen der Bevölkerung weitgehende Resignation und Hoffnungslosigkeit vor.

Auch die ideologisch-politisch bedingten Probleme in den Lebensmittelbetrieben, ihre vorsintflutliche Technik, überalterte und verschlissene Betriebe und Ausrüstungen, die permanente Mangelwirtschaft waren planwirtschaftlich bedingt und nur überwindbar bei Aufgabe dieses Systems. Für die sich bei der Wiedervereinigung stellende Frage, was wird mit den vielen maroden volkseigenen Betrieben (VEBs), hatte ich nach meinen ersten Erfahrungen nur eine Antwort: Sie haben eigentlich keine Chance zu überleben. Es fehlte am nötigen Wissen bei den Führungskräften und noch viel mehr an mangelnder Kapitalkraft der Unternehmen, notwendige Investitionen zu stemmen. Im Übrigen war der Absatzmarkt schon weitestgehend aufgeteilt. Die Firma, in welcher ich arbeitete, hatte schon damals Überkapazitäten, so dass kein Interesse daran bestand, weder den maroden VEB Milchhof in Berlin-Weißensee oder noch andere heruntergekommene Betriebe zu übernehmen. Und so war eigentlich die Gesamtsituation geprägt. Lediglich der zusätzliche Absatzmarkt in den neuen Bundesländern war von vordergründigem Interesse.

Im Zuge der Wiedervereinigung ist sicherlich nicht alles richtig gemacht worden. Ich hielt es für grob fahrlässig, z.B. bei der Ansiedlung der wenigen neuen Unternehmen großzügig Fördermittel auszureichen, ohne damit eine längere Bindungsfrist an den Standort für derartige Investitionen zu verbinden. So war es nicht verwunderlich, dass nach kurzer Zeit zahlreiche Unternehmen, nachdem sie ihre Fördergelder eingestrichen hatten, wieder das Weite suchten.

Anfang der 80er Jahre vollzog sich in der DDR eine Entwicklung, wie sie in autokratischen Regimen sehr verbreitet ist. Die Möglichkeiten zur kritischen Auseinandersetzung oder öffentlicher Benennung von kritikwürdigen Zuständen wurden drastisch eingeschränkt. So gab es den Erlass eines Ministerratsbeschlusses, wonach alle Analyseergebnisse von Lebensmitteluntersuchungen auch in die Kategorie der vertraulich zu handhabenden Umweltdaten fielen und entsprechend zu behandeln waren.

Das Untersuchungsniveau bei vielen Lebensmitteln hatte sich zunehmend rückläufig entwickelt. Anstelle fundierter chemischer Vollanalysen wurden z.T. nur noch Teilanalysen oder sensorische Gutachten erstellt. Es gab zusätzlich auch Bestrebungen, die Lebensmittelbegutachtung auf sachinkompetente Personen teilweise oder gar vollständig zu übertragen. Im Bereich der Rückstandsanalytik war ein unübersehbares Vollzugsdefizit bemerkbar. Es fehlten die apparativen, personellen und methodischen Grundlagen für die Durchführung bestimmter Untersuchungen bzw. die Erfassung spezieller Kontaminanten. Der Bedarf an notwendigen Untersuchungen auf Umweltbiozide war angesichts der gegebenen Umweltproblematik entsprechend groß. Er konnte auch deshalb nicht bewältigt werden, weil es vor allem an ausreichender und geeigneter Messtechnik fehlte. Als besonders prekär stellte sich zusätzlich in vielen Untersuchungseinrichtungen auch das Defizit an technischen Hilfskräften dar.

Die von Lange (30) seinerzeit angegebene Orientierung, wonach auf 100.000 Einwohner ein Lebensmittelchemiker und drei technische Hilfskräfte als wünschenswert angesehen wurden, erschien in der DDR überhaupt nicht diskutabel. Es waren auch keine Zahlen oder Aussagen darüber bekannt, welche jährlichen Finanzaufwendungen für Personal und Sachmittel der Lebensmittelüberwachung erbracht wurden. Mir war durch eigene Recherchen lediglich bekannt, dass die Ausbildungskosten für einen Lebensmittelchemiker sich auf etwa 200.000 Ostmark beliefen.

Aus der Bundesrepublik war bekannt, dass pro Kopf der Bevölkerung mindestens 1,30 DM, d.h. ca. 80 Mio. DM jährlich, dafür aufgewandt wurden (24). Dennoch wurde kolportiert, »wonach die etwa 500 in der amtlichen Überwachung der BRD arbeitenden Lebensmittelchemiker sich mit ihren Wünschen und Forderungen weitestgehend allein gelassen fühlten.« (24)

Kontrolle ehrenhalber

Ein Wesensmerkmal der doktrinären DDR-Gesetzgebung beinhaltete die Einbeziehung von sog. *gesellschaftlichen Kontrollkräften* in die staatliche Kontrolltätigkeit. Auch der Bereich der Lebensmittelüberwachung war hiervon nicht ausgenommen. Die rechtliche Legitimation lieferte der § 1 Abs. 1 des Lebensmittelgesetzes (51). Er forderte die Mitwirkung der gesellschaftlichen Kräfte für Aufgaben der Lebensmittelüberwachung. Zugleich umriss er auch den Kreis der gesellschaftlichen Institutionen, die sich hieran beteiligen sollten. Wörtlich führte der Gesetzestext hierzu aus:

»Die Gewinnung und Herstellung einwandfreier Lebensmittel und Bedarfsgegenstände und der sonstige Verkehr mit diesen sind Aufgaben der Wirtschaft und der an der Versorgung beteiligten Organe. Diese haben auch die Nationale Front, den FDGB sowie andere gesellschaftliche Organisationen wie z.B. ABI (Arbeiter-und-Bauern-Inspektion), ständige Versorgungskommissionen miteinzubeziehen!«

In der dazu gegebenen Rechtskommentierung (51) wurde schwerpunktmäßig auf die Bildung von Hygieneaktivs in den Betrieben orientiert. Das Spektrum der gesellschaftlichen Kräfte umfasste in der Regel ehrenamtlich tätige Mitglieder von Hygieneaktivs, Verkaufsstellenausschüssen und -beiräten sowie Institutionen der Arbeiter-und-Bauern-Inspektion (ABI) sowie des Deutschen Roten Kreuzes (DRK). Die Rechte und Pflichten dieser ehrenamtlich Tätigen wurden im § 16 des Lebensmittelgesetzes (10) definiert. In der Rechtsinterpretation hieß es u.a.:

> »Die Zusammenarbeit mit den Massenorganisationen ist eine unbedingte Notwendigkeit. Besonderer Wert muss auf die Mitarbeit im Rahmen der Betriebshygieneaktivs gelegt werden. Aufgabe dieser Aktivs ist es, in den Produktionsbetrieben, in den Kühlhäusern und Großhandelslägern mit den Hygieneinspektionen wirksam zu werden.«

Auch die staatliche Verordnung über die Staatliche Hygieneinspektion (53) stellte eine weitere gesetzliche Bestimmung dar, die eine Mitwirkung von gesellschaftlichen Kontrolleuren forderte. Soweit ich mich an die Aktivitäten dieser gesellschaftlichen Kräfte erinnere, hielten sich zwei Extreme die Waage. Einerseits agierten einige unter ihnen mit einem übersteigerten Kontrollfanatismus, der oftmals über das Ziel hinausschoss und am Wesentlichen vorbeiging. Andererseits zeigte die Mehrheit dieser Kontrolleure wenig Interesse für die eigentlichen Belange. Neben ihrer fachlichen Unbedarftheit, die man fast allen gesellschaftlichen Kontrolleuren bescheinigen musste, handelte es sich oftmals auch um Charaktere, die aus einer überbetonten Neigung zur Selbstdarstellung es sich bei derartigen Kontrollen beweisen wollten. Zum Selbstverständnis der ehrenamtlichen Kontrolleure hatten Pöhler und Heiser (212) seinerzeit, d.h. kurz nach Bildung der Arbeiter-und-Bauern-Inspektion am 15.05.1963 bemerkt:

> »Die Arbeiter-und-Bauern-Inspektion auf der Basis breiter ehrenamtlicher Mitarbeit der Werktätigen bildet das demokratische Kontrollorgan, das seine Interessen durch unmittelbare Mitwirkung des Volkes zuverlässig garantiert.«

Diese Formulierung zog einen Rattenschwanz weiterer unsinniger Aktivitäten nach sich. So wurden viele Hygieneschulungen und sonstige Weiterbildungsmaßnahmen auf hygienischem Gebiet angeordnet, um dem bekanntermaßen fachlichen Desinteresse entgegenzuwirken. Wenn auch nicht gerade kritisch, so doch aber zumindest einschränkend, hatte schon Engst (41) seinerzeit die Beteiligung von Massenorganisationen für Aufgaben der Lebensmittelüberwachung bewertet, als er feststellte:

> »In zunehmendem Maße werden staatliche Aufgaben unter Beteiligung der Massenorganisationen gelöst. Bewusst ist daher in §16 (2) LMG die Zusammenarbeit mit den Ausschüssen der Nationalen Front und den Bezirks- und Kreisvorständen des FDGB gefordert worden. In dieser Hinsicht ist bei der Durchsetzung lebensmittelhygienischer Prinzipien

an eine Beteiligung der Hygieneaktivs in Produktions-, Lager- und Handelseinrichtungen, der Verkaufsstellenausschüsse in Einzelhandelsgeschäften und der Küchenkommissionen in Gemeinschaftsküchen gedacht. Außerdem sollen ehrenamtliche Helfer Kontrollen durchführen, beratend zur Seite stehen und Hinweise geben sowie regelmäßig die verantwortlichen Hygieneinspektionen oder Einrichtungen des Veterinärwesens über ihre Feststellungen informieren. Diese Helfer müssen geschult sein und können allerdings nur mit begrenzten Befugnissen und Aufgaben ausgestattet werden. Vollzugsmaßnahmen, zum Beispiel Maßnahmen im Sinne des Lebensmittelgesetzes zur Beseitigung festgestellter Mängel, Sicherstellungen und die Beseitigung von Lebensmitteln, können nicht Aufgabe der Massenorganisationen und ihrer Helfer sein.«

Bestimmte Sachverhalte entwickeln gelegentlich eine Eigendynamik, an die zuvor niemand gedacht hatte. Es stellte sich nämlich in der Praxis bald heraus, dass zutreffende und begründete Hinweise zur Aufdeckung hygienischer Missstände in den Betrieben – die von den ehrenamtlichen Kontrolleuren pflichtgemäß an die amtliche Überwachung weitergegeben und übermittelt wurden – von den verantwortlichen Betriebsfunktionären als Denunziation und »Nestbeschmutzung« betrachtet wurden. Nicht selten war auch zu beobachten, dass ehrenamtliche Kontrolleure, die in der betrieblichen Hierarchie bisher nur eine untergeordnete Rolle spielten, ihre Mitgliedschaft und Funktion in einem gesellschaftlichen Kontrollorgan dazu benutzten, ihrem ansonsten beruflichen Schattendasein zu entkommen und auf diese Weise Einfluss in ihrer Arbeitswelt zu erlangen. Ähnliche Phänomene sind mir gelegentlich auch in bundesdeutschen Unternehmen begegnet, wenn ich beobachtet habe, dass in die sog. Betriebsratsgremien sich manchmal auch Mitarbeiter deshalb nur hineinwählen lassen wollten, weil sie ihren Arbeitsplatz gefährdet sahen oder ein betriebliches Schattendasein führten.

Eine weitere Tendenz wurde u.a. in dem Bestreben erkennbar, die Hygieneaktivarbeit in den Komplex *Ordnung und Sicherheit* einzubinden. Damit wurde der ehrenamtlichen Kontrolle auf lebensmittelhygienischem Gebiet eine Rolle zugewiesen, die sie von dem eigentlichen Anliegen der Lebensmittelüberwachung wegführte, hin zu Aufgaben von Polizei und Sicherheitsorganen.

Die Situation der Hygieneaktivs in den Betrieben war in etwa vergleichbar mit der in der Regel sehr formalen Rolle der betrieblichen Selbstkontrolleinrichtungen (TKO). Gemeinsam waren beiden die Abhängigkeiten von ihrem jeweiligen Arbeitgeber. Daraus resultierte ihre schwache und weitestgehend wirkungslose Position gegenüber den Betriebsleitungen.

Außerhalb dieser Zuständigkeitsbereiche existierte noch zusätzlich ein großes Reservoir von übereifrigen ehrenamtlichen Kontrolleuren, die in unseren Überwachungsbereichen herumgeisterten. Die Vielzahl der in den Lebensmittelobjekten durchgeführten Kontrollen bestätigte dies. Sie entwickelten auch auf lebensmittelhygienischem Gebiet Aktivitäten, die geeignet waren, das ohnehin schon angeschlagene Renommee der amtlichen Lebensmittelkontrolle noch zusätzlich zu beschädigen.

Die Art und Weise, wie sich solche Kontrollen vollzogen, brachte es mit sich, dass sich das Lebensmittelpersonal oftmals einer zeitraubenden und auf formale Dinge bezogenen Kontrollprozedur unterziehen musste. Als peinlich nahmen sich auch Kontrollen heraus, bei denen die Anzahl der Kontrolleure die Zahl der anwesenden Beschäftigten übertraf.

Zumindest in kleineren Kontrollobjekten oder im Zusammenhang mit der Durchführung von sog. *»Komplexkontrollen«*, bei denen Kontrollbeauftragte mehrerer staatlicher Organe gleichzeitig gemeinsam bei einer Kontrollaktion mitwirkten, bildeten derartig extreme Beispiele.

Es war ein Irrsinn sondersgleichen, der sich hierbei abspielte. In vielen Handelseinrichtungen war die Arbeitssituation durch einen akuten Arbeitskräftemangel gekennzeichnet. Demgegenüber präsentierten sich die staatlichen Organe mit einem großen Aufgebot unbedarfter Kontrolleure. Der Gipfel der Zumutung äußerte sich manchmal auch darin, dass an einem Tag mehrere Kontrollen unter der gleichen Zielstellung von verschiedenen Kontrollbeauftragten oder -organen in ein und demselben Objekt durchgeführt wurden. Das Lebensmittelpersonal wurde dann von seinen eigentlichen Aufgaben abgehalten, was als ein berechtigtes Ärgernis empfunden und mit entsprechenden Unmutsäußerungen kommentiert wurde.

Diese Situation hatte mich seinerzeit veranlasst, die Kontrollaktivitäten in einer Kaufhalle über den Zeitraum eines Jahres einmal kritisch zu analysieren.

Die von mir im Jahre 1983 vorgenommene Analyse der Kontrollhäufigkeit und der darin enthaltenen Sachverhaltsfeststellungen führte zu folgenden Resultaten:

»Zunächst war festzustellen, dass in dieser Kaufhalle über den Zeitraum eines Jahres insgesamt 15 staatliche Kontrollbücher vollgeschrieben waren. Sie enthielten 165 Kontrolleintragungen mit 253 Sachverhaltsfeststellungen. An den Kontrollen waren insgesamt 14 verschiedene Kontrollorgane beteiligt. Die meisten Kontrollen (knapp 50 %) entfielen auf Kontrollen der eigenen Betriebsleitung, 15 % aller Kontrollen auf Aktivitäten des Magistrats und der HO-Bezirksdirektion, 13 % auf Kontrollen durch Handels- und Lieferpartner, 9 % auf Kontrollen durch die Arbeiter-und-Bauern-Inspektion sowie die Ratsorgane. Lediglich 12,7 % aller Kontrollen wurden von den für die amtliche Lebensmittelkontrolle zuständigen staatlichen Kontrollorganen (KHI, VHI, BHI) durchgeführt. Insgesamt bezogen sich 75 % aller Sachverhaltsfeststellungen auf Kontrollaspekte der Lebensmittelkontrolle.«

»Von den 253 Sachverhaltsfeststellungen entfielen 40 % auf Hinweise zur Sortimentsgestaltung, 25 % auf Hinweise zur Ordnung und Sauberkeit, 12 % auf Bemerkungen zur Warenpräsentation und 5 % auf Hinweise zur Überschreitung von Haltbarkeitsfristen.«

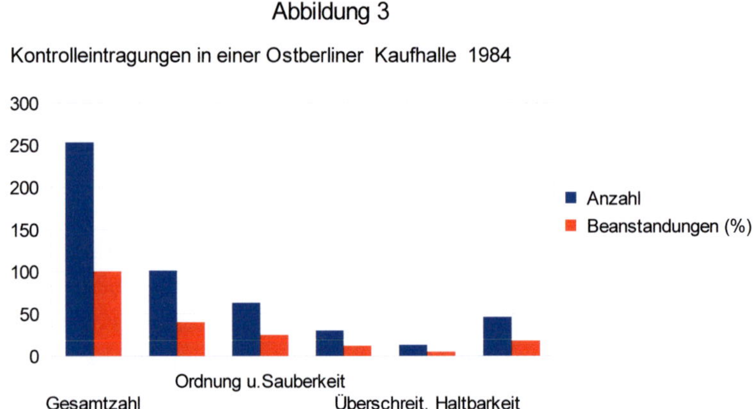

Abbildung 3

Abbildung 4

Die in vorstehender Abbildung 4 enthaltenen Angaben vermitteln einen Überblick auf die getroffenen Sachverhaltsfeststellungen. Sowohl die Art der dokumentierten Sachverhaltsfeststellungen als auch die darin enthaltenen Beanstandungen erlaubten einen Rückschluss auf die Zielpunkte dieser Kontrollaktivitäten.

Die Beanstandungsquote bei Hinweisen zur Sortimentsgestaltung betrug ca. 20 %, bei Bemerkungen zur Ordnung und Sauberkeit 27 %, bei Hinweisen zur Warenpräsentation 26 % und hinsichtlich der Beanstandung von überlagerten Lebensmitteln 95 %.

In vorstehender Abbildung 4 sind diese Ergebnisse noch einmal grafisch veranschaulicht. Die hohe Beanstandungsquote im Hinblick auf Haltbarkeitsfristen mag zwar auf den ersten Blick überraschen, allerdings ist diesbezüglich festzustellen, dass bekanntermaßen in vielen Verkaufseinrichtungen überlagerte Lebensmittel an der Tagesordnung waren. Was die Überschreitung von Haltbarkeitsfristen bei Lebensmitteln anbetraf, war festzustellen, dass für viele Lebensmittel in der DDR formal Haltbarkeitsfristen existierten, ihre Nachprüfbarkeit aber oftmals durch die mangelhafte Kennzeichnung sehr erschwert oder überhaupt nicht möglich war. Wenn dennoch von den Kontrolleuren zahlreiche Haltbarkeitsüberschreitungen festgestellt wurden, so wies das auf die Vielzahl von überlagerten Lebensmitteln hin, die sich in den Verkaufsgeschäften finden ließen. Das Problem der Fristenregelungen bei Lebensmitteln bzw. der generellen Fixierung von Haltbarkeitsdaten gehörte in der DDR – ähnlich wie auch in einigen anderen Ländern (54–76) zu den am schwierigsten zu lösenden Aufgaben.

Die relativ geringe Beanstandungsquote in Bezug auf die Ordnung und Sauberkeit spiegelte nur in unzureichender Weise die reale Wirklichkeit wider. Der allgemeine Verschmutzungsgrad war in vielen Verkaufseinrichtungen tatsächlich größer und hätte eine Beanstandungsquote von etwa 60 % erwarten lassen. Die von den ehrenamtlichen Kontrolleuren ermittelten relativ geringen Beanstandungen waren vielmehr ein Ausdruck für das insgesamt unkritische Augenmaß dieser Laien gegenüber diesem Kontrollaspekt.

Aus der Analyse der von ehrenamtlichen Kontrolleuren getroffenen Sachverhaltsfeststellungen ging aber des Weiteren auch noch hervor, dass zu bestimmten Kardinalproblemen der Lebensmittelhygiene überhaupt keine Feststellungen getroffen wurden. Das betraf z.B.:

– die Kontrolle der kontinuierlichen Kühlhaltung von leichtverderblichen Lebensmitteln,

– die Beurteilung der hygienisch einwandfreien Beschaffenheit bzw. die Prüfung auf
 mögliche Verderbsmerkmale oder
– die Kontrolle des Ungezieferbefalls.

In dieser Kaufhalle mit den insgesamt 253 Sachverhaltsfeststellungen in einem Jahr
waren akute Hygieneprobleme hinsichtlich der Kühlmöglichkeiten sowie auch eines
permanenten massiven Ungezieferbefalls bekannt. Dass die Mängel von den ehrenamtlichen Kontrolleuren nicht erkannt und auch nicht beanstandet wurden, wies einmal
mehr auf die Unbedarftheit und somit auf die Nichteignung dieser Kontrolleure hin.
Sie konzentrierten sich auf die Überprüfung von Banalitäten und auf simple Kontrollaspekte wie z.B. fehlender Haarschutz, fehlende oder unvollständige Eigenkontroll-
unterlagen etc.

Ich habe dem Thema der ehrenamtlichen Kontrolle hier vor allem auch deshalb so viel
Raum eingeräumt, weil ich die Einbeziehung von gesellschaftlichen Kontrollkräften für
ein völlig untaugliches Mittel und damit für reinen Irrsinn gehalten habe.

Am Beispiel einer weiteren Analyse aus einer anderen Ostberliner Kaufhalle im Zeitraum vom 30.10.1984 bis 21.11.1984 möchte ich die Uneffektivität dieser ehrenamtlichen Kontrollbucheintragungen abschließend noch einmal repräsentativ veranschaulichen.

In dieser Kaufhalle existierten in diesem Zeitraum vier aufeinanderfolgende Kontrolleintragungen mit den nachstehenden Kontrollfeststellungen:

1. starker Ungezieferbefall (Mäuse, Schaben, Ratten) vorhanden. Auflage: Intensivierung
   der Schädlingsbekämpfung einschließlich einer baulichen Sanierung zwecks Beseitigung der Unterschlupfmöglichkeiten für das Ungeziefer;
2. Hofgelände unordentlich und stark verkrautet;
3. Begünstigung des Ungezieferbefalls durch ungeschützte Lagerung von Konfiskatware
   und reklamationswürdigen Lebensmitteln. Auflage: Sofortvernichtung aller angefres-
   senen und ungeschützt aufbewahrten für die Reklamation bestimmten Lebensmittel;
   (Kontrolleintragung der zuständigen KHI).

Drei Tage später – nach diesen gravierenden Hygienebeanstandungen – erfolgte eine
ehrenamtliche Kontrolle durch den Verkaufsstellenbeirat. Die Kontrollbucheintragung
Nr. 10/84 hierzu wies die folgenden Feststellungen auf:

1. Ordnung und Sauberkeit im Objekt gut!
2. Hof aufgeräumt!
3. Weisungen des Betriebs werden eingehalten!

Die hier getroffenen Kontrolleintragungen vermittelten den Eindruck, dass die zuvor angeordneten Auflagen zwischenzeitlich mit großem Eifer erfüllt wurden. Umso mehr überraschte die nach weiteren vier Tagen folgende Kontrollbucheintragung Nr. 12/84 der amtlichen Lebensmittelkontrolle vom 08.11.1984 mit den nachstehenden Feststellungen:

1. Maßnahmen über komplexe Schädlingsbekämpfung mit der Schädlingsbekämpfungsfirma festgelegt. Ungezieferbefall nach wie vor sehr massiv vorhanden.
2. Am 14.11.1984 ist die Kaufhalle zum Zweck der Schaben-, Mäuse- und Rattenbekämpfung zu schließen! Die Bekämpfung beginnt um 14.00 Uhr. Seitens der Kaufhalle sind alle Voraussetzungen (Säuberung, Verbringen der Lebensmittel in geschützte Bereiche!) rechtzeitig zu gewährleisten!
3. Auflage (Schließungsverfügung) ergeht schriftlich an Betriebsleitung und Abteilung und Handel und Versorgung.

Die vorstehenden Beispiele warfen ein bezeichnendes Bild auf die raue Wirklichkeit der handelsseitigen und lebensmittelhygienischen Situation in vielen Kaufhallen. Die Kontrollaktion der ehrenamtlichen Kontrolleure führte sich ad absurdum, weil sie die wesentlichen gravierenden Mängel nicht erkannte oder übersah. Den zutreffenden klaren Mängelfeststellungen der amtlichen Lebensmittelkontrolle durch die zuständige Kreishygieneinspektion (KHI) war allerdings auch nicht viel Erfolg beschieden, wie das Beispiel der letzten nachfolgenden Kontrollbucheintragung Nr. 20/84 vom 21. November belegte:
»Hofgelände nach wie vor stark verkrautet und unordentlich! Starker Ungezieferbefall (Mäuse, Schaben, Ratten) unvermindert vorhanden. Aus Freilagerung stammende Konserven in stark verschmutztem Zustand in den Verkaufsregalen und -containern vorgefunden. In Gängen, Lagerräumen, Vorbereitungs- und Arbeitsräumen diverse Kartonagen und Pappen zur Bündelung für die Rückführung vorhanden. Arbeitskräftesituation zum Kontrollzeitpunkt: 6 VBE (= Vollzeitbeschäftigte) unbesetzt, 7 weitere VBE abwesend (2 Schwangere, 5 Kranke), von 28,5 geplanten VBE zurzeit lediglich 15 (= 52 %) anwesend.«

Um sich ein realistisches Bild von den tatsächlichen Verhältnissen zu machen, hielt ich es immer für zweckmäßig am Einzelbeispiel die konkreten Probleme aufzuzeigen und erst dann im Hinblick auf die generellen Defizite zu verallgemeinern.

In ihrer Gesamtheit stellte sich die handelsseitige und lebensmittelhygienische Situation demnach wie folgt dar: Der Ungezieferbefall war extrem massiv. Seit Monaten wurden Schädlingsbekämpfungsmaßnahmen durchgeführt, jedoch bei Aufrechterhaltung der vollen Versorgungsleistungen. Die Schwierigkeiten im Hinblick auf eine wirksame Schädlingsbekämpfung resultierten u.a. aus der starken handelsseitigen Überlastung (d.h. z.B. überhöhte Warenbestände!) dieser Kaufhallen. Hinzu kam, dass jeglicher freie und verfügbare Platz genutzt wurde, um die wiederverwendungsfähigen Pappen und Kartonagen zu bündeln und für die Rückführung bereitzustellen. Eine kurzfristige Lösung dieser Probleme z.B. durch einen Erweiterungsanbau war ein ziemlich aussichtsloses Unterfangen, weil der hierfür notwendige Planungsablauf eine langfristige Beantragung und Bilanzierung des Baubedarfs erforderte und nur in einem Zeitraum von mehreren Jahren zu realisieren war.

Das innere Bild der Kaufhallen stimmte zudem häufig mit dem äußeren Erscheinungsbild weitgehend überein. Die Probleme im Hinblick auf eine oftmals uneffektive Schädlingsbekämpfung erklärten sich häufig auch dadurch, dass die Auflagen der amtlichen Lebensmittelkontrolle zur Schädlingsbekämpfung – wie in der vorstehend genannten Kaufhalle – durch Außerkraftsetzung der angeordneten Schließungsverfügung durch den zuständigen Stadtrat für Versorgung beim Magistrat außer Kraft gesetzt wurden. Ich habe dieser Problematik ein eigenes Kapitel *»Die Bekämpfung gegen Mäuse – eine Mischung von Ernst, Bluff und Clownerie«* gewidmet.

Den Kontrollbucheintragungen war u.a. auch zu entnehmen, dass ein Arbeitskräftenotstand (48 % Unterbesetzung!) in der untersuchten Kaufhalle bestand. Im Jahresdurchschnitt aller Ostberliner Kaufhallen betrug er 33 %. Dieser Personalmangel konnte auch nicht kompensiert werden. Er stellte für die Versorgungsverantwortlichen auch keinen Grund dar, die Versorgungsleistungen zu drosseln oder durch Zusatzkräfte zu überbrücken.

In der Schwerpunktsetzung im Jahre 1985 bzw. bis zum Ende des geplanten 5-Jahres-Planes bis 1990 vertraten die führenden Hygieniker in der DDR noch recht absurde Zielstellungen. Anlässlich der am 04.12.1985 durchgeführten Hygienekonferenz – an welcher der Minister für Gesundheitswesen OMR Prof. Dr. Mecklinger, der Haupthygieniker und Direktor der Hauptabteilung Hygiene und Staatliche Hygieneinspektionen, OMR Dr. Theodor sowie alle Bezirkshygieniker der DDR teilnahmen – wurde die Bedeutung der ehrenamtlichen Kontrolle noch wie folgt hervorgehoben:

»Vor wenigen Tagen hat die 9. Tagung des ZK unserer Partei richtungsweisende Beschlüsse gefasst. Der XI. Parteitag der SED wurde für April 1986 einberufen. Mit dieser Entscheidung richten wir den Blick bereits auf den nächsten 5-Jahres-Plan und auf die 90er Jahre bis zur Jahrtausendwende. Wir haben einzuschätzen, was wir erreicht haben, was uns vorangebracht hat und welche guten Erfahrungen uns bei der Lösung der noch bestehenden Probleme die besten Ergebnisse erreichen lassen … Der Magistrat beauftragte alle Stadtbezirke, die Aufgaben der Wahlkreisaktive zur Sicherung hygienischer Wohn- und Lebensbedingungen zu beschließen und damit den gesellschaftlichen Kräften mehr Möglichkeiten der Kontrolle und Mitwirkung einzuräumen. … Im Magistrat ist diese Praxis völlig selbstverständlich. Dadurch entwickelt sich die Kollektivität bei der Durchführung der prophylaktischen Aufgaben, Vorlagen und Informationen für den Magistrat … Dadurch werden die Aussagen präziser und Schlussfolgerungen konkreter und konstruktiver. … Noch im I. Quartal 1985 werden wir gemeinsam mit der Arbeiter-und-Bauern-Inspektion eine Schwerpunktkontrolle in Einrichtungen der Arbeiterversorgung und Gastronomie durchführen …«

Als die DDR mit dem Fall der Mauer 1989 kollabierte und das Zeitliche segnete, hatte sich endlich auch das Konzept der Mitwirkung von gesellschaftlichen Kontrollkräften von selbst erledigt.

Kapitel III: Zur Situation der Lebensmittelhygiene aus der Sicht der Inspektionspraxis

In der operativen Lebensmittelüberwachung bildet die Überprüfung der Lebensmittelhygiene einen wichtigen Arbeitsschwerpunkt. Die Lebensmittelhygiene verfolgt dabei definitionsgemäß zwei Ziele: Einmal versteht man darunter alle Maßnahmen zum Schutze des Konsumenten vor gesundheitlichen Schädigungen, zum anderen umfasst sie alle Bemühungen, die geeignet sind, das Lebensmittel *»gesund«* zu erhalten, d.h., das Lebensmittel vor unerwünschten mikrobiellen Attacken zu schützen (36–37, 40, 42, 46, 59, 70, 74, 78, 93).

Die Situation vieler Lebensmittelbetriebe in der DDR war – wie ich nachfolgend ausführlich beschreiben werde – durch Überalterung, Verschlissenheit und spartanische Gestaltung gekennzeichnet. Neue Produktionsweisen bahnten sich nur mühsam den Weg in die Betriebe. Investitionen zur Verbesserung der Technologie unterblieben oder erfolgten nur spärlich und punktuell. Diese Situation brachte es mit sich, dass Innovationen sehr selten waren. Unter solchen Bedingungen war es für viele Lebensmittelbetriebe ein schwieriges Unterfangen, lebensmittelrechtliche Normen einzuhalten bzw. eine hohe Qualitätsproduktion zu gewährleisten. Das unbefriedigende und qualitativ schlechte Lebensmittelangebot spiegelte einen Teil dieser Wirklichkeit wider.

Und auch das Lebensmittelpersonal war in solchen Betrieben oftmals solchen unhygienischen Bedingungen ausgeliefert, die jeder Beschreibung spotteten.

Es ist kaum zu erwarten, dass ein unter derartigen Bedingungen arbeitendes Lebensmittelpersonal *»hygienisch sehend wird«*, wie das seinerzeit ein bekannter Hygieniker (80) auch in der DDR zu Recht gefordert hat. Wer auf Dauer miserablen hygienischen Verhältnissen ausgesetzt ist, wird sich wenig geneigt zeigen, ein vorbildliches Hygienebewusstsein zu entwickeln. *»Hygiene ist, wenn nichts passiert!«*, so lautet eine der bekannten Maximen (81).

VEB Lebensmittelproduktion

Dem russischen Fürsten Potjomkin sagt man nach, dass er zur Täuschung der Zarin Katharina II. um 1787 in Südrussland Dorffassaden anlegte. Dieser im heutigen Sprachgebrauch noch erhalten gebliebene Begriff bezeichnet in etwas überspitzter Form ein Blendwerk. Für viele der damaligen Lebensmittelproduktionsbetriebe war eine derartige Bezeichnung durchaus gerechtfertigt. Ihr äußeres Erscheinungsbild täuschte häufig über den desolaten Zustand der inneren Produktions- und Lagerbereiche.

Viele Lebensmittelproduktionsbetriebe in der DDR waren baulich und technologisch stark überaltert. Für das Lebensmittelpersonal bedeutete das oftmals erschwerte Arbeitsbedingungen und eine geringe Produktivität. Wie sich die Situation der betrieblichen Bedingungen im Einzelnen darstellte, zeigte ein Blick in die Jahresstatistik (82) des Hygieneinstitutes in Ostberlin im Rahmen der Berichterstattung an das Ministerium für Gesundheitswesen. Dieser Statistik lag eine Einordnung der Lebensmittelbetriebe in verschiedene Hygienekategorien zugrunde (Tab. 2).

Im Sprachgebrauch der DDR wurde der Begriff *»Hygienekategorie«* benutzt, um die unterschiedlichen betriebshygienischen Voraussetzungen zu charakterisieren. Dieser Begriff umfasste demzufolge die Einordnung der Lebensmittelbetriebe nach ihrem **Risikostatus** in drei verschiedene *»Hygienekategorien«*. In einer gesetzlichen Bestimmung (83) waren die Einstufungskriterien verbal umrissen. Für die Einordnung waren nach lebensmittelhygienischen Gesichtspunkten im Wesentlichen der bauliche, räumliche, malermäßige und ausrüstungstechnische Zustand zugrunde gelegt.

Betriebe der Hygienekategorie III wiesen erhebliche Hygienemängel auf. In diesen Betrieben war davon auszugehen, dass eine hygienisch unbedenkliche Lebensmittelproduktion oder -behandlung nicht gewährleistet war. In der Risikoskala stellte die Hygienekategorie III demnach die schlechteste Stufe dar. Die Kontrolldichte war in diesen Betrieben am höchsten.

In den alten Bundesländern brauchte es z.T. noch einige Jahre nach der Wiedervereinigung, bis man sich aufgrund eines akuten Personalmangels an Lebensmittelkontrolleuren durchringen konnte, die Unternehmen nach ihrem Risikostatus zu bewerten und die Kontrollhäufigkeit nach dieser Bewertung festzulegen (304). Man sah sich gezwungen, die vorhandene und eigentlich nicht ausreichende Kontrollkapazität schwerpunktorientiert einzusetzen. Das war auch seinerzeit das Ziel der Lebensmittelkontrolle in der DDR.

Tabelle 2

Übersicht über die Einstufungsergebnisse in verschiedene Hygienekategorien einzelner ausgewählter Überwachungsbereiche in Berlin 1982 und 1983

Überwachungsbereiche	Hygienekategorie	1982	Proz.-Anteil (%)	1983	Proz.-Anteil (%)
Lebensmittelproduk-tionsbetriebe, gesamt	I	172	18,5	175	18,7
	II	397	42,8	396	42,4
	III	357	38,5	363	38,8
Risikobetriebe	I	162	19	164	19
	II	365	42,8	366	42,4
	III	326	38,5	333	38,6
Milchbe- und -verarbei-tende Betriebe	I	-	-	-	-
	II	2	100	2	100
	-	-	-	1	33,4
Fleischbe- und -verarbei-tende Betriebe	I	77	22,2	78	22,5
	II	151	43,5	135	38,9
	III	119	34,3	134	38,6
Fischbe- und -verarbei-tende Betriebe	I	10	6	11	8,3
	II	30	50	33	55
	III	20	33,3	16	26,7
Speiseeisherstellende Betriebe	I	57	34,5	54	31,6
	II	76	46,1	92	53,2
	III	32	19,4	26	15,2
Lagerwirtschaft	I	1	20	1	20
	II	2	40	1	20
	III	2	40	3	60
Großhandel	I	1	1,9	1	1,9
	II	14	26,9	16	30,8
	III	37	71,2	35	67,3
Lebensmitteleinzelhandel	I	162	12,4	158	11,7
	II	621	47,5	620	46,1
	III	517	39,5	567	42,2
Großraumverkaufsstellen über 180 m² (inkl. Kauf-hallen)	I	31	21,4	26	17,7
	II	52	35,9	60	40,9
	III	62	42,7	61	41,5
Einrichtungen der ge-sellschaftlichen Speisen-wirtschaft	I	486	14,2	571	16,6
	II	1537	44,8	1633	47,3
	III	1270	37,1	1231	35,7
Werkküchen	I	92	9,4	96	10,5
	II	449	45,8	428	46,7
	III	438	44,7	390	42,6

Aus obiger Übersicht geht hervor, dass über ein Drittel (nahezu 40 %) der fünfeinhalbtausend Betriebe in Ostberlin in die Hygienekategorie III eingestuft waren. Ergänzend hierzu ist zu

Tabelle 3

Übersicht über die Risikoeinstufung der Ostberliner Betriebe zwischen 1971-1981 Tab. 4.1

Betriebe	Hyg.K.	1971	1972	1973	1974	1975	1976	1977	1978	1979	1980	1981
1.LM-Produk.	I	182	186	140	147	134	135	121	110	89	152	153
	II	551	533	468	476	455	419	413	386	359	424	403
	III	269	255	257	360	324	395	395	362	380	338	347
1.1.Risikobetr.	I	75	81	64	86	78	88	86	86	67	124	121
	II	275	297	223	293	274	242	236	231	198	256	266
	III	132	129	111	181	160	216	163	153	128	148	177
1.2 Sonst. Prod.	I	107	105	76	61	56	47	35	24	22	28	32
	II	276	236	245	183	181	177	177	155	163	168	137
	III	137	126	146	189	164	179	199	227	208	172	170
2.LM-Handel	I	342	374	288	267	264	254	165	158	172	184	153
	II	1219	1230	1013	865	821	713	676	590	578	663	639
	III	576	581	595	710	633	635	697	696	661	604	587
2.1.Kühl- u.Lagerw.	I	1	2	1	2	1	1	1	1	1	1	1
	II	5	4	5	5	3	2	1	3	2	2	2
	III	0	2	0	0	2	3	4	2	3	3	3
2.2 LM-Großhan.	I	1	4	0	0	0	0	0	0	1	0	0
	II	16	20	16	15	11	8	8	6	9	11	10
	III	12	11	33	36	37	32	33	38	38	36	37
2.3 LM-Einzelh.	I	340	368	287	265	263	259	164	157	170	183	152
	II	1198	1206	992	845	807	703	667	581	567	650	627
	III	564	658	562	674	600	660	660	656	620	565	547
2.4 Großraum/ Kaufh.	I	17	24	20	21	17	24	24	37	36	29	25
	II	39	36	39	38	41	40	46	39	36	38	42
	III	9	10	11	18	15	26	29	39	45	58	67
3. Speisenwirtsch.	I	327	349	328	350	344	323	324	371	342	504	502
	II	1387	1613	1591	1436	1402	1165	1350	1267	1332	1510	1477
	III	687	724	778	994	918	1040	944	1066	1019	1218	1191
3.1 Speisenvorber.	I	0	0	1	1	1	1	1	1	0	0	0
	II	2	4	3	2	2	2	2	2	3	1	1
	III	3	1	0	1	1	1	1	1	1	2	0
3.2 Speisenprod.	I	0	1	1	1	1	1	1	1	0	0	0
	II	2	1	1	0	0	0	0	0	1	1	1
	III	1	1	0	1	0	1	1	0	0	0	0
3.3 Werkküchen	I	31	32	59	65	49	44	47	43	41	56	37
	II	183	176	166	209	196	101	95	87	127	143	157
	III	53	49	83	88	135	174	176	160	162	143	172
3.4 Küchen Kran.hs.	I	7	7	10	11	7	12	12	16	17	20	21
	II	45	46	52	43	36	29	33	30	31	43	46
	III	20	19	25	34	37	46	46	50	50	41	41
3.5 Schul-u.Kind.sp.	I	24	43	36	46	45	31	35	52	60	104	97
	II	141	212	119	146	154	123	162	134	120	171	147
	III	61	69	57	78	55	50	67	79	97	101	96
3.6 Gaststätten	I	174	164	145	148	157	123	121	122	92	109	132
	II	568	566	539	491	459	405	471	397	402	419	447
	III	289	289	321	379	394	433	421	488	471	541	519
3.7 Essenausgaben	I	91	102	69	76	82	109	105	134	130	212	212
	II	446	608	665	542	551	501	583	612	643	724	670
	III	260	296	292	413	296	335	232	288	238	390	362
Einrichtungen,gesamt	I	841	909	756	764	742	712	610	639	603	840	808
	II	3157	3376	3072	2777	2678	2297	2439	2243	2269	2597	2519
	III	1532	1560	1630	2074	1875	2070	2003	2142	2018	2142	2125

bemerken, dass bei der Einordnung der Betriebe aufgrund des subjektiv geprägten Bewertungsmodus ein Mangel an kritischem Augenmaß üblich war. Viele tendierten eher zu einer positiveren Bewertung, um die Ergebnisse nicht noch drastischer darzustellen. Angesichts dieser kompromittierenden Tatsachen war es nicht verwunderlich, wenn den damaligen Gepflogenheiten entsprechend offizielle Orientierungen auf eine bewusst unkritische Bewertungsweise abzielten.

Die veterinärhygienischen Fachkollegen wurden 1983 mit der Zielvorgabe konfrontiert, möglichst alle ihre Überwachungsobjekte in die Hygienekategorie II bzw. I einzustufen (84).

Die Abbildungen 5 und 6 informieren über die Hygienekategorien (Risikostatus) einzelner Lebensmittelbetriebe.

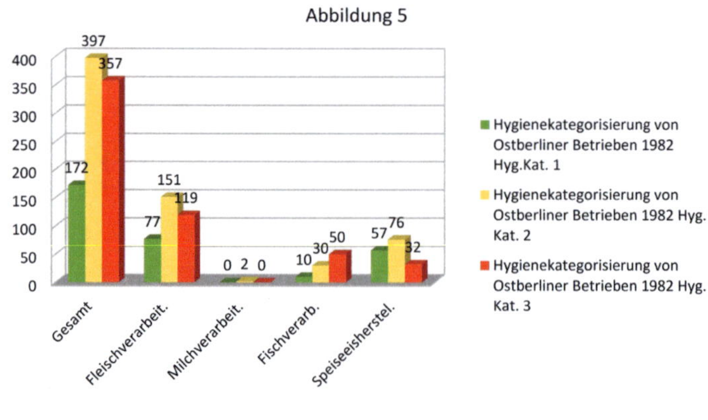

Bei allen Einschränkungen und einer gebotenen Zurückhaltung in der Bewertung der vorstehenden *leicht schöngefärbten* Übersicht kann man das kompromittierende miserable produktionstechnische Niveau in vielen Objekten der Lebensmittelproduktion und weiterer Einrichtungen erahnen. Zum Verständnis dieser vorstehenden Übersicht sollte noch hinzugefügt werden, dass die dargestellten Ergebnisse ein z.T. nivellierendes Ergebnis bildeten. In einzelnen Gewerbebereichen (Bäckerei- und Konditoreihandwerk, Gaststättenwesen) stellte sich die Situation unhaltbarer betrieblicher Hygienevoraussetzungen wesentlich prekärer dar, als es die vorstehende Übersicht zu vermitteln vermag (vgl. Anlage Bilddokumentation 1-18).

Im Bereich der öffentlichen Gastronomie und des Bäckerei- und Konditoreihandwerks betrug der Anteil von Hygieneobjekten der Stufe III 70 bis 80 %. Damit korrelierend zeigten sich u.a. auch die Beanstandungsquoten der aus solchen Betrieben entnommenen Lebensmittelproben. Die Beanstandungsquote hygienisch-mikrobiologischer Untersuchungen von Gaststättenspeisen belief sich auf etwa 80 %. Zugrunde gelegt wurden die üblichen Bewertungskriterien (85–86, 88, 89, 210).

Bei cremehaltigen Backwaren und anderen Konditoreierzeugnissen wurden über einen Zeitraum von 1978 bis 1984 gleichbleibend hohe Beanstandungsquoten von ca. 78 % nach hygienisch-mikrobiologischen Untersuchungen registriert. Als Beurteilungskriterien galten die für die DDR verbindlichen Normative (86). Die 1984 in Berlin aufgetretenen zwei großen Salmonellose-Erkrankungsgeschehen (248) bestätigten diese kritische Einschätzung. Verursachende Faktoren waren seinerzeit mit Salmonellen infizierte Eier.

Der Anteil von Lebensmittelbetrieben, in denen gemäß den vorgenannten Einstufungsrichtlinien die Hygienekategorie III festgelegt wurde, war untolerierbar hoch. Die Bezeichnung *»Katastrophensituation«* schien durchaus gerechtfertigt. Es bestand überhaupt keine Aussicht, den dafür notwendigen Sanierungsbedarf in überschaubaren Zeiträumen bereitzustellen.

Aus Trendanalysen war ersichtlich, dass die jahrelange Vernachlässigung dringender Instandsetzungs- und Erhaltungsmaßnahmen in den letzten 10 bis 13 Jahren (d.h. von Anfang der 70 er bis in die 80 er Jahre!) zu einer deutlichen Verschlechterung der betriebshygienischen Voraussetzungen geführt hatte (Tabelle 3). Der scheinbare Gipfelpunkt für das Jahr 1980/81 bedeutete noch kein Ende dieser Entwicklung. Vielmehr wurde durch eine bewusst unkritische Bewertungsweise versucht, die Realität im Sinne einer Verharmlosung zu erklären.

Aus den unhaltbaren Hygienezuständen in vielen Betrieben leiteten sich situationsbedingt weitere Folgeprobleme ab. Die betroffenen Lebensmittelhersteller zeigten sich in zunehmendem Maße immer weniger motiviert, den Hygienevorschriften die notwendige Beachtung zu schenken.

Ein weiteres Merkmal der sozialistischen Planwirtschaft kam noch erschwerend hinzu. Durch von *»oben«* festgelegte Planauflagen wurden die Lebensmittelbetriebe zwangsweise beauflagt, Versorgungsleistungen zu erbringen, für die sie nur unzureichende Voraussetzungen hatten (vgl. Anlage 1 Bilddokumentation 1–18). Sehr offen hatte das seinerzeit u.a. der Vorsitzende einer Produktionsgenossenschaft des Bäckerei- und Konditoreihandwerks angesprochen, als er wörtlich hierzu ausführte:

»Die hohe Produktion beruht auf der Grundlage des Bedarfs der Bevölkerung und ist von uns nicht nach unten beeinflussbar, weil ein Teil der Planauflage deutlich aussagt: volle Versorgung an allen Wochentagen bis Ladenschluss!«

Diese Auffassung kennzeichnete das Kernproblem der gesamten Lebensmittelproduktion, des Handels und auch der Gemeinschaftsverpflegung. Bei Nichterfüllung der Versorgungsaufgaben drohte eine vernichtende Kritik. Das war die Ultima Ratio, die als ständiger Druck auf die Versorgungsverantwortlichen lastete. Auch die Entscheidungsträger der DDR-LMK konnten sich diesem Druck oftmals nicht entziehen. Mangelndes Selbstverständnis, parteilich geprägte Anpassung und geringe Zivilcourage sowie fehlendes Engagement waren begünstigende Faktoren der oftmals zu verzeichnenden Kapitulation vor den Versorgungsorganen.

Fragwürdige Investitionen in Lebensmittelbetrieben

Jahrzehntelang erfolgte die Planwirtschaft in der DDR im Sinne einer Volkswirtschaft, die eine einseitig ausgerichtete Strukturpolitik beinhaltete. Das hatte zur Folge, dass der Konsumbereich und insbesondere die Lebensmittelindustrie zugunsten einer überbetonten Schwerindustrie vernachlässigt wurde. Die Lebensmittelproduktion spiegelte diese Situation in aller Schärfe wider. Eine Vielzahl von kleineren und großen Produktionsbetrieben befand sich in einem erbärmlichen Zustand. Die in den Tabellen 2 und 3 dargestellten Hygienekategorisierungsergebnisse belegten das. Die meisten Betriebe waren überaltert, marode und verschlissen. Nur in Ausnahmefällen erfolgten umfangreiche Investitionen.

Wie fragwürdig manche Investitionen dabei waren, soll einmal das nachfolgende Beispiel veranschaulichen.

»Einer der größten Hersteller von kochfertigen Suppen und Gerichten in der DDR – der VEB Suppina Auerbach – installierte 1971/72 eine aus der UdSSR importierte halbautomatische Abfüll- und Abpackmaschine. Diese Maschine wies das Baujahr 1970 auf. Es handelte sich um eine Anlage auf der Grundlage einer aus dem Jahr 1920 stammenden Lizenz. Es war offenbar, dass nach Ablauf der gebührenpflichtigen Lizenznutzungszeit die Produktion dieses technisch überholten Maschinentyps in der UdSSR aufgenommen wurde.
Als technologische Leistungsparameter wurden allerdings die Leistungsnormative vergleichbarer zeitgemäßer Technologien zugrunde gelegt. Schon nach 4- bis 5-monatiger Betriebszeit zeigte diese Maschine erhöhte Verschleißerscheinungen. Sie fiel oft aus, die Produktion kam zum Erliegen und die Anzahl fehlerhaft abgepackter Produkte stieg enorm an. Die Rentabilität dieser Investition war von Anfang an fraglich.«

Dieser exemplarische Fall einer Fehlinvestition bildete beileibe keinen Einzelfall. Oftmals fand sich in den Lebensmittelbetrieben ein Sammelsurium importierter Technologie aus Ost und West, die nach jahrelanger Nutzung mit einheimischer Technik mühevoll am Leben erhalten wurde. Aller Importtechnologie – einschließlich der aus dem sog. RGW-Bereich – haftete jedoch das Problem der jedes Mal aufs Neue infrage gestellten Wartung und Ersatzteilbeschaffung an. Bei der aus den sog. *»Bruderländern«* (d.h. den anderen Ostblockländern wie z.B. ČSSR, Ungarn, Rumänien, Polen und Bulgarien) importierten Technik kam das zusätzlich oftmals unbefriedigende Qualitätsniveau hinzu. Angesichts dieser Verhältnisse entwickelten sich Autarkie-Denkweisen im Sinne einer sog. ***Störfreiheit***. Aber auch dieses Konzept sollte sich als eine Fehlkalkulation herausstellen.

Das Konzept der Störfreiheit

Angesichts der enormen Schwierigkeiten Investitionen zu tätigen, bemühte man sich um kreative Alternativlösungen. Der Ruf nach Störfreimachung schallte durch das ganze Land. Keiner wusste das besser als ich. Eine meiner früheren militärwissenschaftlichen Aufgaben bestand darin, das gesamte Forschungs- und Produktionspotential in der DDR im Hinblick auf Lebensmittelproduktions- und Handelskapazitäten daraufhin zu prüfen und zu bewerten, inwieweit es in der Lage war, im Krisenfall die Versorgung des Militärs und der Zivilbevölkerung unter erschwerten Bedingungen zu gewährleisten. In dieser Funktion war ich ein gern gesehener Gast bei allen Kombinaten und Großbetrieben der Lebensmittelindustrie und -forschung. Ich hatte mit der LVO (Landesverteidigungsverordnung) eine gesetzliche Handhabe in der Hand, die – sofern vom Verteidigungsministerium hierfür die Genehmigung gegeben wurde – es den Kombinatsdirektoren und Betriebsleitern ermöglichte, im Bedarfsfall begehrte Investitionen aus dem NSW (= nicht sozialistischem Ausland) zu tätigen, um ihre Produktionstechnologie zu verbessern oder zu sanieren. Diese Aufgabe brachte es mit sich, dass im Zuge des Sondierungs- und Genehmigungsverfahrens von mir eine Schwachstellenanalyse angefertigt wurde. Dem Wartungs- und Reparaturaufwand und Service kam hierbei eine große Bedeutung zu.

Hinter dem Begriff »*Störfreiheit*« verbarg sich die Absicht, bestimmte technologische Verfahren so zu entwickeln und zu installieren, dass sie weitestgehend unabhängig waren bzw. Importtechnologie teilweise oder vollständig ersetzte. Als Zielstellung der erreichbaren Produktqualität wurde propagandistisch das Weltniveau angestrebt. Das nachfolgende Beispiel zeigt, das auch hier einmal mehr der Wunsch der Vater des Gedankens war.

»Im VEB Bärenquell, ein Betrieb des VEB Getränkekombinates Berlin, wurde Ende der 70er Jahre eine umfassende Sanierung und Produktionserweiterung geplant. Die veranschlagte Investitionssumme belief sich auf etwa 45 Mio. Mark. Im Rahmen dieser Investition wurde auch die Installation einer Hochleistungs-Flaschenabfüllanlage beabsichtigt. Dafür sollten 18 Mio. Mark bereitgestellt werden. Mit dem Generalauftragnehmer, der bundesdeutschen Firma Seitz, wurde eine Investitionsbeteiligung von 9 Mio. Valuta-Mark ausgehandelt. Am 24.02.1981 wurde diese Hochleistungs-Flaschenabfüllanlage in Betrieb genommen. Sie galt zu diesem Zeitpunkt als die größte und modernste Anlage ihrer Art im gesamten RGW-Bereich. Die Abfüllkapazität betrug bei voller Ausschöpfung ihrer Leistungsparameter max. 60.000 Flaschen pro Stunde. Das bedeutete auch im internationalen Vergleich eine respektable Größenordnung.«

Von Anfang an aber wurde bei dieser Investition die Strategie der Störfreimachung verfolgt. Sie äußerte sich zunächst darin, dass die notwendigen Finanzmittel für Wartung und Instandhaltung der Importanlage valutaseitig nicht eingeplant wurden. Am 24.08.1982 lief die Garantiezeit des Exporteurs ab. Damit begannen dann nach einem Zeitraum von 1,5 Jahren sich die ersten akuten Probleme einzustellen.

Die dem Verschleiß anheimfallenden Teile mussten ausgetauscht werden. Die einheimische Industrie wurde zum Nachbau aufgefordert. Dabei zeigte sie ein gewohntes Trägheitsverhalten. Es verstrich in der Regel viel Zeit, bis neue Teile vorrätig waren.

Und ob sie funktionierten, war auch nicht immer sicher. So lange standen die Anlagen oder Teile derselben still. Sie blieben ungenutztes Grundkapital. Oftmals ergaben sich zusätzlich erhebliche Probleme beim Nachbau oder bei der Umrüstung. Nicht alles, was man nachzubauen beabsichtigte, gelang auch. Das Konzept der Störfreiheit erforderte mithin ein hohes Maß an Flexibilität und Improvisationsvermögen.

Wie weit solche Verfahrensweisen aber tatsächlich von Produktionsverhältnissen auf Weltniveau entfernt waren, konnte ich aus eigener Anschauung in einem internationalen Unternehmen beobachten, in dem ich seinerzeit arbeitete.

Bei einer rund um die Uhr laufenden Produktionstechnologie fiel ein wichtiges Steuergerät, ein sog. Linearmotor, aus. Weltweit gab es für diesen speziellen Typ nur drei Hersteller u.a. auch in den USA. Innerhalb von drei Tagen wurde ein Ersatzmotor aus den USA eingeflogen. Das war ein Beispiel dafür, wie Wartungsservice auf Weltniveau funktionierte.

Im Zuge der Wiedervereinigung wurde ich gelegentlich auch gefragt, welche Perspektive ich mir für die wirtschaftliche Neugestaltung in den neuen Bundesländern hätte vorstellen können.

Soweit ich mit ehemaligen Bürgerrechtlern aus der DDR darüber diskutierte, fiel mir auf, dass sie hinsichtlich der wirtschaftlichen Gestaltung entweder gar keine oder nur naive Vorstellungen hatten, wie die vielen DDR-Betriebe zu erhalten oder den neuen Gegebenheiten anzupassen waren. Ein »Weiter so« – das schien ihnen einleuchtend – war sicherlich keine Option. Aber wie es denn wirtschaftlich konkret weitergehen könnte, wussten sie auch nicht. Darüber hatten sie sich auch keine Gedanken gemacht.

Nach meinem Dafürhalten fehlte den Ostbetrieben vor allem das dafür notwendige Kapital und auch zusätzlich das erforderliche Fachwissen über die Spielregeln in der freien Marktwirtschaft. Abgesehen davon hielt ich es für ziemlich sinnlos, einen maroden Betrieb noch aufwendig sanieren zu wollen.

Im Rahmen der vorstehend beschriebenen Investition wurde ein weiteres Kommunikationsproblem sichtbar. Der o.a. Betrieb – VEB Bärenquell Berlin – gehörte zu den etwa 560 Lebensmittelbetrieben meines Überwachungsbereiches. Investitionen o.a. Art bedurften normalerweise auch unserer Zustimmung als dem hierfür zuständigen örtlichen Überwachungsorgan. Bei Investitionen dieser Größenordnung behielt sich allerdings das Ministerium für Gesundheitswesen das ausschließliche Genehmigungsrecht vor.

An sich war gegen eine solche Praxis nichts einzuwenden, solange gewährleistet wurde, dass wir über getroffene Absprachen, erteilte Konzessionen, offenstehende Forderungen etc. informiert wurden. Diese Kommunikation aber unterblieb. So waren wir häufig in der undankbaren Situation, alle sich im weiteren Verlauf ergebenden Probleme entweder zu sanktionieren oder – was die Regel war – den gegebenen Status zu akzeptieren und zu tolerieren. Ein Beispiel soll das veranschaulichen:

Bei der operativen Lebensmittelüberwachung dieses Betriebes stellte sich bald ein entscheidender Mangel in der Flaschenabfüllanlage heraus. Für Hochleistungsanlagen dieser Art war es international üblich, die leeren und gereinigten Flaschen, welche aus der Waschmaschine zur Abfüllanlage transportiert wurden, elektronenoptisch auszuleuchten, bevor sie in die Abfüllung gelangten. Seitens des Exporteurs waren auch solche elektronenoptischen Ausleuchtstationen vorgesehen. Die Bedenken einheimischer Fachleute der Getränkeindustrie gründeten sich auf die Befürchtung, dass durch die schwankende Glasqualität der einheimischen Flaschen die Funktionsfähigkeit der elektronenoptischen Ausleuchtstationen gefährdet sein könnte. Diese Bedenken waren auch nicht unbegründet. Also verzichtete man auf die Installation eines kompletten elektronenoptischen Kontrollsystems. Schließlich verständigte man sich auf eine Notlösung. Es wurde eine elektronenoptische Ausleuchtstation an einer Abfülllinie installiert und zusätzlich eine zweite visuelle Kontrollstation eingerichtet. Erforderlich wäre aber gewesen, unter den gegebenen Umständen ein System mehrerer parallel angeordneter Arbeitsplätze zur visuellen Sichtkontrolle zu installieren. Aber dazu konnte oder wollte man sich auch nicht durchringen.

Aufmerksam wurde ich auf dieses Problem durch Hinweise aus der Bevölkerung, nachdem zum wiederholten Male sich in den gefüllten Bierflaschen tote Mäuse oder andere Verunreinigungen befanden (Anlage 14). Meine Ermittlungen führten dann zu folgenden Ergebnissen:

Die Anlage arbeitete mit den gewünschten Leistungskennwerten. Die elektronenoptische Ausleuchtung war jedoch eigentlich nie richtig zum Einsatz gelangt. Sie funktionierte so zuverlässig und empfindlich, dass entweder alle Flaschen in einem bestimmten Empfindlichkeitsbereich beanstandet und aussortiert wurden, oder aber es passierten alle Flaschen mit oder ohne Verunreinigungen in einem weniger scharf gestellten Empfindlichkeitsbereich die Sichtkontrolle. So kam man auf die Idee, wenigstens pro forma eine Sichtkontrolle durchzuführen. Dazu wurden jeweils eine Person in die vorhandenen beiden visuellen Ausleuchtstationen gesetzt, die vor einem Sichtbildschirm mit der visuellen Sichtkontrolle des Flaschendurchlaufs befasst waren. In ununterbrochener Reihenfolge passierten leere und gereinigte Bierflaschen diesen Sichtschirm. Die betrieblichen Festlegungen sahen einen zweistündigen Austausch und Wechsel dieser Kontrollpersonen vor.

Die weiteren Überprüfungen vor Ort ergaben jedoch, dass die Ausleuchtstationen überhaupt nicht besetzt waren oder der vorgesehene Wechselrhythmus nicht eingehalten wurde, d.h., wesentlich länger war. Allein bei der theoretischen Berechnung des Flaschendurchlaufs an den Sichtschirmen war festzustellen, dass etwa 30.000 Flaschen in einer Stunde den Betrachter passierten. Das bedeutete einen Flaschendurchlauf pro Sekunde von etwa acht Flaschen. Eine solche dichte Frequenz begründete zu Recht den Verdacht einer sinnesphysiologischen Überforderung der Augen. Die medizinischen Fachkollegen haben meine Befürchtung der Überforderung vollauf bestätigt. In einer Stellungnahme des Zentralinstitutes für Arbeitsmedizin der DDR (91) hieß es zu dieser auch aus arbeitsmedizinischer Sicht bedeutsamen Problematik:

»Die in Ihrem Brief vom 13.04.1984 dargestellten Sachverhalte zur Gütekontrolle (Flaschenkontrolle) in der Brauerei Bärenquell sind uns aus einer 1970 vom ZAM in einem anderen Betrieb der Getränkeindustrie in Berlin durchgeführten Studie bekannt. Wir müssen die von der KHI Treptow geäußerte Auffassung bestätigen, dass bei einem Durchlauf von acht Flaschen pro Sekunde eine korrekte Kontrolle nicht möglich ist. Nach übereinstimmend in der Literatur mitgeteilten Erfahrungen (92) liegt selbst unter besonders günstigen Bedingungen die erforderliche Wahrnehmungs- und Entscheidungszeit im geübten, ausgeruhten Zustand meistens in der Größenordnung von 250 bis 350 ms. Bei der angegebenen Geschwindigkeit kann also nur eine wesentlich unter acht liegende Zahl von Flaschen tatsächlich kontrolliert werden. Bei zusätzlichem Aufwand zum manuellen Aussortieren verschmutzter Flaschen sinkt die Zahl der kontrollierten Flaschen mit Sicherheit in Abhängigkeit von der Fehlerquote weiter ab. Ungünstige Beleuchtung und Blendung können bei der Art der geforderten Kontrolle die Leistungsmöglichkeiten der Werktätigen zusätzlich beeinträchtigen.«

Eine der bemerkenswertesten Aussagen in vorstehender arbeitsmedizinischer Stellungnahme war der Hinweis, dass bereits im Jahr 1970 dieses Problem bekannt war.
Dennoch hat man sich zehn Jahre später über die arbeitsmedizinischen und lebensmittelhygienischen Bedenken hinweggesetzt. Im Nachhinein war es immer recht

schwierig oder unmöglich, an dem gegebenen Status etwas zu ändern. Eine gezielte Beauflagung zur schrittweisen Einführung eines Systems mehrerer parallel angeordneter Arbeitsplätze zur visuellen Sichtkontrolle scheiterte am Veto der eigenen überbezirklichen Hygieneorgane.

Dieser Lebensmittelproduktionsbetrieb, der die Hilfslosigkeit des territorial zuständigen Kontrollorganes vor Ort erlebte, war angesichts der ihm zugestandenen Konzessionen nicht geneigt, über die Einführung von Good Manufacturing Practices (GMP) (88, 94, 274) überhaupt nachzudenken. Vielmehr setzte er der eigenen Selbstüberschätzung und Unerschrockenheit noch die Krone auf, als dieser Betrieb trotz seiner erheblichen baulichen und sonstigen Mängel den Antrag auf Einstufung in die Hygienekategorie II stellte, um als Betrieb der ausgezeichneten Qualitätsarbeit (222) anerkannt zu werden. Er erhielt die Bestätigung auch von übergeordneter Stelle.

Ein überforderter Großhandel

Die Einordnung der Großhandelsläger nach ihren betriebshygienischen Voraussetzungen (vgl. Tabb. 2 u. 3) offenbarte, dass ca. zwei Drittel aller Objekte hinsichtlich der baulichen und ausrüstungstechnischen Bedingungen nicht den hygienischen Mindestanforderungen entsprachen. Auch im Bereich des Großhandels waren die meisten Objekte baufällig, ausrüstungstechnisch überaltert, verschlissen und kapazitätsmäßig stark überlastet.

Bereits daraus leiteten sich eine Reihe von lebensmittelhygienischen Problemen ab. Als eines der gravierendsten Hygieneprobleme war der seit Jahren *manifeste Ungezieferbefall* (Mäuse, Schaben, Ratten) anzusehen. Es war allgemein bekannt, dass Großhandelsläger auch anderenorts ihre diesbezüglichen Sorgen hatten (96–102). Neben unzureichenden Bekämpfungsmöglichkeiten war auch der schlechte bauliche Zustand mit seinen vielen Unterschlupfmöglichkeiten als begünstigender Umstand des weitverbreiteten Ungezieferbefalls anzuschuldigen (101–109).

Die kapazitätsmäßige Überlastung der Großhandelsläger bedingte u.a. eine immer wieder zu beobachtende *Freilagerung von Lebensmitteln*. Durch die Freilagerung von Lebensmitteln wurden jährlich erhebliche Warenverluste verursacht. Direkte Angaben über die Höhe dieser Verluste waren der Öffentlichkeit nicht zugänglich und wurden verschwiegen. Indirekt bestätigen jedoch die Angaben von Kröber (110) eine zumindest recht beträchtliche Größenordnung für die DDR.

90

Die lebensmittelhygienischen Probleme – die sich aus der Freilagerung von Lebensmitteln ableiteten – offenbarten sich vor allem darin, dass eine Vielzahl von Lebensmitteln -(z.B. Konserven- und Flaschenwaren) erhebliche Qualitätseinbußen erfuhr. Zudem waren diese Lebensmittel oftmals durch die Witterungseinflüsse stark verschmutzt. Verrutschte oder verlorengegangene Etiketten waren weitere sichtbare Anzeichen solcher unhygienischen Lagerungsweisen. Derartig nachteilig beeinflusste Ware wurde in diesem Zustand in großen Mengen an den Einzelhandel ausgeliefert, der in der Regel diese Lieferungen auch entgegennahm. Für den Einzelhandel herrschte eine gewisse Alternativlosigkeit. Entweder er nahm diese Ware ab, um überhaupt Ware im Angebot zu haben. Oder er verweigerte die Annahme, dann war eine Versorgung nicht möglich. Also verzichtete der Einzelhandel auf sein formales Reklamationsrecht und nahm auch solche Waren entgegen, die eigentlich nicht verkaufsfähig waren.

Die Probleme des Großhandels beschränkten sich jedoch nicht nur auf den Bereich der überalterten und heruntergekommenen Großhandelsläger. Auch das erst 1979 für 250 Mio. Mark errichtete modernste Großhandelslager der DDR in Berlin-Lichtenberg Nordost (Lager LNO) verursachte seit Inbetriebnahme erhebliche Hygieneprobleme. Eine Reihe dieser Probleme war konzeptionell bedingt.

Als konzeptioneller Mangel war die Tatsache zu werten, dass die gewählte Lagertechnologie eine bestimmte Mindeststapelfähigkeit palettierter Waren voraussetzte. In der DDR wurde aber seit Jahren die Strategie der *Wiederverwendungsfähigkeit* von Kartonagen und Umverpackungen verfolgt. In einer hierzu erlassenen Gesetzesbestimmung aus dem Jahre 1977 (111) waren die Einzelheiten dieser Verfahrensweise definiert. Die Wiederverwendung bereits einmal oder mehrfach benutzter Verpackungsmittel hatte u.a. auch eine verminderte Stapelfähigkeit zur Folge. Aus dieser Problematik ergab sich bereits bei Inbetriebnahme des Lagers eine Reihe von Schwierigkeiten, die eine eingeschränkte Nutzungsfähigkeit dieses Lagers mit sich brachten. Die geplante und auch dringend benötigte Kapazität wurde nicht erreicht.

Viele der alten Großhandelseinrichtungen, deren Sanierung und Instandhaltung im Hinblick auf die Errichtung des neuen Großhandelslagers vernachlässigt wurden, mussten nun weitergenutzt werden.

Das mit seiner aus dem NSW importierten Technologie für stapelfähige und palettierte Lebensmittelanlieferungen ausgerichtete Großhandelslager hätte also für DDR-Verhältnisse wesentlich modifiziert werden müssen. Dies umso mehr, als über das im Bezirk Halle bereits existierende vergleichbare neue Großhandelslager schon eine Vielzahl negativer Erfahrungen vorlag. Seit der Inbetriebnahme und dann dauerhaft kam es vor, dass angelieferte Lebensmittel frei gelagert wurden, d.h., aggressiven Witterungseinflüssen ungeschützt ausgesetzt waren. Oftmals standen sie in der Wareneingangszone herum und versperrten den Weg zur weiteren Aus- und Einlieferung.

Das hierdurch vorprogrammierte Chaos führte dann oftmals dazu, dass die ins Innere des Lagers bereits gelangten Lebensmittel in der allgemeinen Unübersichtlichkeit verloren gingen und erst wieder auftauchten, wenn die Haltbarkeitsfristen entweder erreicht oder bereits überschritten waren. Zu den am strengsten gehüteten Geheimnissen gehörte die Aussage darüber, welche Verluste an Lebensmitteln durch solche Unordnung verursacht wurden.

Aus der Vielzahl von kuriosen Begebenheiten der Großhandelslagerpraxis sei das nachfolgende Beispiel genannt:

»Das Angebot an hochwertigen Käsesorten war in der DDR immer besonders knapp. In den Jahren 1982/83 war aber besonders auffällig, dass es zeitweilig so gut wie gar kein hochwertiges Käseangebot im Einzelhandel gab. Dennoch war bekannt, dass größere produktionsseitige Ausfälle nicht registriert wurden. Auch von den Importen wusste man, dass sie im üblich knapp bemessenen Rahmen erfolgten. Also war davon auszugehen, dass den damaligen Handelsgepflogenheiten entsprechend auch die Großhandelsläger begrenzte Lagerbestände an Käseprodukten aufwiesen. Und dennoch wurde der Einzelhandel nicht mit diesen Waren beliefert.
Die Erklärung erinnert eher an eine Schildbürgerei als an eine ausgereifte Lagerlogistik. Die Großhandelsläger hatten tatsächlich Käseprodukte in üblichen Mengen eingelagert. Diese Waren waren zwar in die Lagerbereiche hineingelangt, aber angesichts der vorherrschenden Unordnung war der Überblick verloren gegangen, in welchen Lagerbereichen sie sich denn nun genau befanden. Sie waren eingelagert, aber gelangten nun nicht mehr hinaus. Und bevor man sich dieses Problems erst einmal bewusst wurde und als Desaster erkannte, erfolgte zwischenzeitlich eine Freilagerung der weiteren angelieferten Waren bei Wind und Wetter in der Wareneingangszone.
Es stellte sich nun eine Art Wettlaufsituation bezüglich des Warenverderbs zwischen den im Innern der Lagerhalle und den außen im Freien gelagerten Beständen ein.«

Die Auslieferung von mehr oder weniger stark angeschimmelten Käseprodukten an den Einzelhandel war eine Zeitlang gang und gäbe. Der Handel mit ange- oder verschimmelten Lebensmitteln war und ist auch heute noch beileibe keine Bagatelle (112–128). In einer permanenten Mangelwirtschaft bringen aber solche logistischen Fehlleistungen gravierende Versorgungsprobleme mit sich. Zur Vermeidung *»unnötiger volkswirtschaft-*

licher Verluste« sahen sich auch die Verantwortlichen in der Lebensmittelüberwachung in der DDR veranlasst, , im Hinblick auf die augenscheinlich wahrnehmbaren Qualitätsminderungen »alle Augen zuzudrücken« und konzessionswillig zu entscheiden. Der Einzelhandel entfernte kurzerhand durch Aus- und Verschneiden die angeschimmelten Käsestellen. Die Ware wurde dann an den ahnungslosen Kunden weiterverkauft.

Es ist hier nicht der Raum, weiter über die zahlreichen Mängel und Havarien des modernsten Großhandelslagers in der DDR ausführlicher zu berichten. Allein die Tatsache, dass der Großhandel eine Logistik praktizierte, die regelmäßig zu einem Desaster führte, hätte jedes vergleichbare Unternehmen in der Marktwirtschaft in eine schnelle Insolvenz getrieben. Hinzu kam aber auch noch, dass seinerzeit 42 % der an den Großhandel angelieferten Lebensmittel aus der DDR-Produktion als reklamationswürdig angesehen wurden. Wie sollte angesichts dieser schwerwiegenden Probleme der Großhandel damit klarkommen? Er war schlichtweg überfordert und stand in dieser Hinsicht auf verlorenem Posten.

Ein Fall – für den es sich zu streiten lohnt!

Im Zusammenhang mit der Erörterung hygienischer Probleme im VEB Großhandel darf das Großhandelslager für Obst- und Gemüseprodukte sowie Speisekartoffeln in Berlin-Karlshorst (OGS) nicht unerwähnt bleiben.

Durch Auslieferung eines hohen Anteiles reklamationswürdiger Ware lenkte dieses Lager regelmäßig die Aufmerksamkeit der Lebensmittelkontrollorgane auf sich. Neben erheblichen Mengen an qualitätsgeminderten Lebensmitteln aus der Freilagerung wurden vor allem auch ständig angefaulte oder verschimmelte Obst- und Gemüse-Frischprodukte an den Einzelhandel ausgeliefert. Dem Charakter der gegebenen Handelsbeziehungen entsprechend wurde diese Ware dem Einzelhandel zwangsweise aufoktroyiert. Dem Einzelhandel gelang es nur selten, in einem zumeist mühsamen und nervenaufreibenden Reklamationsverfahren sein Recht auf Wiedergutmachung zu erstreiten.

Die von mir in dieser Sache verfolgte Strategie beinhaltete die konsequente Zurückweisung sichtlich angefaulter, verschimmelter oder sonst wie nachteilig beeinträchtigter Ware.

Sowohl in meiner Schulungs-, Vortrags- und Beratertätigkeit als auch auf administrativem Wege war ich bemüht, diesen unseriösen Handelsgepflogenheiten entgegenzuwirken. Welche Hürden und Schwierigkeiten sich mir dabei entgegenstellten, sollen die nachstehenden Ausführungen einmal veranschaulichen.

Mykotoxine in Lebensmitteln

Vor Jahrzehnten in den 1960er Jahren traten in Geflügelhaltungen in England und in Österreich nach Verfütterung von erdnussschrothaltigem Mischfutter hohe Verluste mit charakteristischen Leberveränderungen auf. Als Ursache wurde bald eine neue Gruppe bis dahin unbekannter Pilzgifte (sog. Mykotoxine) entdeckt. Ein Mykotoxin – das Aflatoxin B1 – wird vom Schimmelpilz Aspergillus flavus und anderen Schimmelpilzen unter bestimmten Temperatur- und Feuchtigkeitsbedingungen gebildet. Sowohl aus tierexperimentellen Versuchen als auch anhand der Auswertung umfangreicher Studien verschiedener Völker war bekannt, dass bestimmte Mykotoxine, namentlich aber besonders das Aflatoxin, krebserregende Wirkung zeigten. Bezüglich der krebserregenden Wirkung pro Gewichtsmenge übertrifft das Aflatoxin viele diesbezüglichen bisher bekannten Chemikalien (117).

Aflatoxine sind z.B. auf Erdnüssen und einigen anderen Futtermitteln bestimmter Ursprungsländer weit verbreitet. Ihnen galt bereits damals eine weltweite Forschungstätigkeit. Und auch heute noch kommt dem Nachweis von Mykotoxinen eine hohe Bedeutung bei.

Den Mykotoxinen wird derzeitig eine große Aufmerksamkeit gewidmet. So sieht die Verordnung (EG) Nr. 1881/2006 zum Schutz der menschlichen Gesundheit heute Höchstgehalte für Mykotoxine vor. Diese Mykotoxin-Höchstgehalte werden in bestimmten Lebensmitteln nicht tierischen Ursprungs häufig überschritten, insbesondere Aflatoxingehalte. Beinahe jede sechste Schnellwarnung des europäischen Schnellwarnsystems (RASFF) enthält auch heute noch Meldungen über den Nachweis von Schimmelpilztoxinen (309). Aus diesem Grund wurden mit der Verordnung (EG) Nr. 882/2004 harmonisierte Gemeinschaftsvorschriften für amtliche Kontrollen erlassen, die sich insbesondere auch auf Importware beziehen. Das Risiko für Mensch und Tier wird insoweit minimiert, wenn durch die Gesetzgebung diesen Aspekten in genügender Weise Rechnung getragen wird.

Die Problematik der Mykotoxine war auch damals schon bekannt – zumindest was das Aflatoxin B1 anbetraf. Sie waren auch relativ leicht analysierbar. Er war seinerzeit auch schon bekannt, dass eine Kontamination von Lebensmitteln mit Mykotoxinen eine ernsthafte Bedrohung der menschlichen Gesundheit darstellte.

In der DDR stellte sich diese Situation seitens der Gesetzgebung noch als äußerst unzureichend dar. Weder bestand eine spezielle Futtermittelgesetzgebung, die diese Aspekte berücksichtigte, noch verfügte man über eine Höchstmengen-Verordnung, die duldbare Höchstmengen für Mykotoxine erlaubte. Bei der Bewertung dieser Problematik war man gehalten, sich an den Empfehlungen der FAO/WHO (131) zu orientieren. So spiegelte die DDR-Praxis ein buntes Spektrum unzulänglicher Verhaltens- und Beurteilungsweisen wider.

Beim Vollzug der Lebensmittelkontrolle vor Ort wurde man zwangsläufig mit diesen Fragestellungen konfrontiert, wenn es z.B. darum ging, zu entscheiden, ob Küchenabfälle in speziellen Futtermitteltonnen sommers wie winters über mehrere Tage gesammelt und dann zur Tierverfütterung gegeben wurden. Derartige Verfahrensweisen wurden in der Regel zentral durch Magistratsbeschlüsse angewiesen, von denen die DDR-LMK offiziell nur selten oder sehr verspätet Kenntnis erhielt. In der Praxis stellte sich heraus, dass diese Futtermittel zum Zeitpunkt des Verfütterns oftmals angeschimmelt waren oder zumindest die Wahrscheinlichkeit nicht auszuschließen war, dass sie verschimmelt sein könnten. Die Abklärung dieser Problematik fiel in die Zuständigkeit der veterinärhygienischen Fachkollegen.

Im Unterschied zu heutigen Regelungen (305), nach denen EU-weit die Verfütterung von Speiseabfällen in der Schweinemast verboten ist – war es in der DDR gang und gäbe, dass der Futterbedarf – da, wo es möglich war – in hohem Maße auch durch Speiseabfälle gedeckt wurde.

Im Zusammenhang mit der Verfütterung von angeschimmelten Küchenabfällen in der Schweinemast hatte ich wiederholt Gelegenheit, mich mit dem dafür verantwortlichen Personal zu unterhalten. Bei diesen Gesprächen musste ich immer wieder die ernüchternde Erfahrung machen, dass das Personal in Bezug auf die fachlichen Aspekte äußerst unbedarft war. Mit der lapidaren Erklärung »*Es wird ja alles aufgekocht und damit abgetötet!*« rechtfertigte man diese Verfahrensweise. Es offenbarte sich, dass diejenigen, in deren Hände es gegeben war, Futtermittel ordnungsgemäß und hygienisch zu behandeln, über die gesundheitlichen Aspekte so gut wie nicht Bescheid wussten. Demzufolge war ihnen auch nicht bekannt, dass Mykotoxine als giftige Stoffwechselprodukte der Schimmelpilze geruchs- und geschmacklos waren und sich zudem hitzestabil zeigten. Zusätzlich haben sie die unangenehme Eigenschaft, in das gesamte Lebensmittel zu penetrieren.

Offensichtlich ist es so, dass es einigen Menschen schwerfällt, Gefahren, die sie mit ihren Sinnen nicht wahrnehmen, auch als reale Gefahr zu akzeptieren. Sie ignorieren diese erst einmal. Was sie nicht hören, nicht sehen und auch nicht schmecken, existiert offenbar für diese Zeitgenossen nicht. Es bedarf eines gewissen Verstandes und entsprechenden Wissens, anzuerkennen, dass es eine Vielzahl von unsichtbaren Gefahren gibt, mit denen wir Menschen konfrontiert sind.

Angesichts dieser ernüchternden Erfahrungen sah ich mich veranlasst, das Lebensmittelpersonal in meinen zahlreichen Schulungen hierüber aufzuklären. Entgegen mancher negativer Erfahrung bei öffentlichkeitswirksamer Tätigkeit schlug mir bei dieser Thematik ein durchaus auch aufgeschlossenes Interesse entgegen.

Eine Grundsatzstellungnahme meinerseits zu dieser Mykotoxinproblematik im November 1984 – in welcher ich das Inverkehrbringen angefaulter und angeschimmelter Ware in meinem Überwachungsbereich untersagte – bewirkte eine heftige Reaktion sowohl in Fachkreisen als auch bei den Beteiligten in der Wirtschaft und rief andere staatliche Stellen auf den Plan.

Wie so etwas in einer Diktatur ausgeht, will ich nachstehend beispielhaft einmal schildern.

Zur lebensmittelhygienischen Problematik des Aus- und Verschneidens von angefaultem Obst und Gemüse

Eine Frau betritt einen Obst- und Gemüseladen, um schnell für das Wochenende noch etwas Obst einzukaufen. Sie sieht, wie eine Verkäuferin in leicht gebückter Haltung aus einer Kiste Äpfel entnimmt und mit einem Messer halbiert. »Was machen Sie denn da?«, wendet sie sich neugierig an die Verkäuferin. »Wie Sie sehen«, antwortet sie, »entnehme ich hier aus der Kiste schadhaftes angefaultes Obst, schneide es aus und lege die einwandfreien Apfelhälften in die Verkaufsvitrine! Was möchten Sie denn nun gerne kaufen?«
»Eigentlich bin ich gekommen, um Äpfel zu kaufen, aber keine halbierten oder ausgeschnittene Ware!«, entgegnet die Frau! Die Verkäuferin schaut sich die Kundin nun etwas genauer an. Dann sagt sie: »Wir haben nur diese Ware! Und wenn Sie diese nicht kaufen möchten, tut es mir leid. Andere Ware haben wir nicht …!«

So oder ähnlich verlief mancherorts ein Verkaufsgespräch in den Obst- und Gemüsegeschäften der DDR im Jahre 1984.

Im Frühjahr 1984 wurde ich vom HO-Einzelhandel darüber informiert, dass Vertreter des Obst- und Gemüsegroßhandels die Verkaufsstellenleiter und Kaufhallendirektoren aufforderten angefaultes, verschimmeltes oder sonst wie verderbsgefährdetes Obst und Gemüse auszuschneiden und wertgemindert zu verkaufen. In der Praxis hieß das, dem Verbraucher unter Umständen einen halbierten Apfel anzubieten, der vormals vielleicht angefault oder angeschimmelt war. Insbesondere bei wertintensiven Produkten wie z.B. Südfrüchten war die Verlockung groß, eine solche Verfahrensweise zu praktizieren. In der Vergangenheit hatte ich wiederholt derartige Praktiken beobachtet und beanstandet.

Ich wurde von einer Verkaufsstellenleiterin gebeten mich zu dieser Fragestellung zu äußern. Die übergeordnete Lebensmittelkontrollbehörde – das BHI Berlin als zuständiges Referenzlabor für Mykotoxine in der DDR – wollte sich dazu zunächst nicht äußern.

»Wenn nicht ihr, dann eben ich!«, so dachte ich und machte mich daran, eine ausführliche fachliche Stellungnahme hierzu anzufertigen (249, Anlage 10). In dieser Stellungnahme wurden seitens unserer Dienststelle das Ausschneiden mit dem Hinweis auf die bekannten Risiken und nicht auszuschließende Missbrauchsmöglichkeit untersagt. Vorsichtig wurde auch angedeutet, dass bereits bei der industriellen Vermarktung von Obst- und Gemüseprodukten angefaultes und angeschimmeltes Obst und Gemüse zur Verarbeitung gelangen kann. Unsere Patulin-Befunde hatten das regelmäßig bestätigt.

Angesichts dieses Sachverhaltes erschien es uns nur vernünftig, im Sinne der Risikominimierung die Forderung zu erheben, das Aus- und Verschneiden von angefaultem oder angeschimmeltem Obst und Gemüse zu unterlassen, um den Verbraucher nicht noch zusätzlich durch eine solche durchaus vermeidbare Verfahrensweise einem zusätzlichen Gesundheitsrisiko auszusetzen.

Das Ärgernis für den Einzelhandel bestand darin, dass der Obst- und Gemüsegroßhandel – repräsentiert durch das Großhandelslager Berlin-Karlshorst – in großem Umfang angefaultes oder sonst wie verdorbenes Obst und Gemüse auslieferte. Der Einzelhandel erwartete von uns eine gewisse Schützenhilfe in dieser Angelegenheit, indem wir eine solche Praxis untersagten. Das war auch in unserem Interesse.

Bei einer solchen Interessengleichheit zwischen dem Einzelhandel und uns als Vollzugsorgan der Lebensmittelkontrolle erhofften wir uns einen gemeinsamen Erfolg. Der Protest des Großhandels ließ nicht lange auf sich warten.

Die Angelegenheit wurde der Staatlichen Plankommission zur Prüfung vorgelegt. Es wurde befürchtet, dass durch unsere Weisung – angeschimmeltes oder angefaultes Obst und Gemüse schadlos zu vernichten – erhebliche volkswirtschaftliche Verluste zu erwarten waren. Die Staatliche Plankommission wandte sich an das überbezirkliche Hygieneinstitut, welches zwar bekanntermaßen konzessionswillig war, sich aber in dieser Angelegenheit zunächst zurückhielt und sich vorsichtshalber mit dem Ministerium für Gesundheitswesen abstimmte. Natürlich war auch das Ministerium für Handel und Versorgung auf den Plan gerufen, das auf sein Mitspracherecht in solchen Angelegenheiten pochte.

Im Ergebnis dieses Kompetenzgerangels wurde nicht die Forderung erhoben, den Großhandel zu vernünftigen und seriösen Handelsgepflogenheiten zu verpflichten, sondern vielmehr die Genehmigung erteilt, angefaultes Obst und Gemüse im Verkaufsgeschäft auszuschneiden (134). Als peinlich empfand man lediglich die Existenz unserer Stellungnahme (249). Sie wurde kurzerhand als ungültig und damit als nicht existent erklärt (135). In der übergeordneten Stellungnahme des Bezirkshygieneinstitutes Berlin vom 08.08.1984 (134) hieß es dann wörtlich:

> »Bezug nehmend auf die Problematik des Anbietens von wertgeminderten Obst- und Gemüseprodukten (Faulstellen, Druckstellen, Überreife, welke Blätter und sonstige wertmindernde Kriterien) vertreten wir in Übereinstimmung mit den Erfordernissen des Gesundheitsschutzes und unter Berücksichtigung der volkswirtschaftlichen Belange den Standpunkt, dass
>
> I. Ware vorstehender Art preisgemindert dem Verbraucher angeboten werden kann,
> II. diese Ware nach entsprechender Bearbeitung oder Auslese (z.B. Ausschneiden von Faulstellen, Aussortieren von wertgeminderten Früchten) dem Verbraucher erforderlichenfalls unter Preisnachlass angeboten werden kann oder
> III. diese Ware unbehandelt oder nach entsprechender Bearbeitung der Weiterverarbeitung zugeführt werden kann.«

Das also war die kompromittierende Stellungnahme des für Fragen der Mykotoxin-Problematik in der DDR zuständigen Referenzlabors. Auf die Problematik der besorgniserregenden Situation vieler DDR-Lebensmittel angesprochen äußerte sich im November 1990 der Chef des BHI Berlins Dr. Clemens gegenüber dem Berliner Tagesspiegel: *»Eine Gesundheitsgefährdung durch Lebensmittel hat in unserem Aufsichtsbereich nicht bestanden!«* (257)

Der Lebensmitteleinzelhandel in einer Mangelwirtschaft

Eine Vielzahl der tagtäglich im Lebensmitteleinzelhandel zu registrierenden Hygieneprobleme nahm bereits in der Lebensmittelproduktion oder im Großhandel ihren Ausgang. Sie wurden in den Lebensmitteleinzelhandel hineingetragen, der seinerseits in Verbindung mit seinen eigenen spezifischen Schwierigkeiten alle Hände voll zu tun hatte, damit fertigzuwerden.

Zu den über den Großhandel in den Lebensmitteleinzelhandel hineingetragenen gravierenden Hygieneproblemen gehörten u.a.:

- die kontinuierliche Einschleppung von Ungeziefer (Mäuse und Schaben) mit den Lebensmittellieferungen;
- die Regelungen zur Rückführung von Leergut und Kartonagen aus dem Einzelhandel an den Großhandel;
- die Reklamationsprozeduren in Verbindung mit angelieferten reklamationswürdigen Lebensmitteln;
- der Transport und die Anlieferung von unverpackten und z.T. auch leicht verderblichen Lebensmitteln (Brot, Fleisch- und Wurstwaren, Milchprodukte) in offenen und ungekühlten Fahrzeugen;
- die Anlieferung von Lebensmitteln in verschmutzten Transportbehältnissen (z.B. Brotwagen, Fleisch- und Milchkästen) sowie in angerosteten Gitterboxpaletten, die in diesem Zustand z.T. in die Verkaufsräume gelangten;

Zu dieser Mängelbelastung kamen noch die eigenen spezifischen Probleme des Einzelhandels hinzu. Sie waren sowohl baulicher, ausrüstungstechnischer als auch personeller Art.

Der in Tabelle 3 dargestellten Risikobewertung war bereits zu entnehmen, dass ca. 40 % aller 1.300 eingestuften Handelseinrichtungen in Ostberlin in die höchste Risikostufe III eingeordnet werden mussten. Diese Tatsache motivierte die Handelsverantwortlichen mit einer Veränderung des Handelsnetzes diesen Zustand zu verändern.

Die Handelsnetzentwicklung in der DDR folgte analog einem internationalen Trend zur Errichtung von *Großraumverkaufseinrichtungen.* Allerdings war im damaligen Sprachgebrauch der Begriff »*Supermarkt*« durch die ostdeutsche Bezeichnung »*Kaufhalle*« ersetzt. Man wollte sich damit sprachlich und begrifflich von dem westlichen Begriff »*Supermarkt*« abgrenzen, um nicht bestimmte Vorstellungen an westliche Kaufgewohnheiten zu assoziieren.

Die sozialistische Kaufhalle als ostdeutscher Supermarkt

Seit 1977 begann mit der Verabschiedung des Kaufhallen-Neubauprogrammes in allen Ostberliner Stadtbezirken eine rege Bautätigkeit zur Errichtung von Kaufhallen. Es wurde ein Prototyp entwickelt und dann vervielfältigt nachgebaut. Gelegentlich auch mit allen Mängeln und Fehlern des Prototyps. Bis zum damaligen Zeitpunkt 1985 wurden 200 neue Kaufhallen in der DDR fertiggestellt und in Betrieb genommen. Damit einhergehend schrumpfte die Anzahl der kleineren Verkaufsstellen, einschließlich der sog. *»Tante-Emma-Läden«*.

Die ursprüngliche Strategie der Ostberliner Handelsnetzentwicklung beinhaltete u.a. die Errichtung punktueller Hauptversorgungsträger in Form von Kaufhallen in den Hauptversorgungsgebieten. Eine Kaufhalle sollte einen Einzugsbereich von etwa 5.000 bis 10.000 Einwohnern versorgungsmäßig abdecken. Die weitere Konzeption sah die Einrichtung von kleineren *»Spezial-Verkaufsstellen«* vor, die um diese Kaufhallen herum bzw. in unmittelbarer Nähe gruppiert werden sollten. Dabei wurde vorrangig die Nutzung der bestehenden Verkaufsstellensubstanz angestrebt. Diese Absicht erlitt eine erhebliche Modifizierung. Nur in wenigen Ausnahmefällen wurden tatsächlich solche kleineren Verkaufsstellen eingerichtet. Dies war im Wesentlichen der nicht ausreichenden materiell-technischen Basis geschuldet, weil die dafür notwendigen Baubilanzen und Gewerkekapazitäten nicht zur Verfügung gestellt werden konnten. Hinzu kam auch der permanente akute Personalnotstand im Lebensmitteleinzelhandel.

Soweit es die Anzahl der errichteten Kaufhallen anbetraf, blieben – gemessen an den Versorgungsaufgaben – zwar noch manche Wünsche offen. Dennoch stellte die Realisierung dieses Neubauprogrammes für die DDR-Wirklichkeit eine beachtliche Leistung und Verbesserung dar.

Viele Baufirmen aus den verschiedenen Bezirken der DDR wurden verpflichtet, in Ostberlin Kaufhallen zu errichten. Nur wenige Firmen waren mit diesen Bauaufgaben auch vertraut. Die überwiegende Anzahl der verpflichteten Firmen mussten erst Erfahrungen sammeln und manchmal auch erhebliches Lehrgeld zahlen.

Die Erfahrungen im Zusammenhang mit der Durchsetzung des Kaufhallen-Neubauprogrammes – das Mitte der 80er Jahre dann zu Ende ging – vermittelten auch aus hygienischer Sicht ein aufschlussreiches Bild sozialistisch gelenkter und gestalteter Baupolitik. Die praktizierten Verfahrensweisen zur Einbeziehung der Lebensmittel-Aufsichtsorgane in die Bautätigkeit dokumentierten in anschaulicher Weise die eingeschränkten Möglichkeiten zur Durchsetzung von Hygienenormen. Bevor eine Kaufhalle in Betrieb genommen wurde, erfolgte unsererseits eine bauliche Abnahme im Hinblick auf die Gewährleistung spezieller Hygienenormen.

Alle Kaufhallen wurden als sog. *»Typenprojekte«* serienmäßig erstellt. Das Spektrum der Typenlösungen umfasste etwa zehn verschiedene Kaufhallenvarianten, die sich im Wesentlichen nur in ihrer Größenordnung unterschieden. Die Größenordnung – ausgedrückt in der Verkaufsraumfläche – schwankte je nach Kaufhallentyp zwischen 700 und 1.500 m². Hinsichtlich ihrer architektonischen Gestaltung, aber auch in ihrer technologischen und ausrüstungsseitigen Konzeption waren sie uniform und spartanisch gestaltet. Äußerste Sparsamkeit bei der baulichen und ausrüstungsseitigen Ausführung war das oberste Gebot, dem sich jegliche Beurteilung – auch in Bezug auf die hygienischen Normen – unterzuordnen hatte. Althergebrachte und bewährte lebensmittelhygienische Vorschriften zur soliden bauseitigen Gestaltung von Räumlichkeiten und Ausrüstungsgegenständen wurden z.T. außer Kraft gesetzt.

War es z.B. vordem noch möglich, für Nassräume eine Fliesung der Wände und des Fußbodens zu fordern, so wurde kurzerhand die Ausnahmegenehmigung erteilt, als hygienische Mindestanforderungen nur noch einen abwasch- und desinfizierbaren Ölfarbanstrich zu verlangen. Allerdings war die Bereitstellung von Ölfarben zeitweilig so mangelhaft, dass auch dieser Forderung nur mühsam nachgekommen werden konnte.

Wenngleich auch so mancher Bauleiter für unsere Forderungen Verständnis zeigte, diese Ausnahmegenehmigungen nicht allzu ernst zu nehmen und einer soliden Bauweise den Vorrang einzuräumen, waren dem guten Willen in der Regel bei der Materialbeschaffung objektive Grenzen gesetzt.

Bei einer Bauabnahme von Nassräumen mit einem Fußbodeneinlauf zur Entwässerung ließ ich es mir nicht nehmen, mir regelmäßig einen Eimer mit Wasser bringen zu lassen, um das Gefälle zur Entwässerung zu prüfen. Das Wasser wurde im Nassraum ausgegossen und beobachtet, wohin es zu fließen begann. Lief das Wasser zum Fußbodeneinlauf hin und floss dann ab – was auch Sinn und Zweck einer funktionstüchtigen Fußbodenentwässerung ist – atmeten die Bauleute erleichtert auf. Gelegentlich – wenn z.B. fachfremde Firmen mit diesen Baumaßnahmen beauftragt wurden – floss es aber auch vom Fußbodeneinlauf weg in die entgegengesetzte Richtung. Dann war eine solche Bauabnahme zunächst gescheitert.

Als besonders gravierend nahmen sich die spartanischen Gestaltungsweisen in den hygienischen Risikobereichen (Fleisch-, Wurst- und Molkereiwarenbereiche) heraus. Bereits industrieseitig wurden völlig ungeeignete Ausrüstungsgegenstände bereitgestellt. Regale und Ablageflächen aus rauen und unverkleideten Hartfaser- oder Pressspanplatten wurden hierfür z.T. verwendet. Dem Einbau und der Ausstattung mit derartig hygienewidrig beschaffenen Ausrüstungsgegenständen musste unsererseits formell zugestimmt werden. Für die Lebensmittelkontrolleure ergab sich damit auch das psychologische Problem, wie man wohl überzeugend und glaubwürdig vom Lebensmittelpersonal eine gewissenhafte tägliche Reinigung und Desinfektion fordern konnte, wenn andererseits die Gefahr bestand, dass bei der Ausführung dieser Tätigkeit eine Verletzung der Hände an den rauen und scharfkantigen Oberflächen nicht auszuschließen war. Die spätere Überwachungspraxis hat alle unsere Befürchtungen leider vollauf bestätigt.

Die zentralgeleitete Baupolitik brachte aber noch ein weiteres Problem bei der serienmäßigen Errichtung dieser Kaufhallen mit sich.

Zahlreiche projekt- wie auch bauseitig mängelbehaftete Typenbauten wurden ohne zwischenzeitliche Fehlerkorrektur weitergebaut. Hier fand eine Vervielfältigung von Hygienemängeln statt, die die Kaufhallen zu einem »*Hygienemängel-Multiplikator*« machten. Weder wohlgemeinte kollegiale Hinweise noch energische Proteste unsererseits bewirkten, dass die übergeordneten Kontrollorgane (z.B. das Bezirkshygieneinstitut oder das Ministerium für Gesundheitswesen) sich dieser Angelegenheit annahmen.

Formal oblag den zuständigen territorialen Lebensmittelkontrollorganen (Kreishygieneinspektionen) die Standortbestätigung und auch die Bauabnahme. Es offenbarte sich jedoch sehr bald, dass diese Befugnisse stark eingeschränkt und mehr formellen Charakter trugen. Dies betraf z.B. die Beseitigung festgestellter projektseitiger Mängel, deren Abstellung weder zu diskutieren noch zu fordern war. Unser Vorschlag, die Bestätigung eines Typenprojektes von der erfolgreichen Erstellung eines Prototyps in der Praxis abhängig zu machen, wurde als destruktive Initiative gewertet, die in den Augen einiger Dogmatiker geeignet schien, das Kaufhallenprogramm zu sabotieren.

Mit den bauseitigen Unzulänglichkeiten hatten wir so unsere Probleme. Für viele der verpflichteten Baufirmen stellte die Errichtung einer Kaufhalle absolutes Neuland dar. Das hinderte sie jedoch nicht daran, unerschrocken und tatendurstig – manchmal zudem noch als jugendliche FDJ-Initiative deklariert – sich der Bewältigung dieser Aufgaben mit großem Eifer zu widmen. So kam es schon vor, dass eine Baufirma aus den nördlichen

Bezirken in der DDR – die vordem nur landwirtschaftliche Bauten erstellte – ihre Gepflogenheiten nicht völlig abstreifen konnte und einer etwas offenen und windschiefen Bauweise den Vorrang einräumte. Eine Reihe von alltäglichen Folgeproblemen (undichte Dächer, defekte Kühlbereiche infolge unsachgemäßer Isolierungen, Bauwerkabsenkungen, unsachgemäße Bauweisen bei den Nassräumen etc.) nahmen hier ihren Ausgang.

Auch hier befanden sich die Kontrollbeauftragten der Lebensmittelaufsicht in einer zwiespältigen Situation. Einerseits waren sie gehalten, jegliche Verzögerungen im Bauablauf durch Zusatz- oder Korrekturforderungen zu vermeiden. Auf der anderen Seite forderte man ihre formelle Zustimmung zur Inbetriebnahme dieser Handelseinrichtungen.

Derartige Verfahrensweisen – eine unkritische Bauprüfung und -abnahme mit fehlerhaften Bau- und Gestaltungsweisen durchzuführen oder zu tolerieren – trugen maßgeblich dazu bei, die Glaubwürdigkeit der Lebensmittelkontrollorgane zu untergraben. Auch blieb es in der Folge nicht aus, dass einige Neubaukaufhallen seit ihrer Inbetriebnahme von einem kontinuierlichen Baugeschehen begleitet wurden.

Akute Probleme im Lebensmitteleinzelhandel

In vielen unserer unzähligen Berichterstattungen zu aktuellen Hygieneproblemen waren wir bemüht, über die notwendige Kritik hinaus auch Anregungen und konstruktive Vorschläge zur Verbesserung der Hygienesituation zu unterbreiten. Leider blieben diese Bemühungen zumeist erfolglos.

In einer Diktatur wird von oben nach unten entschieden und nicht umgekehrt. Viele dieser Einschätzungen – auch harmlosester Art – wurden schnell ad acta gelegt oder erhielten das Siegel der strengen Vertraulichkeit.

Das nachstehende Beispiel dokumentiert einen solchen Bericht z.B. zur Einschätzung der Hygienesituation in den Ostberliner Kaufhallen:

»In hygienischer Hinsicht sind für alle Kaufhallen nachfolgende verallgemeinerungswürdige Feststellungen zu treffen:
1. In den Objekten Kaufhalle B., Kaufhalle St. N., Kaufhalle St. S., Kaufhalle S. Ch.-…
   ist ein starker Ungezieferbefall (Mäuse, Schaben) vorhanden, welcher tagtäglich die
   lebensmittelhygienischen Voraussetzungen infrage stellt. Die von der PGH Berli-

ner Bär durchgeführten Bekämpfungsmaßnahmen werden sowohl aus der Sicht der Objektleitungen wie auch aus unserer Sicht als insgesamt nur gering wirksam eingeschätzt.

2. Für die Aufbewahrung von Reklamationswaren und Konfiskatprodukten sind in fast allen Kaufhallen keine ausreichenden, geschweige denn optimalen Hygienevoraussetzungen vorhanden. So führt die Aufbewahrung derartiger Lebensmittel ohne Kühlung und in irgendwelchen Regalen und Ecken der Lagerbereiche immer wieder zu hygienewidrigen Zuständen, indem Geruchsbelästigung, Fliegenbefall oder sonstiges Ungeziefer herangezogen wird.

3. Hier erscheint eine Korrektur der Reklamationsprozeduren – wie sie in den Rahmenverträgen bisher verankert wurden – als dringend notwendig. Dabei geht unsere Empfehlung dahin, eine Sofortvernichtung von reklamationswürdiger Ware in den Fällen vorzunehmen, wo mangelnde Hygienevoraussetzungen eine sachgemäße Aufbewahrung nicht erlauben.

4. Des Weiteren erscheint uns die Limitierung der Handelsverluste im Bereich des »Fonds Risiken des Warenumschlages« angesichts des in der Regel sehr hohen Anteils reklamationswürdiger Lebensmittel für viele Objekte als zu gering bemessen. Da die Objektleitungen sich bemühen, eine Überziehung dieses Limits zu vermeiden, ist immer wieder das Bestreben erkennbar, abschreibungswürdige bzw. wertgeminderte Lebensmittel dennoch in den Verkauf zu bringen.

5. In allen Kaufhallen sind die Verfahrensweisen zur Warenannahmeprüfung zumindest in hygienischer Hinsicht als insgesamt nicht ausreichend anzusehen. Die von den Lieferern in häufig verschmutzten Verpackungs- und Transportbehältnissen angelieferten Lebensmittel werden ohne Widerspruch angenommen. Soweit in hygienischer Hinsicht Reklamationen erfolgen, beziehen sich diese im Wesentlichen auf beschädigte Verpackungen oder sonstige Qualitätsmängel, nicht aber auf den häufig feststellbaren Verschmutzungsgrad der Verpackungs- und Transportbehältnisse.

6. Die Einhaltung vieler Hygienevorschriften wird nach unseren Erfahrungen u.a. auch erheblich durch die durchschnittlich sehr hohe Ausfallquote des Personals erschwert. (Für Kaufhallen beträgt diese im 1. Halbjahr 1983 im Durchschnitt 30–35 %).

7. Angesichts des Trends, in den kleineren Kaufhallen nur noch durch das Kaufhallenpersonal eine Selbstreinigung des gesamten Objektes vornehmen zu lassen, sehen wir potentiell die Gefahr gegeben, dass hierdurch hygienische Maßnahmen vernachlässigt werden. Insbesondere bei den sog. Tagkaufhallen, die im Zweischichtsystem arbeiten, ist die für Reinigungsmaßnahmen zur Verfügung stehende Zeit (zwischen 6.00 und 8.00 Uhr bzw. 19.00 und 20.00 Uhr) als nicht ausreichend anzusehen.«

Dieser Auszug aus einer am 23.09.1983 an das BHI gerichteten Stellungnahme skizzierte im Wesentlichen ein gravierendes Problemfeld im Lebensmitteleinzelhandel. Der in vielen Lebensmittelobjekten weitverbreitete massive Ungezieferbefall stand zu Recht in der Rangfolge an oberster Stelle lebensmittelhygienischer Probleme. Die Ungezieferbekämpfung umfasste ein breites Spektrum illustrer Methoden und Verfahrensweisen, die die Hilflosigkeit der Lebensmittelkontrolle in der DDR in anschaulicher Weise vor Augen führte.

Die Bekämpfung gegen Mäuse – eine Mischung von Ernst, Bluff und Clownerie

Zu einem der aktuellsten Hygieneschwerpunkte entwickelte sich seinerzeit – offenbar einem internationalen Trend folgend (96–102) – auch der Ungezieferbefall in den Lebensmittelobjekten. Mäuse und Schaben, seltener Ratten bildeten die Hauptplagegeister, derer man sich bemühte habhaft zu werden. Ihr Auftreten in Küchen und Handelseinrichtungen vollzog sich häufig invasionsartig. In welcher drastischen Weise sich ein Schädlingsbefall zeigen konnte, soll das nachstehende Beispiel einmal illustrieren:

Mehrere Kundenbeschwerden hatten uns veranlasst, eine Kaufhalle zu überprüfen, in welcher sich die Kunden regelmäßig erschreckten, wenn Mäuse durch die Verkaufshalle huschten. Bei einem solchen massiven Befall erschien es mir angeraten, für eine Objektbegehung eine Fachkollegin aus dem Bereich der Schädlingsbekämpfung für die Objektbegehung hinzuzuziehen. Während wir also gemeinsam den Spuren und Hinterlassenschaften der Mäuse folgten, fiel uns auf, dass weit verstreut auf dem Boden des Verkaufsbereiches kleine weiße Papierfetzen lagen. »Es ist von den Mäusen geschrotetes Material, welches sie als Nistmaterial nutzen, um sich Nester zu bauen!«, klärte mich Frau Dr. D. auf, die mich als Biologin und Fachexpertin auf dem Gebiet der Schädlingsbekämpfung bei dieser Ortsbegehung unterstützte. »Wir sollten uns genau das Nistmaterial ansehen«, fuhr sie fort, »dann wissen wir auch, wo die Mäuse hier ihr Nest bauen!« Wir riefen die Kaufhallenleiterin zu uns und zeigten ihr die Papierschnitzel. »Das sieht aus wie das Papier unser Kassenrollen!«, verriet uns die Kaufhallenleiterin. »Dann sollten wir dort nachschauen!«, empfahl die Biologin.
Wir wendeten uns dem Kassenbereich zu und baten die Kassiererin, uns zu zeigen, wo sie ihre Kassenrollen aufbewahrte. »Dort neben der Kasse liegen unsere Papierrollen!«, gab sie

uns zur Auskunft. Wir schauten auf die Kassenrollen. Sie waren alle augenscheinlich unbeschädigt und wiesen auch keine Fraßspuren auf. »Und haben Sie sonst wo noch irgendwelche Kassenrollen zu liegen?«, wollten wir jetzt wissen. »Ja«, antwortete die Kassiererin. »Dort in den unteren Schubladen bewahren wir die anderen Kassenrollen auf.« »Wenn Sie so freundlich wären, uns die Schublade zu öffnen!«, baten wir nun höflich die Kassiererin. Sie bückte sich, zog ruckartig die Schublade hervor. In der Schublade wimmelte es nur so von Mäusen. Erschrocken sprangen sie nun aus der Schublade und suchten fluchtartig das Weite. Und auch wir waren ziemlich erschrocken. Dass sich so viele Mäuse im Kassenbereich ein Zuhause gesucht hatten, war auch für uns eine Überraschung.

Ein massiver Mäusebefall war damals eine weitverbreitete Erscheinung (96–99). Die modernen Bauweisen mit ihren Schächten, Kanälen und Ummantelungen begünstigten diese Ausbreitung. Auch in der DDR kannte man diese Sorgen. Zwar zeigten sich regional erhebliche Unterschiede, aber absolut gesehen war eine deutliche Zunahme unverkennbar. Befallsschwerpunkte bildeten vorzugsweise Lebensmittelproduktionsbetriebe, Großhandelsläger und Handelseinrichtungen des Einzelhandels. Aber auch Großküchen blieben nicht verschont. Die Verbreitung erfolgte analog dieser Warentransportkette.

Die Bekämpfung erfolgte jedoch nicht – wie man sinnigerweise erwarten sollte – schwerpunktmäßig an den Anfangsgliedern dieser Befallskette, sondern an deren Endpunkten. Was waren die Gründe hierfür?

Die baulichen Gegebenheiten waren – wie bereits dargestellt – in vielen Objekten so schlecht beschaffen, dass diverse Unterschlupfmöglichkeiten für das Ungeziefer gegeben waren. Alle Forderungen zur prophylaktischen Bekämpfung erschöpften sich angesichts der Ohnmacht, notwendige bauliche Sanierungen vornehmen zu können. In gleichem Maße erschwerend wirkte sich der akute Mangel an geeigneten Bekämpfungspräparaten aus. Die vorhandenen wenigen Fraßköder oder Kontaktgifte waren in überwiegendem Maße so beschaffen, dass sie nicht oder in sehr geringem Maße vom Ungeziefer angenommen wurden (Anlage 17). Der einzige Kompaktköder, der noch halbwegs Wirkung entfaltete, war ein einheimisches Präparat (250), das auch für den Export hergestellt wurde und deshalb in gewohnter Weise nur in sparsamsten Mengen zum Einsatz gelangte.

Was aber alle Schädlingsbekämpfungsmaßnahmen schwierig gestaltete, war der Umstand, dass trotz massivsten oder invasionsartigen Befalls eine zeitweilige Schließung der Befallsobjekte nicht erlaubt war. Notwendige Einschränkungen der Versorgungsleistungen als eine wichtige Voraussetzung für eine erfolgreiche Ungezieferbekämpfung konnten nur in den seltensten Fällen zwangsweise durchgesetzt werden. In der Regel wurden unsere diesbezüglichen Auflagen und Verfügungen ignoriert oder von den Handelsorganen einfach außer Kraft gesetzt.

Die nachfolgenden zwei Beispiele stehen für eine Vielzahl ähnlicher Fälle.

Auszug aus einer Verfügung der Kreishygieneinspektion an den VEB HO WtB Berlin vom 06.09.1984:

»Bei der am 02.06.1984 durchgeführten allgemeinen Hygieneüberprüfung durch die Veterinärhygieneinspektion … sowie durch unsere Dienststelle … wurden erhebliche Mängel bezüglich der Ordnung und Sauberkeit sowie des baulichen und ausrüstungstechnischen Zustandes festgestellt.

Der vorhandene Warenbestand war stark überhöht, so dass unter der gegebenen räumlichen Beengtheit keine ausreichende Warentrennung möglich war. Weiterhin war einzuschätzen, dass – bedingt durch erhebliche bauliche und ausrüstungstechnische Mängel – der starke Mäusebefall begünstigt wurde und die eingeleiteten Bekämpfungsmaßnahmen hierdurch infrage gestellt waren.

Aus den genannten Gründen ergeht daher folgende Auflage:

Das gesamte Objekt ist baulich und malermäßig instand zu setzen! Die vorhandenen ausrüstungstechnischen Mängel (z.B. verschlissenes Mobiliar, defekte Gerätschaften) sind im Zuge der Sanierungsmaßnahmen ebenfalls zu beseitigen!

1. Das vorhandene Warenvolumen ist so weit zu reduzieren, dass unter den gegebenen Bedingungen Ordnung und Sauberkeit in den hygienischen Mindestanforderungen gewährleistet werden. Entsprechende konkrete Vorschläge sind hierfür zu unterbreiten!

2. Der vorhandene starke Mäusebefall ist zu bekämpfen! Der Kreishygieneinspektion ist jeweils monatlich Bericht zu erstatten!

Zwecks Realisierung der in den Punkten 1 und 2 genannten Auflagen ist uns ein Maßnahmeplan bis zum 15.10.1984 zu übermitteln!«

Die Antwort ließ nicht lange auf sich warten. Die unter Punkt 1 geforderten Maßnahmen waren weder 1984 noch 1985, frühestens im Jahre 1986 zu realisieren. Das aber bedurfte der Bestätigung des örtlichen Rates, der erfahrungsgemäß sich wenig geneigt zeigte, solchen außerplanmäßigen Forderungen nachzukommen. Dazu war die Situation der dafür benötigten Gewerkekapazitäten viel zu angespannt. Über Punkt 2 der Auflage sollte 1985 noch einmal nachgedacht werden. Natürlich war auch hier keine Einschränkung zu erwarten. Sie war dem handelsseitigen Interesse zur Aufrechterhaltung einer maximalen Versorgungsleistung diametral entgegengesetzt, so dass auch von daher der Widerstand der Handelsorgane unüberwindlich erschien, den Vollzug dieser Auflage durchzusetzen. Damit erübrigte sich die unter Punkt 3 genannte Bekämpfungsmaßnahme. Eine wirksame Ungezieferbekämpfung war von vornherein durch die fehlenden objektiven Voraussetzungen nicht gegeben.

Das zweite Beispiel dokumentiert eine etwas schärfer formulierte Auflage, die – kaum dass sie den Empfänger erreicht hatte – vom zuständigen Stadtrat für Handel und Versorgung beim Magistrat von Ostberlin – aufgehoben wurde. Das erfolgte jedoch nicht schriftgemäß – wofür die juristischen Möglichkeiten auch nicht gegeben waren –, sondern in fernmündlicher Anweisung. Der Hygienekontrollbericht enthielt diesbezüglich entsprechende Feststellungen.

Die Verfügung vom 08.11.1984 beinhaltete die Schließung der Kaufhalle E. zum Zwecke einer komplexen Schädlingsbekämpfung am 14.11.1984. Es hieß darin:

»Bei der am 08.11.1984 durchgeführten Hygieneüberprüfung o.a. Einrichtung wurde ein starker Befall mit Mäusen, Schaben und z.T. auch Ratten im gesamten Objekt festgestellt. Die Ermittlungen ergaben, dass die seit mehreren Monaten bisher durchgeführten Bekämpfungsmaßnahmen nur einen unzureichenden Erfolg zeigten. Zur Gewährleistung der lebensmittelhygienischen Mindestanforderungen ergeht daher folgende Auflage:
–   Zur Durchführung einer effektiven Ungezieferbekämpfung ist die Kaufhalle am 14.11.1984 zu schließen! Der Beginn der Bekämpfung durch die PHG Berliner Bär ist für 14.00 Uhr anberaumt.
–   Die Bekämpfungsmaßnahmen sind organisatorisch rechtzeitig vorzubereiten und zu unterstützen! Gefährdete Lebensmittel sind in geschützte Bereiche (Kühlmöbel, Kühlzellen) zu verbringen! Die dafür notwendige Zeit ist schließungsmäßig einzuplanen!
–   Im Rahmen der prophylaktischen Bekämpfungsmaßnahmen sind durch geeignete bauliche Maßnahmen vorhandene Unterschlupfmöglichkeiten für Ungeziefer zu beseitigen! Die Holzverkleidung im Gang des Lagerbereiches ist zu entfernen! Termin: 30.11.1984.«

So wie diese Auflage kurzerhand aufgehoben wurde, geschah das mit vielen weiteren Verfügungen der unteren Vollzugsorgane. Nach meiner Einschätzung konnten wir davon ausgehen, dass nur ca. 15 bis 20 % der von uns erteilten Auflagen realisiert wurden. Dabei war zu berücksichtigen, dass jeder Auflagenerteilung eine sorgfältige Prüfung und Abwägung der Erfordernisse und Dringlichkeiten vorausging.

Man muss um diese Vollzugsprobleme der Lebensmittelkontrolle in der DDR wissen, um die Glaubwürdigkeit und Erfolgsaussichten von Beschlüssen der zentralen Staatsmacht richtig einordnen zu können. Im Kapitel »*Einschätzung der Lebensmittelhygiene aus der Sicht des Staatsapparates*« habe ich alle wesentlichen Beschlüsse des Magistrats von Ostberlin in den Jahren 1982 bis 1985 – soweit diese die Lebensmittelhygiene betrafen oder tangierten – hinsichtlich ihrer realistischen Aussagefähigkeit einer kritischen Analyse unterzogen. Um keine größeren Versorgungsunterbrechungen zu riskieren, erfolgte die Ungezieferbekämpfung nicht am Ausgangspunkt ihrer Entstehung, sondern bei den Endgliedern ihrer Verbreitungskette. Die Verkaufsgeschäfte, Kaufhallen oder auch Küchen wurden so zu Bekämpfungsschwerpunkten. Hier vor Ort war allerdings jeder noch so mühselig erstrittene Bekämpfungserfolg mit jeder nächsten Warenanlieferung sofort wieder infrage gestellt, mit dem Ergebnis, dass sich ein Circulus virtiosus ständiger Misserfolge einzustellen begann.

In dieser Situation wurden auch Bekämpfungsweisen praktiziert, die eher einer circensischen Darbietung glichen als einem ernsthaften Unterfangen. Eine dieser Kuriositäten nahm sich wie folgt heraus: Das Lebensmittelpersonal wurde angewiesen, nachfolgende Bekämpfungsstrategie zu praktizieren:

> »Alle angelieferten Lebensmittelgebinde wie z.B. Kartoffelcontainer, Eier- und Nährmittelpaletten, Konserven- und Flaschenwarenboxen waren nach Anlieferung sofort kräftig zu schütteln und danach vollständig um- und auszupacken. Das kräftige Schütteln der Transportbehältnisse sollte dazu führen, eventuell angelieferte Mäuse zu erschrecken, so dass diese aus den Behältnissen sprangen. Man verband damit auch die Hoffnung auf eine Flucht ins Freie. Tatsächlich war dies auch hin und wieder zu beobachten. Nur war es ungemein schwer, den Mäusen nun beizubringen, doch lieber das Weite zu suchen, als auf dem kürzesten Weg in die Kaufhalle zu schlüpfen, wo es doch so viel Futter gab.«

Das Ergebnis solcher dubiosen Anweisungen endete zumeist in einer kurzen Lebensdauer derartiger Verfahrensweisen. Das Lebensmittelpersonal – oftmals ohnehin stark überlastet – ersparte sich bald das mühselige Um- und Auspacken der angelieferten Lebensmittel. Die Mäuse bezogen meist unbehelligt ihre Reviere in den hinteren Lagerbereichen, wo sie sich zwischen den sog. »*Sicherheitsbeständen*« (Nährmittel, Zucker etc.) ein neues Zuhause suchten und auch fanden. So kam man nach und nach wieder zu altbewährten Methoden der mechanischen Falle und des Giftköders zurück. Zwar war auch hier die Bereitstellung ausreichender Mäusefallen nicht immer ganz einfach, weil auch sie zeitweilig zu den Mangelwaren gehörten, aber bei der Überwindung solcher Hindernisse hatte man viel Geduld und Erfahrung.

Ein probates Mittel für eine erfolgreiche Mäusebekämpfung waren schließlich auch die Katzen. Die Katzenhaltung erlebte eine Konjunktur und erfreute sich steigender Beliebtheit. Da half auch nicht der Hinweis – wie von Hofstätter (142) berichtet –, dass nicht jede Katze auch ein guter Mäusefänger sein musste.

Hygienische Aspekte bei der Leergutrückführung und Reklamationsverfahren

Im Zusammenhang mit dem vielerorts zu beobachtenden Schädlingsbefall musste auch die räumliche Beengtheit einer Vielzahl von Verkaufseinrichtungen gesehen werden. Dieses Problem wurde noch zusätzlich durch bestimmte Verfahrensweisen der Leergutsammlung und -rückführung verschärft.

Grundsätzlich ist im Sinne eines verantwortlichen Recyclings nichts gegen eine vernünftige Leergutsammlung und -rückführung einzuwenden. Aber sie muss in lebensmittelhygienischer Hinsicht bestimmten Anforderungen genügen. In der DDR zielten diese Verfahrensweisen darauf ab, das gesamte anfallende Leergut – getrennt nach Lieferpartnern und/oder erzeugnisspezifisch – zu sortieren, zu sammeln und abholbereit zu lagern. Da aber weder eine schnelle Rückführung erfolgte noch geeignete Leergutlagermöglichkeiten vorhanden waren, türmte sich das Leergut bergeweise in den Handelseinrichtungen. Und geschützt musste es innerhalb der Verkaufsobjekte auch aufbewahrt werden, da ansonsten keine Abholung, d.h. finanzielle Entlastung, erfolgte.

So wurden Kartonagen, Pappen etc. zunächst manuell gebündelt und sortiert, um dann getrennt in Gängen, Vorräumen, Arbeits- und Lagerbereichen gestapelt zu werden.

Eine schnelle Lösung dieses Problems war wegen der fehlenden Baukapazitäten nicht in Sicht.

Andere Vorschläge, die u.a. eine Erleichterung der Rückführung im Sinne der Vereinfachung der Rückführungsprozedur (z.B. Verzicht auf die Sortierung im Einzelhandel) beinhalteten, scheiterten immer wieder an der mangelnden Flexibilität der Handelsverantwortlichen.

Im gleichen Sinne erschwerend wirkte sich die Aufbewahrung von Reklamations- und Konfiskatware in den Verkaufsgeschäften aus. Die meisten Handelseinrichtungen verfügten über keine diesbezüglich geeigneten Räumlichkeiten, in denen solche Waren getrennt und ggf. auch gekühlt aufbewahrt werden konnten.

Zwar schrieb auch hier die AO über die Behandlung von Lebensmitteln im Lebensmittelverkehr im § 22 (143) vor, dass eine gemeinsame Aufbewahrung solcher Verderbsprodukte mit einwandfreien Lebensmitteln nicht statthaft war. Aber auch diese Gesetzesbestimmung stand wie viele andere in einem vollzugsleeren Raum. So wurden also derartige Lebensmittel in Gängen, Fluren, Vorräumen, Kühlbereichen und wo auch immer sich sonst noch eine Möglichkeit anbot, bis zur Reklamationsprüfung aufbewahrt.

Die Aufbewahrungsfristen waren recht unterschiedlich. Sie schwankten zwischen zwei und fünf Tagen. Diese Zeitspanne reichte aber oftmals aus, dass diese ungekühlt gelagerten Lebensmittel zu Quellen übelriechender Geruchsbelästigungen wurden. Auch das Ungeziefer fühlte sich dort hingezogen.

Trotz dieser augenfälligen Missstände war es über Jahre nicht möglich, eine Vereinfachung der Reklamationsprozeduren oder eine Verkürzung der Aufbewahrungsfristen zu bewirken. Ich empfand es als absurd, dass die Verursacher, nämlich der Großhandel oder die Lebensmittelhersteller, sich das Recht herausnahmen, ihren Abnehmern die Dauer der Aufbewahrungsfristen zu diktieren. Eine von mir eingeleitete Initiative bestand u.a. darin, dem Einzelhandel administrativ die Sofortvernichtung seiner Reklamationsprodukte anzuweisen. Entgegen aller sonstigen Gepflogenheiten wurde diese Initiative sogar von überbezirklicher Seite unterstützt. Umso unverständlicher erschien es uns, dass der Einzelhandel hiervon keinen Gebrauch machte und sich weiterhin von seinen Lieferern die Bedingungen diktieren ließ.

Dieses fehlende Engagement des Einzelhandels wurde begreiflich, wenn man um die Schwerpunktorientierung der Handelsorgane wusste. Die hygienischen Belange fanden sich gegenüber anderen Schwerpunkten hintenangestellt. Eine kritische Analyse der Schwerpunktorientierung im Jahresplan 1984 des Handels zeigte, dass die Senkung der Inventurminusdifferenzen in Kaufhallen und Verkaufsstellen im Vordergrund allen Interesses stand. Wörtlich hieß es hierzu unter Punkt 1 dieses Maßnahmeplanes:

»Zur Koordinierung der Führungs-, Leitungs- und Kontrollaufgaben … wird eine Arbeitsgruppe … gebildet. Die Arbeitsgruppe berät monatlich und macht folgende Schwerpunkte zum Inhalt ihrer Tätigkeit:
– Prinzipielle Auseinandersetzungen mit Vertretern von Verkaufskollektiven zur Erhöhung der politischen Gesamtverantwortung jedes Einzelnen für Effektivität und Kostenentwicklungen;

- Vorbereitung und Auswertung von Inventuren;
- Untersuchung der Arbeitsweise der BT-Leitungen;
- Entgegennahme von Rechenschaftslegungen von Kaufhallenleitern, Schicht- und Gruppenleitern, Verkaufsstellenleitern aus Kollektiven, die das Normativ überschritten haben;
- Einschätzung der Versorgungsleistung einschließlich Durchsetzung von Ordnung, Sauberkeit, Sicherheit und Hygiene;
- Auswertung der Leistungsvergleiche zwischen den Kaufhallen und Verkaufsstellen ...«

In der Auflistung handelsspezifischer Probleme darf ein weiteres Problem nicht ungenannt bleiben. Es berührte die Lebensmittelchemiker in ihrer Zuständigkeit als wissenschaftliche Sachverständige für die Sicherstellung einer einwandfreien Lebensmittelversorgung. Dieses Problem leitete sich aus der Limitation des Fonds *Risiken des Warenumschlags*« ab. Gemeint waren damit die Abschreibungsverluste von Lebensmitteln durch zwischenzeitlichen Verderb, Überlagerung, Qualitätsminderungen, nicht rechtzeitig oder nicht anerkannte Reklamationen etc.

Bereits eingangs habe ich erwähnt, dass ein großer Anteil (ca. 42 %) von Lebensmitteln, die an den Großhandel ausgeliefert wurden, reklamationswürdig, d.h. von vornherein schon qualitätsgemindert waren. Der Großhandel delegierte das Problem auf den Einzelhandel und dieser wiederum auf den Verbraucher.

Nach dem Lebensmittelgesetz der DDR (§ 7 Abs. 2 LMG) oblag dem Lebensmittelabgebenden die Verpflichtung, bei eingetretenen Qualitätsminderungen diese Wertminderungen durch entsprechende Preisnachlässe zu regulieren. Dieses durchaus vernünftige und an sich pragmatische Prinzip hatte sich jedoch nie richtig und konsequent durchsetzen können.

Eine der Ursachen – und wohl die wichtigste – war in der **Limitation der Warenverluste** zu sehen. Es ging dem Lebensmitteleinzelhandel vorrangig immer darum, die Warenverluste so gering wie möglich zu gestalten. Hohe Warenverluste – wie sie z.B. durch Wertminderungen oder Abschreibungen verursacht wurden – hatten eine sehr schnelle Erschöpfung des sehr knapp bemessenen Warenlimits zur Folge.

An einer Überziehung des vorgegebenen Limits war der Verkaufsverantwortliche aber nicht interessiert, da das Prämieneinbußen für ihn mit sich brachte. Er wurde also geradewegs dazu verführt, alles ihm Mögliche noch zu tun, um diese Abschreibungsverluste so gering wie möglich zu halten. Also wurde alles an Lebensmitteln verkauft, was noch halbwegs zu verkaufen war. In der Mangelwirtschaft hieß das oft: Entweder dieses Lebensmittel kaufen oder gar keines!

Für eine Lebensmittelverkaufsstelle mit einem Warenumsatz von 500 TM im Jahr betrug z.B. das Limit 1.100 M/Jahr. Es hätte mindestens ein Vielfaches davon betragen müssen, angesichts des tatsächlichen Warenverlustes. Diese Verhältnisse erklären, warum im Verkaufsangebot der DDR-Geschäfte so viele Lebensmittel auftauchten, bei denen die lebensmittelchemische Prüfung eine erhebliche Wertminderung oder sogar die Verdorbenheit attestierte. Einige dieser Auswüchse waren durch eine intensive Inspektionstätigkeit etwas einzudämmen. Aber insgesamt zeigte sich auch hier bald wieder eine breite Konzessionswilligkeit.

Die DDR-LMK stand wiederum einer Situation hilflos gegenüber, wo ihre Interventionen fruchtlos blieben. Angesichts der zunehmenden wirtschaftlichen Probleme in der DDR zu Beginn der 80er Jahre ging das Bestreben der Handelsverantwortlichen sogar so weit, die Beurteilung der einwandfreien Beschaffenheit eines Lebensmittels weitestgehend in Eigenregie zu übernehmen. Ihr Versuch lief darauf hinaus, die Beurteilungskompetenz der wissenschaftlichen Sachverständigen an sich zu ziehen und auf sachinkompetente Personen zu delegieren.

In meinem Zuständigkeitsbereich habe ich mich von derartigen Bestrebungen nicht großartig beeindruckt gezeigt und weiter die Lebensmittelbeschaffenheit so beurteilt, wie ich das für angemessen hielt. Ich gestehe aber freimütig ein, dass sich die Begeisterung bei den Verkaufsverantwortlichen in Grenzen hielt, wenn ich sie vor Ort aufsuchte. Schließlich befanden sie sich in einem Interessenkonflikt, sich einerseits loyal gegenüber ihrer Vorgesetztenebene zu verhalten und andererseits im Interesse des Verbrauchers sorgfältig und gewissenhaft zu entscheiden. Sie waren Opfer und Täter zugleich.

Impressionen des Lieferalltags

Das mangelnde Engagement und die resignative Haltung weiter Teile des Lebensmittelpersonals hatte vielfältige Ursachen. Die täglichen Negativerfahrungen bei den Lebensmittelanlieferungen trugen mit dazu bei, eine Bewusstseinshaltung der Gleichgültigkeit und Passivität zu entwickeln. Die bürokratische Abwicklung von Reklamationsverfahren, auch bei Fällen grober Nachlässigkeiten, führten auf Dauer bei den Betroffenen zu wenig gewissenhaften und verantwortungsvollen Handlungsweisen. Der Begriff *»kollektive Verantwortungslosigkeit«* fand hier seine volle Berechtigung. Das nachfolgende Beispiel bildete leider keinen Einzelfall. Es ermöglicht einen Einblick in die Alltagssorgen einer kleinen Konsum-Lebensmittelverkaufsstelle:

»Der Kontrollbucheintragung Nr. 4 vom 21.09.1984 ist die folgende Sachverhaltsfeststellung entnommen: Der Verkaufsstelle wurden am 19.09.1984 insgesamt 90 Gläser Bockwurst, in Umkartons verpackt, angeliefert. Diese Präserven – ausschließlich für eine Lagerung unter +10 °C bestimmt – wurden auf einem offenen Lkw in ungekühltem Zustand angeliefert. Bei Warenentgegennahme wurden bereits 29 Gläser wegen sichtbarer Trübungserscheinungen und Undichtigkeiten beanstandet. Das Lieferpersonal quittierte den Hinweis der Verkaufsstellenleiterin, dass einige der Umkartons durchnässt seien mit der lakonischen Bemerkung: *»Nun haben Sie sich mal nicht so albern! Das muss so sein!*« Die Reklamation wurde abgelehnt. Wenige Stunden später gelang es nach gewohntem mühevollen Unterfangen telefonischen Kontakt mit der Reklamationsabteilung des Lieferers zu erhalten. Eine Rückführung der Ware wurde abgelehnt. Man behielt sich das Recht vor, die Waren in den nächsten Tagen vor Ort zu überprüfen. Da half auch nicht der begründete Einwand der Verkaufsstellenleiterin, dass die räumliche Beengtheit eine sachgemäße hygienische Aufbewahrung dieser Ware nicht erlaube.
Von den 90 angelieferten Bockwurstgläsern waren in den darauf folgenden zwei Tagen weitere 38 Gläser bombiert, undicht oder sichtlich getrübt. Die Reklamationsfrist war kurz vor ihrem Ablauf. Inzwischen wurden von zwölf verkauften Gläsern sieben wieder in die Verkaufsstelle zurückgebracht.
Lediglich aus der Furcht heraus, die Reklamation gegenüber dem Lieferer nicht mehr durchsetzen zu können, wurde nun mehr auch unsere Dienststelle zu Rate gezogen.«

In solchen krassen Fällen ließ ich mich nicht lange bitten. Die auf dem Wege der Amtshilfe gegenüber der VHI hier getroffene Entscheidung der Kreishygieneinspektion fiel kurz und bündig aus. Wegen deutlich wahrnehmbarer *»Spitzenweiche«* (d.h. aerobe Fäulniserscheinungen!) wurde die gesamte Lieferung als verdorben und damit beanstandungswürdig im Sinne des § 6 Abs. 2 LMG beurteilt. Der Großhandel wurde zur Schadensanerkennung verpflichtet. Das Lebensmittelpersonal der Verkaufsstelle erhielt wegen leichtfertiger Handlungsweise (Weiterverkauf!) eine Verwarnung.
Dieses Beispiel ungesunder Lieferbeziehungen zeigte, dass sich zwischen den Handelspartnern auch in Fällen grober Nachlässigkeiten kaum etwas selbstständig regulierte. Immer wieder kam es vor, dass die Lebensmittelkontrollorgane in die Rolle eines Schiedsrichters gedrängt wurden, weil die Handelspartner unfähig oder unwillig waren, es unter sich zu klären.

Ein weiteres Beispiel soll das Bild solcher fragwürdigen Handelsgebahren abrunden. Einem Schreiben der Staatlichen Hygieneinspektion an den VEB Großhandel Berlin ist folgende Kuriosität zu entnehmen:

»Am 27.07.1984 wurde eine Sonderkontrolle in der Kaufhalle R. durchgeführt. Dabei wurde festgestellt, dass durch ihr Auslieferungslager am 24.07.1984 60 kg Delikatkäse … ausgeliefert wurden. Von der Kaufhalle wurde noch am gleichen Tag diese Ware wegen sichtbaren Schimmel- und Madenbefalls beanstandet und zurückgeschickt.
Diese reklamierte Ware wurde von ihrer Reklamationsabteilung überprüft und lt. Reklamationsprotokoll … kein Madenbefall festgestellt. Daraufhin wurde dieser Käse am … erneut an die o.g. Kaufhalle ausgeliefert …
Die von uns vorgenommene lebensmittelchemische Begutachtung am … ergab folgenden Befund: Von 18 Stück à 3,0 kg Käselaiben war bei neun Stück äußerlich sichtbarer schwacher bis mittelstarker graugrüner Schimmelbefall vorhanden. Vier Käselaibe zeigten einen schwachen bis starken Madenbefall. Nur fünf Käselaiber (= 30 %) waren von einwandfreier Beschaffenheit. Die vorgenannten beanstandeten Proben waren gemäß § 6 (2) LMG wegen Madenbefall als verdorben bzw. wegen Schimmelbefall als wertgemindert gemäß § 7 (2) LMG zu beurteilen.«

In einem weiteren Auszug dieses Schreibens hieß es dann in Bezug auf die Reklamationsbearbeitung:

»Die dargestellte unsachgemäße Reklamationsbearbeitung veranlasst uns, mit besonderem Nachdruck auf die Einhaltung diesbezüglicher Hygienevorschriften hinzuweisen. Befremdlich stimmt die Tatsache, dass wir bereits im vergangenen Jahr uns an Sie wenden mussten, als angeschimmelter Schnittkäse von Ihrem Auslieferungslager ausgeliefert wurde. Auch damals wurde in äußerst unqualifizierter Weise die berechtigte Kundenreklamation abgewiesen. Wir fordern Sie hiermit auf, das genannte Vorkommnis kritisch auszuwerten und hierzu bis zum … schriftlich Stellung zu nehmen!«

Diese wörtliche Passage wirft ein bezeichnendes Bild auf die Reklamationshandhabung in der Praxis. Man entschuldigt sich nicht für diese Fehllieferung, sondern konfrontiert frech die Kaufhalle erneut mit dieser Reklamationsware. Aus diesem Vorgang war aber auch weiterhin ersichtlich, dass solche an Clownerie erinnernden Vorkommnisse eben keinen Einzelfall bildeten. Der Hygieneinspektion wurde eine höfliche, aber zugleich auch dementierende Antwort übermittelt. Darin hieß es u.a.:

»Ihr Schreiben vom 11.09.1984 wurde bei uns im Leitungskollektiv ausgewertet. Zur schnellen Bearbeitung der Reklamation der Kaufhalle … wurde die reklamierte Ware zum Leichtkühllager, LNO zurückgeführt, da sich in LNO die TKO des Kombinates befindet … Bei der Begutachtung der Ware wurden die von der Kaufhalle angegebenen Reklamationsgründe eingehend analysiert. Lt. TKO-Befund wurde kein Madenbefall festgestellt. Daraufhin erhielt die Kaufhalle die Information, dass die Reklamation abgelehnt ist und ein Vertreter der Kaufhalle zu einer gemeinsamen Kontrolle der Ware in LNO erwartet wird. Dies wurde von der Kaufhalle abgelehnt. Damit war nur die Möglichkeit gegeben, die Ware so schnell als möglich der Kaufhalle wieder zur Verfügung zu stellen. Wie es zu dem Qualitätsabfall der Erzeugnisse gekommen ist, können wir uns gegenwärtig nicht erklären. Sowohl der Lagerleiter als auch der Meister Warenlagerung versicherten, dass sie die Erzeugnisse in einer derartigen Qualität nicht ausgeliefert haben.«

Wie weit solche Verfahrensweisen von einer zeitgemäßen modernen Qualitätskontrolle entfernt waren, wurde mir spätestens bewusst, als ich die Gelegenheit hatte, selbst in der Qualitätskontrolle eines international tätigen Unternehmens zu arbeiten. Bei einem Arbeitsaufenthalt in einem schwedischen Produktionswerk in Lund, für die ich seinerzeit in der Qualitätskontrolle arbeitete, erhielt ich eines Tages Besuch in meinem Labor von einem führenden Manager dieses Konzernes.

Er erkundigte sich über meine Arbeitsweise und Auffassung im Hinblick auf die Reklamationsbearbeitung, wofür ich u.a. auch zuständig war. Ich erklärte ihm, dass hinsichtlich der Reklamationsgründe Prioritäten gesetzt werden und diese allgemein im Sinne des Kunden bearbeitet werden. Er hörte aufmerksam zu und ergänzte dann: *»Denken Sie immer daran, auch die kleinen Kunden so zu behandeln, wie Sie dies mit den großen Kunden tun. !«*

Das Qualitätsverständnis in der DDR war demgegenüber absurd und derartig degeneriert, dass man von einer Qualitätskontrolle im Rahmen der Eigenkontrollpflicht nach heutigem Verständnis eigentlich nicht sprechen konnte.

Ein Wunschtraum in der DDR – jeder liefert jedem Qualität

Es war offenkundig und für jedermann erleb- und spürbar, dass die Qualität zahlreicher in der DDR hergestellter Produkte unbefriedigend war. Das betraf nicht nur eine Vielzahl von technischen Produkten, sondern auch viele Lebensmittel. Den kritikwürdigen Erscheinungen mangelhafter Qualitätsproduktion versuchte man offiziellerseits mit propagandistischen Losungen wie z.B. »*Meine Hand für mein Produkt!*« oder der Auszeichnung mit dem Staatstitel »*Betrieb der ausgezeichneten Qualitätsarbeit*« zu begegnen (222). Diesem berechtigten Wunschdenken standen in der Praxis jedoch z.T. unüberwindliche Hindernisse entgegen.

Es ließ sich im Leben eines DDR-Bürgers nicht vermeiden, sich gelegentlich über Qualitätsprobleme zu ärgern. Auch zahlreiche offizielle Einschätzungen spiegelten diese Probleme wider, wie das nachstehende Beispiel zeigt: Dem Bericht über die Entwicklung der epidemiologischen Lage 1983 und Ergebnisse der Hygienekontrollen vom 09.01.1984 waren folgende aufschlussreiche Passagen zu entnehmen:

»Die Kontrollergebnisse lassen sich in folgenden Feststellungen zusammenfassen:
- Der Kampf um den Titel ‚Betrieb der ausgezeichneten Qualitätsarbeit‘ motiviert die Leitungen und die Werktätigen der Betriebe, planmäßig die Produktionsbedingungen zu verbessern und ein hohe Qualität der Erzeugnisse zu sichern. Ohne Ordnung und Sauberkeit und Hygiene im Betrieb gibt es keine Qualitätsproduktion;
- Die Verbesserung der Sozial- und Sanitärbereiche verdient in allen Lebensmittelbetrieben größere Beachtung. Gute hygienische Bedingungen in diesen Betrieben haben großen Einfluss auf die Verhaltensweisen der Werktätigen. Zu beanstanden sind der Zustand der Garderoben und Toiletten. Im Kühlbetrieb und im Milchhof sind Toiletten, Gänge und Treppen unsauber. Ebenso in anderen Betrieben;
- Die Ordnung, Sauberkeit und Hygiene in den Produktionsbetrieben und die Wartung der Anlagen hat direkten Einfluss auf die Qualität der Erzeugnisse. So erweisen sich unsaubere Produktionsräume im Milchhof, im Getränkekombinat, im VEB Venetia als Folge ungenügender betrieblicher Leitung und Kontrolle, unsaubere Maschinen in der Großkonditorei Orloppstraße als Mangel im Hygieneregime;
- Durch Unsauberkeit und Schäden an Gebäuden wird Schädlingsbefall begünstigt. Im Backwarenkombinat vermehren sich Schaben massenhaft unter Backöfen. Eine regelmäßige Reinigung erfolgt dort nicht. Ungestörte beste Lebensbedingungen werden den Schaben gewährleistet. Durch den Einbau von Reinigungsklappen oder abnehmbaren Verkleidungen sind Voraussetzungen zu schaffen, regelmäßig wöchentlich zu reinigen und dem Schabenbefall die Bedingungen zu nehmen!

- Im Kombinat Getreidewirtschaft reichen die Schädlingsbekämpfungsmaßnahmen nicht aus. Von dort kommt es zur Verbreitung von Getreideschädlingen. Bauliche Schäden und defekte Fenster begünstigen Mäuse- und Taubenbefall und schränken die Wirksamkeit der Bekämpfungsmaßnahmen ein;
- Im Kombinat WtB wurden zum Zeitpunkt der Kontrolle Knäckebrot, Erdnussflips und andere Lebensmittel im Freien gelagert. Eine solche Situation führt nicht zu Festlegungen mit der Kombinatsleitung zur ordnungsgemäßen Einlagerung der verderbsgefährdeten Lebensmittel und damit zur Qualitätserhaltung;
- Es erweist sich als notwendig, durch die Kombinats- und Betriebsleitungen bei Feststellung von Qualitätsmängeln konsequenter Maßnahmen zur Sicherung der Qualitätsproduktion zu treffen und eine straffe Kontrolle auszuüben. Diese Maßnahmen sind gemeinsam mit der TKO und den staatlichen Kontrollorganen abzustimmen. So beweist die Kontamination von alkoholfreien Getränken im Betrieb Spreequell des Getränkekombinates mit Kälteträgermittel, dass aus der früher bereits aufgetretenen Produktionsstörung in der Kindl-Brauerei nicht die erforderlichen Konsequenzen gezogen wurden. Dadurch entstehen Gesundheitsgefahren und Warenverluste;
- Im Milchhof wurde eine sorgfältige Untersuchung der Ursachen für die ungenügende Qualität der H-Milch eingeleitet, da eine betriebliche Klärung nicht gesichert war. Die Qualitätsmängel bei der H-Milch stellen eine große Gefährdung der Gesundheit der Berliner Bürger dar. Der Verderb der Milch bei der ungekühlten Lagerung kann nicht sofort erkannt werden. Die Reklamationsquote liegt bei etwa einem Zehntel der Beanstandungsquote durch die Kontrollorgane;
- Die Kontrollen machen deutlich, dass die Kombinate und Betriebe, auch bei voller Wahrnehmung ihrer betrieblichen Verantwortung und Möglichkeiten, zur Lösung einiger Probleme eine stärkere Unterstützung durch die örtlichen Staatsorgane benötigen. Das betrifft insbesondere einige Spezialkapazitäten, die durch betriebliche Baubrigaden nicht realisiert werden können, wie Dachdecker und Fliesenleger;
- Die Fahrzeuge des Backwarenkombinates und des Handelstransportes sind unsauber im Äußeren, dass die Transportgüter Maßnahmen zur Veränderung erfordern!«

Dieser Bericht vermittelte einen ziemlich ungeschminkten Einblick in die raue Wirklichkeit des DDR-Alltags. Am Beispiel des VEB Milchhofes in Ostberlin lässt sich in besonders anschaulicher Weise die Vielfalt der Einzelprobleme verdeutlichen, mit denen die Lebensmittelbetriebe zu kämpfen hatten.

In diesem Zusammenhang ist vor allem auch darauf hinzuweisen, dass die vorstehende Situationsbeschreibung allein Ostberlin betraf, also einen Bereich, welcher sich als Schaufenster zum Westen verstand und sich in vielerlei Hinsicht einer wirtschaftlichen und staatlichen Bevorzugung erfreute. Es bedarf keiner großen Phantasie, sich vorzustellen, wie schlimm und katastrophal es erst in anderen Provinzen in der DDR ausgesehen haben mag.

Der VEB Milchhof Berlin zählte seit Jahren zu den anerkannten Hygieneschwerpunkten Ostberlins. Im Jahre 1965 wurde er als Neubau in Betrieb genommen. Die damalige Technologie stellte ein Sammelsurium von Importtechnik aus Ost (ČSSR) und West (BRD, Dänemark, Schweden, Holland) dar. Vieles funktionierte mehr recht als schlecht. Der Verschleiß der Anlagen schritt unaufhörlich voran. Mit viel Fleiß und Erfindungsreichtum bemühte man sich angesichts des Prinzips der Störfreimachung durch Eigenbau und Improvisation diesen Betrieb am Leben zu erhalten.

Die Qualität der hergestellten Produkte war ein Spiegelbild dieser Improvisationskünste. Im Jahre 1983 betrugen die Handelsverluste ca. 3 % der ausgelieferten Warenproduktion. Das entsprach einem finanziellen Verlust von über 1 Mio. Mark. Die Handelsverluste umfassten hierbei im Wesentlichen produktionsbedingte Mängel und Transportschäden. Mit welcher Art von Problemen sich dieser Betrieb u.a. auseinanderzusetzen hatte, dokumentiert die folgende Begebenheit:

»Für eine hygienisch einwandfreie Abpackung von H-Milch war u.a. eine entsprechende Ausgangsqualität des Verpackungsmaterials – eine mehrfach beschichtete Folie – unerlässlich. Der schwedische Exporteur dieser Anlage – die Firma Tetra Pak – wusste um diese Problematik und leistete für ihre Anlage nur Garantie, wenn das in dieser Folie enthaltene Papier keinen höheren Wassergehalt als 2,2 bis 2,4 % aufwies. Der Zulieferer des VEB Milchhofes – der VEB Verpackungsmittelwerk Lichtenberg – lieferte auch zunächst bis Anfang 1984 diese gewünschte Qualität. Dann aber überraschte dieser Betrieb die Öffentlichkeit und die Fachwelt mit der glorreichen Idee, bei Einhaltung aller Lieferverpflichtungen noch im laufenden Planjahr Papiereinsparungen in Höhe von mehreren Millionen Mark vornehmen zu können. Von der Absicht bis zur Vollendung war es nur ein kurzer Schritt. Er veränderte die Spezifikation des Papiers und lieferte nun ein Papier mit einem höheren Wassergehalt. Statt der vorgeschriebenen 2,4 % erhöhte man nun den Wassergehalt auf 2,8 %. Bei gleicher Auslieferungstonnage sparte man dann natürlich Papier-Rohstoff ein.«

Die schwedischen Kollegen haben mir später berichtet, dass sie über so viel Dummheit sprachlos waren. Denn sie wussten natürlich, was passierte, wenn man die Spezifikationen änderte, ohne die Folgewirkungen vorher zu bedenken.

Im Zuge der Verarbeitung dieses Materials wurde es noch einmal einer Erwärmung ausgesetzt. Dabei verringerte sich der Wasseranteil. Das Papier spannte sich hierbei, so dass die Folie sich zu werfen begann. Eine ordnungsgemäße Weiterverarbeitung war dadurch nicht mehr gesichert. Die zunehmenden Beanstandungsquoten, wie undichte Schweißnähte etc., bestätigten das.

Eine meiner wichtigsten Qualitätskontrollaufgaben bei diesem schwedischen Hersteller, der auch Weltmarktführer war, bestand seinerzeit u.a. darin, die Produktionsqualität dieses hochtechnologischen Produktes zu kontrollieren. Die Prüfung der Einhaltung der jeweiligen Spezifikationen (Schichtdicke der Alu-Folie, Spezifikationen des Papiers, Spezifikationen des PE-Materials etc.) gehörten u.a. mit zu den Kontrollschwerpunkten dieser Tätigkeit. In einer funktionierenden Qualitätskontrolle mit einer guten Herstellungspraxis war es undenkbar, solche Fehlerquellen nicht aufzudecken.

Aufschlussreich und den politischen Verhältnissen in der DDR geschuldet war auch die weitere Reaktion des VEB Milchhofes, diesem Dilemma zu entkommen. Statt einer schnellen Fehlerkorrektur versuchte der Milchhof nun erst einmal diese Probleme auf den Einzelhandel abzuwälzen. Man hatte sich zunächst für das Jahr 1984 eine Senkung der Handelsverluste von mind. 300 TM zum Ziel gesetzt. Pannen der genannten Art waren dabei nicht eingeplant. Also erhielten die mit der Reklamationsregulierung beauftragten Mitarbeiter des Milchhofes die Weisung, noch weniger Reklamationen des Einzelhandels anzuerkennen. Wurden vordem etwa 25 % der vom Einzelhandel angemeldeten Reklamationen nicht anerkannt, so galt nun die Devise, diesen Anteil auf 30 bis 35 % zu erhöhen. Freunde schuf man sich durch diese Strategie beim Einzelhandel nicht.

Die Qualität von Lebensmitteln und Rohstoffen berührte die Belange der Lebensmittelkontrolle unmittelbar. An dem nachstehenden Beispiel sei diese Problematik noch einmal verdeutlicht:

»Aus dem Eiscafé H. wird am 31.10.1984 u.a. Speiseeis der Sorte Pücklereis zur hygienisch-mikrobiologischen Untersuchung entnommen. Der Untersuchungsbefund dieser entnommenen Probe wies eine erhebliche Überschreitung des zulässigen Coli-Titers auf. Die Probe wurde aufgrund ihrer hygienewidrigen Beschaffenheit als verdorben beurteilt und damit beanstandet. Im Rahmen der Ursachenaufklärung führten jedoch die Ermittlungen zu folgendem Ergebnis: Bei der entnommenen Probe Speiseeis handelte es sich um ein halb gefrorenes Erzeugnis. Als Ingredienzien wurden u.a. Schlagsahne und Farbstoff eingesetzt. Aus der Verarbeitung ging hervor, dass die Schlagsahne am Ende des Verarbeitungsprozesses in dem zuvor erhitzten Ansatz untergezogen wurde. Das hieß, sie erfuhr dabei keine weitere Behandlung. Ihre Ausgangsqualität beeinflusste unmittelbar die Endqualität des Finalproduktes.

Von diesem Gewerbetreibenden wurde Schlagsahne des VEB Milchhofes Berlin eingearbeitet. Die hygienisch-mikrobiologische Untersuchung dieser eingesetzten Schlagsahne sowie auch des Farbstoffes zeigten, dass beide wegen ebenfalls erheblicher Überschreitung ihres Coli-Titers zu beanstanden waren. Dieses Ergebnis überraschte nicht angesichts der Tatsache, dass etwa 50 % der vom Milchhof in Kannen ausgelieferten Schlagsahne hygienisch-mikrobiologisch beanstandet wurden.«

Dieses Beispiel zeigte in aller Deutlichkeit die enge Verflechtung der Ausgangsqualität der eingesetzten Rohstoffe und der sich dabei ergebenden Endqualität. Aus der Wissenschaft und Praxis war bekannt, dass bei der Lebensmittelherstellung der Beschaffenheit der Roh- und Halbfabrikate aus hygienischer Sicht besondere Aufmerksamkeit zu widmen ist. Deshalb muss der Hersteller von seinem Lieferanten ausreichende Garantien erhalten, dass die Rohstoffe unter größter hygienischer Sicherheit hergestellt wurden. In der Praxis werden diese Anforderungen über gewünschte Produktspezifikationen definiert und im Sinne einer guten Herstellungspraxis auch realisiert (70, 251).

Herausforderungen an die Gemeinschaftsverpflegung

Ernährung bedeutet weit mehr als die Zufuhr von Nährstoffen und das Stillen von Hunger. Über die Bedeutung der Gemeinschaftsverpflegung im Rahmen des Gesundheitsschutzes und im Hinblick auf die Erhaltung und Förderung von Arbeitsfreude, Leistungsvermögen, Arbeitsmoral und -produktivität wusste man in der DDR recht gut Bescheid. Ich habe das an anderer Stelle schon sehr ausführlich dargestellt (252). Man schätzte, dass in der DDR etwa 7 Mio. Bürger, d.h. rund 42 % der Gesamtbevölkerung, an der Gemeinschaftsverpflegung teilnahmen. Die Umsetzung dieses Erkenntnisstandes gestaltete sich allerdings unter den Problemen einer Mangelwirtschaft als nicht ganz einfach. Nach den staatlichen Vorgaben war gefordert, dass allein 50 % unserer Kontrollen *»in den Einrichtungen der gesellschaftlichen Speisenwirtschaft«* zu erfolgen hatten (300). Den Bemühungen zur Verwirklichung einer anspruchsvollen Gemeinschaftsverpflegung stellten sich viele Hindernisse in den Weg. Die Einstellung zur Gemeinschaftsverpflegung erfuhr im Laufe ihrer Entwicklung eine große Wandlung. Stand zu Beginn dieser Aktivitäten die Schaffung von sog. Kosthäusern als Verpflegungsstätten des vorigen Jahrhunderts im Vordergrund, so stellte sich die Gemeinschaftsverpflegung in der DDR als ein weitverzweigtes Netz eines Systems von Betriebsküchen, Kantinen und gastronomischen Einrichtungen dar. Die soziale Komponente der Gemeinschaftsverpflegung umfasste sowohl die Förderung der zwischenmenschlichen Beziehungen als auch die bewusste Ausrichtung auf eine den ernährungsphysiologischen Erkenntnissen entsprechende Speisenplangestaltung. Damit einhergehend war auch das Bemühen vorhanden, über neuzeitliche Ernährungsweisen aufzuklären und zu gesundheitsfördernden Ernährungsgewohnheiten zu motivieren. Soweit die Theorie!

Für die praktische Umsetzung dieser sozialen und psychologischen Aspekte in der Gemeinschaftsverpflegung boten sich die verschiedensten Konservierungs- und Verteilsysteme an. Bei einem objektiven Vergleich der Vor- und Nachteile der einzelnen Systeme und Verfahren (Tiefkühlung, Kühlung, Trocknung, Sterilisierung, Warmhaltung) konnte man schwerlich eine Hierarchie im Sinne der einseitigen Ausrichtung und Bevormundung nur eines Systems befürworten. Die Wahl eines bestimmten Systems konnte nur unter dem Gesichtspunkt der zu erwartenden Qualität des Endproduktes bestimmt werden. Diesen allgemeinen Hinweis möchte ich den nachstehenden Ausführungen voranstellen, um die Probleme der Gemeinschaftsverpflegung in der DDR deutlich zu machen.

Die Palette der praktizierten Systeme und Verfahren innerhalb der Gemeinschaftsverpflegung in der DDR war relativ begrenzt. Dominierendes Versorgungssystem stellte die Außer-Haus-Verpflegung der Werktätigen in Form der **Thermophorverpflegung** *(Kübelessen)* dar. Weniger verbreitet war das Tiefkühlsystem *(Assiettenessen)*, das sich damals nicht durchsetzen konnte. Vielmehr zeichnete sich diesbezüglich eine rückläufige Entwicklung ab. Stark verbreitet war auch das Kühlkostsystem, das vor allem in gastronomischen Einrichtungen bevorzugt wurde. Allerdings war diese Bevorzugung nicht auf die Qualitätseigenschaften zurückzuführen, sondern eher den in vielen Gaststätten begrenzten küchentechnischen Möglichkeiten geschuldet.

Eine Reihe von staatlichen Aktivitäten kündeten vom Interesse des Staates, eine qualitativ hochwertige Gemeinschaftsverpflegung zu gewährleisten. Der Beschluss des Staatsrates vom 16.07.1970 *»über die weitere Gestaltung des Systems der Planung und*

Leitung der volkswirtschaftlichen und gesellschaftlichen Entwicklung der Versorgung und Betreuung der Bevölkerung« stand als Beginn einer dieser zahlreichen Initiativen. Aber auch auf Ministerratsebene wurden einige Beschlüsse gefasst, die eine Verbesserung der gesellschaftlichen Speisenwirtschaft zum Ziel hatten. Der Ministerratsbeschluss vom 23.09.1969 *»über komplexe Maßnahmen zur gesundheits- und leistungsfördernden Versorgung der Bevölkerung durch die gesellschaftliche Speisenwirtschaft«* widmete sich speziell den Problemen der Arbeiterversorgung. Zu nennen sind in diesem Zusammenhang auch der Ministerratsbeschluss *»zur Verbesserung der Arbeiterversorgung«* und der Ministerratsbeschluss *»über Maßnahmen zur Verbesserung der Arbeits- und Lebensbedingungen der Schichtarbeiter«.*

Aus diesen Beschlüssen und Aktivitäten leiteten sich auch für die Lebensmittelüberwachung einige Aufgaben ab. Unter anderem umfassten sie:

- »die Erarbeitung wissenschaftlich fundierter Analysen der ernährungshygienischen Situation in ausgewählten Bereichen der Gemeinschaftsverpflegung;
- die Erstellung wissenschaftlich begründeter Ernährungsnormative für den Bereich der Arbeiterversorgung und anderer Verbraucherkreise;
- die Erarbeitung ernährungswissenschaftlicher Grundlagen für die Aus- und Weiterbildung auf dem Gebiet der Arbeiterversorgung;
- die Durchführung wissenschaftlicher Untersuchungen über Kausalzusammenhänge zwischen Ernährungssituation, Leistungsfähigkeit und Krankenstand in den Betrieben.«

Natürlich waren auch diese genannten Beschlüsse ideologisch geprägt und kamen daher auch nicht umhin, den sog. gesellschaftlichen Kontrollkräften wie z.B. Hygieneaktivs und den Küchenkommissionen der Gewerkschaft eine überhöhte Bedeutung hierbei einzuräumen. Das aber allein sollte keine ausreichende Erklärung und Rechtfertigung für die nachfolgend dargestellten Probleme und Besonderheiten der Gemeinschaftsverpflegung in der DDR sein.

Anmerkungen zum Stand der
Gemeinschaftsverpflegung in der DDR

Im Bereich der Lebensmittelüberwachung in der DDR ging man seinerzeit davon aus, dass fast 50 % der operativen Kontrollkapazität der Hygieneorgane und ca. 15 bis 22 % der Laborkapazität für den Bereich der gesellschaftlichen Speisenwirtschaft aufgewandt wurden.

Die Analyse zur ernährungshygienischen Situation der Arbeiterversorgung zeigte im DDR-Maßstab u.a. eine außerordentliche Unterschiedlichkeit des Versorgungsgrades in den Betrieben. Die Beteiligung am Werkessen war in den Betrieben mit 2.000 bis 5.000 Beschäftigten mit 70 bis 80 % am größten. Bei noch größeren Betrieben sank der Versorgungsgrad wieder auf 50 bis 60 %.

Unterschiede zeigten sich auch bei einem Vergleich ländlicher Bezirke (ca. 30 %) mit industriellen Ballungsgebieten (60 bis 70 %). Insgesamt nahmen in der DDR 7,2 Mio. Bürger an der Gemeinschaftsverpflegung teil. Davon entfielen auf die Versorgung von Arbeitern, Angestellten und Lehrlingen etwa 45 %. Der Rest verteilte sich auf Schulspeisung, Urlauberheime usw. Man schätzte, dass 1980 etwa zwischen 42 und 45 % der Bevölkerung in der DDR eine warme Hauptmahlzeit in einer Einrichtung der Gemeinschaftsverpflegung und des öffentlichen Gaststättennetzes eingenommen haben.

Als unzureichend wurde der Versorgungsgrad in der 2. und 3. Schicht angesehen. In 265 Einrichtungen von Ostberlin betrug der Versorgungsgrad der

- 2. Schicht 37 % (DDR-weit: 31 %)
- 3. Schicht 21 % (DDR-weit: 25 %)

Als Gründe für die Nichtteilnahme an der Gemeinschaftsverpflegung wurden damals u.a. genannt:
- die Bevorzugung der häuslichen Kost (8 %);
- gesundheitliche Gründe (3 %);
- Forderungen nach geeigneter Schon- bzw. Diätkost).

Interessant war auch die Tatsache, dass – wie ernährungsphysiologische Untersuchungen des Institutes für Ernährung der DDR ergaben – ca. 80 % der Werktätigen Stammessen, 10 % Wahlessen und weitere 10 % Schonkost wählten. Der Anteil von Wahlessen stieg dabei in Großbetrieben erheblich an.

Ich habe den Versorgungsgrad der Beschäftigten bewusst an den Anfang meiner Betrachtung gestellt, da eine Forderung der Direktive zur Arbeiterversorgung u.a. als Ziel vorgab:

»täglich eine den Arbeitsbedingungen entsprechende gesundheits- und leistungsfördernde Haupt- und Zwischenmahlzeit in allen Schichten durchzusetzen und jedem Werktätigen die Teilnahme zu ermöglichen.«

Die Verwirklichung dieses hehren Zieles, das auch im Interesse der Ernährungswissenschaft und der allgemeinen Gesundheitsprophylaxe lag, hing natürlich in entscheidendem Maße von den vorhandenen Küchenkapazitäten, deren personeller Besetzung, der Rohstoffbereitstellung usw. ab. Wie sich diese Situation unter den Bedingungen einer permanenten Mangelwirtschaft darstellte, sollen die nachfolgenden Betrachtungen zeigen.

Lebensmittelhygienische Probleme in Betriebsküchen und Kantinen

Die in der Tabelle 3 dargestellten Hygieneeinstufungsergebnisse wiesen bei den Werkküchen aus, dass ca. 42 bis 45 % dieser Einrichtungen in die Hygienestufe III, d.h. also als Objekte mit hohem Risikostatus, eingeordnet wurden. Die Mehrzahl der betrieblichen Einrichtungen war für eine küchenmäßige Versorgung als stark ausgelastet, oftmals als erschöpft oder überbeansprucht einzuschätzen. Bezeichnend für die damalige Struktur der Gemeinschaftsküchen war die Tatsache, dass 80 % aller Küchen unter 200 Portionen Warmessen pro Tag herstellten. Diese Küchen erfüllten 34 % der gesamten Versorgungsleistung. Die Arbeitsproduktivität war in diesen Küchen relativ gering und lag weit unter der Arbeitsproduktivität großer Küchen. Etwa zwei Drittel der damals genutzten Gemeinschaftsküchen wurden vor 1900 gebaut. Dementsprechend unzureichend und museal stellte sich auch ihre bauliche und ausrüstungstechnische Substanz dar.

Nach der hygienischen Risikoeinstufung (vgl. Tabelle 2) waren etwa 25 % der größeren Küchen und 40 bis 50 % der kleineren Küchen in diese schlechteste Hygienestufe III einzuordnen. Dieser Zustand wurde noch verschärft durch den z.T. unzureichenden Personalbestand. Man schätzte, dass ca. 80 % der in der Gemeinschaftsverpflegung Beschäftigten Frauen waren. Aus Untersuchungen über die Altersstruktur der Beschäftigten ging hervor, dass seinerzeit 50 % der Beschäftigten über 50 Jahre und 15 % über 60 Jahre alt waren. Das durchschnittliche Alter der Küchenleiter belief sich danach auf

50 Jahre. Nur 15 % der Beschäftigten besaßen eine Qualifikation. Welche Probleme sich allein aus dieser bedrückenden Unterqualifizierung im Hinblick auf die Durchsetzung neuzeitlicher ernährungswissenschaftlicher Erkenntnisse ergaben, ließen die Untersuchungsergebnisse von 3.500 Essenuntersuchungen erkennen, die von mehreren Hygieneinstituten der DDR zwischen 1983 und 1984 ermittelt wurden:

»Nach diesen ernährungshygienischen Überprüfungen betrug das Kaloriendefizit etwa 10 %. Der Kohlenhydratanteil wies ein Defizit von 25 % auf. Demgegenüber wurde ein Fettüberangebot von durchschnittlich 36 % registriert. Als ebenfalls nicht normgerecht, d.h. defizitär, musste der Eiweißgehalt eingeschätzt werden.«

Diese Ergebnisse waren nahezu identisch mit den in meinem Überwachungsbereich innerhalb der letzten zehn Jahre erhaltenen Analyseergebnissen aus Speisenuntersuchungen der Gemeinschaftsverpflegung. Die ernährungshygienische Problematik wurde auch aus Untersuchungsergebnissen der Bauarbeiterversorgung deutlich. Obwohl sich diese einer besonderen Bevorzugung und Förderung erfreute, wurden auch hier z.T. erhebliche Normabweichungen offenbar. Ein Leistungsvergleich zwischen 15 Bauarbeiterversorgungsbetrieben erbrachte 1983 folgendes Ergebnis:

»Nur ca. 30 % der Betriebe wiesen eine gute, weitere 30 % eine noch befriedigende Speisenplangestaltung auf. Das Angebot an Obst und Gemüse war in allen Betrieben zwar reichlich, aber monoton. Als nicht befriedigend wurde das Angebot an Milch und Milchprodukten eingeschätzt.
Im Wochendurchschnitt wurde ein zu geringer Gehalt an Kalorien und Kohlenhydraten bei fast allen überprüften Betrieben ermittelt. Der Fettgehalt lag bei 40 % der Betriebe erheblich über der Norm. Das Eiweißangebot wurde dagegen von 40 % der Betriebe quantitativ nicht abgedeckt. Nur in 6 % der Betriebe wurde neben dem Stammessen auch ein Schonkostessen angeboten.«

Dieser Exkurs in den Bereich ernährungshygienischer Betrachtungen soll verdeutlichen, wie weit man damals noch von dem Ziel einer qualitativ hochwertigen Gemeinschaftsverpflegung entfernt war. Zwischen dem Anspruch an eine wünschenswerte Gemeinschaftsverpflegung und der Realität klafften große Lücken. Hierfür gab es Reihe von wesentlichen Gründen. Die nachstehende Situationsanalyse vermittelt einen kleinen Einblick in die Probleme und Sorgen, mit denen die Küchenleiter tagtäglich konfrontiert wurden.

Neben den bereits angedeuteten küchentechnischen Problemen (Überbeanspruchung, eine unzureichende materiell-technische Basis, Unterqualifikation, Arbeitskräfteprobleme etc.) fielen vor allem auch die rohstoffseitigen Schwierigkeiten ins Gewicht. Die unzureichende Bereitstellung mit qualitativ hochwertigen Fertigprodukten, Halbfabrikaten und sonstigen Rohstoffen erschwerte erheblich eine Speisenplangestaltung, die auf die erfolgreiche Umsetzung ernährungswissenschaftlicher Erkenntnisse ausgerichtet war.

Fast täglich wurden die Küchenleiter mit der Nachricht überrascht, dass die von ihnen bestellten Waren nicht geliefert werden konnten oder nur die Hälfte von dem, was sie bestellt hatten. Oftmals erhielten sie auch Waren, die sie gar nicht bestellt hatten und die sie auch nicht haben wollten. Es wurde gerade das ausgeliefert, was eben verfügbar war. Wie sollte es unter solchen Umständen ein versierter Küchenleiter schaffen, eine ausgewogene Speisenplangestaltung zu realisieren? Er war angesichts dieser Mangelwirtschaftssymptome objektiv überfordert, einen ausgewogenen Speisenplan zu gestalten. In erster Linie waren hier seine Improvisationskünste gefragt. Da die meisten Küchen räumlich auch sehr beengt waren und nur über begrenzte Lagermöglichkeiten verfügten, war es auch nicht möglich, der diskontinuierlichen Warenbereitstellung durch eine längerfristige Bevorratung entgegenzuwirken.

So beschränkte sich das Hauptaugenmerk auf die Herstellung einer Warmverpflegung, die in lebensmittelhygienischer Hinsicht in der Regel zumindest unbedenklich war und die vor allem rechtzeitig zum feststehenden Ausgabezeitpunkt fertiggestellt sein musste. Diese Aufgabe zu bewältigen erforderte ein hohes Maß an Flexibilität. Nur erfahrene Küchenleiter waren in der Regel diesen Anforderungen gewachsen. Ich bin diesen Küchenleitern mit großem Respekt begegnet. Sie waren immer die Ersten frühmorgens in ihren Einrichtungen und verließen diese auch als die Letzten. Einen solchen schweren Arbeitsalltag auf Dauer zu bewältigen, bedurfte eines großen persönlichen Engagements und entsprechender Anstrengungen. Demgegenüber befand sich das mir unterstellte Kontrollpersonal in einer Komfortzone. Ihr gelegentliches übereifriges Auftreten in diesen Küchen war für mich stets ein Anlass, sie zu einer entsprechenden Zurückhaltung anzuhalten.

Die steigende Anzahl von Erkrankungen nach Verzehr von Gemeinschaftsverpflegung ließ erkennen, dass in manchen Werkküchen es offensichtlich nicht gelang, hygienische Mindestanforderungen zu gewährleisten.

Der Arbeitsalltag des Küchenpersonals wurde – entgegen den seinerzeitigen Hoffnungen und Erwartungen – nur in unzureichendem Maße durch die Bereitstellung küchenfertig vorbereiteter Produkte erleichtert. Diese im internationalen Sprachgebrauch als Convenience-Food bezeichneten Produkte (Fertiggerichte, halbfertige Gerichte, vorgeschältes oder vorgeputztes Gemüse) konnten industrieseitig nicht in ausreichenden Mengen bereitgestellt werden. Ein besonders negatives Beispiel bildeten stets aufs Neue die vorgeschälten und sulfitierten Kartoffeln, die sommers wie winters auf offenen Fahrzeugen bei Wind und Wetter stundenlang durch die Gegend gefahren wurden. Dass eine solche strapaziöse Behandlung dieser Sättigungsbeilage den Weg vom Kochtopf über den Teller in den nächsten Abfallkübel nahm, war nicht verwunderlich. Die von mir seinerzeit ermittelten Wegwerfquoten von durchschnittlich bis zu 60 % im Bereich der Ostberliner Schulverpflegung (170) offenbarten ein ziemlich desaströses Bild.

Meine Studie mit ihren Untersuchungsergebnissen wurde als streng vertraulich eingestuft und dann aus dem Verkehr gezogen.

Das Ausmaß der Verwendung von Convenience-Food schränkte sich automatisch durch eine verminderte Bedarfsabdeckung ein. Vor diesem Hintergrund entwickelten sich Verfahrensweisen nachfolgender Art, die die **Konzessionswilligkeit** der Lebensmittelkontrollorgane maximal strapazierten.

Gemeinschaftsverpflegung nach Hausfrauenart

Trotz der international sich abzeichnenden Verbreitung sog. Convenience-Foods (150, 160–162) erfreute sich das häusliche Einwecken und Einkochen als eine Form der Eigenkonservierung neben dem Tiefgefrieren einer besonderen Beliebtheit. Die Motivation hierfür dürfte z.T. die preisliche Gestaltung bis hin zu bevorratungsseitigen Aspekten gewesen sein. Begleitet wurde die Eigenkonservierung von Lebensmitteln von Erkrankungsfällen, die zwar selten, dafür aber oft auch besonders spektakulär auftraten. Bei diesen Erkrankungen handelte es sich u.a. um bakterielle Infektionen, die von hitzeresistenten Bakteriensporen der beiden Gattungen Bacillus und Clostridium (151) verursacht wurden. Besonders gefürchtet waren zu Recht Botulismus-Intoxikationen (152–155), da sie z.T. tödlich verlaufen können.

Im Jahre 1979 war in der DDR eine lebensmittelgesetzliche Bestimmung (253) in Kraft getreten, die sich als recht problematisch erweisen sollte. Ihre Auswirkungen sollten sich bald in drastischer Weise offenbaren. Nach dieser gesetzlichen Bestimmung wurde den Gemeinschaftsküchen die Erlaubnis zur Eigenkonservierung in Form des Pasteurisierens (d.h. Einkochen) erteilt. Zwar war diese Erlaubnis an bestimmte Vorbehalte geknüpft, deren konsequente Einhaltung Erkrankungen ausschließen sollte, aber dennoch erschien das Hygienerisiko unter dem Aspekt möglicher Fahrlässigkeiten als unverantwortlich hoch.

Diese Richtlinie erlaubte das nach Hausfrauenart praktizierte Einkochen in den Gemeinschaftsküchen für Obst- und Gemüseprodukte, nicht aber für Fleisch- und Wurstwaren. Damit sollte von vornherein das Risiko erheblich eingeschränkt werden. Der wohl wesentlichste Vorbehalt war die Forderung des Aufkochens vor dem Verbrauch. Die hygienischen Bedenken begründeten sich jedoch auf unsere praktischen Beobachtungen nachfolgender Art: Die Stellungnahme einer Kreishygieneinspektion vermittelt einen Eindruck über diese Problematik.

»Am … wurde eine Schüler- und Kinderspeisung herstellende Küche mit einer Tagesportionsleistung von ca. 9.000 Portionen einer allgemeinen Hygieneüberprüfung unterzogen. Dabei musste die Verfahrensweise zur Eigenkonservierung hygienischerseits beanstandet werden. So wurde u.a. festgestellt, dass bei der Verarbeitung von Tomaten zu eigenkonserviertem Tomatenmark der 2. Weckvorgang nach zwei bis drei Tagen nicht erfolgte … Darüber hinaus ist … zu beanstanden, dass eine ordnungsgemäße Kühllagerung der eigenkonservierten Produkte in den überheizten Lagerräumen nicht möglich ist. Die bisherige Quote von ca. 10 % an Bombagen ist hiermit im Zusammenhang zu sehen.«

Dieser Auszug aus einer seinerzeit aktuellen Stellungnahme bestätigte die Befürchtung einer unsachgemäßen praktischen Handhabung dieser Eigenkonservierung. Nachdenklich stimmte vor allem auch die Tatsache, dass die erreichte Endqualität bei einer Bombagenquote von ca. 10 % – in manchen Gaststättenküchen betrug sie 20 % – als äußerst unbefriedigend anzusehen war. Auch war bekannt, dass ein konsequentes Aufkochen solcher Erzeugnisse wie Apfelmus oder Tomatenmark nicht immer gewährleistet wurde.

Angesichts des bekannten Wissensstandes (56, 59, 60, 62, 254–256, 266) über die Hitzeresistenz und Vermehrungsmöglichkeiten von Clostridienbakterien, insbesondere ihrer Sporenformen, hielt ich es für unvertretbar und unverantwortlich, dass die Lebensmittelkontrollorgane vor ökonomischen Interessen hier einknickten und eine Konzessionswilligkeit zeigten, die m.E. völlig fehl am Platze war. Man musste sich nur vergegenwärtigen, dass bekanntermaßen 73 % und noch mehr des Lebensmittelpersonals (158) ungelernte Kräfte waren, denen man eine solche Verfahrensweise anvertraute.

Aus meiner eigenen Erfahrung wusste ich, dass sogar einzelne Küchenleiter der Versuchung nicht widerstehen konnten, selbst Wurstkonserven herzustellen. Wenn sie dabei erwischt wurden, folgte auch eine Bestrafung.

Begünstigende Umstände, die Eigenkonservierung im großen Stile zu praktizieren, waren auch in den Beauflagungen für die Küchen zu sehen, jährlich eine bestimmte Menge an Obst und Gemüse einzukochen. Die wissentliche Duldung unkalkulierbarer Risiken war schwerlich mit dem Anspruch eines präventiven Gesundheitsschutzes zu vereinbaren. Die Strategie *»Es wird schon gut gehen!«* grenzte an eine grobe Leichtfertigkeit.

Die von Schmidt-Lorenz (155) in unmissverständlicher Klarheit seinerzeit definierten Voraussetzungen für die Vermehrung von Botulismusbakterien stellten sich wie folgt dar:

»Die Vermehrung und die Toxinbildung erfolgt bevorzugt bei neutraler Reaktion. In stärker sauren Lebensmitteln mit pH-Werten unter 4,5 ist keine Vermehrung mehr möglich. Der Grenzwert liegt zwischen pH-Werten von 4,8 und 5,0. Bei allen sauren Essig-, Obst- und anderen Konserven ist also die Gefahr einer Botulismus-Vergiftung recht gering. Trotzdem muss auch eingemachtes Obst zur Abtötung aller vorhandenen Mikroorganismen auf mindesten 80 °C erhitzt werden. Sonst könnten sich weniger säureempfindliche Mikroorganismen (Hefen und Pilze) entwickeln, die durch Oxidation der organischen Säuren … eine neutrale Reaktion schaffen. Auch bei Obst- und Sauerkonserven ist also Vorsicht bei Wahrnehmung grobsinnlicher Veränderungen, vor allem aber bei deutlich erkennbarer grobsinnlicher Veränderung, angebracht!«

Die Hitzeresistenz der Sporen von Clostridium botulinum war immer wieder Gegenstand zahlreicher Untersuchungen gewesen. Sie ist heute so gut bekannt wie bei keiner anderen Sporenbildnerart. Bei der Erhitzung werden alle vorhandenen Sporen nicht schlagartig abgetötet. Es wird vielmehr bei einer gegebenen Temperatur immer nur ein bestimmter Prozentsatz innerhalb einer bestimmten Erhitzungszeit inaktiviert. Der Abtötungserfolg hängt also entscheidend von der Zahl der ursprünglich vorhandenen Sporen ab.

Durch einfaches Kochen sind die Botulismus-Sporen nur durch Kochzeiten von wenigstens sieben Stunden oder länger abzutöten (155). Dabei würde aber das Einkochgut völlig zerkochen. Beim haushaltsüblichen Einkochen in Dosen oder Gläsern werden möglicherweise noch vorhandene Botulismus-Sporen niemals mit Sicherheit abgetötet. Das Risiko einer Botulismus-Vergiftung ist daher bei haushaltsüblichen selbst eingemachten, nicht oder schwach sauren Lebensmitteln wesentlich größer als bei anderen Konserven.

Über 90 bis 95 % der bis dato erfassten Fälle von Botulismus-Erkrankungen ließen sich auf den Verzehr von verdorbenen, selbst eingemachten Haushaltskonserven zurückführen. Alarmiert durch die seinerzeit vor allem in den USA aufgetretenen Botulismus-Vergiftungen wurde eine rege Forschungstätigkeit ausgelöst, die zu der heute weltweit angewandten **»12-D-Konzeption«** führte. Danach müssen alle Dosenkonserven mindestens so sterilisiert werden, dass in allen Teilen des Gutes die zwölffache dezimale Reduktionszeit von Clostridium-botulinum-Sporen bei der entsprechenden Sterilisationstemperatur erreicht wird. Dieser Erkenntnisstand führte letztendlich dazu, dass seitdem nur ganz wenige Fälle von Botulismus auf den Verzehr von industriell hergestellten Dosenkonserven zurückgeführt werden konnten.

Dem Übereifer zur Eigenkonservierung in der DDR wurden letztendlich nur dadurch Grenzen gesetzt, dass notwendige Einweckgläser und Zubehör häufig ebenfalls Mangelartikel bildeten.

Ein leidiges Problem der Gemeinschaftsverpflegung : Speisentransportbehälter

In Anlehnung an die geflügelten Worte *»Wer einmal aus dem Kübel isst!«* weiß jedermann, der in die verdrießliche Gelegenheit kam, längere Zeit aus einem Kübel Essen zu empfangen, die Vorteile alternativer Verpflegungsformen zu schätzen. Der Terminus *»Speisentransportbehälter«* steht für eine etwas vornehme Umschreibung des eigentlichen Begriffes *»Kübel«*. Auch die Bezeichnung *»Thermophor«* für ein Behältnis, das eine gewisse Temperaturkonstanthaltung gewährleistet, ist wohl eher im Sinne einer verharmlosenden Bezeichnung zu verstehen.

Welche Problematik sich hinter dem auf Speisentransportbehältnissen beruhenden Verpflegungssystem verbarg, veranschaulicht folgendes Beispiel:

»Eine Essenausgabestelle informierte am … gegen Mittag die Lebensmittelkontrollbehörde darüber, dass das angelieferte Mittagessen einen auffälligen chemikalienähnlichen Geruch und Geschmack aufwies. Die Essenausgabe wurde gestoppt. Vor Ort sollte eine organoleptische Prüfung über die weitere Verwendungsfähigkeit entscheiden. Die organoleptische Prüfung des Mittagessens – ein Brühnudeleintopf – bestätigte einen deutlich wahrnehmbaren, dumpfen Fremdgeruch und geschmack. Es bestand der Verdacht, dass den Speisen Rückstände von Reinigungs- oder Desinfektionsmitteln anhafteten.

Die Herstellerküche im Verlag T. wurde über die eingeleiteten Ermittlungen in Kenntnis gesetzt. Eine Sicherstellung aller noch vorhandenen Speisenreste sowie ein sofortiger Stopp der Essenausgabe wurden angewiesen. Etwa zwei Stunden später erfolgte eine gezielte Hygieneüberprüfung dieser Betriebsküche. Die Reinigungsarbeiten waren in vollem Gang. Auffällig war ein stechender Chlorgeruch, welcher sich besonders intensiv in einem Küchengang bemerkbar machte. In diesem Gang befanden sich u.a. auch die für die Außer-Haus-Verpflegung bestimmten Speisentransportbehälter. Sie wurden in teils verschlossenem, teils geöffnetem Zustand aufbewahrt.

Der Sachverhalt war ziemlich eindeutig. Auf Befragung gab der Küchenleiter an, letztmalig am Freitag vor dem Wochenende mit Rohchloramin, einem üblichen Grobdesinfektionsmittel in der DDR, alle Küchenräume desinfiziert zu haben. Die Desinfektion dauerte nach seinen Angaben etwa zwei Stunden, danach erfolgte eine kurze Belüftung.«

Von den örtlichen Gegebenheiten her musste eingeschätzt werden, dass diese Belüftung weitestgehend wirkungslos geblieben war. Eine Querlüftung oder eine sonstige zwangsweise Lüftung war nicht möglich. Die Raumluft sättigte sich demzufolge mit Chlor, das in die Speisentransportbehälter eindrang. Dieser anhaftende Geruch wurde trotz des kurzen Ausspülens mit Heißwasser vor Speisenabfüllung nicht restlos beseitigt.

Diese Begebenheit war in mehrfacher Hinsicht aufschlussreich. Zum einen wurde das in vielen Betriebsküchen praktizierte Desinfektionsregime erkennbar. Der übertriebenen Desinfektion kam gelegentlich eine Alibifunktion für unterlassene regelmäßige Reinigungsmaßnahmen zu. Das Desinfektionsmittel der Wahl war hierbei vor allem ein Chlorpräparat in den damaligen handelsüblichen Formulierungen als **Rohchloramin** bzw. **Chloramin.** Insbesondere die Anwendung chlorhaltiger Präparate war nach neuesten Erkenntnissen (163–168) schon etwas kritisch zu sehen. Bei unsachgemäßem Gebrauch hatten Untersuchungen gezeigt, dass Chlor in Verbindung mit Eiweiß – wie es vor allem in tierischen Lebensmitteln zu finden ist – zur Bildung der hochgiftigen chlororganischen Verbindungen vom Typ der Haloforme in Lebensmitteln führen kann (163).

Zum anderen wurde aber auch ein spezifisches Problem der weitverbreiteten Kübelversorgung in der DDR erkennbar. Im Zusammenhang mit der Schadensregulierung des im vorstehenden Beispiel kontaminierten Mittagessens erhob der Küchenleiter folgenden Vorwurf:

Foto 1 und 2: Ostberliner Großküche des VEB EAW Berlin mit bereitgestellten Speisentransportbehältern (Thermophoren) 1976

»Die dem Küchenleiter zur Verfügung gestellten Speisentransportbehälter (Thermophore) befanden sich in einem stark verschlissenen Zustand. Sie schlossen nicht mehr dicht. Die Gummidichtungsringe fehlten fast vollständig. Ersatz gab es dafür so gut wie überhaupt nicht. Oftmals waren die Kübel bereits stark angerostet. Von vielen blätterte die Farbe ab.

In dem gegebenen Fall gehörten die Kübel der Essenausgabestelle. Wiederholt wurde dieser Vertragspartner aufgefordert, ordnungsgemäße Behältnisse bereitzustellen, denn schließlich wolle er ja seine Beschäftigten versorgen. Diese Forderung wurde nicht erfüllt. Speisentransportbehältnisse gehörten seit Jahren zu den Mangelwaren. Sie zählten zu den sog. bilanzpflichtigen Materialien, d.h., die Beschaffung war mit Bestell- und Wartezeiten von mehreren Jahren verbunden. Da sie überdies hinaus auch von militärischer Bedeutung waren, machte das ihre Beschaffung nicht leichter.«

Dieser Küchenleiter verwies nicht ohne Grund auf diese Schwierigkeiten. War er nun Täter oder Opfer seiner Verhältnisse? Tatsächlich sah er sich täglich mit einer dubiosen Aufgabe konfrontiert. Einerseits war er gehalten, bei der Speisenversorgung die hygienischen Vorschriften genauestens zu beachten. In dieser Hinsicht wäre er verpflichtet gewesen, die Speisen nur in ordnungsgemäß beschaffene Kübel einzufüllen. Auf der anderen Seite käme die Verweigerung des Küchenleiters, beanstandungswürdige Behältnisse nicht zu benutzen, einer Unterbrechung der Versorgungsleistung gleich. Dazu war er wiederum nicht befugt. Zwar war den Küchenleitern im § 23 der Küchen-AO (169) formell diese Entscheidungskompetenz zugestanden, aber in der Praxis fehlten ihnen die Voraussetzungen, eine solche Maßnahme auch durchzusetzen. Die ihnen übergeordnete Leitungshierarchie würde jeden Versuch in diese Richtung unterbinden. Unzählige Beispiele belegten das. Sogar die von uns in Extremfällen angeordneten diesbezüglichen Beauflagungen wurden auf dieser Ebene unterlaufen. Bei groben Nachlässigkeiten wurden gegen die Verantwortlichen dieser Hierarchieebene unsererseits auch Ordnungsstrafverfahren durchgeführt. Sie blieben so lange relativ wirkungslos, wie wir nicht ein entsprechendes Strafverfahren bei der zuständigen Staatsanwaltschaft beantragt haben. Das aber war äußerst selten der Fall.

Nicht zufällig wurde die höchste Leitungsebene der Versorgungsbereiche in den Betrieben mit ehemaligen Offizieren oder politisch besonders loyalen Parteikadern besetzt. Bei den Militärangehörigen handelte es sich vorzugsweise um Personen, die nach Absolvierung ihrer 12- oder 25-jährigen Militärdienstzeit in zivilen Bereichen untergebracht wurden. Sie wurden aufgrund ihrer oftmals fehlenden Sachkompetenz auf Positionen gesetzt, wo sie vermeintlich den geringsten Schaden anrichten konnten. Es waren in der Regel hochdotierte Posten mit der Funktion eines Direktors für Versorgung oder für Sozialökonomie.

Ihre Hauptaufgabe bestand darin, mit großer Entschlossenheit die Aufrechterhaltung der Versorgungsleistung in jedem Fall und unter allen Umständen durchzusetzen. Dieser hohe politische Stellenwert wurde der Versorgung beigemessen, weil man befürchtete, dass jede Unterbrechung oder vorübergehende Einstellung der Versorgungsleistung möglicherweise zu einem unberechenbaren Verhalten der DDR-Bevölkerung führen könnte. Es ging nicht so sehr darum, eine qualitativ hochwertige Versorgungsleistung zu erbringen, sondern vielmehr darum, überhaupt eine Versorgung in einem Mangelwirtschaftssystem aufrechtzuerhalten. Das war Anspruch genug. Jede Unterbrechung oder vorübergehende Einstellung der Versorgungsleistung – ob in der Lebensmittelproduktion, im Handel oder in der Gemeinschaftsverpflegung – war mit einem politischen Eklat verknüpft. Die Entscheidungen darüber bedurften – wenn auch nicht offiziell, so aber doch bekanntermaßen inoffiziell – der Zustimmung der SED-Kreis- oder Bezirksparteileitungen.

Wie sich auch ein gewissenhafter und verantwortungsbewusster Küchenleiter in der dargestellten Situation verhalten mochte, er konnte es eigentlich nur falsch machen. So widerstanden nur die wenigsten Küchenleiter der Versuchung, den Weg des geringsten Widerstandes zu gehen. Die Mehrheit fand sich fatalistisch mit den gegebenen Zuständen ab und versuchte, das Bestmögliche daraus zu machen. Die vorstehenden Fotos 1 und 2 sowie das nachstehende Foto 3 vermitteln einen Eindruck von den küchentechnischen Arbeitsbedingungen, wie sie in vielen Küchen der Hygienekategorie III vorherrschten. Mit diesen Alltagssorgen mussten sich viele Verantwortliche in den Gemeinschaftsküchen täglich auseinandersetzen. Es wurde geschätzt, dass etwa 80 % der Kübel sich in einem beanstandungswürdigen Zustand befanden. Nahezu 50 % der Gemeinschaftsverpflegung entfielen auf Kübelessen. In einzelnen Bereichen – wie z.B. in der Schul- und Kinderspeisung – erfolgte eine ausschließliche Kübelversorgung.

Foto 3: 05.11.1976 Schwarzspüle in der Ostberliner Großküche VEB EAW Berlin

Schul- und Kinderspeisung – aber wie?

In einer seinerzeitigen kritischen Analyse der Ostberliner Schulspeisung (170) hatte ich mich bemüht, auf den besorgniserregenden Umstand aufmerksam zu machen, dass in meinem Überwachungsbereich von über 100.000 Einwohnern die gesamte Schulspeisung nur als Kübelessen bereitgestellt wurde. Diese einseitige Ausrichtung und Bevorzugung nur eines Versorgungssystems unter ausschließlichen Gesichtspunkten der ökonomischen Machbarkeit hielt ich für eine fatale Fehlentwicklung. Es waren vor allem die von mir ermittelten hohen Wegwerfquoten, die mich stutzig machten und darauf hinwiesen, dass irgendetwas mit dieser Form der Schulspeisung nicht stimmte.

136

Aus den Schulen wurde mir berichtet, dass Mitte bis Ende der 70er Jahre die in den Schulen noch vorhandenen eigenen Schulküchen peu à peu demontiert und zu bloßen Essenausgabestellen umfunktioniert wurden. Dahinter stand das Konzept, die Schulspeisung in großen **Zentralküchen** herzustellen und über Thermophore an die Schulen auszuliefern. Anstelle des täglich frisch gekochten Essens wurde nun ein Versorgungssystem aus reinen wirtschaftlichen Erwägungen etabliert. Weder die Eltern noch die Schulleitungen wurden nach ihren Meinungen befragt, wie sie darüber dachten.

Die Meinungen prallten an dem Punkt aneinander, inwieweit durch den Übergang von einem System auf ein anderes oder durch technologische Veränderungen Qualitätseinbußen eintraten. Mir war klar, dass bei den bekannten Mängeln eines dauerhaften Kübelessens sowohl die hygienischen als auch die ernährungsphysiologischen Parameter sich verschlechtern würden. Frisch gekochtes Essen schmeckt nun einmal besser als jedes in Assietten oder in Kübeln angeliefertes Warmessen. In meiner Studie hatte ich versucht, die begrenzten Möglichkeiten des Kübelverpflegungssystems aufzuzeigen, um gleichzeitig für eine Vielfalt anderer Systeme zu plädieren. Meine Kritik richtete sich in erster Linie gegen das Ausschließlichkeitsprinzip. Die staatliche Orientierung war jedoch einseitig auf das Kübelsystem ausgerichtet. Jede abweichende Meinung oder offensive Kritik daran wurde als »*staatsfeindliche Einstellung*« und damit als nicht tolerierbar bewertet.

Im Rahmen dieser Studie hatte ich auch recherchiert, wie namhafte Ernährungswissenschaftler national und international eine solche Entwicklung bewerteten. Ich verband damit die Hoffnung, ggf. auch Unterstützung für meine Ideen zu erhalten. Aber entgegen meinen Erwartungen hielten sich viele Ernährungswissenschaftler – vor allem auch aus dem für die DDR maßgeblichen Zentralinstitut für Ernährung in Potsdam-Rehbrücke – sehr zurück, sich zu dieser Problematik öffentlich kritisch zu äußern. Im Laufe der Jahre war zu beobachten, dass sich die Einstellung der führenden Ernährungswissenschaftler in der DDR dahingehend veränderte, dass sie sich immer stärker dem herrschenden politischen System anpassten und zu Sachverhalten schwiegen, zu denen sie sich eigentlich hätten äußern müssen.

Noch Anfang der 70er Jahre verfügte eine Vielzahl von Schulen, die meinem Überwachungsbereich unterstanden, über eigene Schulküchen, um ein warmes Mittagessen zu verabreichen. Als man jedoch von »*oben*« zentral entschied, das Kübelsystem aus vornehmlich wirtschaftlichen Erwägungen für die Schulverpflegung einzuführen, wurden die Schulküchen demontiert und die küchentechnische Ausrüstung wurde verschrottet. Stattdessen wurden nun Essenausgabestellen eingerichtet. Aus meiner früheren Tätigkeit zur ernährungswissenschaftlichen Gestaltung von unterschiedlichsten Formen der Truppenverpflegung waren mir die Probleme der »Kübelversorgung« recht gut bekannt. Ich hielt es für einen großen Frevel, ohne Not das gut funktionierende Versorgungssystem der Schulküchen zu zerschlagen. Man hätte erwarten können, dass ein Sturm der Empörung und Entrüstung – vor allem auch in der Elternschaft – dadurch ausgelöst worden wäre. Aber fast alle schwiegen und sahen diesem Treiben hilflos und ohne Gegenwehr zu – allen voran auch die Zunft der einheimischen Ernährungswissenschaftler. Von ihnen hätte man am ehesten erwarten können, dass sie Einwände und Widerstand gegen eine solche Entwicklung erhoben. Aber sie taten es nicht aus Furcht, auffällig zu werden und sich als Kritiker solcher dubiosen Verfahrensweisen zu outen.

Das Festhalten an der Kübelverpflegung war ein wirtschaftspolitisch begründetes Dogma. Die Bestrebungen gingen nun dahin, es zu optimieren, indem man die Standzeiten, d.h. die Zeitspanne von der Fertigstellung der Speisen (= Beendigung des Kochprozesses) bis zum Abschluss der Essenausgabe, zu verkürzen versuchte. Zwar gelang es im Laufe der Zeit, die Standzeiten von vier bis fünf Stunden auf nunmehr beachtliche zwei bis drei Stunden zu senken, dennoch blieben entscheidende Qualitätsprobleme ungelöst. Paulus (254) hatte im Zusammenhang mit seinen Untersuchungen zur Verfahrenstechnik der Speisenproduktion das Warmhalteproblem wie folgt beschrieben:

> »Da beim Warmhalten aus hygienischen Gründen eine Temperatur von wenigstens 65 °C einzuhalten ist, tritt eine kontinuierliche Verschlechterung insbesondere der sensorischen Qualität ein. Untersuchungsergebnisse belegen, dass ein Warmhalten von mehr als drei Stunden nicht toleriert werden kann.« (255–256)

Im Wissen um die hohen Wegwerfquoten wurde ein weiterer Versuch unternommen, die Attraktivität des Schulessens zu verbessern. Man führte die sog. altersdifferenzierte Schulspeisung ein, indem man die Speisenplangestaltung nach Altersgruppen durchführte. Aber auch dieses bereits fachlich umstrittene System erwies sich als ein vorhersehbarer Fehlschlag. In der Praxis offenbarte sich bald, dass angesichts der oftmals kapazitätsmäßigen Überbeanspruchung vieler Küchen sowie der Unterqualifizierung vieler Beschäftigter und bei den bekannten Problemen einer wenig planvollen Speisenplangestaltung sich die altersdifferenzierte Schulspeisung lediglich als ein Austausch der Speisenplanabfolge herausstellte.

Meine Analyse der Ostberliner Schulspeisung hatte gezeigt, dass in Abhängigkeit einzelner Speisenkomponenten und des allgemeinen Beliebtheitsgrades bestimmter Speisen die verbleibenden Essenreste einen enormen Umfang einnahmen. Der dafür gebrauchte Begriff »*Wegwerfquote*« wies im Durchschnitt die Größenordnung 35 bis 45 % auf. Hinzu kam, dass entgegen den geforderten Portionsmengen in der Regel von den Küchen von vornherein erhebliche Mindermengen an die Schulen ausgeliefert wurden. Das war die verständliche Reaktion der ausliefernden Küchenleiter, die um die hohen Wegwerfquoten Bescheid wussten.

Bei meinen Recherchen konnte ich aber auch nachweisen, dass die Strategie zur Entwicklung der seinerzeitigen Schulverpflegung den Vorstellungen und Empfehlungen einiger namhafter Ernährungswissenschaftler zuwider betrieben wurde (172–179). Mitte der 80er Jahre – also nach etwa 10 bis 15 Jahren ausschließlichem Kübelessens in den Schulen – begann ein zaghaftes Umdenken dieser Praxis. Es schien sich wieder langsam die Einsicht durchzusetzen, dass die Kübelversorgung doch nicht das Nonplusultra darstellte, für das es propagandistisch ausgegeben wurde. Es gab nun Bemühungen, das angelieferte, oft auch bereits ausgekühlte Essen in den oft undichten Thermophoren wieder in den Essenausgabestellen zu erwärmen, was ich als äußerst problematisch ansah. Ein weiteres Bemühen zeigte sich darin, wieder einzelnen Speisenkomonenten (z.B. vorgeschälte Kartoffeln!) in den kleinen Essenausgabestellen der Schulen selbst abzukochen.

Im Ergebnis meiner Schulspeisungsanalyse hatte ich auch die Bedenken geäußert, dass angesichts der hohen Wegwerfquoten mit einer insgesamt nicht ausreichenden Nährstoffaufnahme durch die Schüler zu rechnen war. Eine unzureichende Schülerspeisung konnte hierzu beitragen. Neuere Untersuchungen (180) hatten dies bestätigt. Danach stellte sich die damalige Nährstoffaufnahme und Nährstoffbilanz wie folgt dar:

»1. Eiweiß: Mit 60 g/Tag (Jungen) und 52 g/Tag (Mädchen) wurde der physiologische Bedarf gedeckt. Bei einer praktischen Empfehlung von 13 Energieprozent ergab sich ein berechnetes Defizit von 18 % bzw. 19 %.
2. Fette: Bei einem Verzehr von 101 g/Tag (Jungen) bzw. 85 g/Tag (Mädchen) ergab sich eine Erfüllung des Richtwertes (33 Energieprozent) von 125 % bzw. 120 %. Der P/S-Quotient lag bei 0,3.
3. Kalzium: Eine Aufnahme von 578 mg (Jungen) und 551 mg (Mädchen) ergab eine Erfüllung von nur 70 % des Richtwertes. Etwa 44 % der Jungen und Mädchen nahmen täg-

lich weniger als 50 mg Kalzium auf. Diese Situation konnte nur durch eine Erhöhung des Verzehrs von Milch und Milchprodukten verbessert werden.
4. Eisen: Die durchschnittliche Eisenzufuhr betrug bei den Jungen 12,4 mg/Tag und bei den Mädchen 10,8 mg/Tag. Nur bei den Mädchen, die bereits das Menarchealter erreicht hatten, bestand eine Unterversorgung von ca. 30 %, da sie einen höheren Bedarf (15 mg/Tag) hatten.
5. Thiamin: Die durchschnittliche Thiaminzufuhr betrug bei den Jungen 1,0 mg/Tag und bei den Mädchen 0,88 mg/Tag. Das entsprach einer Richtsatzerfüllung von 83 % bzw. 88 %.
6. Riboflavin: Der Riboflavinrichtsatz wurde mit 90 % (Jungen) bzw. 95 % (Mädchen) erfüllt.
7. Vitamin C: Der Richtwert von 45 mg/Tag wurde von den Jungen und Mädchen gut erfüllt. Bei einer vorgesehenen Erhöhung des Richtwertes auf 60 mg/Tag entstand ein entsprechendes Defizit von 78 % bzw. 80,2 %.«

Im Einklang mit diesen Untersuchungsergebnissen stand auch die Feststellung, dass erhebliche Differenzen im durchschnittlichen Verzehr von ausgewählten Lebensmitteln zum Mittagessen an Schultagen und am Wochenende bestanden. Besonders auffällig war die große Differenz im Kartoffelverzehr. Der geringe Verzehr von nur 84 bzw. 75 g an Schultagen gegenüber 119 bzw. 122 g zu Hause war sehr wahrscheinlich auf die schlechte Qualität der Kartoffeln in der Schülerspeisung zurückzuführen.

Bereits 1968 hatte Sachse (181) für die DDR einen deutlichen Zusammenhang zwischen Fehlerarten (überfettet, Eiweiß, Kalzium, Eisen unter Soll!) und Speisentyp aufgezeigt.

Auf die Nachteile, die mit der einseitigen Ausrichtung von Kübelessen in der Gemeinschaftsverpflegung verbunden sind, hatte u.a. Paulenz (182) in sehr nachdrücklicher Weise bereits aufmerksam gemacht. Er hatte darüber hinaus in einer für die DDR nicht selbstverständlichen Weise die verschiedenen Verpflegungssysteme einem internationalen Vergleich unterzogen. Bereits damals gelangte er zu der bemerkenswerten Schlussfolgerung, dass einige andere sozialistische Länder – insbesondere die ČSSR und Jugoslawien (189) – eine zentralisierte Herstellung von Schul- und Kinderspeisung wegen der in Thermophoren eintretenden qualitativen Wertminderungen der Speisen ablehnten.

Der sich daraus ableitende Hinweis, bei der in Ostberlin zu treffenden Entscheidung für die zukünftige Regelung der Schul- und Kinderspeisung den internationalen Entwicklungsstand nicht außer Acht zu lassen, blieb leider ungehört. Er selbst hat sich danach leider nicht mehr öffentlich zu dieser Überzeugung bekannt. Vielmehr ließ er sich später in seiner Funktion als Leiter der Abteilung Lebensmittel- und Ernährungshygiene der Staatlichen Hygieneinspektion beim Ministerium für Gesundheitswesen und damit ranghöchster Lebensmittelhygieniker in der DDR, dazu verleiten, dem Kübelsystem gewisse positive Aspekte abzugewinnen.

Alle zu meiner Amtszeit errichteten Schulneubauten wurden ohne Schulküchen geplant und errichtet. Die Entscheidung oblag dem überbezirklichen Bezirkshygieneinstitut, das widerspruchslos seine Zustimmung zur expansiven Ausweitung des Kübelverpflegungssystems erteilte. Nur in einigen Neubaugebieten wurden sog. Wohngebietsgaststätten errichtet, die gleichzeitig auch für die Herstellung von Schul- und Kinderspeisung vorgesehen waren. Dies stellte einen gewissen und bescheidenen Fortschritt dar, aber eine Gaststättenküche war eben noch keine auf Schul- und Kinderspeisung ausgerichtete Spezialküche.

Allein die in meinem Überwachungsbereich gelegene Schulspeisungsküche des VEB Städtische Großküchen – einem staatlichen Monopolunternehmen zur ausschließlichen Herstellung von Außer-Haus-Verpflegung – erweiterte ihre zentrale Herstellungskapazität von ursprünglich 3.600 Portionen auf 9.500 Tagesportionen. Wir waren gezwungen, nachträglich akzeptieren zu müssen, was uns aus ökonomischen Gründen immer als zwingende Notwendigkeit verkauft wurde und was wir als eine Fehlentwicklung ansahen.

Mit dieser Zentralisierung des Versorgungssystems waren auch enorme hygienische Probleme verbunden. Achtzehn (184) – ein Hygieniker aus Halle – hatte bereits schon in den 60er Jahren erkannt und davor gewarnt, dass es in Extremfällen zu Erkrankungsgeschehen kommen kann, deren epidemiologische Auswirkungen unübersehbar erschienen. Nur einem Glücksfall war es seinerzeit zu verdanken, als es in unserem Überwachungsbereich gelang, die Ausgabe von verdorbenem Thermophoressen zu stoppen, welches bereits an über 36 Essenausgabestellen ausgeliefert worden war. Das registrierte Erkrankungsgeschehen hielt sich so noch in Grenzen.

Solche Vorkommnisse mögen dazu beigetragen haben, Anfang der 1980er Jahre von einem Großprojekt Abstand zu nehmen, welches für den Berliner Stadtbezirk Marzahn die Errichtung einer Großküche mit einer Tagesportionsleistung bis zu 50.000 Warmessen vorsah.

Ich hatte in Ostberlin kaum Gelegenheit, eine gut funktionierende Schulküche kennenzulernen. Aus der Literatur war mir einiges bekannt. Umso erfreuter war ich, als ich viele Jahre später meine Tochter ins Ausland begleiten durfte, die im Rahmen des Erasmus-Bildungsprogrammes einen internationalen Lehreraustausch in Irland, Frankreich, Spanien und Schweden organisierte. So konnte ich mir vor Ort über die Schulspeisung in diesen Ländern ein Bild machen. In allen diesen Ländern wurde – zumindest in den Schulen, die wir besuchten – vor allem frisch zubereitete Schulspeisung den Schülern in mehreren Wahlessen bereitgestellt. Was für ein gewaltiger qualitativer Unterschied zu den Versorgungsverhältnissen in der damaligen DDR. Dieses Beispiel zeigte vor allem auch, welche unterschiedliche Bedeutung dem Schulessen in einzelnen Ländern beigemessen wurde.

Das heutige Ernährungswissen hat in hohem Maße empirisch gewonnene Forschungserkenntnisse zur Grundlage. Und auch die Schulspeisung ist heute noch ein viel und häufig sehr emotional diskutiertes Thema. Sie lässt – was ihre ernährungshygienische Qualität anbetrifft – in weiten Teilen Deutschlands sicherlich so manches Mal auch zu wünschen übrig. Es sind auch hier in erster Linie wirtschaftliche Erwägungen und Zwänge, eine möglichst kostengünstige Schulspeisung bereitzustellen. Die Lebensmittelkontrollbehörden sind gut beraten, sich dieser Problematik regelmäßig zu widmen und mit ihrer Fachexpertise dazu beizutragen, die bestehenden Defizite zu ermitteln und zu benennen und Wege aufzuzeigen, wie man es besser machen kann. Vor allem aber ist das Engagement der Elternschaft nötig, sich dafür einzusetzen, dass ihre Kinder vernünftig ernährt werden. Die in der damaligen DDR sehr verbreitete fatalistische Einstellung – sowohl in der Elternschaft als auch in breiten Bevölkerungskreisen dieser Problematik gegenüber – hat letztendlich mit dazu beigetragen, dass den Kindern und Jugendlichen so manches Mal eine Schulspeisung vorgesetzt wurde, die ihnen das Essen vergraulte.

Kapitel IV: Erkrankungen nach Verzehr von Lebensmitteln

Zur epidemiologischen Bewertung der Lebensmittelhygiene

Das vorrangige Ziel aller Bemühungen im Rahmen der Lebensmittelkontrolle ist es, darauf hinzuwirken, dass Erkrankungen im Zusammenhang mit dem Verzehr von Lebensmitteln ausgeschlossen werden. Das setzt voraus, dass die lebensmittelhygienischen Mindestanforderungen in allen Phasen des Lebensmittelproduktions- und Behandlungsprozesses auch konsequent eingehalten werden. Wenn Essen und Trinken aber krank machen, ist etwas schiefgelaufen.

Als Ursachen für das Auftreten von lebensmittelbedingten Krankheitsausbrüchen können in mikrobiologischer Hinsicht sowohl Bakterien, Viren, Parasiten oder Toxine infrage kommen, wenn sie über kontaminierte Lebensmittel auf den Menschen übertragen werden. Auch die Aufnahme stark kontaminierter oder mit Fremdstoffen belasteter Lebensmittel ist durchaus geeignet, eine akute oder chronische Erkrankung zu verursachen.

Wie die epidemiologische Bewertung der Lebensmittelhygiene seinerzeit in Ostberlin bewertet wurde, dokumentieren die nachfolgenden Auszüge aus verschiedenen offiziellen Magistratsbeschlüssen. Im Magistratsbeschluss Nr. 432/84 vom 17.10.1984 wurde hierzu unter Punkt 3 ausgeführt:

»Die akuten Magen-Darm-Erkrankungen zeigten 1984 im 1. Halbjahr eine Fortsetzung der seit Jahren anhaltenden steigenden Tendenz. Diese zumeist unspezifischen bakteriellen Intoxikationen (Durchfallerkrankungen) stiegen in diesem Zeitraum gegenüber dem 1. Halbjahr 1983 von 25.454 auf 28.631 Erkrankungsfälle um wiederum 12,5 %.«

Die nachstehende Tabelle 5 vermittelt eine Übersicht über ausgewählte meldepflichtige Erkrankungen im Zeitraum 1983 und 1984.

Anzahl der gemeldeten Erkrankungsfälle 1984 im Vergleich zum Vorjahr 1983

	1984 1. Halbjahr	1983 Gesamt	1983 1. Halbjahr
Akute Magen- und Darmerkrankungen (Durchfallerkrankungen)	28 631	74 052	25 454
Ruhrinfektionen	128	1636	330
Salmonelleninfektionen	194	407	239
Typhus und Paratyphus	2	5	3
Coli-Enteritis	231	923	196
Erkrankungen nach Lebensmittelverzehr	209	1020	367
Akute Erkältungskrankheiten	199.000	366.393	203.919

In einer vorausgehenden Magistratsinformation vom 09.01.1984 (257) lag bezüglich der akuten Magen-Darm-Erkrankungen folgende Einschätzung zugrunde:

»Die akuten Magen-Darm-Erkrankungen einschließlich der Ruhr haben weiter zugenommen. Sie erfordern in besonderem Maße höhere Konsequenzen bei der Sicherung der Lebensmittelhygiene, bei der Produktion, bei der Lagerung und dem Handel und beim Transport der Lebensmittel. 1983 wurden in Berlin 75.000 Erkrankungsfälle an Durchfall, Ruhr, Salmonellose und andere Lebensmittelvergiftungen ärztlicherseits behandelt und gemeldet. Zu epidemischen Ruhrausbrüchen kam es in 16 Einrichtungen in allen Stadtbezirken. Am stärksten betroffen waren die Kindereinrichtungen in Marzahn. Intensive Untersuchungen zur Klärung der Ursachen führten nicht zur Aufklärung der Zusammenhänge mit den gleichzeitig in anderen Bezirken aufgetretenen Ruhrausbrüchen der gleichen Typen.«

Der Magistratsinformation vom September 1984 wurde eine Übersicht (Tabelle 5) über die Entwicklung der akuten Magen-Darm-Erkrankungen im Zeitraum über die Jahre 1976 bis 1983 beigefügt.

Abbildung 7 Anzahl der gemeldeten Erkrankungen nach Gemeinschaftsverpflegung

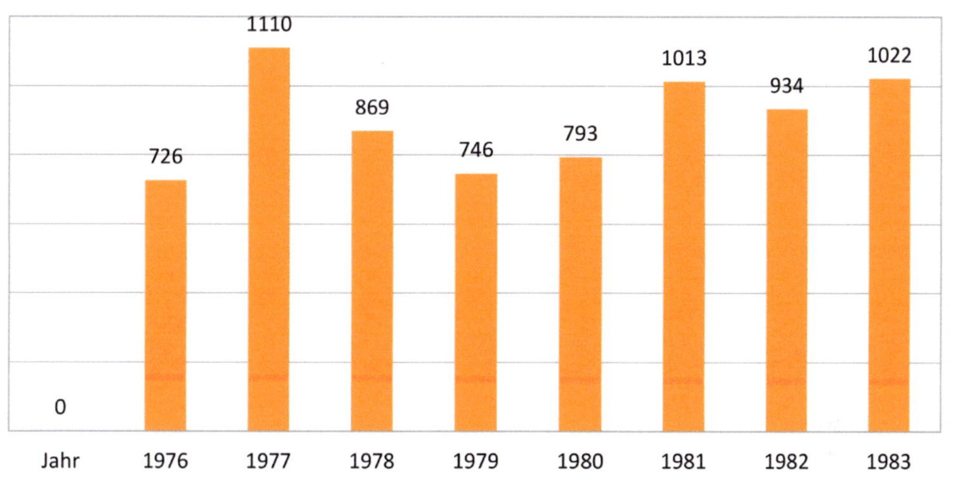

Abbildung 8

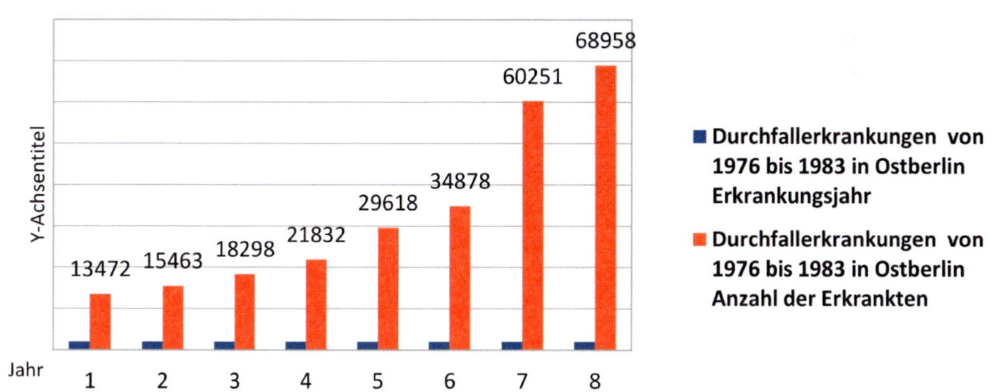

Tabelle 5

Entwicklung der akuten Magen-Darm-Erkrankungen in Ostberlin von 1976 bis 1983

Zeitraum	Durchfallerkrankungen	Ruhr	Salmonellose	Gemeldete Erkrankungen nach Gemeinschaftsverpflegung
1976	13.472	294	1.185	726
1977	15.463	337	683	1.110
1978	18.298	256	949	869
1979	21.832	449	1.234	746
1980	29.618	335	1.376	793
1981	34.878	607	1.587	1.013
1982	60.251	988	2.077	934
1983	68.958	1.361	2.404	1.022

Allen epidemiologischen Einschätzungen lag u.a. auch die Erkenntnis zugrunde, dass der Gewährleistung stabiler lebensmittelhygienischer Bedingungen ein maßgeblicher Einfluss zur Verhütung und Einschränkung der akuten Magen-Darm-Erkrankungen zukommt.

In einer an die medizinischen Fachkollegen gerichteten damaligen Information (186) wurde zu dieser Problematik der DDR-offizielle Standpunkt – soweit es diesen überhaupt gab – wie folgt definiert:

»Über die Pathogenese der akuten Magen-Darm-Erkrankungen gibt es heute übereinstimmende Meinungen. Bulkina und Pokrowski (187) vertreten die Auffassung, dass der Krankheitsprozess bei Salmonella-Infektionen wie auch bei Toxikoinfektionen verschiedener Ätiologie in der Hauptsache Wirkungen von Endotoxinen auf den Organismus des Menschen sind, die beim Untergang von Mikroben frei werden. Endotoxine entstehen sowohl in Lebensmitteln als auch im menschlichen Organismus beim Umgang mit Mikroben. Über den Charakter der Endotoxine gibt es zahlreiche Arbeiten. Bekannt ist u.a., dass sie hitzestabil (100 °C, 2 h) sind. Für die Beurteilung prophylaktischer Maßnahmen ergibt sich, dass der Kochprozess nicht ausreicht, um die toxischen Wirkungen bei kontaminierten Lebensmitteln auszuschließen.

Die epidemiologische Bedeutung der Lebensmittel ist daher unbestritten. Shigellen, Salmonellen, Enteritis-Coli und andere Enterobacteriaceae werden in Lebensmitteln festgestellt. Von besonderer Bedeutung sind Lebensmittel, in denen sich die Bakterien auch noch vermehren. Unstrittig sind Salmonella-Kontaminationen von Fleisch- und Wurstwaren, Geflügel und Eiern als Ursachen für epidemische Salmonelloseausbrüche.

Bei Ruhrepidemien wurden wiederholt Molkereierzeugnisse als Ursache ermittelt und schließlich Shigellen auch aus Butter und Käse nachgewiesen. Cirobacter- und Hafniabefunde wurden in Verbindung mit Erkrankungshäufungen aus dem Stuhl der Erkrankten und aus den verzehrten Lebensmitteln nachgewiesen.

Entsprechend den in den letzten Jahren in der Sowjetunion gesammelten guten Erfahrungen wird dort die Verhütung der akuten Magen-Darm-Erkrankungen in erster Linie als sanitärhygienisches Anliegen und nicht als epidemiologische Aufgabe angesehen. Die Nichtbeachtung des alimentären Faktors der Keimvermehrung begründet die Gefahr ausgedehnter Epidemien. Diese Erfahrungen müssen auch nach den aus Lebensmitteln regelmäßig erhobenen Coli-, Hafnia-, Citrobacter-, Proteus- und sonstigen Befunden auch für die ganze Gruppe der Enterobacteriaceae beachtet werden.

Als Kernstück der Prophylaxe der ganzen Gruppe der akuten Magen-Darm-Erkrankungen erweist sich die Verbesserung der Lebensmittelhygiene im Risikobereich und die konsequente Qualitätssicherung und -kontrolle der Risikolebensmittel.«

Diese wissenschaftlich durchaus zutreffende Darstellung für diesen Themenkomplex spiegelte im Wesentlichen die seinerzeitige und auch heute noch im Wesentlichen gültige Auffassung zur Verhütung und Bekämpfung der akuten Magen-Darm-Erkrankungen aus epidemiologischer Sicht wider (188–194). Die Verfasser dieses Statements bedienten sich damals einer weitverbreiteten Strategie, bei der Zitierung wissenschaftlicher Quellen sich vorzugsweise auf sowjetische Autoren zu beziehen. Man wollte damit signalisieren, dass man seine Erkenntnisse nicht dem ausschließlichen Quellenstudium westlichen Gedankengutes verdankte.

Erkrankungen nach Verzehr von Gemeinschaftsverpflegung

Die Berichterstattungen der Fachabteilung Epidemiologie beim Bezirkshygieneinstitut Berlin vom 02.05.1983 und 06.02.1984 (195–196) vermittelten ein ziemlich ungeschminktes Bild über die tatsächlich vorherrschenden Hygieneverhältnisse und ihre Auswirkungen im Zusammenhang mit entsprechenden Erkrankungsgeschehen:

»Im Jahre 1982 traten in Ostberlin 16 Geschehen (DDR: 172) nach Gemeinschaftsverpflegung auf. Fünf Geschehen betrafen Werkküchen, bei drei Geschehen waren Küchen in Feierabend- und Pflegeheimen, bei vier Geschehen Küchen der Schulspeisung und in vier Fällen Küchen von Gaststätten beteiligt.«

Von insgesamt 4.290 Essenteilnehmern erkrankten 906 Personen, bei 62 Erkrankten bestand Arbeitsunfähigkeit. In der DDR waren bis zum 31.10.1982 im Rahmen der 172 Erkrankungsgeschehen 8.451 Erkrankte gemeldet worden (197). Abgesehen vom Jahr 1982 schien sich die seit einigen Jahren beobachtete rückläufige Tendenz wieder zu bestätigen. (1980 gleicher Zeitraum: 182 Geschehen und 8.855 Erkrankte). In der Schul- und Kinderspeisung wurden 29 Geschehen mit 1.963 Erkrankten registriert. (1981 für die DDR: 37 Geschehen mit 3.119 Erkrankten).

Ein Vergleich zu den Geschehen des Vorjahres ließ erkennen, dass es zu einem Rückgang um 49 % gekommen war. Der Anteil der Erkrankungen an den Geschehen bezogen auf die Gesamtzahl der Essenteilnehmer war dagegen auf 21,1 % (Vorjahr 10,6 %) angestiegen. Bei der Analyse der Kategorien ließ sich eine vorrangige Beteiligung von Küchen der Kategorie II (8 x) erkennen. Küchen der Kategorie I und III waren in je vier Fällen beteiligt. Die in den nachstehenden Übersichten (Abbildung 11 und 12) dargestellten Grafiken veranschaulichen diesen Sachverhalt.

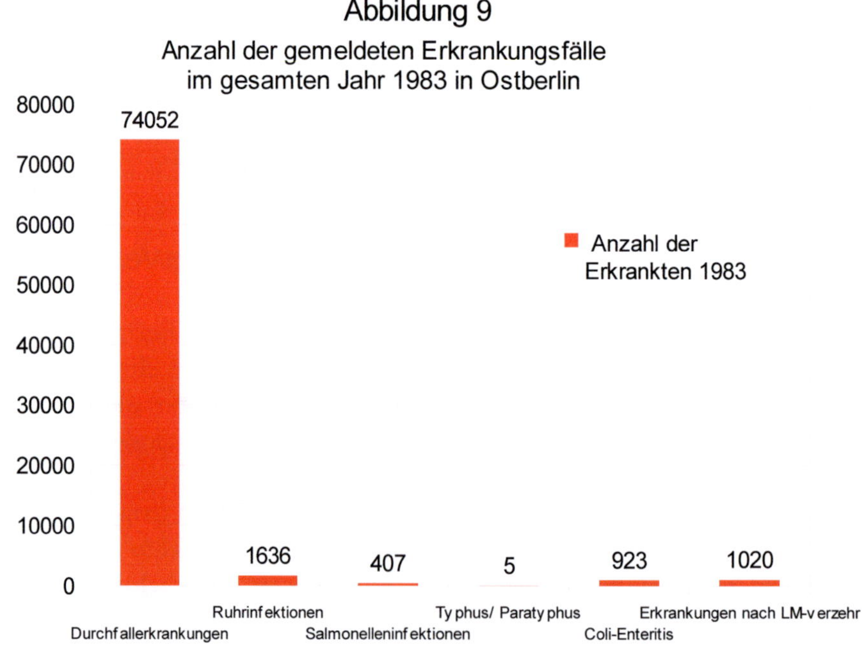

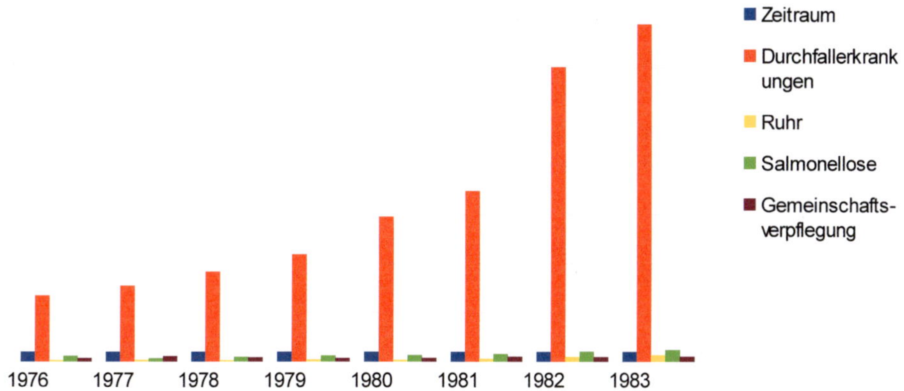

Aufschlussreich im Hinblick auf die vorstehend aufgeführten Erkrankungsgeschehen sind auch die in diesem Zusammenhang bei den Kontrollen ermittelten Hygienemängel. Der o.a. Magistratsbeschluss enthält dazu folgende Feststellungen:

»1. Werkküchen: Unsachgemäße Behandlung der Lebensmittel, Unordnung und Unsauberkeit im Küchenbereich, keine oder unvollständige 24-Std.-Rückstellprobe, nicht sachgemäße Durchführung der Desinfektion, Versäumnisse der Meldepflicht beim Bekanntwerden von Erkrankungen unter Essenteilnehmern bzw. Unterlassung der Meldepflicht bei Erkrankungen des Küchenpersonals.
2. Feierabend- und Pflegeheime: Unordnung/Unsauberkeit, überlagerte Lebensmittel, fehlende 24-Std.-Rückstellprobe, ungenügende materiell-technische Voraussetzungen.
3. Schulspeisung: Mangelhafte Hygiene, unsaubere Thermophore.
4. Gaststätten: Unordnung, Unsauberkeit, Nichteinhaltung der Meldepflicht beim Bekanntwerden von Erkrankungen nach Gemeinschaftsverpflegung.«

Und an anderer Stelle führte der o.a. Bericht weiter aus:

»Die im Zusammenhang mit diesen Geschehen durchgeführten Untersuchungen von Lebensmitteln und Stufenkontrollen ergaben bei 14 Geschehen in Lebensmitteln einen hohen Keimgehalt und/bzw. eine unzulässige Quote von Beanstandungen bei Stufenkontrollen … Die Analyse der Geschehen des Jahres 1982 lässt erkennen, dass subjektive Fehler der Beschäftigten in den Küchen der Gemeinschaftsverpflegung die Hauptursache von Erkrankungen waren. Unsauberkeit, Unordnung, ungenügende Desinfektion, unsaubere Thermophore, mangelhafte Warenpflege wurden bei Kontrollen der Hygieneinspektion festgestellt. Begünstigend auf die Ausbreitung wirkten sich die Nichteinhaltung der Meldepflicht beim Auftreten von Erkrankungen nach dem Verzehr wie das Fortsetzen der Tätigkeit beim Auftreten meldepflichtiger Erkrankungen beim Küchenpersonal aus. 13 von 16 Geschehen traten in drei Stadtbezirken (Mitte, Prenzlauer Berg, Weißensee) auf. Der Monat September wies anteilig mit fünf Geschehen die höchste Rate des Jahres 1982 aus (1983 bis November!).«

Abbildung 11

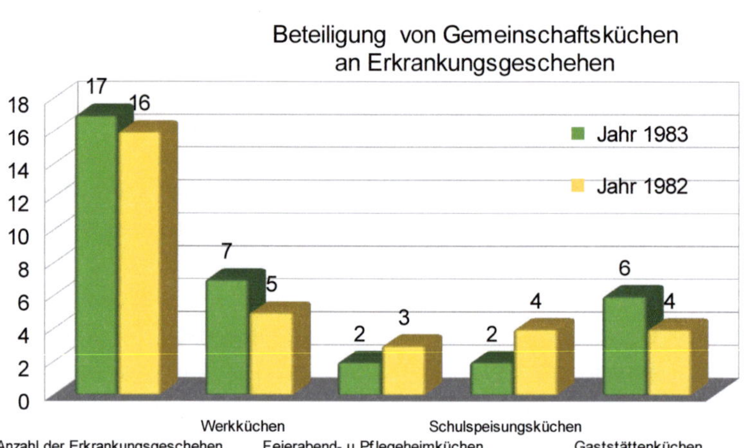

Der Jahresberichterstattung vom 06.02.1984 für das Jahr 1983 lag für Ostberlin folgende offizielle Auswertung zugrunde:

»Insgesamt traten 17 Geschehen nach Gemeinschaftsverpflegung auf. Von 9.158 Essenteilnehmern erkrankten 1.019 Personen. Bei 103 der Erkrankten bestand Arbeitsunfähigkeit, 560 Schüler mussten vom Schulbesuch fernbleiben. Bei neun Erkrankten erfolgte aufgrund eines schweren Krankheitsbildes die stationäre Behandlung in einer intensivtherapeutischen Abteilung. An fünf Geschehen waren Werkküchen (davon 1 x im Rahmen der Pausenversorgung), 2 x Küchen der Schülerspeisung, 6 x Gaststättenküchen, 2 x Küchen des Gesundheitswesens beteiligt. Der Anteil der Erkrankten an der Gesamtzahl der Essenteilnehmer betrug 11,1 %.

Die Analyse der Kategorisierung dieser Küchen ließ Folgendes erkennen:
Küchen der Kategorie II waren 11 x beteiligt, der Kategorie III 5 x und die Kategorie I 1 x.
Die Kontrollen der Hygieneinspektionen in den Objekten, in denen es zu Erkrankungen kam, zeigten wieder folgende Mängel auf:

»1. Werkküchen: ungenügende Reinigung und Desinfektion, insbesondere Mängel beim Reinigen der Thermophore, schlechte Warenpflege, Nichteinhaltung der Kühlkette und des Vorkochverbotes, Unkenntnis auf dem Gebiet des Lebensmittelrechts.
2. Küchen des Gesundheitswesens: ungenügende Reinigung und Desinfektion, Überschreitung der Ausgabefrist, Fehler im Herstellungsprozess.
3. Küchen der Schulspeisung: mangelhafte Ordnung und Sauberkeit, ungenügende Desinfektion, ungenügende Warenpflege.
4. Gaststätten: Nichteinhaltung des Vorkochverbotes, ungenügende Reinigung und Desinfektion. Die Anzahl der Geschehen nach Gemeinschaftsverpflegung ließ auch im Jahre 1983 erkennen, dass das subjektive Fehlverhalten der Mitarbeiter in den Küchen der Gemeinschaftsverpflegung die Hauptursache für das Entstehen dieser Erkrankungen darstellte.«

Abbildung 12

Hygienekategorie und Erkrankungsgeschehen 1982 und 1983

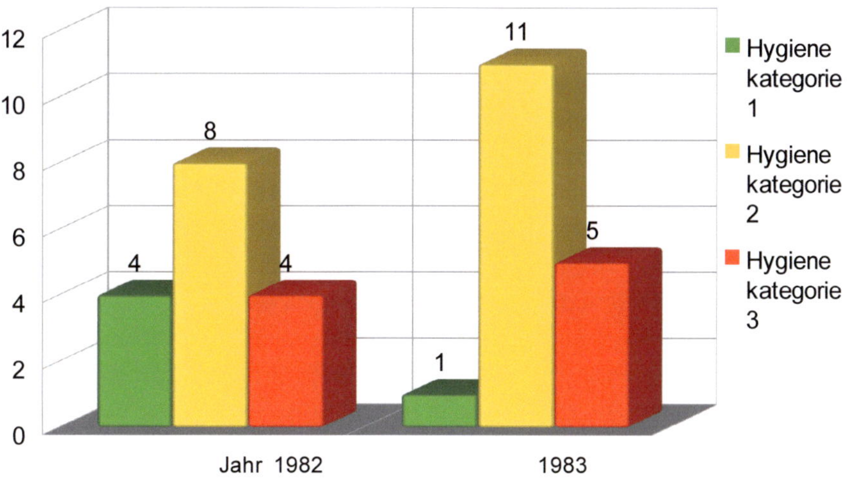

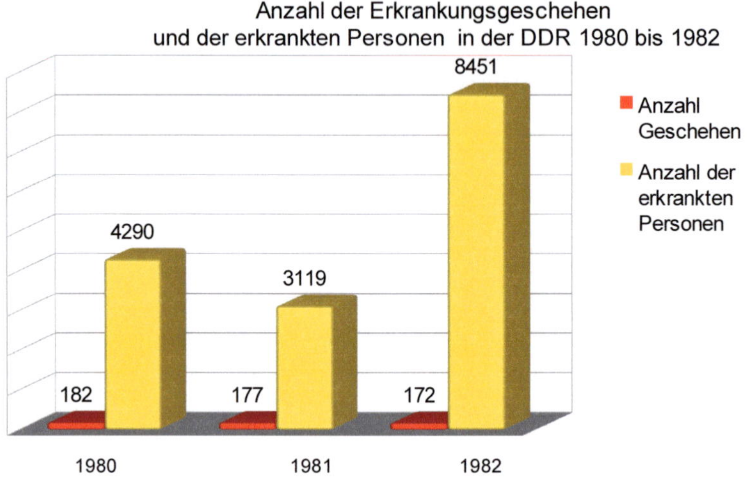

Diese vorstehenden Auszüge aus den offiziellen Jahresberichterstattungen der für Ostberlin zuständigen damaligen epidemiologischen Fachabteilung des BHI charakterisierten im Wesentlichen recht realistisch die Erkrankungssituation in der Gemeinschaftsverpflegung von Ostberlin und mit einer gewissen Begrenztheit auch für die Situation in der DDR. Es war einzuschätzen, dass die vorliegenden Zahlen über registrierte Erkrankungsgeschehen in der Gemeinschaftsverpflegung der Realität doch sehr nahe kamen. Darin unterschieden sich diese Angaben erheblich von den bekannt gewordenen *Einzelerkrankungen* nach Verzehr von Lebensmitteln. Letztere waren mit einer Dunkelziffer bis zu 90 % (Gaststätten) belastet. Gelegentlich gab es auch Erkrankungsgeschehen, die unter dem Siegel der Verschwiegenheit zwar ermittelt und halbherzig aufgeklärt wurden, aber offiziell keinen Eingang in die Statistik fanden. Der nachfolgende Fall berichtet über ein solches Beispiel.

Anfang der 80er Jahre kehrte eine westdeutsche Reisegruppe in die Großgaststätte HOG Z. in Berlin-Treptow ein, um dort ein Mittagessen für ca. 35 Personen einzunehmen. Diese Gaststättenküche gehörte zu den Risikoobjekten unseres Überwachungsbereiches. Gegen den Küchenleiter war erst kürzlich zuvor ein Ordnungsstrafverfahren wegen grober Verstöße gegen lebensmittelrechtliche Normen durchgeführt worden. Die Reisegesellschaft nahm ihr Mittagessen ein, ohne irgendwelche Auffälligkeiten zu bemerken. Noch am Abend desselben Tages erhielt ich einen Anruf, wonach ca. 18 Personen an gastrointestinalen Symptomen wie Übelkeit, Brechdurchfall und Unwohlsein erkrankt wären. Die Reisegruppe hatte bereits am frühen Nachmittag Ostberlin wieder verlassen. Ich veranlasste, dass die sog. 24-Std.-Rückstellprobe sichergestellt und zur mikrobiologischen Untersuchung ins Labor gebracht wurde. Die mikrobiologische Untersuchung führte der Bakteriologe des BHI Berlin Prof. Seidel durch. Mir war bewusst, dass die Ermittlungen im Hinblick darauf, dass es sich hier um eine westdeutsche Reisegruppe handelte, eine gewisse politische Relevanz hatten. Im Zusammenhang mit der augenscheinlich durchgeführten Vor-Ort-Kontrolle verdichtete sich der Verdacht, dass unhygienische Verhaltensweisen im Zusammenhang mit der Herstellung der verabreichten Speisen als mögliche Ursachen für diesen Gastroenteritis-Ausbruch sehr wahrscheinlich infrage kämen. Eine mikrobiologische Stufenkontrolle und zusätzliche Abklatschproben offenbarten eine massive Keimkontamination mit Coli-Keimen im gesamten Küchenbereich. Hinzu kam, dass die Reisegruppe nicht à la carte gegessen, sondern sich für ein gemeinsames Gericht entschieden hatte.

Ich wartete gespannt auf den mikrobiologischen Laborbefund, denn ich wusste, dass mit Prof. Seidel sich ein ausgewiesener Fachmann dieser Untersuchung annahm. Wir kannten uns recht gut. In der Vergangenheit hatte ich wiederholt sehr kooperativ mit ihm bei anderen Erkrankungsgeschehen ermittelt (87, 248). Nach einigen Tagen rief er mich an und bat mich, in sein Labor zu kommen. Dort eröffnete er mir, dass die eingesandte Probe nachweislich kontaminiert war. Die Untersuchung der 24-Std.-Rückstellprobe habe eine erhebliche Keimbelastung mit Erregern aus der Gruppe der Enterobactiaceae vom Typ Escherichia coli ergeben. Er sei aber nicht befugt diesen diagnostischen Laborbefund herauszugeben. »Und warum nicht?«, fragte ich verblüfft nach. »Sie sollten wissen«, so antwortete er, »dass es bei uns Entscheidungsträger gibt, die nicht wünschen, dass wir zugeben, dass hier eine westdeutsche Reisegruppe bei uns verpflegt wurde und die Leute danach erkrankten!«

Ich bekam den Befund also nicht ausgehändigt. Und damit gab es auch offiziell kein Erkrankungsgeschehen, das in die Statistik einging.

Die in der epidemiologischen Jahresberichterstattung der Fachabteilung des BHI seinerzeit getroffene Bewertung zu **Einzelerkrankungen** nach Verzehr von Lebensmitteln enthielt im Hinblick auf die in Ostberlin erfassten Daten folgende Angaben:

»Insgesamt wurden 1982 zusammen 28 Erkrankungen (1983: 92) registriert. Bei 18 Erkrankungen war Fisch beteiligt, 5 x Kabeljaufilet. Nach dem Verzehr kam es zum Auftreten

von Völlegefühl, Übelkeit, z.T. Sehstörungen, Erbrechen und Durchfall. Der Verdacht auf Botulismus konnte durch Untersuchungen nicht bestätigt werden.
Bei acht Erkrankungen – gegessen wurden gebratene Schildmakrelenhappen bzw. Thunfisch – traten 30 Minuten nach dem Verzehr die Zeichen einer Histaminvergiftung (starke Kopfschmerzen, Rötung und Schwellung an Gesicht und Stamm) auf. Bei fünf Erkrankungen konnte die klinische Diagnose durch den Histaminnachweis aus einer Fischprobe erhärtet werden. Bei weiteren fünf Proben wurde Fisch aus der Konserve ursächlich angeschuldigt. Nach dem Verzehr traten Erbrechen, Bauchschmerzen und Schüttelfrost auf. Sechs Erkrankungen standen im Zusammenhang mit der Einnahme des Essens in einer Gaststätte. In der Hackmasse, die zur Füllung von Rouladen diente, konnte 2 x eine überhöhte Keimzahl nachgewiesen werden.«

Wie weit diese statistischen Angaben die Realität verfälschten, mag abschließend folgender Hinweis unterstreichen. Bei einem im Oktober 1984 in unserem Überwachungsbereich registrierten Salmonellose-Geschehen wurden statistisch 21 Erkrankungsfälle erfasst, tatsächlich aber waren jedoch 105 Personen erkrankt.

Um die Art und Häufigkeit der seinerzeit in der DDR registrierten lebensmittelbedingten Erkrankungsgeschehen etwas genauer einordnen zu können, kann ein Blick auf die heute in Deutschland veröffentlichten lebensmittelbedingten Krankheitsausbrüche sehr hilfreich sein.

In Deutschland werden heute Daten zu lebensmittelbedingten Erkrankungen – soweit sie meldepflichtig sind – im Rahmen des Infektionsschutzgesetzes (**IfSG**) erfasst und an das Robert Koch-Institut (**RKI**) gemeldet. Zum anderen erfolgt auch unter dem Akronym BELA eine Datenerhebung über das bundesweite Erfassungssystem für Lebensmittel, die an Krankheitsausbrüchen beteiligt sind und die an das Bundesamt für Verbraucherschutz und Lebensmittelsicherheit (**BVL**) übermittelt werden. Diese seit 2015 auf Bundesebene zusammengeführten Daten werden dann gemeinsam vom RKI und BVL hinsichtlich ihrer Evidenz bewertet und – soweit sie eine entsprechende Evidenz haben – auch als evidenzbasierte Daten an die **EFSA** weitergeleitet.
Diese Datenerfassung erlaubt es, zumindest insoweit einen gewissen Rückschluss auf die gegenwärtige landesweite Situation zu ziehen, als es sich hierbei um offiziell erfasste lebensmittelbedingte Krankheitsausbrüche handelt. Allerdings ist nach Rose und Schewe (317) *»... davon auszugehen, dass jährlich deutlich mehr lebensmittelbedingte Ausbrüche in Deutschland auftreten als die gemeldeten ... und sie nur die Spitze des Eis-*

berges darstellen«. Diese Autoren sind der Ansicht, dass in Deutschland nach wie vor *»jedes Jahr Hunderte von Krankheitsausbrüchen registriert werden, die über mikrobiell kontaminierte Lebensmittel verursacht werden«* (317).

Unter Zugrundelegung der Datenerfassung, die gemäß IfSG an das RKI bzw. die gemäß BELA an das BVL übermittelt wurden, ergibt sich folgendes Bild. Für das Jahr 2015 wurden deutschlandweit insgesamt **384** (2018: **416**) lebensmittelbedingte Krankheitsausbrüche an das RKI bzw. an das BVL übermittelt (321, 322), wovon dann im Jahr 2019 an die EFSA nur *77 BELA-Meldungen* weitergeleitet wurden, bei denen man gesichert davon ausgehen konnte, dass es sich definitionsgemäß um lebensmittelbedingte Erkrankungen handelte.

Trotz aller Einschränkungen und Vorsicht, die bei statistischen Vergleichen geboten sind, darf man dennoch konstatieren, dass die Erkrankungshäufigkeit in der DDR weit über der Zahl der Krankheitsausbrüche lag, die heute im wiedervereinigten Deutschland offiziell registriert werden.

Für die seinerzeit weitaus größere Häufigkeit von lebensmittelbedingten Erkrankungsausbrüchen in Ostberlin und in der DDR sprechen im Wesentlichen folgende Gründe:

Zum einen war es der hohe Anteil an Gemeinschaftsverpflegungseinrichtungen als einer der Hauptursprungsorte von Erkrankungsgeschehen. Die ungenügende Lebensmittelhygiene in der gesamten Warenkette war sicherlich mit dafür ausschlaggebend, entsprechende Expositionen zu begünstigen. Zusätzlich kann man davon ausgehen, dass bei den zahlreichen Erkrankungen nach meinem Dafürhalten die beitragenden Faktoren eine hohe Evidenz hatten. Soweit ich mich erinnern kann, gelang es uns fast immer, einen eindeutigen Bezug zu verursachenden Faktoren herzustellen, so dass die Aufklärungsquote bei den Erkrankungsgeschehen auch dank einer guten interdisziplinären Zusammenarbeit in der Regel recht hoch war. Hinsichtlich des Erregerspektrums handelte es sich überwiegend um vergleichbare Erreger, wie sie auch heute immer wieder zu den lebensmittelbedingten Krankheitsausbrüchen beitragen.

Kapitel V: Einschätzung der lebensmittelhygienischen Situation aus der Sicht des Staatsapparates

Den Funktionären in verschiedenen staatlichen Institutionen, die für die Planung und Durchführung von Versorgungsaufgaben in Ostberlin und in der DDR Verantwortung trugen, kann man bescheinigen, dass sie sich bemühten, diesen Herausforderungen gerecht zu werden. Bei dieser Aufgabe waren sie aber nachweislich überfordert, wenn es darum ging, effektive Maßnahmen im Bereich der Lebensmittelhygiene kurz-, mittel- oder langfristig zu organisieren. Die sehr starke ideologisch-politische Ausrichtung all ihres Tuns machte es ihnen unmöglich, sich vernünftig rational und zielorientiert zu orientieren.

So war es gang und gäbe, dass die von unteren Dienstebenen angefertigten Sachberichte für übergeordnete Dienststellen einem kritischen Selektionsprozess im Sinne der Filterung aller negativ erscheinenden Darstellungen unterzogen wurden. Insofern erschien es gelegentlich auch glaubhaft, dass der eine oder andere Funktionär auf der höheren Dienstebene sich verwundert über bestimmte Vorkommnisse zeigte, die er nur vom Hörensagen kannte. Hinzu kam eine gewisse Naivität, sich von den Gegebenheiten vor Ort selbst ein Bild zu machen. Der Mangel an kritischem Reflexionsvermögen war in allen Teilen der DDR sehr ausgeprägt.

Wie kann sich angesichts jahrzehntelang betriebener Einschüchterungsmethoden auch ein kritisches Denken entwickeln, wenn weder in den Schulen und erst recht nicht im Alltagsleben der kritische Verstand weder geschult noch sonst wie gefördert werden, sondern wenn im Gegenteil dazu alles Handeln darauf ausgerichtet ist, bloß nicht aufzufallen, artig zu sein und nur zu funktionieren. So manchem Zeitgenossen ist auch heute noch eine solche Verhaltensweise nicht ganz fremd.

In ihrem außerordentlich bemerkenswerten Buch »*Die Unfähigkeit zu trauern*« haben sich u.a. A. und M. Mitscherlich (198) bemüht, die Grundlagen kollektiver Verhaltensweisen aufzuzeigen. Ihre in diesem Zusammenhang getroffene Feststellung ebnet den Weg zur Einsicht und in das Verständnis dieser Problematik kollektiver Verhaltensweisen.

»Es ist nötig, ein möglichst hohes Maß an Selbstständigkeit von früh an zu schulen, um Vorurteilen, die im moralischen Gewand auftreten, begegnen zu können. Selbstständigkeit kann das Individuum nur erreichen, wenn es sich in den Anfangsversuchen, in denen es seine Initiative übt, vom Mitgefühl, von der Teilnahme seiner Nächsten getragen weiß. Fehlt dieses Band, dann entsteht nicht Selbstständigkeit, sondern der Mensch fällt zurück, ohne es zu lernen, sein Verhalten tiefer zu begreifen; psychologisch: ohne ausreichend kritische Selbstwahrnehmung zu entwickeln.«

Nirgendwo treten die Strukturen eines Obrigkeitsstaates deutlicher hervor als in der Art und Weise, wie der Entscheidungsprozess abläuft. Das betrifft das gesamte gesellschaftliche Leben. In einer Diktatur ist der Bürger als kritisches und reflexionsfähiges Wesen seines Mitspracherechtes weitestgehend beraubt. Alle Entscheidungen erfolgen einseitig von oben nach unten und nicht umgekehrt.

Die Beschlüsse und Berichte des sog. Staatsapparates, also der verschiedenen staatlichen Institutionen, vermitteln einen eindrucksvollen Einblick in die Denk- und Arbeitsweisen ihrer Repräsentanten. Sie offenbaren vor allem auch die intellektuelle Begrenztheit ihrer Aussagen, die zumeist auf ideologisch-politischen Bekenntnissen beruhen.

Die innerhalb des Zeitraumes von 1982 bis 1985 zu hygienischen Problemen erlassenen Weisungen des Magistrates von Ostberlin umfassten die Magistratsbeschlüsse:

I. Nr. 461/82 vom 03.11.1982 (Bericht über Ergebnisse und weitere Aufgaben zur Gewährleistung eines wirksamen Hygieneregimes)
II. Nr. 511/83 vom 26.10.1983 (Bericht über die Gewährleistung eines stabilen Hygieneregimes in der Hauptstadt)
III. Nr.431/84 vom 17.10.1984 (Einschätzung zur Erfüllung der Maßnahmen zur wirksamen Schädlingsbekämpfung)
Nr. 432/84 vom 17.10.1984 (Maßnahmen zur Gewährleistung eines stabilen Hygieneregimes in der Hauptstadt und Maßnahmen für 1985)

Alle vorstehend genannten Magistratsvorlagen zielten darauf ab, die hygienischen Bedingungen in Ostberlin zu verbessern. Daraus wurde auch erkennbar, dass man den zunehmenden hygienischen Problemen eine gewisse Beachtung beigemessen hatte.

Vorausgegangen war allen diesbezüglichen Magistratsaktivitäten eine kritische Einschätzung und Bestandsaufnahme des überbezirklichen Berliner Hygieneinstitutes.

Sie beinhaltete etwa folgende generelle Einschätzung der Hygieneverhältnisse in vielen Berliner Lebensmittelbetrieben, wie diese in einem Schreiben dieses Institutes an die Bezirksparteileitung Berlin der SED vom 11.10.1983 (259) in folgenden Worten zum Ausdruck kam:

>>Es muss festgestellt werden, dass durch die Leitungen der Betriebe die Fragen der Gestaltung der hygienischen Bedingungen und Fragen der Lenkung der Qualität nicht konsequent genug in den Leitungsprozess einbezogen werden und dass auch die TKO bisher noch nicht ausreichend wirksam auf die Qualitätsproduktion Einfluss ausgeübt hat. Dabei haben bisher die Fragen der Planmäßigkeit der Produktion nach der Menge, nicht aber der Qualität, in vielen Betrieben im Vordergrund gestanden.<<

Zu diesen Magistratsbeschlüssen wurden jeweils terminierte Berichterstattungen festgelegt. Diese Berichte vermitteln einen Eindruck, ob und inwieweit es gelungen war, vorgegebene Zielstellungen auch wirklich umzusetzen. Einer kritischen Analyse waren die folgenden Berichte zugänglich:

1. Bericht vom 09.05.1983 über die in Durchführung des Magistratsbeschlusses 461/82 getroffenen Maßnahmen und Entscheidungen zur Gewährleistung eines wirksamen Hygieneregimes in der Hauptstadt (Berichterstatter: Bezirksarzt OMR Dr. Jacob);
2. Bericht vom 26.10.1983 über die Gewährleistung eines stabilen Hygieneregimes in der Hauptstadt;
3. Bericht vom 09.01.1984 Information über die Entwicklung der epidemiologischen Lage 1983 und Ergebnisse der Hygienekontrollen (Berichterstatter: Bezirksarzt OMR Dr. Jacob);
4. Maßnahmen zur Gewährleistung eines stabilen Hygieneregimes in der Hauptstadt 1984;
5. Bericht vom 05.07.1984 Information über die Entwicklung der epidemiologischen Lage im II. Quartal 1984 (Berichterstatter: OMR Dr. Jacob).

Allen vorstehend genannten Berichten lag eine Einschätzung zugrunde, wonach sich über den Zeitraum von 1971 bis 1981 im Trend eine unübersehbare Verschlechterung des hygienischen Niveaus in vielen Lebensmittelproduktionsbetrieben von Ostberlin offenbart hatte (vgl. Tabelle 3). Die staatlichen Institutionen kamen nicht mehr umhin, darauf zu reagieren. Der Magistratsbeschluss 461/82 stand als Beginn einer Reihe von Aktivitäten und Initiativen, auf die Verbesserung des hygienischen Niveaus Einfluss zunehmen.

Die in diesem Magistratsbeschluss enthaltenen Festlegungen zeigten, dass man in der Gesamtorientierung natürlich nicht über seinen eigenen Schatten zu springen vermochte. Demzufolge spiegelte dieser Beschluss – und auch alle nachfolgenden Beschlüsse – ein Bild der gesellschaftspolitischen Indoktrination damaliger Denk- und Arbeitsweisen wider.

Die nachstehenden auszugsweise entnommenen Ausführungen legten ein beredtes Zeugnis davon ab:

Zur Sicherung eines koordinierten und planmäßigen Wirkens der Fachorgane auf dem Gebiet der Hygiene wird unter Leitung des Bezirksarztes eine Arbeitsgruppe gebildet. Ihr gehören Vertreter der Fachorgane des Magistrats, der Gewerkschaft und des DRK in der DDR an.
- Durch die Fachorgane des Magistrats ist in Zusammenarbeit mit der Bezirkshygieneinspektion eine straffe Kontrolle der Einhaltung der Hygienenormen in den Betrieben und Einrichtungen unter Einbeziehung der gesellschaftlichen Kräfte zu organisieren. Es sind Festlegungen zu treffen, welche Aufgaben der Eigenkontrolle durch Hygienebeauftragte, Hygieneaktivs, Verkaufsstellenausschüsse und -beiräte, Küchenkommissionen der Gewerkschaftsorganisationen und durch Elternvertretungen entsprechend den geltenden gesetzlichen Bestimmungen durchzuführen sind, und die gesellschaftlichen Kräfte anzuleiten.
- Zur Unterstützung von Schwerpunktbetrieben der Lebensmittelproduktion, Lagerwirtschaft, der Wasserwirtschaft und der Bauarbeiterversorgung sind Kontrollbeauftragte der Bezirks- und der Kreishygieneinspektionen festzulegen. Durch sie sind die Betriebsleitungen bei der regelmäßigen Kontrolle und planmäßigen Gestaltung hygienischer Bedingungen zu unterstützen.
- Durch die Fachorgane des Magistrats und der Räte der Stadtbezirke sind gemeinsam mit den Gewerkschaften die Initiativen der Werktätigen im sozialistischen Wettbewerb auf eine zielstrebige Verbesserung der Arbeits- und Lebensbedingungen einschließlich der Durchsetzung hygienischer Bedingungen bei der Arbeiterversorgung und der Wasserversorgung zu richten. Betriebliche Maßnahmen sind in die Betriebskollektivverträge aufzunehmen und abzurechnen.
- In allen Betrieben und Einrichtungen des Lebensmittelverkehrs sind im Rahmen der Volkswirtschaftspläne vorrangig solche Mängel und Schäden zu beseitigen, die zum Warenverderb führen und den Schädlingsbefall begünstigen. Die Fachorgane des Magistrats und der Räte der Stadtbezirke beziehen die Hygieneorgane in die entsprechenden Entscheidungsvorbereitungen ein.

– Über die getroffenen Entscheidungen berichten die Mitglieder des Magistrats zu den festgelegten Terminen an den Bezirksarzt. Über die erreichten Ergebnisse und weitere notwendige Entscheidungen berichtet der Bezirksarzt nach Beratung mit allen zuständigen Fachorganen im Hygienebeirat dem Magistrat. Termin: 30.04.1984«

Einige dieser Festlegungen des Magistrats dokumentieren die wirklichkeitsfremde Einschätzung der tatsächlich gegebenen Möglichkeiten zur Mängelbeseitigung. Wenn u.a. die durchaus vernünftige Zielstellung zur Beseitigung der den Schädlingsbefall begünstigen Umstände aufgeführt wurde, so lief diese Forderung in der Praxis darauf hinaus, eine bauliche und ausrüstungstechnische Sanierung vieler Lebensmittelbetriebe durchzuführen. Da aber bekannt war, dass die dafür erforderlichen Mittel nicht bereitstanden, ging eine solche Forderung an der Realität weit vorbei. Der Magistratsbeschluss enthielt demzufolge auch keinen Hinweis auf eine verstärkte Investitionstätigkeit in den Lebensmittelbetrieben. Im Kapitel »*Wasch mir den Pelz, aber mach ihn nicht nass!*« habe ich diese Problematik etwas eingehender ausgeführt.

Von der gesellschaftspolitischen Indoktrination aller dieser Festlegungen in den Magistratsbeschlüssen zeugen insbesondere auch alle Darlegungen zur Einbeziehung der gesellschaftlichen Kräfte für Aufgaben zur Verbesserung des hygienischen Niveaus. Obwohl sich diese sog. gesellschaftlichen Kräfte in der Vergangenheit als weitestgehend unvermögend gezeigt hatten, eine fundierte Kontrolltätigkeit durchzuführen, hielt man an diesem untauglichen Konzept fest. Auch dieses Beispiel zeigte einmal mehr, in welchen ideologischen Schranken diese unterbelichteten Funktionäre gefesselt waren. Alles, was sie in ihren Beschlüssen festlegten, war letztendlich ein Abbild ihrer gesellschaftspolitischen Vorstellungen. Ein Scheitern war damit vorprogrammiert.

Die Unfähigkeit zu einer kritischen realistischen Einschätzung im Hinblick auf die Wirksamkeit dieser ersten eingeleiteten Aktivitäten offenbarte sich sehr bald in dem ersten Bericht zu dem vorstehend genannten Magistratsbeschluss 461/82. Obwohl für jedermann bereits deutlich erkennbar war, dass der Abwärtstrend zur Verschlechterung der hygienischen Verhältnisse anhielt, hieß es jedoch wörtlich in diesem Bericht:

– »Auf der Grundlage des Magistratsbeschlusses 461/82 wurden in allen Fachorganen des Magistrats Maßnahmen eingeleitet, um das hygienische Niveau zu erhöhen, die eigenverantwortliche Kontrolle zu verstärken und sichtbare Veränderungen zu erreichen …
– Durch die Abteilung Handel und Versorgung, Arbeiterversorgung und Speisenwirtschaft, den Bezirkswirtschaftsrat und die Abteilung Volksbildung wurden in Übereinstimmung

mit der Bezirkshygieneinspektion Festlegungen zur straffen Kontrolle der Einhaltung der hygienischen Bestimmungen getroffen.

Durch die Abteilung Handel und Versorgung wurde die Rahmenhygieneordnung für Kaufhallen in Kraft gesetzt und die Hygienekontrolle als untrennbarer Bestandteil der Tätigkeit der Handelsinspektionen angewiesen. Hygienebeauftragte wurden im Einzelhandel eingesetzt und ihre Aufgaben festgelegt.

Für den HO-Gaststättenbetrieb Berlin, der ca.75 % der Versorgungsleistungen der Gastronomie der Hauptstadt realisiert und in einem erheblichen Umfang Aufgaben der Schulspeisung erfüllt, wurden Festlegungen über die Sicherung eines Niveaus der Ordnung, Sauberkeit, Hygiene und Qualität getroffen. Es wurden Hygieneaktivs gebildet und Hygienebeauftragte eingesetzt. Durch die Bezirkshygieneinspektion wurden für die Anleitung, Beratung und Kontrolle von Schwerpunktbetrieben Kontrollbeauftragte benannt, die regelmäßig Kontrollen durchführen, die Ergebnisse auswerten und Vorschläge für die Leitung und Planung der Betriebe unterbreiten. Die Festlegungen erfolgen für das Backwarenkombinat, das Getränkekombinat, den VEB Kühlbetrieb, den VEB Großhandel WtB, den Milchhof, den VEB Wasserversorgung und den Konsum-Bauarbeiter-Versorgungsbetrieb. Dadurch wird die Einheit von Anleitung, Beratung, Unterstützung und Kontrolle gegenüber den wichtigsten Betrieben der Lebensmittelwirtschaft verstärkt durchgesetzt.

Die vorrangige Einordnung der Beseitigung von Schäden und Mängeln, die den Warenverderb und Schädlingsbefall begünstigen, in die betrieblichen Volkswirtschaftspläne war sowohl Gegenstand der Tätigkeit der Fachorgane als auch im besonderen Maße der Räte der Stadtbezirke und der dort gefassten Beschlüsse. Im Stadtbezirk Berlin-Weißensee wurden Maßnahmen durchgesetzt, um in der Einkaufs- und Liefergenossenschaft des Bäckerhandwerkes unmittelbar eine trockene und vor Schädlingen geschützte Lebensmittellagerung bis zur endgültigen Schließung und Verlagerung des Objektes am 31.12.1984 zu gewährleisten.«

Herausgefordert und überfordert

Zwischen Wunsch und Wirklichkeit klaffen manchmal große Lücken. Die vorstehenden in einer typischen Funktionärssprache verfassten Berichterstattungen kündeten von einer großen Leichtgläubigkeit und äußerster fachlicher Unbedarftheit, wirksame und effektive Strategien zu entwickeln, die vorhandenen schwerwiegenden Mängel in den Bereichen der Lebensmittelbetriebe und anderen Einrichtungen zu beseitigen. Sie zeigten vielmehr eine unkritische Lagebeurteilung mit weitestgehend wirkungslosen Aktivitäten.

Die weiteren nachfolgenden offiziellen Lagebeurteilungen aus den Folgejahren 1983 und 1984 lieferten ein weiteres Zeugnis über das Unvermögen der staatlichen Institutionen ab, bestimmte Zielstellungen zu erreichen. In einer Einschätzung vom 09.12.1983 zur Hygienesituation im Bereich der öffentlichen Gastronomie fanden sich folgende aufschlussreiche Aussagen:

»Im Fazit können folgende Aussagen zusammenfassend aus den diesjährigen Kontrollergebnissen abgeleitet werden:

1. Von den insgesamt 44 Objekten des VEB Gaststättenbetriebs HO Berlin-Treptow sind zurzeit 35 Objekte (80 %) in die Hygienekategorie III einzuordnen.
   Gegenüber den Vorjahren 1981 und 1982 ist hinsichtlich der Hygieneverhältnisse im Trend eine Verschlechterung festzustellen.

2. Die vom Gesetzgeber geforderten Bau- und Renovierungsmaßnahmen zur Instandsetzung, zur Erhaltung sowie zur Verbesserung der materiell-technischen Hygienevoraussetzungen werden nur in unzureichendem Maße durchgeführt. Nach unseren gegenwärtigen Kontrollergebnissen werden hinsichtlich des Renovierungsbedarfes jährlich etwa nur ein Drittel aller Objekte abgedeckt. In der Regel handelt es sich hierbei nicht um komplette Renovierungen der Objekte, sondern lediglich um Teilrenovierungen innerhalb des Küchenbereiches sowie des Bierkellers.

3. Bau- und Renovierungsmaßnahmen werden gegenwärtig über vom Rat des Stadtbezirkes vorgegebene Bilanzanteile, den betriebseigenen Reparaturfonds sowie über VMI-Leistungen realisiert. Es wird eingeschätzt, dass die jährlich bereitgestellten Gewerke Kapazitäten bei weitem nicht ausreichen, um die geforderten Hygieneauflagen zu erfüllen.«

Tabelle 6

Übersicht über die Limitierung der Bau- und Renovierungskapazitäten für den VEB Gaststättenbetrieb (HO) Berlin, Betriebsteil Treptow 1982 und 1983

Staatlicher Bilanzanteil (TM)	1982	1983	1984
beantragt	420	270	500
bestätigt	225	79,5	210

Abbildung 14

Übersicht übe die beantragten und bestätigten Bau- und Renovierungsbilanzen

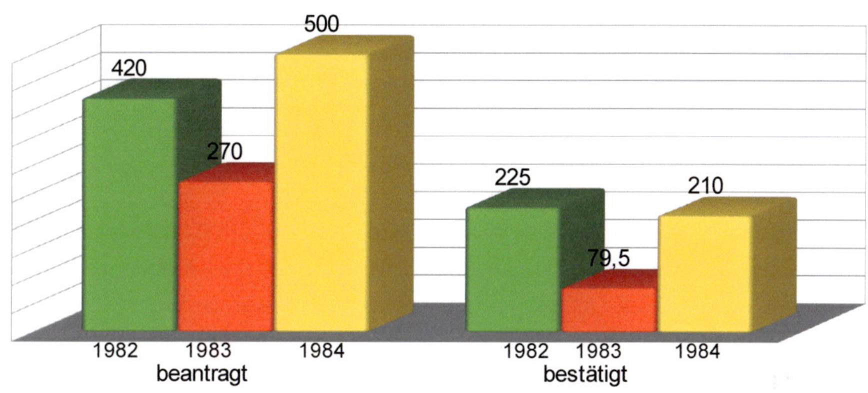

Abbildung 15

Beanstandungsquoten (%) in Lebensmittelbetrieben der Hygienekategorie III

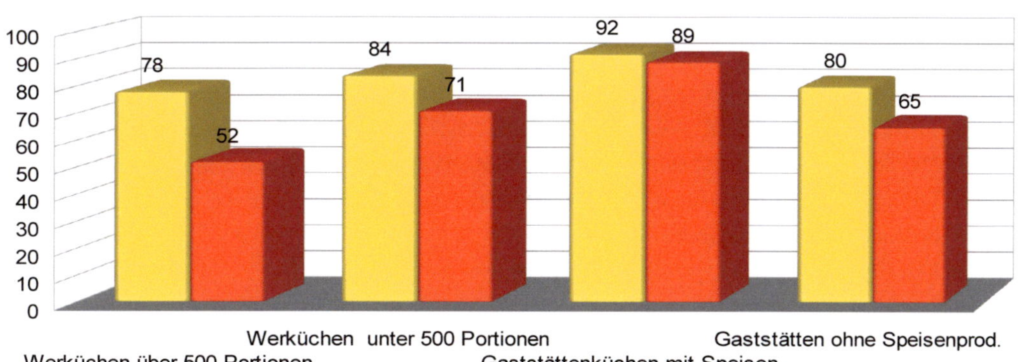

Arbeiten – wo es den Menschen gruselt

Diese unzureichende Bereitstellung des notwendigen Bau- und Renovierungsbedarfs in vielen Lebensmittelbetrieben in der DDR führte letztendlich in Extremfällen zu katastrophalen Hygieneverhältnissen. Beispielgebend soll hier eine kompromittierende Arbeitsschutzauflage an einen Gaststättenbetrieb genannt werden. Diese Auflage stellte beileibe keinen *Einzelfall* dar. Sie bezog sich auf lebensmittel- und arbeitshygienische Missstände in einer stark frequentierten, größeren Berliner Speisegaststätte.

In der Auflage vom 30.10.84 hieß es hierzu:

»Am 17.10.1984 wurde durch die Arbeitsschutzinspektion … in der HOG J. in Berlin … eine Betriebskontrolle durchgeführt. Dabei wurden erhebliche Mängel auf dem Gebiet des Gesundheitsschutzes-, Arbeits- und Brandschutzes festgestellt, die z.T. eine erhebliche Gefahr für Leben und Gesundheit der Werktätigen sind. Die Beseitigung dieser Gefahren und Mängel kann nur durch eine umfangreiche Rekonstruktion der HOG erfolgen.

Aufgrund dessen fordern wir von Ihnen gemäß § 239 (3) Arbeitsgesetzbuches – AGB – der DDR vom … die sofortige Schließung der HOG, wenn die Mängel nicht sofort beseitigt werden können. Auf der Grundlage der genannten gesetzlichen Bestimmungen … erteilen wir Ihnen folgende Auflage:

- Vom Elektriker wurde eine teilweise Erneuerung der E-Anlage gefordert, weil eine erhebliche Brandgefahr besteht. In verschiedene Räume der Gaststätte dringt Wasser durch die Außenwände ein, wodurch die E-Anlage und Verteiler feucht sind und dadurch eine akute Lebensgefahr, Brandgefahr und Berührungsspannung besteht. Zurzeit kann diese Gaststätte auch nicht beheizt werden.
- Der Fußboden im Keller ist völlig aufgebrochen. Dadurch sind die Trittsicherheit und ein gefährdungsfreier Transport der Fässer nicht gegeben.
- Im überwiegenden Teil der genutzten Kellerräume (Lager und Keller der Kühlmöbel) sowie im gesamten Küchenbereich ist die Trittsicherheit ebenfalls wieder herzustellen. Der Betonfußboden ist sehr uneben und der Warentransport wird unter schweren Bedingungen durchgeführt. Im Küchenbereich sind die Verfugungen der Fliesen zu erneuern. Es fehlen bereits Fliesen.
- Das Geländer der Treppe in der Küche ist lose, es ist zu befestigen!
- Die Eingangstür der Gaststätte senkt sich laufend. Dadurch ist bereits der Fußboden in diesem Bereich defekt. Des Weiteren besteht die Gefahr, dass die Scharniere der Tür dem Absinken nicht standhalten und diese ausbrechen.

- Für den Heizkeller sind eine Beleuchtung sowie eine Überdachung über dem Eingang einzuplanen.
- Weiterhin gewährleistet der Transportweg zum Café E. nicht die Arbeitssicherheit. Dieser Weg ist mit Flachpaletten ausgelegt. Die Treppenstufenkanten sind ausgebrochen ...«

Diese Arbeitsschutzauflage erlaubt Rückschlüsse in mehrfacher Hinsicht. Zum einen wird ersichtlich, dass mit den sich verschlechternden lebensmittelhygienischen Bedingungen zusätzlich auch arbeitsmedizinische und -hygienische Probleme einhergingen. Zum anderen vermittelt die Beschreibung dieser Verhältnisse auch einen Einblick in den beschwerlichen Arbeitsalltag des Lebensmittelpersonals. In vorstehender Abbildung 15 ist erkennbar, dass ein klarer Zusammenhang zwischen schlechten hygienischen Bedingungen und den Beanstandungsquoten besteht (138).

Dieser Auszug aus einem Bericht der Arbeitshygieneinspektion beschreibt arbeitshygienische Verhältnisse, wie sie mir immer wieder begegnet sind. Im Kapitel »*Menschen im Lebensmittelbetrieb*« gehe ich darauf noch einmal näher ein. In einer meiner Funktionen als Verantwortlicher für die Giftüberwachung in Ostberlin bin ich häufig Arbeitssituationen in chemischen oder metallurgischen Betrieben begegnet, die an frühkapitalistische Produktionsverhältnisse erinnerten.

Die redliche Absicht meiner Fachkollegen von der Arbeitshygieneinspektion, diese Gaststätte ggf. zu schließen, stand natürlich auch in einem vollzugsleeren Raum. Das Antwortschreiben des Gaststättenbetriebs (260) bekundet denn auch in gewohnter Weise eine gewisse Willigkeit zur Mängelbeseitigung. Aber auch dieser Lebensmittelbetrieb vermochte nur das zu erfüllen, wofür ihm auch die notwendigen Mittel bereitgestellt wurden.

Die aus einer umfangreichen Anzahl von Hygieneeinschätzungen und Auflagen hier getroffene Auswahl steht verallgemeinerungswürdig für zahllose andere ähnliche Beispiele. Wenn auch nicht so offen, aber zumindest indirekt bestätigten die Angaben in einem weiteren Magistratsbericht diese kritikwürdigen Erscheinungen.

In der Information über die epidemiologische Lage im II. Quartal 1984 und Ergebnisse der Hygienekontrollen vom 05.07.1984 hieß es hierzu:

»Bisher ist es uns noch nicht gelungen, die notwendigen Maßnahmen auf dem Gebiet der Lebensmittelhygiene und zur Verbesserung der Erzeugnisqualität, besonders von Risikolebensmitteln, zu gewährleisten.

Die im Monat Juni 1984 durchgeführten Kontrollen (im VEB Milchhof) ergaben in allen Fällen Unterschreitungen der Waschlaugentemperatur bzw. -konzentration. Auch an der Kannenwaschanlage gab es Beanstandungen. Von den in Flaschen ausgelieferten Erzeugnissen waren nicht standardgerecht:

– Schlagsahne 50,8 % = 19,4 Tonnen
– Buttermilch 14,5 % = 50,9 Tonnen
– Vollmilchjoghurt 23,5 % = 6,9 Tonnen
– E-Milch-Joghurt 17,2 % = 4,1 Tonnen

Von den in Kannen ausgelieferten Erzeugnissen wurden 19 von 160 geprüften Positionen beanstandet. Damit wurden in einem Monat 103,3 Tonnen Milcherzeugnisse nicht qualitätsgerecht abgegeben.«

In Abbildung 16 sind diese Ergebnisse noch einmal grafisch aufbereitet dargestellt.

Angesichts dieser kompromittierenden Fakten sollte man meinen, dass auch in den staatlichen Institutionen sich langsam ein Denkprozess vollzogen hätte, das Ausmaß dieser Qualitätsprobleme in vollem Umfang zu erkennen. Aber das genaue Gegenteil war der Fall. Der Magistratsbeschluss Nr. 432/84 vom 17.10.1984 enthielt in Bezug auf die z.T. unhaltbaren hygienischen Missstände im VEB Milchhof Berlin folgende Bewertung:

»Im VEB Milchhof Berlin wurden durch Neubau, Rekonstruktion, Erweiterung und Werterhaltung die objektiven Produktionsvoraussetzungen stabilisiert und die hygienischen Bedingungen verbessert. Der H-Milch-Betrieb wurde in die Kategorie I eingestuft, ebenso das Trockenmilchwerk. Durch die Installation neuer und die Generalinstandsetzung der vorhandenen H-Milch-Anlagen wurde dieser Produktionsabschnitt stabilisiert. Erneuert wurden die Milchstapeltanks und die Kühlräume. Die Rekonstruktion des Milchhofes wird fortgesetzt.«

»Auf der Parteiaktivtagung im Milchhof am 19.09.1984 wurde durch das ASMW bestätigt, dass die Voraussetzungen für einen erfolgreichen Kampf um den Titel ‚Betrieb der ausgezeichneten Qualitätsarbeit‘ geschaffen wurden und beschlossen, unmittelbar den Titelkampf aufzunehmen. Das Kampfprogramm wurde durch das ASMW bestätigt. Durch eine laufende Analyse der Qualitätsentwicklung werden die staatlichen Kontrollorgane den Milchhof bei der Klärung der Ursachen für Produktionsmängel und bei der Festlegung der notwendigen Maßnahmen zur Qualitätssicherung unterstützen. Bei einigen Erzeugnissen wurden in den letzten Monaten Qualitätsverbesserungen erreicht, insgesamt befriedigt die Qualitätsentwicklung jedoch noch nicht und ist auf der Grundlage des Kampfprogrammes in allen Arbeitskollektiven besser zu gewährleisten!«

Abb. 16

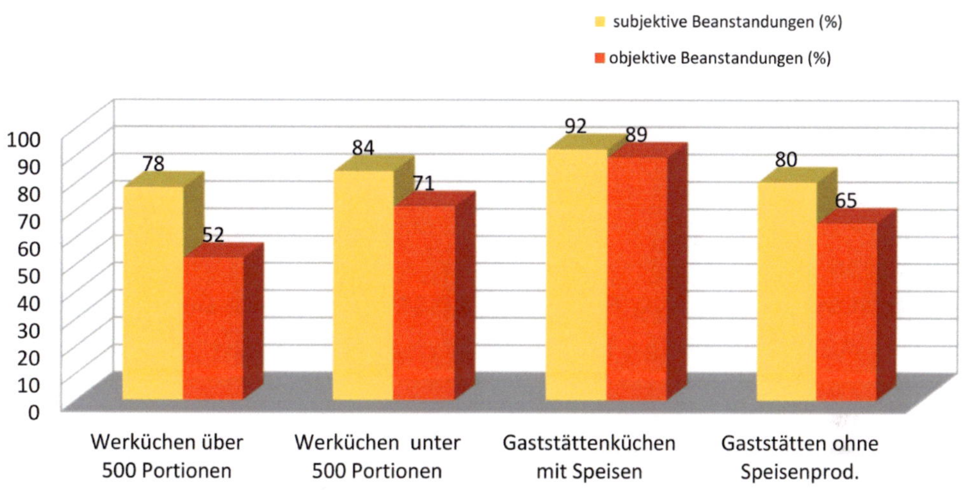

Die Inkompetenz und Realitätsverkennung der Versorgungsverantwortlichen und weiterer Beteiligter spiegeln solche Analysen in aufschlussreicher Weise wider. Man muss sich die Situation einmal genau vor Augen führen. Ein Lebensmittelbetrieb – zumal auch noch ein bedeutender Produktionsbetrieb mit versorgungspolitischer Monopolstellung – räumt seinen Lieferpartnern wegen der zahlreichen Qualitätsmängel seiner Produkte von vornherein eine pauschale Anerkennung der Reklamationen in Höhe von 2,9 % für alle seine ausgelieferten Erzeugnisse ein. Gleichzeitig bewirbt er sich um den Titel »*Betrieb der ausgezeichneten Qualitätsarbeit*«. Die Tatsache, dass in den Magistratsbeschlüssen derartige Aktivitäten eine positive Erwähnung finden, offenbarte das unkritische Reflexionsvermögen aller Beteiligten.

Derartige Bewertungen zeigten, dass nicht nur die DDR-LMK unfähig war, gravierende hygienische Missstände zu beseitigen, sondern dass darüber hinaus auch unfähige Entscheidungsträger in der gesamten Lebensmittelwirtschaft ihren Anteil dazu beigetragen haben, dass dieses Wirtschaftssystem pleiteging. Die Verfasser der Magistratsberichte gehörten offensichtlich zur Kategorie der Einfaltspinsel, wenn sie sich wie folgt im Magistratsbeschluss 432/84 wie folgt äußerten:

»Es kann festgestellt werden, dass die prinzipiellen Beratungen im Magistrat und den Räten der Stadtbezirke dazu geführt haben, dass Fragen von Ordnung, Sauberkeit und Hygiene bei der Gestaltung der Lebensbedingungen, der Produktion und im Handel mit Lebensmitteln besser berücksichtigt werden.
Die Beschlüsse waren von großem Wert für die Auseinandersetzung mit Haltungsfragen in den Betrieben und Einrichtungen, und sie gaben den Hygieneorganen eine vorbildliche Orientierung und Hilfe bei der Entwicklung der Kontrolltätigkeit und Durchsetzung von Hygieneforderungen.«

Die Beseitigung hygienischer Missstände nach dem Rezept »Wasch mir den Pelz – aber mach ihn nicht nass!«

Dass man es in der DDR und auch in Ostberlin mit vielen Hygieneproblemen zu tun hatte, war auch für den Laien offenkundig. Eine Sanierung der lebensmittelhygienischen Bedingungen und eine Beseitigung akuter hygienischer Missstände war das Gebot der Stunde. Es stellte sich nur die Frage, welche Vorstellungen die Entscheidungsträger aus Politik und Wirtschaft entwickelten, um bekannte unhaltbare hygienische Zustände abzustellen.

Fast alle Vorschläge zur Verbesserung der hygienischen Bedingungen ordneten sich der aktuellen Volkswirtschaftsdevise unter, wonach bei Einsparung von soundso viel Rohstoffen dennoch ein Wachstums- und Produktivitätszuwachs zu erreichen war. Das vorstehend beschriebene Beispiel aus dem Milchhof Berlin mit der Papiereinsparung war symptomatisch für zahllose andere ähnliche Fälle.

Ausgangspunkt aller diesbezüglichen Betrachtungen war stets die Einschätzung, dass alle Maßnahmen zur Verbesserung der Hygieneverhältnisse in den Lebensmittelbetrieben durch sparsamste Mittelbereitstellung erfolgen sollten. Offenkundig war, dass dabei dem subjektiven Verhalten des Lebensmittelpersonals vorrangige Bedeutung beigemessen wurde. Dahinter verbarg sich der Gedanke, das subjektive Verhalten des Lebensmittelpersonals weitestgehend von der Umwelt losgelöst zu betrachten und durch verstärkte administrative Einwirkung zu verbesserten hygienischen Verhaltensweisen zu erziehen. Hierbei sollten auch verstärkt ordnungsstrafrechtliche Maßnahmen zur Anwendung gelangen. Die nachstehende Übersicht (Tab. 7) vermittelt einen Überblick über den Zusammenhang von subjektiven und objektiven Beanstandungen in Lebensmittelbetrieben der Hygienekategorie III.

Übersicht über ausgewählte Lebensmittelobjekte der Hygienekategorie III im Berliner Stadtbezirk Treptow und die ermittelten Beanstandungsquoten im Jahr 1984

Lebensmittelbetriebe	Anzahl Hygienekategorie III	Zahl der Kontrollen	Beanstandungen subjektiver Art (%)	Beanstandungen objektiver Art (%)
23 Werkküchen (über 500)	9 (= 39 %)	99	78	52
46 Werkküchen (unter 500)	21 (= 45 %)	28	84	71
43 Gaststätten mit Speisenproduktion	30 (= 70 %)	166	92	89
57 Gaststätten ohne Speisen	43 (= 76 %)	51	80	65

Als subjektive Mängel wurden in Tabelle 7 und 8 in nachstehender Rangfolge erfasst: mangelhafte Ordnung und Sauberkeit im Ergebnis augenscheinlicher und mikrobiologischer Prüfung, Vorhandensein überlagerter und verdorbener Lebensmittel, schlechte Warenpflege im Sinne einer nicht ausreichenden Warentrennung (oder der ungekühlten Aufbewahrung zur strikten Kühlhaltung bestimmter Lebensmittel), unhygienische Verhaltensweisen des Lebensmittelpersonals (verschmutzt, nachlässig gekleidet, unzureichende Sanitärhygiene).

Als objektive Hygienemängel wurden Beanstandungen hinsichtlich einer nicht ausreichenden materiell-technischen Basis erfasst, wie z.B. bauliche, malermäßige und ausrüstungstechnische Mängel, räumliche Beengtheit im Sinne nicht ausreichender freier Funktionsfläche, stark begrenzte Lagermöglichkeiten, fehlende Leergutlagerflächen etc.

Aus Tabelle 7 geht hervor, dass in den Objekten der Hygienekategorie III, also in Objekten mit unzureichenden Hygienevoraussetzungen, erwartungsgemäß eine hohe Beanstandungsquote zu registrieren war. Diese Korrelation, die sich hierbei ergab, wurde besonders verständlich, wenn man sich die Beanstandungsquoten vergleichbarer Objekte der Hygienekategorie I, also in Objekten mit weitestgehend solideren Hygienevoraussetzungen, in Gegenüberstellung ansah. Tabelle 8 informiert über diese Ergebnisse:

Übersicht über die Lebensmittelobjekte der Hygienekategorie I im Berliner Stadtbezirk Treptow und die ermittelten Beanstandungsquoten im Jahr 1984

Lebensmittelbetriebe	Hygiene-kategorie I	Zahl der Kontrollen	Beanstandungen subjektiver Art (%)	Beanstandungen objektiver Art (%)
23 Werkküchen (über 500)	2 (= 4,4 %)	5	31	15
46 Werkküchen (unter 500)	4 (= 8,7 %)	7	25	21
43 Gaststätten mit Speisen	3 (= 6,9 %)	11	35	25
57 Gaststätten ohne Speisen	5 (= 8,7 %)	9	18	15

Die in den vorstehenden Tabellen 7 und 8 dargestellten Übersichten zeigen, dass die Beanstandungsquoten in den Lebensmittelbetrieben mit guten bis sehr guten Hygienevoraussetzungen (Kategorie I) deutlich niedriger liegen als in den Objekten mit schlechten Hygienevoraussetzungen (Kategorie III). Die Ursache-Wirkungs-Beziehung weist darauf hin, dass zwischen dem subjektiven Verhalten des Lebensmittelpersonals und den gegebenen objektiven Hygieneverhältnissen ein klarer Zusammenhang besteht. Ich habe diese an sich trivialen Zusammenhänge deshalb noch einmal so ausführlich dargestellt, weil in der DDR seinerzeit eine scharfe Trennung zwischen sog. objektiven und subjektiven Hygienemängeln vorgenommen wurde. Eine solche scharfe Trennung zwischen rein subjektiven und nur objektiven Mängeln – wie sie wiederholt von einigen Hygienikern in der DDR propagiert wurde – hielt ich für äußerst fragwürdig und eher dafür geeignet, von den eigentlichen Ursachen eines desolaten Wirtschaftssystems abzulenken.

Soll man nun ein zur Kühllagerung bestimmtes Lebensmittel, das ungekühlt vorgefunden wird, weil die vorhandenen Kühlmöglichkeiten nicht ausreichen oder gar fehlen, als subjektiven oder objektiven Mangel bewerten? Allein diese triviale Frage weist darauf hin, dass man den Zusammenhang zwischen den gegebenen schlechten Hygieneverhältnissen und dem Verhalten des Lebensmittelpersonals nicht so einfach ignorieren kann.

Im Hinblick auf eine durchgreifende Verbesserung der hygienischen Verhältnisse zeichnete sich bereits damals schon deutlich nur eine Forderung ab. Eine Verbesserung der Hygieneverhältnisse konnte nur erwartet werden, wenn auf breiter Basis die betriebshygienischen Bedingungen saniert und verbessert würden. Mit weniger Mitteln und geringerem Aufwand eine Stabilisierung oder gar Verbesserung erreichen zu wollen, hielt ich für absurd.

Das ganze Ausmaß der desaströsen Wirtschaftsverhältnisse spiegelte sich in der niedrigen Realisierungsquote unserer Hygieneauflagen wider. Diese Realisierungsquote – wie nachstehend ausgeführt – bezog sich ausschließlich nur auf Hygieneauflagen zur Verbesserung materiell-technischer Hygienevoraussetzungen. Sie betrug für den Zeitraum 1980 bis 1985 durchschnittlich 15 bis 20 %. Einschränkend muss dabei angemerkt werden, dass von vornherein nur solche Auflagen erteilt wurden, bei denen begründete Realisierungschancen vermutet bzw. verbale Zusagen bereits vorlagen.

Wie prekär sich die Situation im Einzelnen darstellte, demonstriert das nachstehende Beispiel:

»Das gesamte genossenschaftliche und private Handwerk (Bäckerei- und Konditorei- sowie Fleischerei- und Dienstleistungsgewerbe, Friseure, Schneidereien, Stadtwirtschaft etc.) unterstanden kommunalpolitisch und administrativ der Fachabteilung Örtliche Versorgungswirtschaft (ÖVW) des Rates des Stadtbezirks. Dieser Abteilung ÖVW oblag die Planung und Genehmigung aller Investitions- und sonstigen Bau- und Umbaumaßnahmen in den Handwerksbetrieben. Ohne Einwilligung dieser Abteilung waren Baumaßnahmen oder ähnliche Aktivitäten kaum zu realisieren. Dieser Fachabteilung wurde aus dem Staatshaushalt für das Jahr 1984 ein Betrag von 800 TM als sogenannter Reparaturfonds für Instandsetzungs-, Erhaltungs- und Wertverbesserungsmaßnahmen im Handwerksbereich bereitgestellt. Er belief sich in den Vorjahren in etwa der gleichen Größenordnung. Dieser Fonds beinhaltete jedoch eine weitergehende Limitierung. In diesem Fonds waren zusätzlich auch die Gewerkekapazitäten limitiert und aufgeschlüsselt. Auf die in diesem Handwerksbereich vorhandenen etwa 60 Lebensmittelbetriebe entfielen ca. 210 TM. Die Kennziffern der Gewerkekapazitäten zeigten folgendes Bild:

Dachklempnerarbeiten im Wert von: 5 TM
Malerarbeiten: 40 TM
Maurerarbeiten: 100 TM
Sanitärinstallation: 40 TM
Dachdeckerarbeiten: 10 TM
Fliesenlegerarbeiten: 15 TM«

Die Limitierung dieser Gewerkekapazitäten stellte sich als eine der unsinnigsten Festlegungen heraus. Sie erfolgte völlig unabhängig von dem Bedarf in der Praxis. Waren z.B. infolge von Sturmschäden größere Dachdeckerarbeiten erforderlich, so konnte nur entsprechend der vorhandenen Kennziffer der Schaden behoben werden. Viel blieb infolge dessen unerledigt. Der Schadensumfang erweiterte sich fortlaufend. Aus einem Dachschaden in einer Kaufhalle von anfänglich 3 TM wurden nach zwei Jahren bereits 60 TM. Dafür konnten andere Kennziffern gelegentlich nicht ausgeschöpft werden und verfielen. Ein chaotisches Durcheinander in der Planung und Bilanzierung war die traurige Bilanz.

Gelegentlich war zu beobachten, dass einige Betriebsleiter versuchten, diesen Zustand der Planungsanarchie kreativ für sich zu nutzen, d.h., für die Sanierung ihrer Betriebe Gewerkekapazitäten zu mobilisieren, die offiziell überhaupt nicht existierten. Bei aller Unbekümmertheit, die man diesen Führungskräften im Einzelfall bescheinigen konnte – viele waren es ohnehin nicht – blieben solche Aktivitäten nur Stückwerk. Der grundsätzlichen planwirtschaftlichen Misere war damit nicht abzuhelfen.

Allein in den in meinem Zuständigkeitsbereich befindlichen zwölf genossenschaftlich geführten Bäckerei- und Konditoreibetrieben wurde der jährliche Bedarf zur Behebung der dringendsten akuten hygienischen Missstände auf weit über 1 Mio. Mark beziffert. Die in der nachfolgenden Fotodokumentation (Fotos 4-9) dargestellten Beispiele aus Produktions-, Lager- und Sanitärbereichen dieser Betriebe belegen, dass der Ausdruck »*hygienischer Missstand*« keineswegs einer subjektiven Übertreibung entsprang. Allein zur Sanierung eines Bäckereibetriebes in Berlin-Johannisthal wurde eine Kostensumme von 500 TM veranschlagt. Das hätte einer Gesamtfondszuweisung von zwei Jahren entsprochen. Für alle anderen Betriebe hätte dann allerdings keine Möglichkeit mehr bestanden, auch nur die kleinsten Reparaturmaßnahmen zu realisieren.

Die in der Fotodokumentation dargestellten Beispiele äußerst unzureichender hygienischer Voraussetzungen im Bäckerei- und Konditoreigewerbe Ostberlins mögen manchen Lebensmittelkontrolleur der heutigen Lebensmittelüberwachung vielleicht an Kontrollobjekte erinnern, denen auch er gelegentlich schon begegnet ist.

Schlechte Lebensmittelhygiene vor Ort ist auch heute noch ein stets aktuelles Thema. Aber der entscheidende Unterschied zu den damaligen Bedingungen in der DDR besteht darin, dass die heutzutage angetroffenen »*Sündenfälle*« immer nur Einzelfallbeispiele von sog. »schwarzen Schafen« darstellen. In Ostberlin und im weiteren Sinne auch in der gesamten DDR war der Regelfall das, was heute die Ausnahme ist. Es fehlte an allen Ecken und Kanten.

Bei Betrachtung der Bilddokumente aus dem Bereich des Backwarenhandwerkes (Bilddokumentation 1–18) erhebt sich zu Recht die Frage, was eine Lebensmittelkontrolle wohl bewirken konnte angesichts solcher katastrophalen Hygieneverhältnisse. Die Lebensmittelkontrolle in der DDR war hier zur weitestgehenden Wirkungslosigkeit verdammt. Viele ihrer Entscheidungsträger hatten resigniert oder waren inzwischen politisch-ideologisch so weit angepasst, dass sie bewusst mit Scheuklappen vor den Augen in ihren Überwachungsbereichen herumgeisterten.

Ein besonders negatives Beispiel unzureichender hygienischer Produktionsvoraussetzungen offenbarte sich seinerzeit in einem der beiden Ostberliner Großbetriebe der Backwarenproduktion in Berlin-Lichtenberg. Da die Investitionsressourcen knapp waren, reichten diese gerade noch aus, um in dem auf die Herstellung von Assiettenkuchen spezialisierten Betrieb halbwegs gute hygienische Produktionsvoraussetzungen zu schaffen.

Für Sanierungs- und Modernisierungsmaßnahmen aber in dem anderen Großbetrieb dieses Backwarenkombinates reichten die Mittel nicht mehr aus. Er verfiel zunehmend in einen maroden Zustand, während die Produktion auf vollen Touren weiterlief.

Die in diesem Großbetrieb hergestellten Bachwarenerzeugnisse – vor allem die Konditoreiwaren – wurden z.T. unter solchen gruseligen Bedingungen hergestellt, dass es keiner weiteren mikrobiologischen Untersuchungen noch bedurfte, um den hygienewidrigen Zustand des Objektes und seiner Produkte zu erkennen und nachzuweisen.

Flatternde Vögel im Innenraum der Produktionsräume, bedingt durch undichte oder kaputte Fenster, paradiesische Zustände für Mäuse und Ratten, ein überalterter Maschinenpark und eine Technologie von vorgestern sowie eine insgesamt schlechte und marode Bausubstanz prägten diesen Großbetrieb.

Da dieser Produktionsbetrieb sich nicht in meinem Zuständigkeitsbereich befand, wurde ich von meiner Frau, die amtlicherseits als Lebensmittelchemikerin für die Überwachung dieses Betriebes zuständig war, eines Tages eingeladen, sie bei einer unangekündigten Nachtschichtkontrolle in diesem Betrieb zu begleiten. Es war eine etwas gespenstische Begegnung der besonderen Art. Ich berichte darüber im nachfolgenden Kapitel.

Als sich mit Beginn der 80er Jahre der Bankrott der DDR-Volkswirtschaft immer mehr abzuzeichnen begann, setzte ein Umdenken dahingehend ein, die Bewilligung von privaten Gewerbeerlaubnissen handwerklich geführter Betriebe spürbar großzügiger zu handhaben. Man hatte erkannt, dass der Abwärtstrend in den staatlich und genossenschaftlich geführten Betrieben nicht mehr aufzuhalten war. Bei den zukünftigen privaten Gewerbeträgern wurde vor allem auf die Eigeninitiative spekuliert. Beim Abschluss von Mietverträgen zur Nutzung leerstehender und zumeist heruntergekommener Gewerberäume hatte man es in der Hand, die Mietverträge so zu gestalten, dass der zukünftige Mieter allein verantwortlich war für die Instandsetzung und Erhaltung. Man erhoffte sich – und wusste auch von Erfahrungen –, dass die Eigeninitiative vieles zu leisten vermochte, was der staatlichen Trägheit und Unfähigkeit verwehrt blieb. Aber auch diese Hilfsmanöver, die auf keinen Fall eine Reprivatisierung bedeuteten, konnten nicht mehr zu einer Stabilisierung der lebensmittelhygienischen Bedingungen beitragen.

Wie realitätsfern sich z.T. die Planung an Baureparaturen zeigte, soll abschließend ein Hinweis aus dem Handelsbereich veranschaulichen:

»Für die in meinem Überwachungsbereich zwischen 1978 und 1983 errichteten zehn Neubau-Kaufhallen wurden überhaupt keine Ausgaben für Reparaturarbeiten im Rahmen der Wartung und Instandhaltung eingeplant. Obwohl schon für die ersten Kaufhallen nach ein bis zwei Jahren Baubedarfsanforderungen in der Größenordnung von über 50 TM vorlagen, erfolgte auch in den nachfolgenden drei Jahren keine diesbezügliche Mittelbereitstellung. Der VEB HO Berlin – als Rechtsträger – hatte demzufolge die denkbar größten Probleme, mit dieser Situation fertigzuwerden. Dem gesamten Handelsbereich (Lebensmittelbetriebe und Industriehandwerk) standen jährlich nur etwa 1,1 Mio. Mark an Baureparaturen zur Verfügung. Und auch hierbei galt die Kennziffernlimitierung bei den Gewerkekapazitäten.«

Die lebensmittelhygienischen Probleme waren also vorprogrammiert. Es tat sich ein unlösbarer Widerspruch auf, ein Rezept zu finden, das dem Befehl »*Wasch mir den Pelz, aber mache ihn nicht nass!*« gehorchte.

*Fotos 4 u. 5: Außen- und Innenansichten einer genossenschaftlich
geführten Bäckerei in Ostberlin 1981*

Die hier gewählten Beispiele beschränken sich bewusst auf den Bau- und Reparatur-
bereich als einen sehr kostenintensiven Sektor. Es lassen sich aber auch aus anderen
Hygienebereichen zahllose Beispiele finden, die das ganze Dilemma aufzeigten.

Dem Ergebnisprotokoll der Arbeitsberatung der Leiter der Inspektionen Lebensmittel-
und Ernährungshygiene der Bezirkshygieneinstitute der DDR (197) vom 03.11. und
04.11.1982 in Halle war unter Punkt 12.5 – Hygienemäntel für Frauen – wörtlich zu
entnehmen:

> »Das Staatliche Textilkontor Karl-Marx-Stadt teilt mit, dass der Bedarf an Frauenmänteln
> 1983 nur mit ca. 50 % abgedeckt werden kann. Eine höhere Bereitstellung ist aufgrund
> der niedrigen Gesamtbilanzgröße in Hygiene- und Arbeitsbekleidung und des fehlenden
> Gewebes nicht möglich. Auch für die Bereiche, die vorrangig mit Hygienekleidung aus
> Baumwolle bzw. Polyester-Baumwolle zu versorgen sind, kann eine 100 % ige Bedarfs-
> abdeckung nicht erfolgen.«

Es gab zugegebenermaßen in der Rangfolge lebensmittelhygienischer Probleme ge-
wichtigere Sorgen. Aber unter dem Aspekt, dass der Mensch im Bereich der Lebensmittelhygiene eine Schlüsselstellung einnimmt, war die Ignoranz gegenüber diesen
Bedürfnissen fehl am Platze.

Menschen im Lebensmittelbetrieb auf Dauer zu hygienischen Verhaltensweisen zu motivieren, ist nur möglich, wenn man der dialektischen Weisheit folgt, wonach der Mensch
ein Produkt seiner Umwelt ist. Diese so zu gestalten, dass sie die Menschen in positiver
Weise prägt, sollte die vornehmste Aufgabe sein. Ein geflügelter Satz im sozialistischen
Gedankengut war und ist die Behauptung *»Im Mittelpunkt allen Bemühens steht das
Wohl des Menschen!«*. Wie es darum im real existierenden DDR-Sozialismus tatsächlich
stand, beschreibt das nachfolgende Kapitel.

Foto 6 und 7: Hofgelände und Konditoreiraum eines genossenschaftlich geführten Bäckerei- und Konditoreibetriebs in Ostberlin 1981

*Fotos 8 und 9: Produktionsräume für Konditoreiwaren in
einem Genossenschaftsbetrieb in Ostberlin*

Kapitel VI: Menschen im Lebensmittelbetrieb

Frustration am Arbeitsplatz

»Im Laufe ihres Lebens müssen viele Menschen etwas ziemlich Schwieriges und Ernüchterndes lernen, nämlich zu begreifen, dass die Arbeitswelt, der sie zunächst mit einer positiven Einstellung begegneten, mit Fehlern und Mängeln behaftet ist, die den Arbeitsalltag trist und grau erscheinen lassen.«

So hat Mitscherlich (201) diese Situation aus psychologischer Sicht beschrieben. Und er fährt fort:

»Über weite Zeitläufe – so lautet eine der negativen Erfahrungen – vollzieht sich das Arbeitsleben monoton und oftmals auch beschwerlich. Der ehemals noch unbefangene und jugendliche Enthusiasmus weicht einem ernüchternden Gefühl der Enttäuschung und Resignation. Gleichgültigkeit und Passivität sind oft die Folgen.«

Ich denke nicht, dass diese bemerkenswerten Sätze eines namhaften Psychoanalytikers aus der Kenntnis damaliger Arbeitssituationen in der DDR verfasst wurden. Vielmehr scheinen sie mir zu bestätigen, dass die nachfolgenden tristen Arbeitsbedingungen sich auch in anderen Teilen der Welt finden lassen.

Unzumutbare Arbeitsbedingungen, wie z.B. fensterlose, ungeschmückte und laute Räume oder Hallen, tragen erheblich zu einer passiven Grundeinstellung bei. Wenn dann noch erschwerte oder monotone Arbeitsabläufe hinzukommen, wird der Arbeitsalltag nicht eben leichter. Ein junger Mensch, der sich beginnt dagegen aufzulehnen, wird bald noch eine weitere Erfahrung machen. Nur wenige Erwachsene zeigen Verständnis, noch weniger verhalten sich solidarisch. Ermuntern wird ihn kaum einer.

Mitscherlich (201) hat in sehr beeindruckender Weise dieses Gefühl beschrieben, von dem ein Mensch ergriffen werden kann, der so ganz und gar nicht auf eine solche Situation gefasst ist:

»Dieses Ausgeliefertsein, diese Unsicherheit ist eine der wesentlichen Erfahrungen, die das nicht konforme, das nicht konformistische, oft genug auch das ahnungslose Individuum in unserer Zeit machen muss.«

Die Wirklichkeit des Alltagslebens in der DDR war davon nicht ausgenommen. Warum aber verhalten sich viele Erwachsene anders, als es ihnen Einsicht und Gewissen – sofern sie diese entwickeln – diktieren? Psychologen (198) vertreten die Ansicht, dass eine der psychologischen Grundwahrheiten mit dem Begriff »Ambivalenz« erklärt werden kann. Im psychologischen Sprachgebrauch bezeichnet dieser Ausdruck u.a. ein Wesensmerkmal des Menschen, sich einerseits die Wirklichkeit idealisierend, d.h. in positiver Hinsicht verschönernd und damit überzeichnend, vorzustellen, andererseits aber zugleich einen Mangel an kritischer Aufmerksamkeit zu entwickeln. Bei einem solchen eingeschränkten Urteilsvermögen ist eine realistische Betrachtung ausgeschlossen. Eine weitere Folge ist häufig die, dass die in vielen Lebenssituationen angebrachte realistische Vorsicht abhanden geht und einer bequemen Einstellung nachgegeben wird. Statt sich selbst zur kritischen Wahrnehmungsfähigkeit voranzutasten wird einer anspruchsvollen opportunistischen Haltung Platz gemacht.

Der in der DDR-Wirklichkeit weitverbreitete Stoizismus gegenüber vielen Erscheinungen des gesellschaftlichen Lebens dürfte hiermit im Zusammenhang zu sehen sein. Die Auseinandersetzung mit dem Alltag wurde gescheut. Jahrzehntelang betriebene Einschüchterungsmethoden – im Dritten Reich bereits beginnend – hatten diese Scheu und Zurückhaltung begünstigt. Man verdrängte und verleugnete die vielen Probleme des grauen und tristen Alltags. Die Ultima Ratio bildete die Zuflucht in einem z.T. rigorosen und anspruchslosen Konsum. Das eigene Auto, ein Farbfernseher, eine Datsche oder eine Reise in die große Sowjetunion nach Jalta oder andere Schwarzmeerorte stellten die Zielpunkte eines Lebens dar, denen das gesamte Interesse galt. So etwa zeigte sich ein Teil der DDR-Wirklichkeit.

Die Erfahrungen aber offenbarten, dass es nicht allen Menschen in der DDR gelang, in dieser Form der materiellen Ersatzbefriedigung auf Dauer die alltäglichen Probleme und Enttäuschungen der Arbeitswelt zu verdrängen. Für weite Teile des unterqualifizierten Lebensmittelpersonals waren die genannten Zielpunkte ohnehin nicht erreichbar. Eine Küchenhilfe, die bei Volltagsbeschäftigung etwa 400 bis 500 Ostmark verdiente, oder eine Verkäuferin, die ebenfalls bei voller Berufstätigkeit, d.h. täglich 8 ¾ Stunden, nur 500 bis 600 Mark nach Hause brachte und vielleicht noch alleinerziehend mit Kindern lebte, träumte von wesentlich bescheideneren Dingen.

Ob mit oder ohne Erfüllung der individuellen Zielpunkte – zumeist aber bei materieller Ersatzbefriedigung – begann sich oftmals ein Gefühl der Leere und Frustration bei vielen Menschen in der DDR einzustellen. Der Griff zum Alkohol als Narkotisierungs-

und Euphorisierungsmittel war weitverbreitet. Alkohol war eines der wenigen Lebensmittel, von dem es in der DDR keinen Mangel gab. Nach meinem Dafürhalten war das gewollt, weil man wusste, dass eines der ausgeprägtesten Phänomene eines reichlichen Alkoholgenusses auch der weitgehende Verlust an gesellschaftlichem Interesse nach sich zog. Einer der größten Produzenten an hochprozentigen Spirituosen war seinerzeit die Ostberliner Firma Schilkin in Berlin-Lichtenberg. Sie erhielt auch die notwendigen Unterstützungen, um ihr Produktionssoll zu erfüllen.

Eine triste Arbeitswelt in den Produktions- und Handelsbereichen, in denen viele Menschen in der DDR den größten Teil ihres Lebens verbrachten, trug zusätzlich dazu bei, das Leben schwer und mühsam zu gestalten. Ein Blick in eine solche triste Arbeitswelt erleichtert vielleicht das Verständnis für hygienische Fehlverhaltensweisen. Sie sollen damit nicht entschuldigt werden und auch keine nachträgliche Rechtfertigung finden. Aus der Vielzahl der mir bekannten Beispiele ist mir die nachstehende Kontrolle im Backwarenkombinat Berlin-Lichtenberg in besonderer Erinnerung geblieben:

»Zu vorgerückter Nachtstunde haben wir Gelegenheit, einen Blick in einen Lebensmittelproduktionsbetrieb zu werfen, der ein umfangreiches industrielles Backwaren- und Konditoreiwarensortiment herstellt. Der Betrieb scheint zu dieser Stunde verwaist. In den großen Produktionshallen ruht die Arbeit. Man führt uns in eine Produktionsabteilung, in der uns der Lärm der Nachtschichtarbeit entgegenschallt.
Wir gelangen in einen fensterlosen, von kaltem Neonlicht erhellten Raum. Seine Abmessungen mögen etwa zehn Schritte nach links und zwölf Schritte nach rechts betragen. Von den Wänden und der Decke blättern die Reste eines verblassten Ölfarbanstriches ab. Sie machen einem schmutzigen Grau Platz. An der gegenüberliegenden Wand, nahe einem musealen Arbeitstisch, entdecke ich zaghafte Überbleibsel einer versuchten Wandfliesung. Der Versuch ist gescheitert. In Raummitte versperrt eine große Maschine den Blick. Voller Stolz erklärt man uns, dass dies eine Maschine hoch aus dem Norden und NSW sei. Man habe sie inzwischen schon weitgehend zur Störfreiheit erzogen. Ihr Nirosta-Glanz schimmert auch noch durch die Schmutzverkrustungen hindurch. Er allerdings kündet von einst besseren Tagen.
Zwei junge Männer, mit und ohne Tätowierung, hocken auf gebrechlichen Holzschemeln vor der Maschine. Sie sind mit Dutzenden von Eiern umgeben. Ihre Aufgabe ist es, diese Maschine mit Eiern vollzustopfen. Die Maschine schlägt sie auf. Es ist eine halbautomatisch arbeitende Maschine. Ihr Takt läuft unregelmäßig. Offenbar will die Maschine nicht so, wie sie es wünschen. Ihr Eigenleben scheint von der Störfreiheit noch nichts zu wissen.

Auch ist noch nicht entschieden, wer in diesem zähen Ringen die Oberhand behält. Den Kampf um laut und lauter hat die Maschine schon hinter sich. Hier ist sie ungekrönter Sieger.

Ziel allen Unterfangens ist die Herstellung einer graugelben Eiaufschlagsmasse. Zahllose gefüllte Eimer dieses Gemisches warten auf die Morgenstunden, um im jungfräulichen Zustand, unpasteurisiert und unerhitzt, in die Cremeproduktion zu gelangen. Auf wunderbare Weise gehen in der Vielzahl aufgeschlagener Eier auch die schmutzigen, geplatzten und fauligen Sonderlinge unter. Die Cremeprodukte scheinen es zu wissen. Ihre Beanstandungsquote steigt und steigt. 80 % sind bereits geschafft.«

Einem Außenstehenden eröffnet sich hier ein anachronistisches Bild. Man ist vielleicht geneigt, es aus überbetonter Sensibilität für eine Übertreibung zu halten. Die vorstehende Fotodokumentation der Arbeitsverhältnisse in einem genossenschaftlich geführten Bäckerei- und Konditoreihandwerksbetrieb aus dem Jahr 1981 darf im Vergleich zu den geschilderten Verhältnissen in diesem Großbetrieb eher als stark untertrieben gelten. Der hohe Anteil überalterter und verschlissener Lebensmittelbetriebe, oft auch noch vorsintflutlich ausgerüstet mit einem Maschinenpark, der im Durchschnitt 60 Jahre und älter war, stellte in der DDR ein gravierendes Problem dar. Und die betroffenen Menschen, die solchen erschwerten Arbeits- und Lebensbedingungen ausgesetzt waren, hatten es nicht leicht, einen solchen Arbeitsalltag zu bewältigen.

Welche Strapazen und Belastungen sie dabei ertragen mussten, soll ein Auszug aus einer arbeitshygienischen Stellungnahme vom 25.09.1984 verdeutlichen. Das Beispiel betraf eine kleine, aber stark frequentierte Lebensmittelverkaufsstelle in exponierter Lage:

»Arbeitshygienisches Hauptproblem ist die Klimasituation im Arbeits- und Verkaufsraum. Im Arbeitsraum (2,85 m x 8,85 m x 2,40 m Höhe) werden auf sechs Hockerkochern Broiler vorgekocht. Abzugshauben sind nicht vorhanden.
Im Verkaufsraum (2,90 x 24,20 m x 2,40 m Höhe) werden neben dem Verkauf von Lebensmitteln und Genussware auch die vorgekochten Broiler und zusätzliche Würste gebraten. Dafür stehen insgesamt 15 offene gasbeheizte Pfannen und zwei Frittiergeräte zur Verfügung. Heizleistungen sind unbekannt. Es wird mit Propangas beheizt. Wandlüfter und Abzugshauben sind nicht vorhanden.
In beiden Räumen sollen nach Angaben der Leiterin dieses Objektes in den Sommermonaten bis zu 46 °C Lufttemperatur gemessen worden sein. Im Objekt sind vier weibliche Arbeitskräfte beschäftigt, in den Sommermonaten zusätzlich Schüler ab 14. Lebensjahr. Wir schätzen ein, dass aufgrund des technologisch bedingten hohen Energieumsatzes und

der hohen Luftfeuchte die Werktätigen im Klimabeanspruchungsbereich W III/I arbeiten müssen und damit Verstöße gegen die ASAO 5 vorliegen. Damit sind diese Arbeitsplätze unter den gegenwärtigen Bedingungen für Frauen und Jugendliche nicht zulässig. Gemäß § 16 (1) der VO über das Betriebsgesundheitswesen und die Arbeitshygieneinspektion (GBl. I/4/1987) erteilen wir Ihnen folgende Auflage:

I. Falls der Imbiss-Stand weiterbetrieben werden soll, ist unverzüglich eine Sonderregelung zur Abweichung von der ASAO 5 § 4 (1d) einzuholen.

II. Die weiblichen Beschäftigten vom Imbiss-Stand müssen in die arbeitsmedizinische Überwachungsuntersuchung (ATO) nach Kategorie B 12 (Schlüssel-Nr. 77.4) einbezogen werden, da ihr Gesundheitsrisiko mit einer Kennzahl 0,5 zu bewerten ist.

Hinweise:

1. Den Beschäftigten sind Abschwitzpausen zu gewährleisten, d.h., nach 50 Minuten Arbeitsdauer im belasteten Klima sind zehn Minuten außerhalb dieses Bereiches zu verbringen.

2. Für den Imbiss-Stand sind eine Technologieänderung (z.B. Grillgeräte) und eine Zwangsbelüftung vorzusehen. Für den Verkaufsstand ist die Raumhöhe entsprechend TGL 10724 zu verändern.«

Dieser Auszug aus einer arbeitshygienischen Bewertung warf ein bezeichnendes Bild auf den Arbeitsalltag dieser Beschäftigten. Neben den sich hier offenbarenden arbeitshygienischen Problemen waren zusätzlich auch akute lebensmittelhygienische Mängel vorhanden. Ein dezidiertes Vorgehen der Hygieneorgane zur Beseitigung dieser festgestellten Mängel war daher unerlässlich. Die vom 21.09.1984 datierte Verfügung der Kreishygieneinspektion forderte dann auch eine entsprechende Mängelabstellung. Aus der Art der Beauflagung war bereits erkennbar, dass man sich seitens der Lebensmittelüberwachung wenig Hoffnung auf eine baldige Besserung und Realisierungsmöglichkeit machte. Demzufolge verzichtete man in der Beauflagung auch auf einen konkreten Termin zur Mängelabstellung. Die Überwachungsbehörde forderte lediglich eine Auskunft über die weiteren Vorstellungen zur Beseitigung der Hygienemängel. In der genannten Verfügung hieß es wörtlich:

1. »Die genannten Verkaufsobjekte sind einer gründlichen baulichen Sanierung zu unterziehen! Dabei sind die aufgeführten Mängel zu beseitigen!

2. Unserer Dienststelle sind geeignete Vorschläge zu unterbreiten, welches Sortiment unter den gegebenen beengten Bedingungen handelsseitig geführt werden kann. Das gegenwärtige Versorgungssortiment erscheint hinsichtlich Art und Umfang aus hygi-

enischer Sicht unvertretbar hoch. Ordnung und Sauberkeit sind nur unter erschwerten
Bedingungen aufrechtzuerhalten.
3. Zwecks Realisierung vorstehender Auflage erwarten wir Ihrerseits eine schriftliche
Stellungnahme bis zum 31.10.1984, die u.a. auch eine Aussage zur zeitlichen Einordnung der Auflagenrealisierung enthält.«

Die geforderte Antwort traf dann auch am 02.11.1984 ein und enthielt folgenden auf-
schlussreichen Satz:

»Der Umfang der gestellten Forderungen übersteigt bei weitem die Möglichkeiten, sie
aus der laufenden Instandhaltung abzuarbeiten. Zur Abarbeitung Ihrer Hygieneforderungen wurde unsere Fachabteilung konsultiert, die ihrerseits ein Projekt zur Sanierung
der Objekte erarbeitet. Die Projekte werden benötigt, um Baubilanzen beim Rat Treptow
einzureichen.«

Wie es nun allerdings um die Bereitstellung der benötigten Baubilanzen in der Regel bestellt war, habe ich an vorstehender Stelle schon ausführlich beschrieben. Das Schicksal
auch dieser Verfügung war bereits besiegelt, bevor sie den Adressaten noch erreichte.
Unter diesem Aspekt wird verständlich, warum die beiden anderen beteiligten Hygieneorgane – die Veterinär- und die Arbeitshygieneinspektion – ihrerseits auf Auflagen
verzichteten.

Nur unweit von dieser Imbissverkaufsstelle mit ihren gravierenden arbeits- und
lebensmittelhygienischen Problemen befand sich ein weiteres kleines Lebensmittel-
verkaufsgeschäft. Wie sich der Arbeitsalltag für diese Beschäftigten darstellte, soll die
nachfolgende Schilderung verdeutlichen:

»Als Verkaufsobjekt dient ein primitiv errichtetes Flachgebäude mit Wänden aus ge-
strichenen Hartfaserplatten. Wellblechmaterialien begrenzen dieses Objekt als schlichte
Dachabdeckung nach oben hin. Das Objekt stellt ein Provisorium dar wie viele andere
auch. Ein unbefestigtes Hofgelände umgibt es, von einem angerosteten und brüchigen
Drahtzaun umspannt. Der Hof ist von wild wachsendem und hochgeschossenem Unkraut
überwuchert. Teils geordnet, teils auch ungeordnet liegt Leergut verstreut im Hof herum.

Das Personal hat es nicht leicht. Im Herbst und im Winter ist es in dieser Behelfsverkaufs-
stelle kalt und feucht, im Sommer heiß und stickig. Dennoch bemühen sich drei Frauen –
eine ist zurzeit krank – um den Verkauf. Trotz der räumlichen Beengtheit hat man Jahr für

Jahr den Umsatz gesteigert und die Versorgungsleistung erhöht. Das Plansoll scheint nach oben nicht begrenzt. Mit der Einhaltung von Hygienevorschriften tut man sich schwer. Die Kühlung fällt oft aus und ist von ihrer Kapazität nicht ausreichend. Der Verderb von Lebensmitteln ist groß. Tagtäglich wird das sog. Handelsrisiko überzogen.

Die Verkaufsstellenleiterin ist eine ältere Frau mit ersten körperlichen Gebrechen. Vom vielen Stehen täglich 8 ¾ Stunden und mehr sind ihre Beine dick und geschwollen. Die Krampfadern sind schon deutlich herausgetreten und zu sehen. Ein einfacher Verband, mehr schief als gerade, umwickelt ihre Füße. Obwohl ihr die Arbeit sichtlich schwerfällt, ist sie noch immer mit Herz und Seele ihrer Verkaufsstelle verbunden. Von ihr erfahre ich, dass sie seit sieben Jahren in dieser Verkaufsstelle arbeitet. Jahr für Jahr – so berichtet sie – renoviert das Verkaufspersonal selbst die Verkaufs- und Lagerräume. Sie tun es un-entgeltlich und in ihrer Freizeit noch dazu. So geben sie dem morschen Holz einen festen Anstrich. Mit Tapete werden zusätzlich alle Fugen verklebt und abgedichtet. Der Fußboden ist abgetreten und stark eingerissen. Er ist rutschig und das Laufen sehr beschwerlich.«

Angesichts einer solchen Arbeits- und Verkaufssituation nehmen sich die lebensmittel-rechtlichen Bestimmungen (204) wie ein Hohn aus, die eine jährliche Renovierung der gewerbsmäßig genutzten Lebensmittelräume vorschrieben. Dabei war nicht so sehr an die Renovierung und Instandhaltung durch das Personal gedacht, sondern an entspre-chende Dienstleister, die derartige Arbeiten ausführen.

Was in dieser Verkaufsstelle seit Jahren praktiziert wurde – nämlich die mehr oder weniger freiwillige Eigeninitiative – bildete keine Seltenheit. Bei meinen Recherchen und Analysen fand ich heraus, dass in etwa 30 % aller HO- und Konsum-Verkaufsstellen der Renovierungsturnus zehn Jahre und länger betrug. Der Mangel an Renovierungs-kapazitäten war offenkundig.

Wo aber wurden die wenigen Renovierungskapazitäten nun eingesetzt? Sie wurden vorrangig zu sog. LVO-Vorhaben, d.h. militärischen oder sicherheitspolitischen Zwe-cken, zu protokollarischen Verschönerungsmaßnahmen an den sog. Protokollstrecken und im Wohnungsbau eingesetzt. Der verbleibende Rest war in der Regel so gering bemessen, dass eine schwerpunktorientierte Aufteilung nach Dringlichkeiten sich er-übrigte. Sie wurden dann für die Verkaufsobjekte der Handelsorganisation »Delikat« zur Verfügung gestellt.

Aus der Not erwuchs eine Tugend. Das Lebensmittelpersonal wurde zunehmend von den eigenen Betriebsleitungen dazu aufgefordert, Eigeninitiative zu entwickeln und in

der Freizeit in den Gewerberäumen zu malern und zu tapezieren. Nicht immer wurden
die Arbeiten im Sinne der existierenden Hygienevorschriften auch fachgerecht durchgeführt. Einer der häufigsten Fehler bildete die unsachgemäße Ausführung der Wand-
und Deckenanstriche, vor allem in Feuchträumen. Anstelle eines atmungsaktiven was-
serdampfdurchlässigen Anstriches mit Kalk- oder Leimfarbe erfolgte ein wischfester
Anstrich mit Latexfarbe. Schon nach kurzer Zeit begann oftmals großflächig die Farbe
abzublättern.

Diese Form der unentgeltlichen Eigeninitiative wurde als sog. »Masseninitiative«
(VMI) bezeichnet. Im Rahmen von Wettbewerbsprogrammen wurden nun Vorgaben
über Art und Umfang der zu erbringenden Leistungen an die staatlichen Leiter übermittelt. Deren Aufgabe war es nun wiederum, diese Leistungsvorgaben auf die Beschäftigten zu übertragen, den Vollzug zu kontrollieren und nach oben abzurechnen.
Im Ermessensspielraum eines jeden Vorgesetzten lag es nun, es bei den Vorgaben zu
belassen und eine kulante Handhabung zu praktizieren oder im Eifer eines vorauseilenden Gehorsams den Leistungsumfang noch zu erhöhen. Die Praxis offenbarte ein
breites Spektrum unterschiedlichster Verhaltensweisen, von blinder Gefolgschaft und
Übereifer bis hin zu widerwilliger Ausführung.

Die Lebensmittelkontrolle in der DDR sah sich mit einer Situation konfrontiert, der
sie hilflos und ohnmächtig gegenüberstand. Sie war gegenüber solchen Verhältnissen
zur Wirkungslosigkeit verdammt. Aber auch das Phänomen der kollektiven Hörigkeit
weiter Teile des Lebensmittelpersonals war ein bedrückendes und wenig ermunterndes
Erlebnis. Man ordnete sich auch Bedingungen unter, die auf Dauer sichtlich die eigene
Gesundheit ruinierten. Viele taten es widerstrebend, aber es formierte sich kaum ein
Protest.

Sicherlich war nicht zu erwarten, dass die Betroffenen in die Motive eindrangen, die
diese Missstände bewirkten und aufrechterhielten. Mein Bemühen, in Vortragsveranstaltungen, Schulungen und in Gesprächen auf die Vermittlung solcher Einsichten
Einfluss zu nehmen, stellte sich als eines der schwierigsten Unterfangen dar. Meine öffentlichen Auftritte erfreuten sich zwar eines regen Zuspruchs, wohl in erster Linie auch
deshalb, weil man erkannte, dass ich mich von den ideologisch-politisch indoktrinierten
Verhaltensweisen distanzierte. Meine Hoffnung auf eine spürbare Veränderung des
Bewusstseins meiner Zuhörerschaft erfüllte sich aber kaum. Lediglich der naiven Leichtgläubigkeit mochte ich vielleicht in dem einen oder anderen Fall entgegengewirkt haben.

Frauen im Lebensmittelbetrieb

Mit Stand vom 31.01.1984 waren von 8.000 Beschäftigten im VEB Lebensmitteleinzelhandel (HO) Berlin 7.865 (= 98,3 %) weibliche Mitarbeiter. Dieser hohe Anteil sprach für sich. Die Arbeitssituation vieler Frauen im Einzelhandel erinnerte an Orwells Vision in seiner Fabel »Farm der Tiere«. Sie mussten schwere körperliche Arbeiten verrichten, weil oftmals die einfachsten Dinge der Arbeitserleichterung, wie z.B. Hubwagen oder Treppenschrägen etc., fehlten. Sah man sich aber demgegenüber die Vielzahl arbeitsgesetzlicher Bestimmungen an, so war auch im Bereich des Arbeitsschutzes ein erhebliches Vollzugsdefizit feststellbar.

Ein typisches Beispiel, welches den krassen Widerspruch zwischen Gesetzesanspruch und rauer Wirklichkeit offenbarte, bildete immer wieder der Verstoß gegen die Arbeitsschutzanordnung (ASAO) Nr. 5 (205). Nach dieser Schutzanordnung war es z.B. den Frauen untersagt, Gewichtsmengen über 15 kg zu heben. In kaum einem Handelsobjekt und auch an vielen anderen Arbeitsplätzen war es möglich, diese gesetzliche Bestimmung einzuhalten. »Wo kein Kläger ist, da gibt es auch keinen Richter!« Nach dieser Devise wurde im Allgemeinen verfahren.

Diesem Problem nahmen sich weder die Gewerkschaftsvertreter an noch die an sich unabhängigen arbeitsmedizinischen Kontrollorgane. Sie zeigten wenig Neigungen, sich in diesen Angelegenheiten zu engagieren. Wurden dennoch Klagen der Betroffenen laut, so wurden kurzerhand Ausnahmegenehmigungen erteilt und Sonderregelungen von der ASAO 5 erlassen.

Man konnte sich einer gewissen Nachdenklichkeit nicht entziehen, wenn man die Frauen sah, wie sie nach einem solchen langen Arbeitsalltag in überfüllten S-Bahnen oder dichtgedrängt in anderen öffentlichen Verkehrsmitteln abends ihrem Zuhause entgegeneilten. Oftmals hatten diese Frauen einen sehr langen und anstrengenden Alltag zu absolvieren, der vielleicht damit begann, frühmorgens erst ihre Kinder in die Krippe oder in den Kindergarten zu bringen, dann zur Arbeitsstelle zu hetzen und am Abend in umgekehrter Reihenfolge den Tag abzuschließen. Es war nicht zu erwarten, dass Menschen, die dauerhaft einem solchen Stress ausgesetzt waren, in ihrer Arbeit oder in ihrem Leben eine Selbstbestätigung oder Selbstverwirklichung fanden.

Das abschließende Beispiel für eine solche schwierige Arbeitssituation – wie sie mir oftmals begegnet waren – soll stellvertretend für zahlreiche ähnliche Beispiele genannt werden:

»Frau B., 48 Jahre alt, ist Leiterin einer Spezialverkaufsstelle für Molkereiprodukte. Ihre Verkaufsstelle hat einen Jahresumsatz von ca. 500 TM. Sie zählt damit zu den kleineren Verkaufsstellen. Im Planstellenverzeichnis sind für dieses Verkaufsobjekt 3,5 Vollbeschäftigte (VBE) vorgesehen. Tatsächlich arbeiten jedoch schon seit Jahren nur zwei Arbeitskräfte in dieser Verkaufsstelle. Sie teilen sich die Arbeit zwischen 7.00 Uhr morgens und 19.00 Uhr abends. Die beiden Frauen, eine jüngere, die ihrer Kinder wegen ebenfalls noch regelmäßig ausfällt, plagen sich Tag für Tag mit den schweren Käselaibern. Das Eigengewicht dieser Käselaibe schwankt zwischen 20 und 40 kg. Die Frage, ob man sie wegen ihres schweren Gewichtes draußen vor der Tür liegen lassen oder mühsam in das Verkaufsgeschäft buchten solle, erscheint indiskutabel. Schließlich ist man dankbar, dass man überhaupt Käse angeliefert bekam. Was spielt es da für eine Rolle, wegen der maximal zulässigen 15-kg-Belastung aufzumucken. Die Verwaltung weiß Bescheid. Ein Hubwagen oder zumindest eine Fußbodenschräge zur Warenschleuse wären wünschenswert. Aber solche Arbeitserleichterungen stehen nun einmal nicht auf der Agenda der Unterstützungsmaßnahmen für ihre Verkaufsstelle. Es hat schon so viele Jahre nicht geklappt, warum sollte sich das ändern?
Frau B. ist an diesem Tag allein. Sie arbeitet von 7.00 Uhr in der Frühe. An Überstunden hat sie schon so viel angesammelt, dass sie es aufgegeben hat, sie noch zu zählen. Im Augenblick hat Frau B. jedoch ganz andere Sorgen. Der Laden ist voll. Ihr Blutdruck schwankt zwischen 180 und 220. Sie muss sich eilen und ihre blutdrucksenkende Tablette einnehmen. Manchmal – so denkt sie – wäre es schön, einfach umzufallen und nicht wieder aufzustehen. Die Arbeit aber ruft sie. Und so hat sie wenig Zeit, sich solchen trüben Gedankengängen noch weiter hinzugeben.«

Es waren die Begegnungen mit solchen Frauen, die mich veranlassten, einer einsichtsvollen und behutsamen Entscheidungspraxis das Wort zu reden.

Psychologie der Unsauberkeit

Die Schweiz gilt bekanntermaßen als ein Land mit einem hohen Hygienestandard. Amüsant nimmt sich dagegen zunächst eine Äußerung des prominenten englischen Earls Lord Arran heraus, der nach einem Besuch der Schweiz 1964 die spitze Behauptung prägte: »Die Schweizer seien eine übel riechende Rasse.« Das musste ja die Schweizer auf den Plan rufen und in Harnisch versetzen. Mit Prof. Schär (237) vom Institut für Sozial- und Präventivmedizin in Zürich nahm sich einer der namhaften Schweizer

Hygieniker dieser undankbaren Aufgabe an, das Hygieneverhalten seiner Landsleute kritisch zu beleuchten. Seinen Untersuchungsergebnissen (237) verdanken wir erstaunliche Einblicke in die alltäglichen Hygienegewohnheiten des Schweizers. Aus seinen Untersuchungsergebnissen im Rahmen einer Befragung von 600 Personen, die bereitwillig über ihre Hygienegewohnheiten Auskunft gaben, wurde hinsichtlich der Händereinigung Folgendes bekannt: Danach waschen sich 40 bis 50 % der Männer und 17 bis 27 % der Frauen nach Benutzung der Toiletten nicht die Hände. Als Grund für die Nichtbenutzung wurde der oftmals mangelhafte Zustand der Einrichtungen angegeben.

In einer parallel durchgeführten Untersuchung wurde der Verdacht erhärtet, dass die Hygienenormen, welche in Befragungen gerne als Gewohnheiten dargestellt werden, z.T. recht beträchtlich vom tatsächlichen Verhalten abweichen. Eine der wichtigsten Einsichten war die Schlussfolgerung, dass neben entsprechender Aufklärung über hygienisches Verhalten natürlich auch die erforderlichen Voraussetzungen gegeben sein müssen.

Das nachfolgende Beispiel dokumentiert eine Investition, die den vorstehend ermittelten Erkenntnisstand weitestgehend ignoriert:

»In einem großen genossenschaftlich geführten Handwerksbetrieb des Bäckerei- und Konditoreigewerbes wurden über den Zeitraum von zehn Jahren immer wieder schwerwiegende Hygienemängel festgestellt. Die im Keller befindlichen Sanitärvoraussetzungen (Foto 11) waren fast unbenutzbar. Im Jahre 1983 erfolgte endlich nach langem Drängen die langersehnte umfassende Sanierung. Der damit verbundene Umfang umfasste ein Kostenvolumen von über 500 TM. Nach Abschluss der Sanierungsarbeiten stellte sich heraus, dass ein neuer Backofen gesetzt wurde und die Produktionsräume zusätzlich erweitert und instand gesetzt worden waren. Aus dem Baugeschehen aber ausgeklammert wurde jedoch die Instandsetzung der Sanitäranlagen. Dafür reichten dann weder die finanziellen noch die materiellen Mittel. So musste das Lebensmittelpersonal weiterhin Sanitäranlagen in Anspruch nehmen, die eigentlich diesen Namen nicht mehr verdienten.«

Das Produktionsvolumen (vgl. Bild-Dok. 16) konnte danach erheblich gesteigert werden. Eine Minderung des hygienischen Risikos, auf das wiederholt hingewiesen worden war, wurde nur teilweise erreicht. Die weitere Benutzung der nicht instandgesetzten Toiletten- und Duschräume war ein allgegenwärtiges Problem mit psychologischen Auswirkungen auf das subjektive Sauberkeitsverhalten des Personals.

Ich habe dieses Beispiel gewählt, weil es symptomatisch war für eine Investition, die vorrangig der Produktionserhaltung bzw. -erweiterung diente ohne Beachtung der erforderlichen Hygienevoraussetzungen. Unbekümmert setzte man sich über unsere hygienischen Bedenken hinweg, wonach bekannt war, dass 70 bis 80 % der hygienisch-mikrobiologisch untersuchten cremehaltigen Backwaren aus diesem Betrieb in den letzten vier Jahren beanstandet werden mussten.

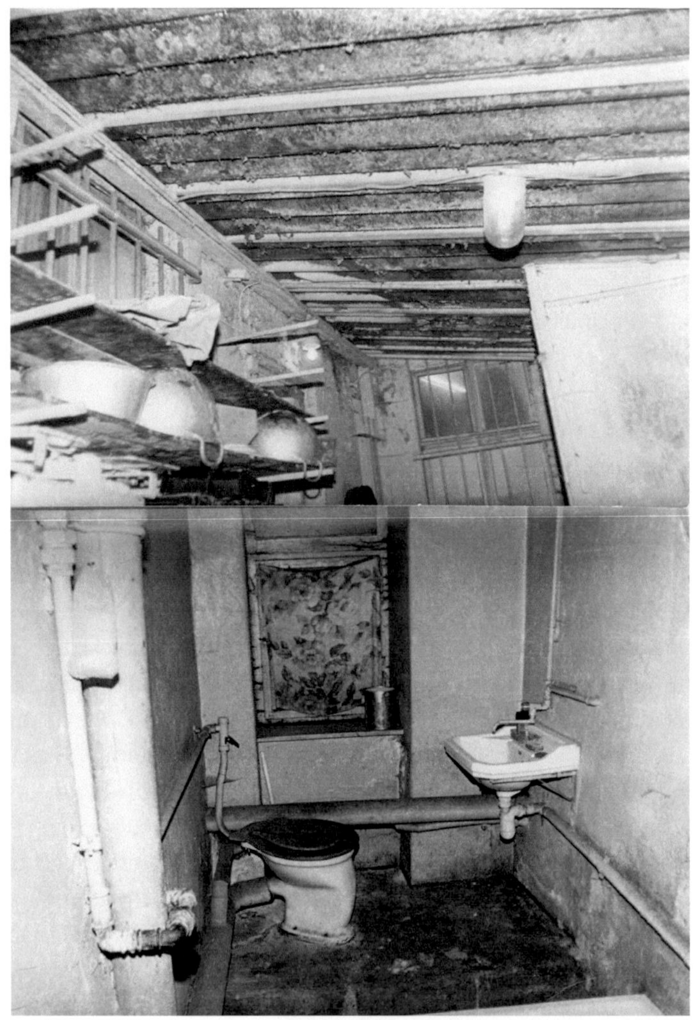

Fotos 10 und 11: Produktions- und Sanitärraum in einer Ostberliner genossenschaftlich geführten Konditorei 1981

Fotos 12 und 13: Konditoreiräume eines Ostberliner Bäckereibetriebes 1981

Fotos 14 und 15: Produktions- und Lagerräume eines Konditorei- und Backwarenbetriebes mit Katze in Ostberlin 1981

Fotos 16 und 17: Keller Lagerräume einer Ostberliner Konditorei 1981

Die Umwelt prägt den Menschen

Es bedarf keiner besonderen psychologischen Einsichtsfähigkeit, um zu erkennen, dass hygienisches Verhalten des Menschen von seinem Umgebungsmilieu beeinflusst wird. Auch wenn – wie Hofstätter (238) nachgewiesen haben will – eine intellektabhängige Einstellung zur Sauberkeit bestehen mag, ist weiterhin davon auszugehen, dass ein tristes Arbeitsmilieu wenig positiv stimulierend wirkt, was hygienische Verhaltensweisen und Arbeitsfreudigkeit anbetrifft. Es gilt die Erfahrung, dass, wer unter primitiven und erschwerten Hygienebedingungen arbeiten muss, sich wenig geneigt zeigt, hygienischem Verhalten besonderes Verständnis entgegenzubringen.

In keinem mir bekannten Lebensmittelbetrieb in der DDR waren z.B. Einweg-Reinigungstücher oder -Arbeitskleider im Gebrauch. Die Regel waren vielmehr tagtägliche Probleme in Bezug auf die Bereitstellung weißer und kochfester Hygienebekleidung. In vielen Küchen setzte sich immer mehr ein Mausgrau in der Arbeitsbekleidung durch, als auf dem Weltmarkt die Baumwollpreise sprunghaft in die Höhe schnellten. Die mangelhafte Reinigung und Pflege der Hygienebekleidung durch Dienstleistungsbetriebe bedeutete ein permanentes Ärgernis für alle Beteiligten. Sie erfolgte nur unzureichend und mangelhaft.

Aus dieser Not heraus entwickelte sich zunehmend eine Praxis, bei der sich das Lebensmittelpersonal die Arbeitsbekleidung mit nach Hause nahm, um sie dort zu waschen. Das geringe Entgelt dafür – sofern es überhaupt solche Regelungen in Einzelfällen gab – war mehr als eine symbolische Aufwandsentschädigung zu verstehen.

Unter diesem Blickwinkel erscheint die Feststellung von Noelle-Neumann (239) fragwürdig, dass sich im nationalen Selbstbild *»die Deutschen für besonders sauber halten und wenn sie an Deutschland denken, zu 68 % dies mit dem Begriff Sauberkeit assoziieren.«* Überzeugender scheinen mir dagegen die umfassenden Untersuchungen von Bergler (240–242) zu sein, *»wonach das praktizierte Sauberkeitsverhalten in einem positiven Zusammenhang steht mit dem Ausmaß an äußerer Gepflegtheit.«* Die von ihm vorgenommene Zuordnung zu verschiedenen Sauberkeitsgruppen wirft die Frage auf, welcher Sauberkeitsgruppe wohl dasjenige Lebensmittelpersonal zuzuordnen ist, das sich unhaltbaren hygienischen Zuständen ständig ausgesetzt sieht.

Ich bin mir nicht sicher, ob einer der namhaften Hygieniker in der DDR – wie Grahneis (80) – sich der Reaktionen bewusst war, die er seinerzeit mit der Äußerung heraufbeschwor, *»das Lebensmittelpersonal so weit zu schulen, dass es hygienisch sehend wird.«*

Ich wage die Behauptung, dass es dann womöglich das Weite gesucht hätte, wenn es sich der Tristesse seiner Umwelt bewusst geworden wäre.

Aus dem Bereich wohnpsychologischer Untersuchungen (243) ist u.a. bekannt, dass die im englischen Sprachgebrauch als »crowding« (= Enge, Dichte) bezeichnete räumliche Beengtheit und Dürftigkeit aggressive und antisoziale Verhaltensweisen begünstigt. Demgegenüber zeigen »großzügig gestaltete, weite Räumlichkeiten positive Auswirkungen im Hinblick auf die Hebung des menschlichen Selbstwertgefühls und der allgemeinen Aufgeschlossenheit.«
Auch von der Farbpsychologie sind seit langem analoge Einflüsse bekannt (244).

Risiko Mensch

Viele der hygienischen Fehlverhaltensweisen – wie das nachfolgende Beispiel zeigt – nehmen ihren Ausgang in einem »Pool« unhaltbarer betriebshygienischer Zustände.

»Aus einem Großbetrieb werden nach Verzehr eines Mittagessens intensive Brechdurchfälle bekannt. Angeschuldigt wird ein Kartoffelsalat, der in der kalten Küche zubereitet wurde. Etwa sechs bis zwölf Stunden nach Esseneinnahme erkranken 273 Essenteilnehmer an Übelkeit, Leibschmerzen, Erbrechen und Durchfall. Die daraufhin am nächsten Tag eingeleiteten Ermittlungen führen zu folgenden Ergebnissen:
Nach der augenscheinlichen Prüfung vor Ort befand sich die Betriebsküche in einem optisch sauberen Zustand. Ausgenommen hiervon war der Sanitärbereich. Die Toilettenbecken waren z.T. verstopft. Das vorhandene Waschbecken stark verschmutzt und defekt. Der gesamte Sanitärbereich wurde wegen sichtbarer Verschmutzungen beanstandet. Aus der Behandlungsweise der Lebensmittel ergaben sich zunächst keine Anhaltspunkte auf ein unhygienisches Verhalten. Von den noch vorhandenen Resten des angeschuldigten Kartoffelsalates sowie den Zutaten wurden Proben zur bakteriologischen Untersuchung entnommen. Parallel hierzu wurde mittels einer Abklatschkontrolle mit Agar beschichteten Spangen der Oberflächenkeimgehalt auf verschiedenen Arbeitsflächen und Gerätschaften geprüft.
Alle bakteriologischen Untersuchungsergebnisse zeigten ein verblüffendes Ergebnis. Die untersuchten Lebensmittelproben wiesen einen sehr hohen Gehalt an Coli-Keimen (über 1 Mio. KbE/g) auf. Dieser sehr hohe Gehalt an Coli-Keimen war als Ursache der Erkrankung

anzusehen. Die Untersuchungsergebnisse zur Oberflächenkeimkontamination rundeten diese Ergebnisse ab. Im Bereich der kalten Küche zeigten die Arbeitsflächen und verschiedene Gerätschaften (Messergriffe) eine starke Verkeimung mit Coli-Keimen.
Angesichts dieser überzeugenden Indizien gestand dann bei der Endauswertung eine Kaltmamsell, während der Zubereitungsarbeiten für den Kartoffelsalat zwischendurch die Toilette aufgesucht zu haben. Da das Handwaschbecken nicht benutzt werden konnte, unterließ sie eine Händereinigung. Die Infektkette war damit hergestellt. Durch das Auftreten weiterer begünstigender Faktoren wie z.B. das längere ungekühlte und unabgedeckte Stehenlassen des fertig zubereiteten Kartoffelsalates in der kalten Küche war das Erkrankungsgeschehen nicht mehr zu vermeiden.«

Der Entwicklung der Mikrobiologie verdanken wir heute tiefe Einblicke in die Zusammenhangskette der Beziehungen zwischen den Menschen und dem Lebensmittel (46, 59, 61, 77, 79-80, 85–90, 140, 151). Sehr anschaulich hat Seeliger (138) die möglichen Infektketten dargestellt, die sich durch hygienisches Fehlverhalten herleiten. Kennzeichnend ist seine Feststellung, dass *die äußeren Bedingungen auf den Personaltoiletten oft noch so jämmerlich sind, dass man mit Vorwürfen sehr vorsichtig sein muss!«*
Die in dieser Zusammenhangskette angesprochenen Mikroorganismen sind bekanntlich unsichtbar. Sie sind zudem weder durch Geruch noch durch Geschmack wahrnehmbar. Die Nichtbeachtung dieser Tatsache kann erhebliche Folgen mit sich bringen. Von einem unqualifizierten Lebensmittelpersonal ist nicht zu erwarten, dass es von diesen Dingen weiß. Bei der Durchführung von Hygienemaßnahmen geht es also in der Hauptsache darum, optisch nicht wahrnehmbare Mikroorganismen auszuschalten. Von daher ist es eine unerlässliche Voraussetzung, dass die Verantwortlichen von der Notwendigkeit ihrer Arbeit überzeugt und darüber hinaus auch über die eigentlichen Zusammenhänge im Bilde sind. Der Mensch als Quelle und Vehikel von Krankheitskeimen sowie seine Rolle als Manipulator und Verbreiter desselben stellen nach wie vor die höchsten Gefährdungs- und Risikomomente im Lebensmittelbetrieb dar.

Das führt zu der spannenden Frage hin, ob und inwieweit es den Institutionen der Lebensmittelüberwachung bislang gelungen ist, unhygienische Verhaltensweisen des Lebensmittelpersonals maßgeblich zu minimieren.
Wenn man sich heutige Beanstandungsgründe und -quoten der Lebensmittelkontrolle ansieht, wie diese z.B. als Informationen und Daten aus der behördlichen Lebensmittelüberwachung der Bundesländer an das Bundesamt für Verbraucherschutz und Lebensmittelüberwachung (BVL) jährlich übermittelt werden, so ergibt sich folgendes Bild:

Bei allen Kontrollen vor Ort stellen allgemeine Hygienemängel nach wie vor die häufigsten Verstöße dar (ca. 70 bis 90 %) (310, 314). Diese Kontrollergebnisse werden – für jedermann einsehbar – zusätzlich in den sog. *»Jahresberichten zur Lebensmittelüberwachung«* veröffentlicht und in einem Bericht an die Europäische Kommission (EK) weitergeleitet. Es ist heute ein hohes Maß an Transparenz vorhanden, welches gewährleistet, dass der Verbraucher sich über alle relevanten Überwachungsergebnisse informieren kann. Darüber hinaus wird im Rahmen eines europäischen Schnellwarnsystems (RASFF) und des nationalen Warnsystems *(www.lebensmittelwarnung.de)* (311) öffentlich darüber informiert und gewarnt, wenn Gefahr durch gesundheitsschädliche Lebensmittel oder Bedarfsgegenstände droht. Die seit dem 01.09.2012 bestehende zusätzliche Verpflichtung der Behörden, bestimmte *»gewichtige«* Verstöße im Bereich der Lebensmittel- und Futtermittelüberwachung zu veröffentlichen, ist durchaus keine Selbstverständlichkeit. Sie stieß zunächst auch auf energischen Protest und wurde durch eine Reihe von oberverwaltungsrechtlichen Beschlüssen hinsichtlich ihrer Verfassungsmäßigkeit infrage gestellt. Erst mit dem am 04.05.2018 vom Bundesverfassungsgericht abgeschlossenen Verfahren zur abstrakten Normenkontrolle war es möglich, sie durchzusetzen und die *»Vereinbarkeit des § 40 Abs. 1a LFBG mit dem Grundgesetz«* zu attestieren. Jeder Verbraucher kann heute über die Internetplattform **»Topf Secret«** die Ergebnisse von Hygienekontrollen in Restaurants, Bäckereien und anderen Lebensmittelbetrieben bei den Lebensmittelüberwachungsbehörden abfragen und auf dieser Plattform auch veröffentlichen.

Die relativ konstant hohen subjektiven Hygienebeanstandungen im Lebensmittelverkehr offenbaren, dass für die Lebensmittelkontrolle der Mensch mit seinem Verhalten nach wie vor einen Hauptrisikofaktor darstellt. Dem Verhalten des Lebensmittelpersonals muss also stets eine hohe Aufmerksamkeit gewidmet werden. Auch wenn die heutigen Eigenkontrollsysteme mit ihren ausgefeilten Qualitätsmanagementsystemen schon eine gute Basis zur Vermeidung vieler hygienischer Risiken darstellen, hängt die Lebensmittelsicherheit nach wie vor in hohem Maße von den hygienischen Verhaltensweisen des Personals ab.

Angesichts dieser trivialen und banalen Zusammenhänge kann man eigentlich nur mit einem Kopfschütteln konstatieren, dass – wie von Maschke (304) jüngst berichtet – angesichts der hohen Anzahl von fehlenden Lebensmittelkontrolleuren von der Politik gefordert wird, die amtlichen Regelkontrollen doch eher zu reduzieren. In den Augen dieser Protagonisten bedeuten weniger Kontrollen auch eine geringere Anzahl von Lebensmittelkontrolleuren, d.h., die Aufgaben werden dem Personalmangel angepasst. Es haben sich in diesem Fall diejenigen Kräfte durchgesetzt, die eine Schwächung der Lebensmittelüberwachung anstreben.

Sie verweisen auf eine angeblich gute und ausreichend funktionierende Eigenkontrolle, um im gleichen Atemzug eine Eingrenzung der Lebensmittelüberwachung zu fordern. In einer gut funktionierenden Demokratie sollte aber der Verbraucher letztendlich darüber entscheiden, wem er mehr vertraut: einer leistungsstarken, gut funktionierenden und transparenten amtlichen Lebensmittelkontrolle oder den Betörungen einer Lobby, die eine sich weitestgehend selbstregulierende Eigenkontrolle für das Maß aller Dinge hält. Ich denke, dass die Maxime *»Vertrauen ist gut, Kontrolle aber besser!«* schon einiges für sich hat.

Vergleicht man allerdings die Beanstandungsgründe und -quoten von heute mit denen z.B. in der damaligen DDR, so fällt auf, dass sie hinsichtlich ihres Umfanges und ihrer Art sich doch sehr stark unterscheiden. Die in nachstehender Abbildung 17 (309) aufgezeigten Beanstandungsgründe und -quoten aus Berlin und Brandenburg aus dem Jahre 2018 zeigen z.B. diese Unterschiede noch einmal deutlich auf.

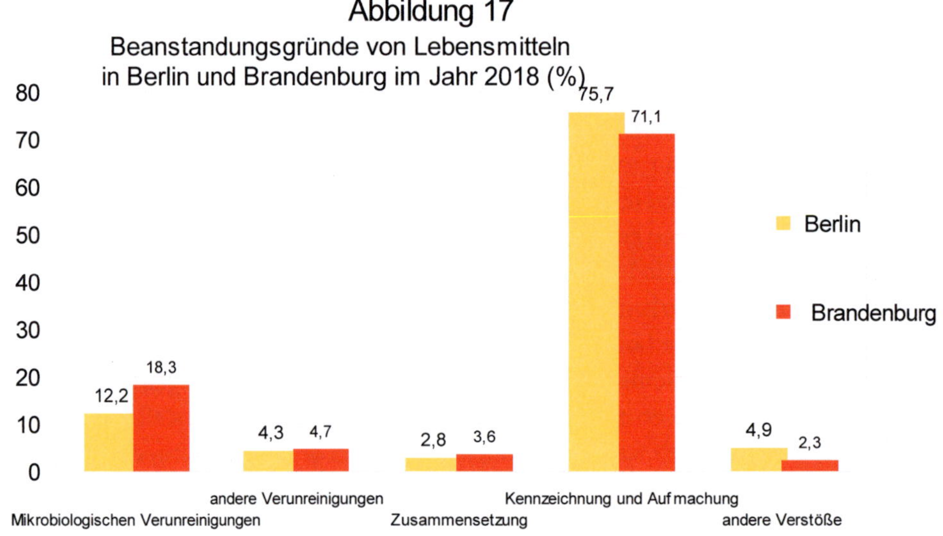

Bei den heutigen Probenbeanstandungsgründen ist auffällig, dass mikrobiologische Verunreinigungen als Ausdruck unhygienischer Verhaltensweisen im Hinblick auf die Häufigkeit ihrer Beanstandungen an zweiter Stelle aller Beanstandungsgründe liegen. Wie Mörsberger (314) berichtet, betreffen aktuell über 70 % der behördlichen Beanstandungen im Rahmen von Betriebskontrollen die Hygiene in den lebensmittelverarbeitenden Betrieben, davon zwei Drittel in gastronomischen Betrieben. Aus Baden-Württemberg (316) wird aktuell berichtet, dass bei Betriebskontrollen sich nach wie vor die meisten Verstöße (75 %) auf Hygienemängel bezogen. Für die Lebensmittelkontrolleure bedeutet das, mit hoher Wachsamkeit das Hygieneverhalten des Lebensmittelpersonals stets im Auge zu behalten.

Einen Unterschied zu den Hygieneproblemen in der DDR offenbaren die heutigen Beanstandungsquoten einzelner *Lebensmittelgruppen* allerdings vor allem auch im Hinblick auf ihre Größenordnung. Während heute z.B. bei den Konditoreiwaren die Beanstandungsquoten deutlich unter 10 % liegen, betrugen sie bei vergleichbaren Lebensmitteln seinerzeit in der DDR etwa 80 %. Das ist ein gewaltiger Unterschied. Nicht jede Beanstandung im Lebensmittelverkehr ist gleichermaßen relevant. Besonders aussagekräftig im Hinblick auf die Lebensmittelsicherheit sind Beanstandungsquoten im Hinblick auf ihre Gesundheitsschädlichkeit. In vorbildlicher Weise werden diese Daten z.B. im Lebensmittelsicherheitsbericht in Österreich (Abbildung 18) (313) veröffentlicht.

Abbildung 18

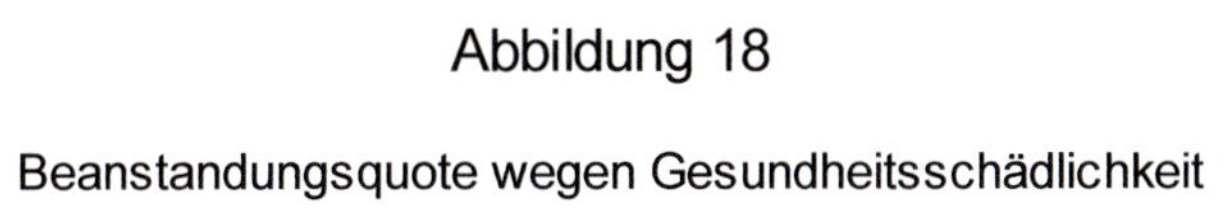

Beanstandungsquote wegen Gesundheitsschädlichkeit

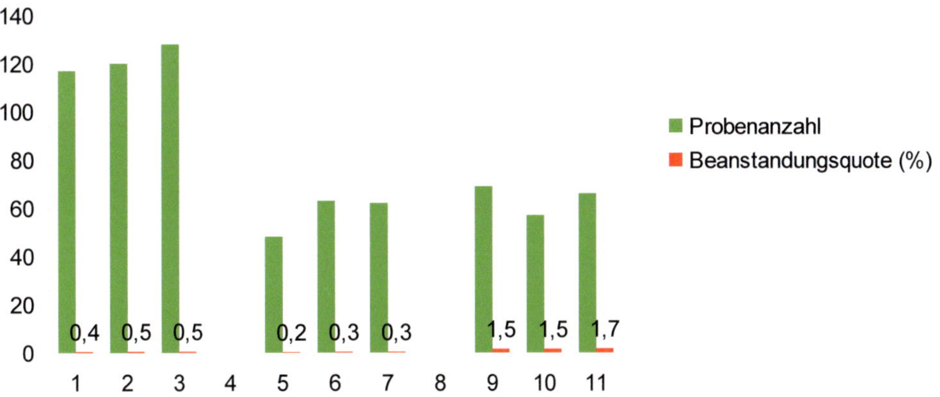

Eine Beanstandungsquote von deutlich unter 1 % im Hinblick auf die Gesundheitsschädlichkeit deutet auf ein hohes Maß an Lebensmittelsicherheit hin. Auch in Deutschland finden sich vergleichbare niedrige Beanstandungsquoten. In einer Übersicht über die Untersuchungsergebnisse von Proben im Rahmen der amtlichen Lebensmittelüberwachung wird z.B. im Jahresbericht 2009 von Baden-Würtemberg angegeben, dass von insgesamt 124 Proben 0,2 % *»geeignet waren, die Gesundheit zu schädigen.«* (317)

Einen weiteren wesentlichen Unterschied gegenüber den lebensmittelrechtlichen Verstößen in der damaligen DDR bilden heutzutage vor allem Beanstandungsgründe zur Kennzeichnung und Aufmachung von Lebensmitteln. Sie sind stets im Zusammenhang mit einer beabsichtigten Irreführung und Täuschung des Verbrauchers zu sehen. Entsprechende Informationen können heutzutage auch über das elektronische System für Amtshilfe und Zusammenarbeit (englisch: Administrative Assistance and Cooperation System (AAC-System)) ausgetauscht werden. Dabei handelt es sich in erster Linie um Informationen zur Verbrauchertäuschung und Übervorteilung im Sinne eines Lebensmittelbetruges bzw. einer Irreführung (englisch: Food Fraud).

Grundsätzlich gilt, dass die Menschen ein Recht haben, über Zusammensetzung, Nährwerte, Herstellungsverfahren und besondere Eigenschaften von Lebensmitteln, die sie verzehren, auch ausreichend informiert zu werden. Einerseits geht es dabei um die Vermeidung von lebensmittelbedingten Erkrankungen und andererseits um den Schutz vor Täuschung und Irreführung.

Auch die lebensmittelrechtlichen Bestimmungen in der DDR enthielten entsprechende Kennzeichnungsvorschriften. Im nachfolgenden Kapitel schildere ich, wie diese nach den gesellschaftspolitischen Vorstellungen dieses Systems umgesetzt wurden.

Kapitel VII. Lebensmittelkennzeichnung im Sinne einer Volksverdummung

Die Kenntlichmachung von Lebensmitteln ist ein Kapitel für sich. Eine umfangreiche Literatur auf diesem Gebiet bezeugt die Vielfalt der Fragestellungen, die mit der Werbung und Deklarierung von Lebensmitteln einhergehen.

Die Pflicht zur Kennzeichnung von Lebensmitteln war in der DDR gesetzlich im § 10 des Lebensmittelgesetzes (LMG) (51) verankert. Diese Bestimmung forderte, dass alle Lebensmittel bei Inverkehrbringen nach Maßgabe der entsprechenden Durchführungsbestimmungen zu kennzeichnen waren. Die dazu zusätzlich erschienene Ergänzungsbestimmung stellte die AO Nr. 1 über die Kennzeichnung der Lebensmittel im Lebensmittelverkehr dar (206).

Zur Beurteilung der Fragestellung, inwieweit ein Lebensmittel durch die Art und Weise seiner Deklarierung ausreichend gekennzeichnet wurde, musste im Weiteren der § 6 Abs. 4 (LMG) herangezogen werden. Er definierte den Tatbestand, wann ein Lebensmittel durch unsachgemäße oder unzureichende Kennzeichnung als irreführend oder täuschend anzusehen war. Grundsätzlich forderte er damit durch die Kennzeichnung einen Schutz des Verbrauchers vor Irreführung und Täuschung. Der Kennzeichnungspflicht lag im Sinne des § 6 LMG somit der Gedanke zugrunde, den Verbraucher vor einer falschen Aufmachung zu schützen und unlauteren Absichten vorzubeugen.

Unter dem Tatbestand der Irreführung oder Täuschung – beide sind nicht immer eindeutig voneinander zu trennen – ist demzufolge ein Verstoß definiert, bei welchem ein Lebensmittel durch falsche Aufmachung den Anschein einer besseren gegenüber der tatsächlichen Beschaffenheit erweckt. Dabei ist in kennzeichnungsrechtlicher Hinsicht die Aufmachung, d.h. der Name eines Lebensmittels, als begriffswesentliche Angabe anzusehen. Über die Forderung der zutreffenden Bezeichnung hinaus wurde zusätzlich auch eine ausreichende Kennzeichnung im Sinne der Vermeidung einer Täuschung und Irreführung durch unvollständige oder unzutreffende Angaben gefordert. Gegen diese hier ausführlich dargelegten Kennzeichnungsgrundsätze wurde in zunehmendem Maße bei verschiedenen Lebensmitteln in der DDR verstoßen. Dabei handelte es sich nicht nur um Einzelfälle, sondern um eine von »oben« systematisch betriebene Strategie. Die Lebensmittelkontrolle in der DDR sah sich mit einer Verfahrensweise konfrontiert, die zum Widerspruch aufforderte.

Verdachtsdiagnose: Staatlich sanktionierte Irreführung

Beispiele für eine unzureichende Kennzeichnung von Lebensmitteln bildeten in der DDR viele, wenn nicht sogar alle kakaohaltigen Süßwaren, soweit sie ab Ende der 70er Jahre in der DDR hergestellt wurden. Davor war es nach dem geltenden Kennzeichnungsrecht in der DDR – wie übrigens in fast allen anderen europäischen Ländern auch – üblich, äußerlich gut erkennbar den Kakaogehalt bei Schokoladen- und Kakaoprodukten anzugeben. Da Kakaobohnen für teure Devisen eingekauft werden mussten, führte die zunehmende Verknappung der Devisen bald dazu, dass sie für den Einkauf von Kakaoprodukten auf dem Weltmarkt nicht mehr bereitgestellt werden konnten. Das bewog die Industrie dazu, den Anteil an Kakaorohstoff in ihren Schokoladen- und Kakaoprodukten zu verringern. Mit dem industriehörigen ASMW an ihrer Seite wurde nun der verringerte Kakaoanteil für einzelne Produkte in sog. Fachbereichsstandards festgelegt. Gleichzeitig verzichtete man darauf, auf den Produktverpackungen nun noch weiterhin den Kakaoanteil anzugeben. Sinn und Zweck dieses Etikettenschwindels war es, den Verbraucher im Unklaren darüber zu lassen, wie hoch der tatsächliche Kakaogehalt dieser Produkte war (Abbildung 19).

Abbildung 19: Schokoladenkennzeichnung ohne Angabe des Kakaogehaltes

Man ging nicht unbegründet davon aus, dass der Verbraucher kaum Anstrengungen unternehmen würde, sich an das Amt für Standardisierung, Messwesen und Warenprüfung (ASMW) zu wenden, um dort in den für Kakaoerzeugnisse vorliegenden Fachbereichsstandard Einblick zu nehmen. Ob man diese Einsichtnahme dem Normalverbraucher gewähren würde, war noch zusätzlich ungewiss.

Nach landläufiger Auffassung stellt der Kakaoanteil bei Schokoladen- und Kakaoerzeugnissen den wertbestimmenden Anteil dieser Produkte dar. Er sollte daher gut erkennbar äußerlich auf der Verpackung aufgeführt sein. So forderten es bis dahin auch die Lebensmittelkennzeichnungsvorschriften in der DDR.

Anstelle des Kakaogehaltes fand der Verbraucher nunmehr detaillierte und belanglose Angaben zum Kohlenhydrat-, Fett- und Eiweiß- sowie Energiegehalt des kakaohaltigen Produktes vor (Abbildung 19). Diese Angaben dienten lediglich dazu, von dem wertintensiven Bestandteil dieser Produkte abzulenken und den Verbraucher über die wahre Beschaffenheit seines Produktes zu täuschen.

Eine solche Verfahrensweise bedeutete im Hinblick auf das Recht des Verbrauchers nach einer umfassenden Information über die wertbestimmenden Bestandteile dieser Produkte eine Einschränkung und damit einen wesentlichen Mangel. Ich hatte das seinerzeit beanstandet und erfuhr dann, dass hierfür eine Ausnahmegenehmigung des Ministeriums für Gesundheitswesen vorlag, die als vertraulich eingestuft war.

Ein ähnliches Beispiel der bewussten Irreführung stellte z.B. auch die Kennzeichnung von Speiseölen in der DDR dar.

Bei der Deklarierung von Speiseölen war auffällig, dass lediglich das aus Sonnenblumenöl hergestellte Speiseöl als solches auch gekennzeichnet war. Zwei weitere Speiseöle – mehr Sorten umfasste das damalige handelsübliche Sortiment in der DDR nicht – wurden als Salatöl (EVP: 2,20 M Hersteller VEB Kombinat Öl und Margarine Magdeburg, 400 g in Plastebehältnissen) bzw. als Speiseöl (ebenfalls vom gleichen Hersteller, EVP: 1,70 M, 400 g Glasschraubflasche) angeboten. Bei letzteren Erzeugnissen handelte es sich um Rapsöle, die aber als solche nicht gekennzeichnet wurden. Dem Verbraucher war es nicht möglich, aus der Deklarierung dieser Produkte auf ihre Herkunft zu schließen. Vielmehr wurde er durch eine abgebildete Phantasieblüte an eine Sonnenblume erinnert. Auch diese Produkte erweckten den Anschein von aus Sonnenblumenöl hergestellten Erzeugnissen. Die Motivation des Herstellers zu dieser irreführenden Kennzeichnungsweise war vermutlich dem Umstand geschuldet, dass Rapsöl in Verruf stand, wegen seines Gehaltes an Erucasäure (einer unerwünschten Fettsäure) gesundheitsschädlich zu sein.

Als besonders gravierend waren die Kennzeichnungsverstöße bei den unter der Bezeichnung »Delikat« vertriebenen Lebensmitteln zu bewerten. Der Hersteller wurde hier oftmals nicht angegeben, um dem Verbraucher die Herkunft bestimmter Produkte zu verschweigen. Ein Teil dieser hochpreisigen ***Delikatwaren*** wurden als Importe aus dem Westen eingeführt – aber eben nicht alle. Dem Verbraucher sollte der Eindruck suggeriert werden, dass die von ihm für teures Geld gekauften Delikatwaren alles Importprodukte waren und nicht aus einheimischer Herstellung. Zur Erleichterung dieses Täuschungsmanövers entfiel auch die sonst übliche Preisdeklarierung – wie sie ansonsten für alle in der DDR hergestellten Produkte gefordert wurde.

Die Produktpalette der unter der Bezeichnung »Delikat« firmierenden Waren war breit gefächert. Sie umfasste Getränkeprodukte, Fleisch- und Wurstwaren, Käseprodukte sowie viele Konservenerzeugnisse (252).

Am 01.04.1978 wurde das DDR-offizielle Handelsunternehmen »Delikat« gegründet. Es verstand sich von vornherein als eine Ergänzung zur Handelsgesellschaft »***Forum***«, die den sog. Intershophandel betrieb. Vorausgegangen war dem eine Rede von Erich Honecker vor Parteisekretären der SED im September 1977 in Dresden. In dieser Rede versprach er allen denjenigen Bürgern in der DDR auch Zugang zu importierten Lebensmitteln aus dem sog. NSW, die über keine entsprechenden Devisen verfügten und von Verwandten oder Bekannten auch keine Westpakete erhielten.

Zu Beginn dieser Aktivitäten wurden auch tatsächlich in großem Maße Lebensmittel aus dem NSW importiert. Von Anfang an wurde aber gleichzeitig auch schon die Strategie der Unterwanderung dieser Erzeugnisse mit einheimischen Lebensmitteln betrieben. Sie waren in ihrer Aufmachung – entgegen der in der DDR üblichen einfallslosen und oftmals wenig ansprechenden Aufmachung bei vielen einheimischen Produkten – ähnlich attraktiv wie die meisten sog. Westimporte gestaltet. Damit erweckten sie den Eindruck von importierten Lebensmitteln mit gehobener Qualität. Für den Verbraucher war es in der Regel äußerlich zunächst nicht erkennbar, inwieweit es sich hierbei um ein importiertes oder einheimisches Produkt handelte. Bei einzelnen Produkten konnte er es leicht herausfinden, wenn er sie verkostete. Ein typisches Beispiel bildeten Schokoladenwaren. Es gab keine in der DDR hergestellte Schokolade, die bei einer organoleptischen Prüfung keinen »sandigen Geschmackseindruck« hinterließ. Die Ursache hierfür war darin zu sehen, dass es keinem Schokoladenhersteller in der DDR gelang, die Technologie des Conchierens (245) so zu entwickeln, wie das die renommierten Hersteller im Ausland offensichtlich beherrschten.

Die Unterwanderungsstrategie von importierten Lebensmitteln mit einheimischen

Erzeugnissen gestaltete sich von Sortiment zu Sortiment unterschiedlich. Sie hing davon ab, inwieweit die einheimische Industrie in der Lage war, diesen Etikettenschwindel mit der Produktion und Bereitstellung eigener Produkte zu unterstützen. Im offiziellen Sprachgebrauch wurde die Herstellung von einheimischen Lebensmitteln für die Delikatproduktion mit dem Begriff der sog. »Gestattungsproduktion« bezeichnet.

Wie sich die Streuung in einzelnen Sortimenten darstellte, zeigt die nachstehende Übersicht in Tabelle 9.

Tabelle 9

Übersicht über die Anteile importierter Lebensmittel und ihre Streuung und Unterwanderung mit Erzeugnissen der sog. Gestattungsproduktion

Jahr	Sortiment	Importanteil (%)	Anteil der Gestattungsproduktion (%)
1978	Sortiment, gesamt	70	30
	Käseprodukte	70	30
	Fischkonserven	80	20
	Spirituosen	90	10
1984	Sortiment, gesamt	30	70

Aus dieser Übersicht geht hervor, dass die Sortimentsverschiebung innerhalb der letzten sechs Jahre einen erheblichen Umfang eingenommen hatte. Nur noch für etwa 30 % der unter der Bezeichnung »Delikat« gehandelten Lebensmittel traf der Importcharakter zu. Damit wurde auch beim Handel mit Delikaterzeugnissen die gleiche Strategie der Warenstreuung betrieben, wie sie zuvor und z.T. parallel auch im Intershophandel der Handelsgesellschaft »Forum« praktiziert worden war. Es handelte sich um eine groß angelegte Verdummungsstrategie, bei welcher DDR-LMK tatenlos zusah.

Im Gegensatz zum Intershophandel, bei dem es im Wesentlichen darum ging, Devisen auf jede nur erdenkliche Art abzuschöpfen oder sonst wie zu erhalten, verfolgte die Delikatpolitik das Ziel, die potentielle Kaufkraft der DDR-Bevölkerung zu mobilisieren und abzuschöpfen. Das Preisniveau wurde so angehoben, dass eine Abschöpfung des Geldniveaus – zumindest galt das für die privilegierten Einkommensschichten – damit einherging. Im Jahre 1983 belief sich der Warenumsatz an Delikaterzeugnissen in der

DDR auf 205 Mio. Mark. Für das Jahr 1984 wurde die staatliche Planauflage um 16 % auf 235 Mio. Mark erhöht. Gleichzeitig wurde damit die Orientierung verknüpft, nunmehr auch innerhalb des Konsum- und HO-Warensortimentes Delikatprodukte zu streuen. Die konkrete Zielstellung für das Jahr 1984 sah eine Handelsumsatzbeteiligung von 10 % Delikatprodukten am Gesamt-HO- und Konsum-Warenumsatz vor.

Die lebensmittelrechtlichen Bedenken gründeten sich zunächst auf die Verwendung der Bezeichnung »Delikat«. Im wörtlichen Sinne leitet sich der Name von dem lateinischen Wort »delikatesse« ab. Es bezeichnet einen Geschmackseindruck in Richtung lecker und wohlschmeckend. Davon konnte aber bei einigen Erzeugnissen, die diese Bezeichnung trugen, kaum die Rede sein.

Als Beispiele seien an dieser Stelle nur solche Produkte erwähnt, wie deftig riechende Käsesorten der Art Tollenser Joghurt etc. oder auch an verschiedene Dauerwurstsorten, die zwar als erzeugnisspezifische Wurstsorten zu akzeptieren waren, nicht aber dem Anspruch einer Delikatesse genügten, wie das z.B. seinerzeit nach der Trenkle'schen Auffassung (207) für delikate Feinkosterzeugnisse definiert wurde.

In der Reihe damaliger Kennzeichnungsdelikte darf ein weiteres Beispiel nicht unerwähnt bleiben. Jeder der Tradition und dem Reinheitsgebot von Lebensmitteln verpflichtete Lebensmittelchemiker wird in Bezug auf die Verfälschung von Butter empört reagieren. Für den qualitätsbewussten Verbraucher dürfte das nicht minder zutreffen. Zu den klassischen Prüfungsfragen jeder soliden Lebensmittelchemiker-Ausbildung gehört die Frage nach der analytischen Nachweismöglichkeit eines Verschneidens von Butter mit Margarine. Diese Frage schließt eine Antwort von vornherein ein, nämlich die Begriffsdefinition von Butter. Im Standardlehrbuch von Schorrmüller (245) liest sich die Definition von Butter wie folgt:

»Butter ist das aus Milch, Sahne (Rahm) oder Molke, süß oder gesäuert, ggf. unter Zusatz von Bakterienkulturen, Wasser und Kochsalz und amtlich zugelassenen Farbstoffen gewonnene plastische Gemisch. In Deutschland wird als Butter lediglich das Produkt der Kuhmilch bezeichnet. Butter darf in 100 Gewichtsteilen nicht weniger als 80 Gewichtsteile Fett, außerdem in ungesalzenem Zustand nicht mehr als 18 Gewichtsteile Wasser, in gesalzenem Zustand nicht mehr als 18 Gewichtsteile Wasser und Kochsalz enthalten. Zusätze von Margarine, Fremdfetten, Mehl und dgl. gelten als Verfälschung.«

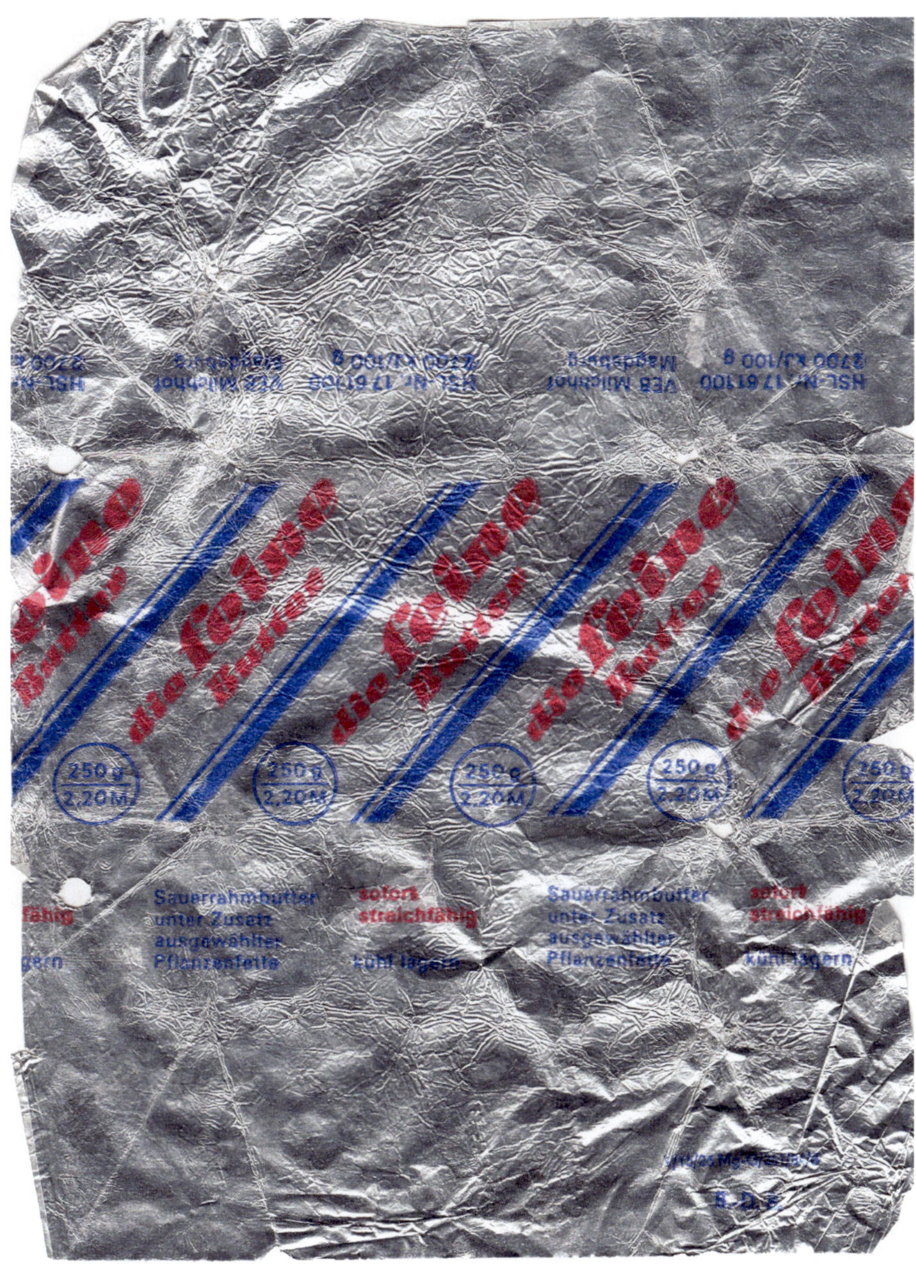

Abbildung 20: Kennzeichnungsetikett des Produktes »die feine Butter« 1984

Seit Mitte 1984 wurde in der DDR ein Produkt als Buttererzeugnis gehandelt, welches als »die feine Butter« deklariert wurde (Abbildung 20). Dieses Produkt kostete 2,20 M (EVP). Es wurde in alukaschierter Folie nach Art einer Markenbutter verpackt und aufgemacht und war gekennzeichnet mit dem Hinweis »Sauerrahmbutter unter Zusatz ausgewählter Pflanzenfette, sofort streichfähig, kühl lagern!« Als Hersteller zeichnete der VEB Milchhof Magdeburg verantwortlich. Die Abpackmenge betrug 250 g.

Aus der Deklaration waren keine Angaben über die Art und Menge des zugesetzten Fremdfettes ersichtlich. Meine Anfragen an die überbezirklichen Dienststellen blieben hinsichtlich der genehmigungsrechtlichen Aspekte einschließlich der Frage nach der Zusammensetzung unbeantwortet (Anlage 11).

Eine von mir veranlasste Prüfung ergab dann folgendes Ergebnis: Das Produkt wies folgende Zusammensetzung auf:

30 % Wasser
56 % Milchfett
14 % Rapsfett, davon 2 % als gehärtetes Rapsfett
Erucasäure positiv

Der Verzehr von Rapsfett stand auch seinerzeit in der DDR schon etwas in Verruf, weil man dem Rapsfett vor allem wegen seines Gehaltes an Erucasäure, einer ungesättigten Fettsäure, eine gesundheitlich nachteilige Wirkung zusprach.

Man hatte unter diesem Gesichtspunkt kein Interesse, den Verbraucher darüber zu informieren, wann und wo er mit bestimmten Lebensmitteln Rapsfett zu sich nahm. Eine in der Diktatur bewährte Strategie war es, in solchen Fällen die Tatsachen erst einmal zu verschweigen. Von der DDR-LMK war nicht zu erwarten, dass sie hiergegen protestierte und sich um eine korrekte, dem Gemeinwohl verpflichtete Kennzeichnungsweise bemühte, wie sie die Kennzeichnungsvorschriften des Lebensmittelgesetzes in der DDR eigentlich vorschrieben.

Der Befund des BHI Berlin vom 17.10.1984 (Anlage 11) wurde erstellt aufgrund einer Anfrage einer Verkaufsstellenleiterin, die wissen wollte, was sie da eigentlich verkaufte. Ihr wurde in dem Befund nicht mitgeteilt, dass es sich bei dem Pflanzenfettanteil um einen Zusatz von Rapsfett handelte, sondern man informierte sie dahingehend, *»dass dieses Produkt einen geringen Anteil hochwertigen Pflanzenöles enthielte. Prozentuale Anteile sowie die verwendeten Pflanzenfettarten seien nicht bekannt.«* Von einer Lebensmittelkennzeichnung im Sinne eines Verbraucherschutzes – wie Aigner-Dübel (284) es sich z.B. vorstellte oder wie man es heutzutage erwartet – konnte hier nicht die Rede sein.

Da sowohl das Ministerium für Gesundheitswesen als auch das Bezirkshygieneinstitut auf Dienstebene nicht gerade auskunftsfreudig waren, habe ich gelegentlich eine Strategie benutzt, bestimmte Auskünfte über sog. »Bürgereingaben« einzuholen. In einer Art investigativer Informationsbeschaffung habe ich Beschwerdeführer gebeten, sich an die entsprechenden Dienststellen mit einer sog. »Eingabe« zu wenden. Sie sollten Auskünfte zu bestimmten Sachverhalten verlangen, die man ansonsten nicht erhielt. Die in den nachstehenden Anlagen (1–4) aufgeführten Beispiele berichten darüber.

**Hauptabteilung Hygiene und
Staatliche Hygieneinspektion
Abt. und Hauptinspektion Lebens-
mittel- und Ernährungshygiene**

Ministerium für Gesundheitswesen, 1020 Berlin, Rathausstraße 3

Frau
Hilde Rungenhagen

1291   Blumberg-Elisenau
Börnickerstr. 12

Ihre Zeichen	Ihre Nachricht vom	Fernsprechangabe	Unsere Zeichen	Datum
		235 5821	HA III/2 Ke/Gk	30.4.85

Betreff:

Sehr geehrte Frau Rungenhagen!

Sie hatten sich an uns gewandt und Ihre Verwunderung über das
neue Erzeugnis "Die feine Butter" ausgesprochen, da diese unter
Zusatz von Pflanzenfett hergestellt ist.
Die Entwicklung der neuen Buttersorte hat den Zweck, das bevorzug-
te Streichfett mit lebensnotwendigen Fettsäuren, deren Bedarfsdek-
kung nicht gegeben ist, und die in pflanzlichen Fetten, jedoch kaum
in Butter enthalten sind, anzureichern. Damit wird einem gesundheitlichen Anliegen Rechnung getragen.
Es ist Ihnen ferner sicher bekannt, daß die Streichfähigkeit von
Margarine und von Butter sehr unterschiedlich ist. Besonders bei
Aufbewahrung unter Kühlbedingungen ist Butter schlecht streichfähig
während Margarine viel besser verstrichen werden kann.

Das neue Erzeugnis "Die feine Butter" vereint die geschmacklichen
Eigenschaften der Butter mit der guten Streichfähigkeit der Margarine.

Lebensmittelrechtlich betrachtet mag die Vermischung von Milchfett und Pflanzenfett als ungewöhnlich anzusehen sein, doch
durch die eindeutige Kennzeichnung des Zusatzes von Pflanzenfett
sind die rechtlichen Anforderungen gewahrt. Unser Ministerium
hat an der Entwicklung des Erzeugnisses mitgewirkt und die Kennzeichnung auch ausdrücklich bestätigt.

Wir hoffen, damit Ihre Fragen ausreichend beantwortet zu haben.

Hochachtungsvoll

Dr. Paulenz
Hauptinspektionsleiter

Telefon: 235/Hausruf   Fernschreiber: Min Gesundheit 112 766   Besuchszeit Dienstag 9-18 Uhr

Anlage 1: Antwortschreiben des Ministeriums für Gesundheitswesen vom 30.04.1985

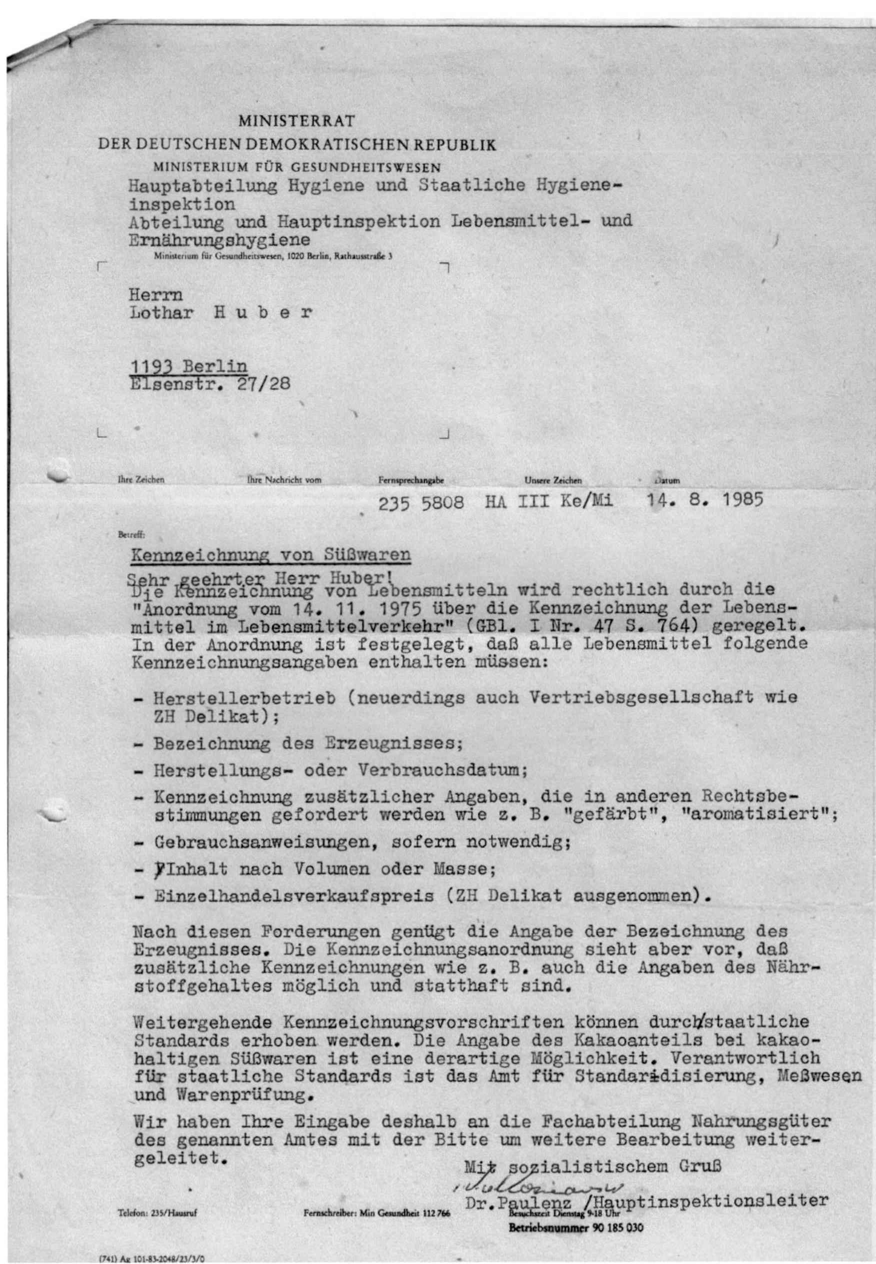

MINISTERRAT
DER DEUTSCHEN DEMOKRATISCHEN REPUBLIK
MINISTERIUM FÜR GESUNDHEITSWESEN
Hauptabteilung Hygiene und Staatliche Hygiene-
inspektion
Abteilung und Hauptinspektion Lebensmittel- und
Ernährungshygiene
Ministerium für Gesundheitswesen, 1020 Berlin, Rathausstraße 3

Herrn
Lothar H u b e r

1193 Berlin
Elsenstr. 27/28

Ihre Zeichen	Ihre Nachricht vom	Fernsprechangabe	Unsere Zeichen	Datum
		235 5808	HA III Ke/Mi	14. 8. 1985

Betreff:

Kennzeichnung von Süßwaren

Sehr geehrter Herr Huber!
Die Kennzeichnung von Lebensmitteln wird rechtlich durch die
"Anordnung vom 14. 11. 1975 über die Kennzeichnung der Lebens-
mittel im Lebensmittelverkehr" (GBl. I Nr. 47 S. 764) geregelt.
In der Anordnung ist festgelegt, daß alle Lebensmittel folgende
Kennzeichnungsangaben enthalten müssen:

- Herstellerbetrieb (neuerdings auch Vertriebsgesellschaft wie
  ZH Delikat);

- Bezeichnung des Erzeugnisses;

- Herstellungs- oder Verbrauchsdatum;

- Kennzeichnung zusätzlicher Angaben, die in anderen Rechtsbestimmungen gefordert werden wie z. B. "gefärbt", "aromatisiert";

- Gebrauchsanweisungen, sofern notwendig;

- Inhalt nach Volumen oder Masse;

- Einzelhandelsverkaufspreis (ZH Delikat ausgenommen).

Nach diesen Forderungen genügt die Angabe der Bezeichnung des
Erzeugnisses. Die Kennzeichnungsanordnung sieht aber vor, daß
zusätzliche Kennzeichnungen wie z. B. auch die Angaben des Nähr-
stoffgehaltes möglich und statthaft sind.

Weitergehende Kennzeichnungsvorschriften können durch staatliche
Standards erhoben werden. Die Angabe des Kakaoanteils bei kakaohaltigen Süßwaren ist eine derartige Möglichkeit. Verantwortlich
für staatliche Standards ist das Amt für Standardisierung, Meßwesen
und Warenprüfung.

Wir haben Ihre Eingabe deshalb an die Fachabteilung Nahrungsgüter
des genannten Amtes mit der Bitte um weitere Bearbeitung weitergeleitet.

Mit sozialistischem Gruß

Dr. Paulenz /Hauptinspektionsleiter

Telefon: 235/Hausruf   Fernschreiber: Min Gesundheit 112 766   Besuchszeit Dienstag 9-18 Uhr
Betriebsnummer 90 185 030

(741) Ag 101-83-2048/23/3/0

Anlage 3: Antwortschreiben des Ministeriums für Gesundheitswesen 14.08.1985

M I N I S T E R R A T
DER DEUTSCHEN DEMOKRATISCHEN REPUBLIK
AMT FÜR STANDARDISIERUNG, MESSWESEN UND WARENPRÜFUNG

Fachabteilung Nahrungsgüter

- Der Leiter -

ASMW 1162 Berlin, Fürstenwalder Damm 388

Herrn

Lothar Huber

1193   Berlin

Elsenstr.27-28

Ihre Zeichen	Ihre Nachricht vom	Unsere Zeichen	Datum
			2.9.1985

Betr.: Ihre Eingabe zur Kennzeichnung kakaohaltiger Süßwaren

Werter Herr Huber!

Ihre Eingabe sowie den Zwischenbescheid des Ministeriums für Gesundheitswesen erhielt ich am 21.8.1985. Zu den Ihnen bereits mitgeteilten Regelungen der Kennzeichnungs-Anordnung möchte ich folgende Ergänzungen hin-
zufügen:
Der seit 1974 verbindliche Fachabereichstandard "Kakaoerzeugnisse"
TGL 25 316 enthält verbindliche Festlegungen des Gehalts an Kakaobestandteilen für die einzelnen Sorten dieser breitgefächerten Erzeug-
nisgruppe. Entsprechend diesen Festlegungen dürfen z.B. die Bezeich-
nungen "Vollmilchschokolade", "Zartbitter-Schokolade" oder "Bitter-
schokolade" nur verwendet werden, wenn die Rezeptur den angegebenen
Prozentsätzen der TGL entspricht. Eine zusätzliche Kennzeichnung der
Kakaobestandteile auf der Verpackung wird nicht gefordert.
Der o.a. Fachbereichstandard befindet sich z.Z. in Überarbeitung. Verantwortlich für die Überarbeitung und Bestätigung dieses Standards
ist gem. §§ 8 und 10 der "Verordnung über die Standardisierung" vom
15.3.1984 (GBl. I, Nr. 12 vom 25.4.1984) der Generaldirektor des zuständigen VEB Kombinat Süßwaren Delitzsch. Nach dem uns vorliegenden
Standardentwurf ist im neuen Standard ebenfalls keine Kennzeichnung der
Kakaobestandteile vorgeschrieben. Die Einhaltung bestimmter Mindest-
mengen an Kakaobestandteilen wird auch weiterhin Gegenstand der staatlichen Qualitätsmaßstäbe und -kontrolle bleiben.

Ich hoffe, damit Ihre Anfrage ausreichend beantwortet zu haben, und
empfehle Ihnen, falls Sie an weiteren Informationen interessiert sind,
sich direkt an den VEB Kombinat Süßwaren zu wenden.

Mit sozialistischem Gruß

K a i s e r

Fernruf	Telex Nr.	Drahtwort	Staatsbank d. DDR	Postscheckkonto	Dienstsitz
2 70 03 61	112 154 ASMW dd	ASEMWARP Berlin	6836-24-73011	7199-55-15645	1020 Berlin, Fritz-Heckert-Straße 68

Anlage 4: Antwortschreiben des ASMW vom 02.09.1985

MINISTERRAT
DER DEUTSCHEN DEMOKRATISCHEN REPUBLIK
MINISTERIUM FÜR GESUNDHEITSWESEN

Hauptabteilung Hygiene und Staatliche
Hygieneinspektion
Abteilung und Hauptinspektion Lebensmittel- und Ernährungshygiene

Ministerium für Gesundheitswesen, 1020 Berlin, Rathausstraße 3

Frau
H. Loos

1601 Fredersdorf
Hauptstr. 35

Ihre Zeichen	Ihre Nachricht vom	Fernsprechangabe	Unsere Zeichen	Datum
		235 5808	Ha III v.Ko/Mi	9. 5. 1985

Betreff: "Die feine Butter" – mit 14 % Pflanzenfett

Sehr geehrte Frau Loos!

Hinsichtlich Ihrer Anfrage vom 13. 4. 1985 über die gesundheitliche Zuträglichkeit des neuen Erzeugnisses "Die feine Butter" mit
Pflanzenfett können wir Sie beruhigen. Es ist Grundprinzip und in
verschiedenen gesetzlichen Bestimmungen verankert, daß nur gesundheitlich einwandfreie und ernährungsphysiologisch hochwertige
Lebensmittel an die Bevölkerung abgegeben werden dürfen. Insofern
sind also gesundheitliche Beeinträchtigungen durch den Verzehr
der "feinen Butter" ausgeschlossen.

Während handelsübliche Butter auf Grund ihrer natürlichen Beschaffenheit bei vernünftigem, möglichst eingeschränktem Verbrauch
z. B. bei Gallen- und Lebererkrankungen günstiger als Margarine
ist, wirken sich andererseits der relativ hohe Cholesteringehalt
sowie der äußerst geringe Anteil an lebenswichtigen Fettsäuren
in Butter insbesondere bei Personen, die eine Veranlagung zu
Herz-Kreislauferkrankungen haben, mitunter ungünstig aus.
In diesem Sinne wurden durch den Einsatz von Pflanzenfett in
der "feinen Butter" eine geringe Reduzierung des Cholesterin-
gehaltes sowie eine Erhöhung des Anteils lebensnotwendiger
Fettsäuren erreicht.

Die Erukasäure ist eine schwerschmelzende natürliche Fettsäure,
die in größeren Mengen im früheren Rapsöl enthalten war. Vor eini-
gen Jahren wurde festgestellt, daß die Aufnahme sehr großer Mengen
Erukasäure bei einigen Personen zu negativen Auswirkungen (Herz-
Kreislauferkrankungen) führen kann. Daher wurden seit dieser
Zeit im steigenden Maße erukasäurearme Rapssaaten angebaut, deren
Gehalt an Erukasäure äußerst gering ist. Diese Maßnahme wurde
aus Gründen des vorbeugenden Gesundheitsschutzes durchgeführt.

Telefon: 235/Hausruf   Fernschreiber: Min Gesundheit 112 766   Besuchszeit Dienstag 9-18 Uhr
                                                                              Betriebsnummer 90 185 030

*Anlagen 2 und 2.1: Antwortschreiben des Ministeriums für
Gesundheitswesen vom 09.05.1985*

Andererseits sollte man berücksichtigen, daß seit Jahrhunderten Rapsöl verzehrt wird, ohne daß eine nachteilige gesundheitliche Auswirkung festgestellt werden konnte.

Wir hoffen, daß wir Sie ausreichend informiert haben.

Ihre Bedenken treffen also nicht zu. Über Ihre Bemühungen um eine gesundheitsfördernde Ernährung freuen wir uns und wünschen Ihnen ein langes und gesundes Leben.

Mit sozialistischem Gruß

Dr. Paulenz
Hauptinspektionsleiter

Kapitel VIII. Lebensmittelkontrolle und Umweltschutz

Aus psychologischer Sicht wurde der Satz geprägt: *»Die Umweltlehre ist eine Art nach außen verlegter Seelenkunde.«* Gemeint ist damit, dass die Art und Weise, wie wir unsere Umwelt gestalten, ein Ausdruck unserer inneren Verfassung ist.

Was die Lebensmittelkontrolle anbetrifft, so bildet der Umweltschutz angesichts seiner folgenschweren Problematik ein wichtiges Anliegen, dem sich auch die Lebensmittelüberwachung in vielfältiger Weise widmet (226, 232, 281, 287).

Nach allgemeinem Verständnis versteht man unter Umweltschutz derzeitig alle Maßnahmen, die zur Sicherung der Umwelt beitragen. Von dieser allgemeinen Definition ausgehend, obliegt der Lebensmittelkontrolle die Pflicht, alle Umwelteinflüsse nicht außer Acht zu lassen, die über die Nahrung, das Trinkwasser, kosmetische Mittel oder Bedarfsgegenstände auf den Menschen einwirken, weil auch auf diesem Wege dem Menschen Schadstoffe über den Stoffwechsel einverleibt werden können (120, 246).

Der Schutz des Verbrauchers vor gesundheitlichen Gefahren, die mit dem Verzehr von Lebensmitteln, dem Gebrauch von Bedarfsgegenständen oder der Anwendung von kosmetischen Mitteln verbunden sind, stellt von Anfang an – also schon seit über 100 Jahren – eine wesentliche Aufgabe der Lebensmittelüberwachung dar. Damit hat die Lebensmittelkontrolle bereits zu einem Zeitpunkt zur Bewahrung unserer Umwelt beigetragen, als der Begriff *»Umweltschutz«* noch gar nicht geprägt und seine Problematik noch nicht erkannt worden war.

Im Bereich des Lebensmittelrechtes tragen die Regelungen zur ***Fremdstoffproblematik*** diesem Anliegen des Umweltschutzes Rechnung. Mit der steigenden Belastung der Umwelt durch Rückstände und Kontaminanten haben die Fremdstoffe eine zunehmende Bedeutung erfahren. Die wachsende Umweltverschmutzung zeigt nicht nur eine zunehmende Verunreinigung der Luft, des Bodens und des Wassers, sondern führt auch zu einer erhöhten Kontamination der Lebensmittel. Als Kontaminanten gelten unerwünschte Stoffe, die unbeabsichtigt und aufgrund unterschiedlichster Eintragsquellen in die Nahrung gelangen können. Hierzu zählen insbesondere Schwermetalle, Dioxine, Flammschutzmittel, toxische Pflanzeninhaltsstoffe wie bestimmte Alkaloide oder auch verschiedene Schimmelpilzgifte (Mykotoxine).

Hinzu kommt noch die Problematik von Stoffen, die während der Produktion von Lebensmitteln bewusst eingesetzt werden und die partiell zusammen mit möglichen Abbauprodukten im Endprodukt verbleiben können. Repräsentative Beispiele hierfür bilden Pflanzenschutz- und Schädlingsbekämpfungsmittel sowie auch Arzneistoffe in der Tierhaltung.

Die Kenntnisse über die Schadstoffbelastung erweitern sich ständig. Es ist nicht sicher, auf welche Schadstoffe man ggf. noch prüfen muss. In unserer heute gerade im Hinblick auf Umweltkontaminanten so stark belasteten Welt nimmt die Lebensmittelkontrolle für die Sicherheit der Bevölkerung eine unverzichtbare Position ein. Das Ziel der damaligen und auch noch gegenwärtigen Bemühungen der Lebensmittelkontrolle in Bezug auf den Umweltschutz ist es daher, Fremdstoffe aus unserer Nahrung weitestgehend fernzuhalten bzw. durch Einsatzbeschränkungen auf ein Mindestmaß zu reduzieren.

Die Bewertung der Umweltproblematik erwies sich in der DDR als problematisch und widersprüchlich. Über die Notwendigkeit des Umweltschutzes bestanden keine Zweifel, denn immerhin war das allgemeine Bewusstsein der Öffentlichkeit in der DDR auch bereits so weit entwickelt, dass zumindest begrifflich der Umweltschutz schon in den allgemeinen Sprachgebrauch eingegangen war.

Die steigenden Zahlen von Eingaben zu Umweltproblemen – vorrangig zu Fragen der Luftverschmutzung – bewiesen die zunehmende Besorgnis der Bevölkerung gegenüber Umweltproblemen. Man verlangte zu Recht mehr Informationen und möglichst klare Aussagen über Risiken und beabsichtigte Umweltschutzmaßnahmen. Einer breiten Aufklärungsarbeit – die diesem Informationsbedürfnis angemessen gewesen wäre – stand man aber offiziellerseits sehr zurückhaltend gegenüber, da zu befürchten stand, dass ein aufgeklärtes Publikum zur Nachdenklichkeit über die fehlenden Realisierungsmöglichkeiten hätte angeregt werden können. Auch Proteste gegen die starke Umweltverschmutzung – wie sie für jedermann sichtbar in bestimmten Industriegebieten als dauerhafte Belastung zu erkennen war – hätte man vielleicht in Folge einer verstärkten Thematisierung nicht ausschließen können. Die mit dem Vollzug des Umweltschutzes Beauftragten – in den unteren Verwaltungsebenen die Fachabteilungen Kommunalhygiene der Kreishygieneinspektionen – kamen auf Dauer nicht umhin, sich dieser Problematik zu stellen.

Nach offizieller Lesart *war die Erhaltung einer intakten Umwelt eine politisch-ideologische Frage und in der DDR Auftrag der Verfassung«* (80). Die Forderungen nach einem Umweltschutz wurden zwar als Wünschbarkeit zugelassen, jedoch hinsichtlich ihrer Realisierbarkeit mit dem Hinweis auf volkswirtschaftliche Zwänge oftmals als gegenwärtig nicht erfüllbar kommentiert.

Im Rahmen des Gesundheitsschutzes als eine Teilaufgabe des Umweltschutzes bearbeiteten in der DDR u.a. auch die Hygieneinspektionen diese Aufgaben. Vorrangiges Ziel war die Verhütung und Verminderung der Einwirkung von Schadstoffen der Umwelt auf den Menschen und somit auf seine Gesundheit. Zur Bewältigung dieser Aufgaben äußerte sich Grahneis (80), einer der führenden Hygieniker in der DDR, seinerzeit wie folgt:

»Durch die prophylaktische Arbeit der Inspektionsorgane in unserer Republik beeinflussen diese den Gesundheitszustand des Einzelnen wie auch die Morbidität der gesamten Bevölkerung.«

Wie es entgegen dieser rhetorischen Beteuerung tatsächlich um den Gesundheitsschutz in der DDR bestellt war, wenn es z.B. zu einer *Fremdstoffbelastung in Lebensmitteln* gekommen war, soll folgende Begebenheit veranschaulichen:

»Es ist der 22.10.1982. Zwei ältere Bürger suchen in den Mittagsstunden die Dienststelle der Kreishygieneinspektion Berlin-Treptow auf. Sie beschweren sich über Weintrauben, die sie am Vormittag in einem Lebensmittelgeschäft gekauft hatten und sie verlangen eine lebensmittelchemische Untersuchung. Fast alle Beeren weisen massive Rückstände eines deutlich sichtbaren grünlich weißen Belages auf. Dieser lässt sich auch beim Waschen mit warmem Wasser nicht entfernen. Ihre Reklamation wurde vom Verkaufsgeschäft nicht anerkannt und abgewiesen. Die augenscheinliche lebensmittelchemische Begutachtung bestätigt den Verdacht nach möglichen Rückständen von Kupfer-Kalk-Brühe (Wirkstoff: Kupfersulfat), einem üblicherweise im Weinbau eingesetzten Fungizid, welches auch als sog. Bordeaux-Brühe bezeichnet wird. Die Beschwerde und Eingabe der Bürger wird als begründet und gerechtfertigt angesehen.
Die Lebensmittelkontrolleure der Kreishygieneinspektion suchen daraufhin das Verkaufsgeschäft auf. Dabei stellen sie fest, dass diese Lebensmittelverkaufsstelle 278 kg Weintrauben im Warenwert von 1.000,80 Mark an diesem Tag erhalten hat. Der gesamte Warenbestand war jedoch bereits verkauft. Dem Verkaufsstellenleiter wird die Beschwerdeprobe vorgelegt. Er bestätigt, dass die angelieferte Ware insgesamt so beschaffen war. Den Einwand, ob ihm diese auffälligen Rückstände in gesundheitlicher Hinsicht nicht doch bedenklich erschienen seien, weist er mit dem Hinweis auf die alleinige Verantwortung des Lieferpartners zurück. Von den Kontrollbeauftragten (einem Lebensmittelchemiker und einem Hygieneinspektor) wird der Leiter der Kreishygieneinspektion telefonisch über den Sachverhalt informiert. Gleichzeitig wird der Vorschlag unterbreitet, im Überwachungsbereich sich nach dem eventuellen Verbleiben weiterer ähnlicher Weintraubenlieferungen zu erkundigen und den weiteren Verkauf erst einmal zu stoppen. Eine solche Entscheidung wird vom Kreishygienearzt abgelehnt.

Aus dem Verkaufsgeschäft werden die Proben der belasteten Weintrauben entnommen und an das Bezirkshygieneinstitut als zuständige Untersuchungsanstalt eingeschickt. Dabei wird bekannt, dass bereits einige Stunden zuvor ähnlich verfärbte Weintrauben von einer anderen Kreishygieneinspektion eingesandt wurden. Bereits drei Stunden nach Bekanntwerden dieser Probleme liegen die ersten Ergebnisse der laboranalytischen Voruntersuchung vor. Sie bestätigen die vermuteten kupferhaltigen Substanzen, deren Höchstmengen mit hoher Wahrscheinlichkeit z.T. erheblich die festgelegten Grenzwerte überschritten haben.
Inzwischen ist auch bekannt, dass von diesem Auslieferungslager insgesamt 61,2 t Weintrauben (Warenwert: 220.320 TM) an 240 Lebensmittelverkaufsstellen ausgeliefert wurden. Für diese importierten Weintrauben lag ein Freigabezertifikat des Importkontrollorgans ‚Intercontrol' vor.
Der Leiter des Bezirkshygieneinstitutes Berlin wird gegen 15.30 Uhr am 22.10.1982 von den mit der Untersuchung befassten Lebensmittelchemikern über den Stand der Ermittlungen unterrichtet. Es wird ihm empfohlen, eine zentrale Sicherstellung im Einzelhandel zu veranlassen. Diese Entscheidung wird abgelehnt, da die Untersuchungen als noch nicht abgeschlossen gelten. Fünf Tage später liegt der endgültige laboranalytische Befund vor (Anlage 5). Danach enthielten diese Weintrauben Rückstände von kupferhaltigen Schädlingsbekämpfungsmitteln an der Oberfläche, die gemäß geltendem Toleranzwert von 10 mg Kupfer/kg Oberflächenbelag bei allen Proben mit 18 bis 120 mg Kupfer/kg eine Überschreitung der zulässigen Toleranzen um 80 bis 1.200 % darstellten.«

Das Inverkehrbringen von mit Fremdstoffen kontaminierten Lebensmitteln – wie in dem vorstehend genannten repräsentativen Fallbeispiel – ist in besonderer Weise geeignet, die konkreten Verhaltensweisen einzelner Beteiligter aufzuzeigen. Wegschauen und Unterlassen – das waren in diesen und vergleichbaren Fällen die typischen Verhaltensmerkmale.

Obwohl in den Mittagsstunden des Freitags, am 22.10.1982, bereits die ersten definitiven Analyseergebnisse vorlagen und bekannt war, dass sich offensichtlich »ungenießbare« Lebensmittel im Verkaufsangebot befanden, entschloss man sich zu keinem dezidierten Eingreifen.
Ein redliches Handelsgebaren wäre gewesen, dass der Handel von sich aus diese beanstandete Ware erst einmal nicht mehr weiterverkauft hätte. Über die mögliche Gesundheitsgefährdung war er informiert worden. Aber für ein solches eigenverantwortliches Handeln fehlte die Einsicht. So wurden diese Weintrauben nicht nur am Wochenende, sondern auch noch am darauffolgenden Wochenanfang weiterverkauft.

Rat des Stadtbezirks
- Kreis-Hygiene-Inspektion   Mitte, Friedrichshain, Prenzl. Berg,

Pankow, Weißensee, Lichtenberg,

Treptow, Köpenick, Marzahn

-          -   Rö/tt   2825901   27. Okt. 1982

Untersuchungen ergaben, daß die hier vorgelegten Weintrauben Rückstände von kupferhaltigen Schädlingsbekämpfungsmitteln an der Oberfläche aufwiesen.
Der gemäß Rückstandsanordnung geltende Toleranzwert (10 mg Kupfer/
kg als Oberflächenbelag) war bei allen Proben überschritten (18 -
120 mg/Kupfer/kg).

Der Bezirkshygieniker behält sich vor, die für das Inverkehrbringen Verantwortlichen dafür zur Verantwortung zu ziehen.

Die in dem Bezirk sichergestellte Ware darf für den Verkauf im
Einzelhandel   n i c h t   freigegeben werden.

Den Beschwerdeführern ist ein entsprechender Ersatz zu vermitteln.

Rödel
Dipl.-Leb.-Chemiker

Anlage 5: Untersuchungsbefund des Bezirkshygieneinstitutes Berlin vom 27.10.1982

Nicht ganz untypisch war die Verhaltensweise einer Verkaufsstellenleiterin, die nach Verzehr dieser Weintrauben selbst erkrankte (Erbrechen!), aber dennoch munter diese Ware weiterverkaufte. Aufschlussreich war aber auch die Haltung des verantwortlichen Abteilungsleiters für Fremdstoffe des Bezirkshygieneinstitutes Berlin, der einen Verkaufsstopp ablehnte, aber gleichzeitig die Handelsorgane anwies, möglichen Kundenreklamationen sofort stattzugeben.

Zur Ehrenrettung einiger Verkaufsstellenleiter*innen soll nicht unerwähnt bleiben, dass sie sich weigerten, derartige Ware weiterzuverkaufen. Allerdings wurden sie von ihren Vorgesetzten ultimativ zum Weiterverkauf dieser Ware aufgefordert. Erst als in der darauffolgenden Woche vom 25. bis 30. 10.1982 sich die Eingaben aus der Bevölkerung häuften und etwa 35 akute Erkrankungsfälle (Erbrechen, Brechdurchfälle) nach Verzehr dieser Weintrauben auftraten, erfolgte eine zentrale Sicherstellungsaktion. Diese Entscheidung fiel aber zu einem Zeitpunkt, zu dem diese Weintrauben bereits vollständig verkauft waren. In diesem Zusammenhang sei auch auf die zögerliche Haltung einiger Kreishygieneärzte hingewiesen. Sie hatten es als Allererste in der Hand, in ihren Überwachungsbereichen unabhängig von der überbezirklichen Entscheidungsfindung durch entsprechend vorläufige Sicherstellungsmaßnahmen den Verkauf erst einmal so lange zu stoppen, bis aussagekräftige Untersuchungsergebnisse vorlagen. Aber auch sie unterließen es, im Sinne einer akuten Gefahrenabwehr zeitnah aktiv zu handeln.
Während der obige Fall einen repräsentativen Einzelfall betrifft, soll die nachfolgende Darstellung auf eine sich ständig wiederholende Gesundheitsgefährdung hinweisen.

»Am 03.11.1983 erkrankten zwei Verkäuferinnen einer Lebensmittelverkaufsstelle an Symptomen einer akuten chemischen Intoxikation (Erbrechen, Gallenkolik, Atmungsbeschwerden). Die AU-Dauer betrug 14 Tage bzw. vier Wochen. Die Erkrankungen traten nach einer Schädlingsbekämpfungsaktion in dieser Verkaufsstelle auf, die tags zuvor durchgeführt wurde. Als Bekämpfungspräparat wurde das Insektizid Flibol PE 70 (Wirkstoff: Dichlorphos DDVP) ausgespritzt. Erkrankt waren eine Verkäuferin, die während der Bekämpfung zeitweilig anwesend war, sowie eine weitere Verkäuferin, die am nächsten Tag nach erfolgter kurzzeitiger Belüftung sich etwa 30 bis 45 Minuten in der Verkaufsstelle aufhielt.«

Dieser Vorfall wurde der zuständigen Kreishygieneinspektion am 04.12.1983 – also vier Wochen später – bekannt. Den Hinweisen mehrerer Bürger, die im Einzugsbereich dieser Verkaufsstelle wohnten und dort auch einkauften, war zu entnehmen, dass einige

Lebensmittel aus dieser Handelseinrichtung einen auffälligen arzneimittelähnlichen Fremdgeschmack und -geruch aufwiesen. Im Rahmen der Abklärung dieser Hinweise wurden noch am Tag des Bekanntwerdens verschiedene Lebensmittel aus den Verkaufs- und Lagerregalen entnommen. Hierbei handelte es sich ausschließlich um Lebensmittel (Süß- und Dauerbackwaren), die zum Zeitpunkt der Schädlingsbekämpfungsaktion bereits im Verkaufsobjekt gelagert wurden.

Die sechs Tage später vorliegenden Untersuchungsergebnisse des BHI wiesen Rückstände von DDVP in allen untersuchten Lebensmitteln auf. Zum Teil wurde eine erhebliche Überschreitung der maximal zulässigen Rückstandswerte (MZR-Werte) registriert (Anlage 12). Durch diesen Vorfall alarmiert, wurde die Aufmerksamkeit auf vergleichbare Bekämpfungsaktionen in anderen Handelseinrichtungen konzentriert. Bekannt war, dass aufgrund eines allgemeinen Ungezieferbefalls – besonders Schaben und Mäuse in vielen Kaufhallen und sonstigen Verkaufseinrichtungen – ausschließlich diese Bekämpfungsmethode in der Routine Anwendung fand. Bei allen Bekämpfungsmaßnahmen erfolgte jedoch keine Beräumung der Bekämpfungsräume, d.h., die Lebensmittel verblieben mehr oder weniger ungeschützt in den Verkaufs- und Lagerregalen sowie in den Kühlmöbeln. Eine solche Verfahrensweise begründete zu Recht den Verdacht einer möglichen Schadstoffbelastung der Lebensmittel durch das im Spritzpräparat enthaltene DDVP (97). Weitere Probenentnahmen von Lebensmitteln in anderen Handelseinrichtungen, die ähnlichen Bekämpfungsweisen ausgesetzt waren, bestätigten diese Befürchtung. Festgestellt wurde, dass beim routinemäßigen Ausspritzen mit DDVP-haltigen Insektiziden die verbleibenden Lebensmittel (außer Konserven und nicht fetthaltige Lebensmittel) in allen Fällen untolerierbare Rückstandsmengen aufwiesen. Dies galt auch für die in Kühlschränken verbrachten Lebensmittel.

Etwa drei Monate nach Bekanntwerden dieser Problematik lagen der Kreishygieneinspektion 25 Untersuchungsergebnisse von Lebensmitteln vor, die sich zum Zeitpunkt derartiger Bekämpfungsweisen in den Räumlichkeiten oder Einrichtungsgegenständen befanden. Die Analyseergebnisse (Anlagen 12–12.3) offenbarten, dass 40 % dieser Proben eine Überschreitung des MZR-Wertes zwischen 500 bis 1.000 %, d.h. das 5- bis 10- fache der zulässigen Toleranz zeigten.

Auf diesen besorgniserregenden Sachverhalt wurde das überbezirkliche Hygieneinstitut Berlin am 27.03.1984 aufmerksam gemacht und um eine zentrale Stellungnahme ersucht (268).

Wörtlich hieß es in diesem Ersuchen:

»Ausgehend von den vorliegenden Untersuchungsergebnissen richten sich unsere Bedenken auf folgende Aspekte:

1. Es ist davon auszugehen, dass bei der routinemäßigen Ausbringung o.g. Spritzmittel in Räumen, in denen gleichzeitig Lebensmittel anwesend sind, mit einer untolerierbaren Kontamination von DDVP-Rückständen zu rechnen ist. Dies stimmt mit den in der einschlägigen Literatur (243, 244) publizierten Hinweisen überein, wonach insbesondere für alle fetthaltigen Lebensmittel eine besondere Gefährdung gegeben ist. Da in derartigen Lebensmitteln ein Abbau von DDVP weitestgehend blockiert ist, bleibt es über lange Zeit in stabiler Form in Lebensmitteln anwesend.

2. Die von der PGH B.B. zurzeit praktizierte Bekämpfungsmethode ist sowohl hinsichtlich ihrer sachgemäßen Ausführung als auch z.T. im Hinblick auf die erreichten Bekämpfungsergebnisse als wenig optimal einzuschätzen. Es wäre in diesem Zusammenhang wünschenswert, im Rahmen der Schädlingsbekämpfung zu Regelungen zu gelangen, wonach die Bezahlung vom erreichten Bekämpfungserfolg, d.h. von der Qualität der Arbeitsergebnisse, abhängig gemacht wird. Darüber hinaus erscheint es uns weiterhin notwendig, die Bekämpfungsaktionen einer stärkeren Beaufsichtigung seitens der Hygieneorgane zu unterstellen.

3. Der Einsatz der zurzeit verfügbaren einheimischen Präparate ist aus o.g. Erwägungen als nicht ausreichend anzusehen. Nach unserem Dafürhalten wäre es zweckmäßig, in Schwerpunktobjekten mit hoher Befallsintensität gegen Schaben in verstärktem Maße auf bewährte Importpräparate wie z.B. Coopex oder Nuvanol zurückzugreifen.

4.1. Zur Minderung der aktuellen Risiken in den Handelsobjekten halten wir folgende Verfahrensweise für empfehlenswert: Das Ausbringen von DDVP-haltigen Spritzmitteln sollte nur dann noch erfolgen, wenn konsequent gewährleistet ist, dass alle fetthaltigen Lebensmittel aus den Bekämpfungsräumen in dicht schließende Tiefkühl- oder Kühlmöbel verbracht werden.

4.2. Die Anzahl der routinemäßigen Bekämpfungsaktionen kann nach unserer Einschätzung erheblich gesenkt werden. Die Durchführung einer Bekämpfung aus präventiver Absicht – wie wir sie wiederholt in der derzeitigen Praxis beobachten konnten – halten wir für unangebracht.

4.3. In Kaufhallen sollten eingeplante Schließungszeiten – z.B. im Zuge von Rekonstruktions- und Wartungsarbeiten – in stärkerem Maße für die Durchführung von Schädlingsbekämpfungsmaßnahmen genutzt werden …

Die Dringlichkeit dieser Problematik lässt eine schnelle Klärung geraten erscheinen. Zweifellos betrifft es über dies hinaus einen Problemkomplex, der nicht nur für das Territorium der Hauptstadt von lebensmittelhygienischer Relevanz ist.«

Weder diese Mitteilung noch alle nachfolgenden diesbezüglichen Anfragen wurden beantwortet. Das überbezirkliche Berliner Bezirkshygieneinstitut ignorierte bewusst – und wie man nach allgemeinem Erfahrungswert auch unterstellen durfte – in Abstimmung mit dem Ministerium für Gesundheitswesen – alle Initiativen zur Abklärung dieser Problematik. Als völlig unakzeptabel war hierbei die Art und Weise zu bewerten, wie man versuchte sich dieser Sachverhaltsklärung zu entziehen. Zunächst wurde die Durchführung der geforderten Rückstandsanalysen mit dem Hinweis auf anderweitige dringende Planaufgaben abgelehnt. Als sich aber dann doch ein Fachkollege bereitfand, auf eigene Initiative und in seiner Freizeit diese Untersuchungen durchzuführen, wurde ihm die Übermittlung seiner konkreten Analysedaten verboten. Weiterführende Untersuchungen zur statistischen Untermauerung der ersten Analysedaten, zu denen sich weitere Fachkollegen bereit erklärten, wurden unter Androhung von Disziplinarmaßnahmen untersagt.

Inzwischen hatte sich aber ein weiterer zusätzlicher Anhaltspunkt für die hygienisch-toxikologische Bedenklichkeit der verwendeten Insektizidpräparate ergeben, was eine nähere Identifizierung der Lösungsmittel dieser Präparate erforderlich machte. Entsprechende Anfragen beim Hersteller (VEB Fettchemie Karl-Marx-Stadt) waren unbeantwortet geblieben. Für uns Chemiker drängte sich der Verdacht auf, dass die starke Geruchsintensität dieser Insektizide vermutlich auf die Anwesenheit von chlororganischen Verbindungen vom Typ der kanzerogenverdächtigen Substanzen Tetrachlorkohlenstoff, Chloroform und Methylenchlorid schließen ließ.

Obwohl auch hier diese Untersuchungen abgelehnt wurden, nahmen wir es in die eigene Hand, entsprechende Untersuchungen vorzunehmen. Mithilfe einer massenspektrometrischen Untersuchung fanden wir heraus, dass diese Spritzmittelpräparate 45 % Chloroform (Flibol PE 70) bzw. 99 % Methylenchlorid (Flibol ex) enthielten. Es war bekannt, dass diese Insektizide in großem Umfang in die Umwelt (Handelseinrichtungen, Gemeinschaftsküchen etc.) verspritzt wurden (Anlagen 19–19.2).

Zudem stellte sich die Wirksamkeit dieser Präparate als sehr fragwürdig dar. Darüber hinaus erhielten wir von unseren Fachkollegen aus dem arbeitsmedizinischen Bereich Hinweise, dass auch Tetrachlorkohlenstoff als Ersatzmittel für die Mäusebekämpfung eingesetzt wurde (Anlage 7). Am 14.09.1984 wurde das Bezirkshygieneinstitut – das diese Untersuchungen eigentlich hätte durchführen sollen und sich bislang verweigert hatte – über unsere Ergebnisse informiert (270). Wörtlich hieß es in dieser Mitteilung:

»… Der Materialbedarfsbestellung des Schädlingsbekämpfungsbetriebes PGH Berliner Bär für das Jahr 1984 ist u.a. zu entnehmen, dass als chemische Flächenbehandlungsmittel zur Schabenbekämpfung der Einsatz von 90 Tonnen an Pestizidpräparaten Flibol PE 70 und Flibol ex geplant ist. … Die hygienisch-toxikologische Bedenklichkeit dieser Lösungsmittel ist bekannt. Für Chloroform und Methylenchlorid ist ein tierexperimenteller Verdacht auf Kanzeroginität belegt (173, 271). Ihre Persistenz ist der von DDT und anderen Insektiziden vergleichbar.

Nach den Arbeitsweisen der Schädlingsbekämpfer ist davon auszugehen, dass bei einer üblichen Behandlungsdauer von ca. 20 bis 26 Stunden sich durch Gleichgewichtseinstellungen auch eine starke Beeinflussung von aufnahmefähiger Materie ergeben kann. Eine Anreicherung der sehr leicht flüchtigen Verbindungen bei unzureichend geschützten Lebensmitteln – wie das in Handelsobjekten in der Regel der Fall ist – und bei Lebensmitteln mit sehr großer Oberfläche (z.B. Mehl) oder mit hohen Fettanteilen, kann nicht ausgeschlossen werden. Untersuchungen (251) über die Belastung des Menschen durch Chloroform und Methylenchlorid in Lebensmitteln zeigen, dass festgestellte Rückstandsgehalte deutlich die Grenzen überschreiten, die durch die allgemeine Kontamination in Luft und Wasser gegeben sind … Wenn auch in der Gesetzgebung Höchstgrenzen für diese Substanzen zurzeit noch nicht festgelegt sind, so sollten deshalb Untersuchungen in dieser Richtung nicht entfallen. Zwar steht die Problematik der berufsbedingten Exposition dieser Verbindungen im Vordergrund, doch ist auch aus lebensmittelhygienischer Sicht die Forderung zu erheben, dass der Gehalt an kanzerogen verdächtigen Substanzen in der Umwelt so gering wie möglich und wirtschaftlich vertretbar sein sollte.

Aus diesen Erwägungen heraus schlagen wir ebenfalls vor, entsprechende Untersuchungen auf Rückstände von OHV (Organohalogenverbindungen) einzuordnen bzw. die Unbedenklichkeit der genannten Pestizide sowie ihre umstrittenen Anwendungsweisen zu überprüfen. Gegen den massenweisen Einsatz von Flibol PE 70 sowie Flibol ex in Lebensmittelobjekten sind daher schon jetzt ernsthafte Bedenken anzumelden.«

Natürlich blieb auch diese Aufforderung – wie die bereits vorausgehenden – unbeantwortet. Der Ende 1984 vorgelegte Jahresschwerpunkt-Arbeitsplan des Bezirkshygieneinstitutes Berlin enthielt demzufolge auch keine derartige Aufgabenstellung.

Ungeachtet unserer Bemühungen wiesen die monatlichen Meldungen der im Jahre 1984 durchgeführten Spritzaktionen seitens der Schädlingsbekämpfungsfirma aus, dass insgesamt 1.537 Aufträge in Handelseinrichtungen, Gemeinschaftsküchen, Sozialeinrichtungen und Wohnungen ausgeführt wurden. Weit über 50 % der ausgeführten Arbeiten entfielen hierbei auf Objekte des Lebensmittelverkehrs. Dass durch den

Einsatz dieser Insektizide die Umwelt und – wie leider auch zu befürchten war – die Lebensmittel erheblich belastet wurden, sollen nachfolgende Verbrauchszahlen veranschaulichen:

In den neun Ostberliner Stadtbezirken wurden die Schädlingsbekämpfungsarbeiten ausschließlich nur von den beiden Betrieben PGH Berliner Bär und dem VEB Berliner Stadtwirtschaft ausgeführt, wobei der VEB Stadtwirtschaft den größeren Leistungsanteil erbrachte.

Legte man entsprechend der Jahresbedarfsanmeldung der PGH Berliner Bär einen Jahresverbrauch von 90 t Flibol zugrunde, so ermittelte sich ein realer Einsatz dieses Präparates für beide Bekämpfungsbetriebe von mindestens 200 t pro Jahr in Ostberlin. Man muss sich in diesem Zusammenhang auch vor Augen führen, dass Jahr für Jahr in dieser Größenordnung diese Schadstoffe in die Umwelt verspritzt wurden. Die sich daraus ableitende Belastung für die Umwelt und für die Lebensmittel waren wohl schwerlich als eine Bagatelle abzutun.

Im Bereich des kommunalen Umweltschutzes drängte sich in diesem Zusammenhang ein analoger und paradoxer Situationsvergleich auf. Die regelmäßig mit bestimmten Inversionswetterlagen einhergehende Luftverschmutzung Berlins verteilte sich mehr oder weniger gleichmäßig über Ost- und Westberlin. So mancher Ostberliner Einwohner wurde nachdenklich gestimmt, wenn er von dem Westberliner Smog-Alarm erfuhr und sich selbst einer Luftverschmutzung ausgesetzt sah, ohne dass in Ostberlin irgendwelche Aktivitäten erkennbar waren, auch dagegen etwas zu unternehmen. Nach der offiziellen Argumentation in Ostberlin lehnte man es ab, kurzfristig Alarmstufen auszurufen, deren Wirksamkeit ohnehin fraglich erschienen.

Im Bereich der DDR-LMK verhielt es sich prinzipiell nicht viel anders. Auch hier wurden die scheinbar aktuell nicht lösbaren Probleme ignoriert oder nur halbherzig bearbeitet. So war zu erklären, warum unseren Bemühungen im Hinblick auf die unhaltbaren Verfahrensweisen der Schädlingsbekämpfung kaum Erfolg beschieden war.

Diese Verhaltensweisen zeigten verhängnisvolle Auswirkungen. Auf Dauer lähmten derartige Erfahrungen die Eigeninitiative vieler Beteiligter. Man verinnerlichte die Einsicht, dass es wenig Zweck habe, sich gegen die vorherrschenden Umstände aufzulehnen oder irgendwelche Aktivitäten zu entwickeln, dagegen etwas zu unternehmen.

In dieser hier skizzierten und als frustrierend empfundenen Situation gab es aber auch immer wieder Einzelaktivitäten von engagierten Wissenschaftlern, die mit persönlichem Engagement und ihrem Fleiß sich bemühten, mit oftmals mühselig erstrittenen

Forschungsergebnissen zu einer Verbesserung des Gesundheitsschutzes beizutragen. Das nachfolgende Beispiel soll stellvertretend für solche bemerkenswerten Aktivitäten stehen.

XAX-M – ein Stoff mit unbekannter Wirkung

Aus den USA kommend, war seinerzeit ein weltweiter Trend zur industriellen Tierernährung und -haltung zu verzeichnen. In der DDR hatte man das auch registriert und unternahm Mitte der 70er Jahre große Anstrengungen, diesem Trend nachzueifern. Dabei schien im Rahmen der industriellen Tierernährung der massive Einsatz von Ergotropicas offenbar unverzichtbar. Viele der hierbei zur Verwendung gelangenden Substanzen mussten von der DDR importiert werden, teils aus dem RGW, in der Mehrzahl jedoch aus dem NSW. Das verleitete immer wieder dazu, u.a. auch auf Substanzen zurückzugreifen, die hygienisch-toxikologisch nur unzureichend geprüft und von daher mit einer entsprechenden Unsicherheit behaftet waren.

Eine Reihe dieser Substanzen (Antibiotika, Kokzidiostatika, Antioxydantien) wurden den sog. *Mischfuttermitteln* zugesetzt. Für die Rückstandsproblematik ergaben sich damit z.T. unüberschaubare Probleme. Bei der Beurteilung der Rückstandsproblematik waren Rückstände nicht isoliert zu betrachten, sondern sollten in ihrer Gesamtheit gesehen werden. Es war zu berücksichtigen, dass neben ergotropen Substanzen auch Pestizide und Herbizide in unterschiedlichen Mengen vorliegen konnten. Mögliche additive und potenzierende Effekte von Fremdstoffen (Kombinationseffekte) und deren stoffliche Summation im Organismus mussten betrachtet werden. Auch Metabolite sollten bei der toxikologischen Einschätzung nicht vernachlässigt werden. Unter Annahme ungünstiger Bedingungen war bekannt, dass gerade auch bestimmte Metabolite die schädigende Noxe sein können.

Angesichts der Kompliziertheit und Komplexität von Rückstandsproblematiken – wie diese auch gegenwärtig noch von großem Interesse und Bedeutung sind – war es nicht verwunderlich, dass seinerzeit eine spektakuläre Massenerkrankung in Spanien große Aufmerksamkeit erhielt. Als Ursache der Massenerkrankung wurde seinerzeit eine Palette von chemischen Noxen diskutiert, die von Aniliden bis Phosphorsäureestern für bestimmte Krankheitssymptome angeschuldigt wurden (282, 283).

In der DDR war davon auszugehen, dass jährlich 140 t Antibiotika und etwa die gleiche Größenordnung an Kokzidiostatika in Mischfuttermitteln eingesetzt wurden, »*deren*

Verbleib als noch ungelöst zu betrachten war«. Hinzu kamen ca. 290 t des ausschließlich in der DDR verwendeten ***Antioxydans XAX-M.*** Im Gegensatz zu den meisten konventionellen Antioxydantien (Äthoxyquin, BHT und BHA) – die schon seit langem verwendet wurden und bekannte Lebensmittelzusatzstoffe darstellten und als relativ gut geprüft galten – handelte es sich beim XAX-M um ein chemisches Gemischpräparat, das seit zehn Jahren in der DDR eingesetzt wurde und bislang chemisch-physikalisch nur unzureichend charakterisiert worden war. Es war jedoch das damalig einzige im RGW (VR Ungarn) produzierte Antioxydans, so dass sich aus rein monetären Gesichtspunkten seine Verwendung in der DDR anbot. Über Jahre wurde dieses Präparat erst einmal eingesetzt, ohne dass man die Rückstandsproblematik kannte und die hygienisch-toxikologische Bedeutung abzuschätzen vermochte.

Aus einer Vielzahl von Veröffentlichungen war ersichtlich, dass man über die toxikologische Bedeutung von Antioxydantien sehr geteilter Ansicht war. Das Meinungsspektrum reichte von einer Befürwortung bis zur strikten Ablehnung. Auf keinen Fall war aber zu übersehen, dass gerade Antioxydantien entsprechend ihrer chemischen Verhaltensweise reaktiv sind und Umwandlungen (Oxydation im Futter etc.) unterliegen, die ihren physikalisch-chemischen und auch physiologischen Charakter ändern können.

Seit dem Jahr 1976 wurden der Chemischen Untersuchungsanstalt im Bezirkshygieneinstitut Berlin regelmäßig im Rahmen der Planprobenabforderungen u.a. auch Eier aus dem Lebensmitteleinzelhandel eingesandt. Die DDR hatte begonnen, ihren permanenten Eiermangel zu beheben, indem die Eierproduktion in sog. Kombinaten der industriellen Mastproduktion (KIM) erfolgte. Diese Probenentnahmen sollten dem Ziel dienen, Untersuchungen zum Rückstandsverhalten des Antioxydans XAX-M durchzuführen.
Um ein entsprechendes Forschungsthema zur Analytik und Bestimmung dieser Substanz bemühte sich eine Fachkollegin. Diese Untersuchungen wurden 1982 im Rahmen einer Promotion abgeschlossen und führten zu folgenden Ergebnissen (286):

Die in den Mischfuttermitteln enthaltenen Fette sollten durch den Zusatz des Antioxydans XAX-M vor einem Verderb (Ranzigkeit) geschützt werden. Mit dem Zusatz des Antioxydans sollte also verhindert werden, dass Oxydationsprodukte auftreten und die sauerstoffempfindlichen Vitamine abgebaut werden. In der DDR wurde zunächst 1972 bis 1975 das Antioxydans XAX (Kondensationsprodukt aus Methanal und 2,2,4-Trimethyl-1,2-dihydrochinolin, Hauptbestandteil MTDQ = Bis-(2,2,4-trimethyl-1,2-dihydrochinol-6-yl)-methan) bei verschiedenen Mischfuttermitteln eingesetzt. Da aber XAX zur Grünfärbung tierischer

Erzeugnisse führte, wurde seitdem XAX-M verwendet. Der Anwendung lag die befristete Genehmigung des Ministeriums für Gesundheitswesen Nr. 6/76 zugrunde. Hiernach durften folgende Futtermittel 120 mg XAX-M je kg Mischfuttermittel enthalten: Mischfuttermittel für Ferkel, Eber, Küken (Legeeinrichtung und Broilereltern), Legehennen, Broiler (Starter, Mast), Karpfen (Aufzucht, Mast), Forellen (Brut, Aufzucht, Mast) und Milchaustauscher Kälmil für die Kälberaufzucht. Ferner war der Einsatz gestattet bei Mischfuttermitteln für die Aufzucht und Mast von Enten, Gänsen, Puten, Wachteln und Kaninchen.

XAX-M wurde in Ungarn bei Material, Vegyipari Szövetkezat, Budapest hergestellt. Die DDR importierte jährlich etwa 290 t hiervon. Nach den ursprünglichen Angaben des Herstellers sollten nach dem Verfüttern von XAX-M (120 mg/kg Futter) keine Rückstände in Tierkörpern auftreten. Untersuchungsergebnisse zum Rückstandsverhalten von XAX (14-C-markierte Substanz) – die von Dedek durchgeführt wurden – hatten jedoch bereits gezeigt, dass in Eiern mit Rückstandsgehalten von 1 bis 6 mg/kg und für Metabolite 0,1 bis 0,4 mg/kg zu rechnen war.

Das Antioxydans XAX-M wurde ausschließlich nur in der DDR bei Mischfuttermitteln verschiedener Tierarten eingesetzt. Von daher ergab sich die Notwendigkeit, Rückstandsuntersuchungen durchzuführen, um einen Überblick über die Belastung der Nahrung durch diesen Fremdstoff zu erhalten und über den weiteren Einsatz zu entscheiden. Die forschungsseitige Aufgabe bestand demzufolge in der Erarbeitung einer zuverlässigen Methode für die Rückstandsbestimmung bei gleichzeitiger chemisch-physikalischer Charakterisierung der eingesetzten XAX-M-Präparate. Untersuchungen bei Broilern nach Verfütterung von 14-C-markiertem XAX-M sollten Aufschluss über den Verbleib, die Ausscheidung und Gewebeverteilung geben.

Bei der Bezeichnung XAX-M handelte es sich um ein Kondensationsprodukt. Nach der chemisch-physikalischen Charakterisierung (HPLC, Massenspektrum, Kernresonanzspektrum, Elektronen-Spin-Resonanz-Spektrum) bestand das XAX-M-Präparat aus einem Substanzgemisch von ETDQ (= 1,1-Bis(2,2,4-Trimethyl-1,2-dihydro-chinol-6-yl)-ethan sowie 12 bis 20 verschiedenen chemischen Nebenprodukten. Das technische Präparat enthielt etwa 8,3 bis 31,4 % ETDQ, 1,0 bis 2,2 % Acetonanil und ca. 11 % Siliciumdioxid.

Über die Art der Nebenprodukte bestanden bis dahin nur ungenaue Vorstellungen. Bekannt war, dass diese Nebenprodukte *in nicht unbedeutenden Mengen* bei der Kondensationsreaktion zur Herstellung von XAX-M anfielen. Die mittels HPLC vorgenommene

Auftrennung des XAX-M-Gemisches führte zu sieben Komponenten, deren massenspektrometrische Untersuchungen verschiedene chemische Substanzen mit unterschiedlicher Polarität und Massezahlen zwischen 372 bis 770 ergab. Diskutiert wurde in diesem Zusammenhang auch eine Veränderung durch Reaktion der Komponenten miteinander.

Die ermittelten Rückstände waren im Fettgewebe der einzelnen Tierarten unterschiedlich hoch und stiegen in folgender Reihe an: Puten, Broiler, Legehennen, Broilerelterntiere, Gänse, Enten, Mastkälber. Sie waren abhängig von der verabreichten XAX-M-Menge. Der Broilerfütterungsversuch ergab bei einer Verdopplung der XAX-M-Menge von 120 auf 240 mg/kg auch eine Erhöhung der Rückstände im Fettgewebe von 26,5 auf 53,5 mg/kg. Nach einer Absetzzeit von 14 Tagen gingen die Rückstände auf 16 bzw. 28 % des ursprünglichen Gehaltes zurück, bei Legehennen innerhalb von 18 Tagen auf 25 %, d.h., XAX-M wurde nur langsam abgebaut.

Entsprechende Untersuchungen der Rückstände bei Broilern nach getrennter Verabreichung der Hauptkomponenten (ETDQ, Dimer, Trimer) gaben Aufschluss über die Speicherung einzelner Komponenten. Im Broilerfettgewebe wurden sowohl ETDQ als auch Verbindungen vom Typ des Dimer und Trimer gespeichert. Daneben lagen in den untersuchten Fraktionen Verbindungen vor z.B. mit Molmassen von 442 oder 279, die auch im XAX-M gefunden wurden und die relativ zum ETDQ in wesentlich stärkerem Maße gespeichert wurden.

Nach einmaliger Gabe von 14-C-markiertem XAX-M an Broiler wurden die Aufnahme- und Ausscheidungsrate und die Organverteilung nach 24 Stunden und 72 Stunden ermittelt. In den Exkrementen lagen nach 24 Stunden 85 bis 88 % und nach 72 Stunden 86 bis 94 % der verabreichten Aktivität vor. Der 14-C-Gehalt nahm in folgender Reihe zu: Herz, Magen, Muskel, Niere, Leber, Haut, Fettgewebe.

Unter Zugrundelegung der ermittelten Rückstände bei einzelnen Tierarten und unter Berücksichtigung des Pro-Kopf-Verbrauches pro Jahr wurde versucht, die pro Person und Jahr mit der Nahrung aufgenommene Menge XAX-M zu berechnen. Die größte Menge wurde durch Eier zugeführt, gefolgt von Broilern und Enten.

Nach diesen Analysedaten errechnete sich pro Person und Kopf und Jahr eine **XAX-M-Menge von 54 mg,** die ein Durchschnittsbürger in der DDR unwissentlich jährlich zu sich nahm (286).

Die hier dargestellten Rückstandswerte hatten ebenfalls nur orientierenden Charakter, bedingt durch die komplizierte und unterschiedliche Zusammensetzung des XAX-M, die sich zum Zeitpunkt der Aufnahme durch das Tier aufgrund ihrer Zweckbestimmung weiter veränderte. Außerdem war zu berücksichtigen, dass die einzelnen Komponenten nicht in gleichem Maße angereichert wurden, wie sie zum Zeitpunkt der Fütterung im XAX-M vorlagen. Über Art und Menge sowie ihre toxikologischen Eigenschaften waren keine Aussagen vordem möglich.

Die toxikologischen Untersuchungen mit dem technischen Präparat XAX-M – die von dem ungarischen Hersteller vorgelegt wurden – hatten nur eine beschränkte Aussagefähigkeit, da die eingesetzten Präparate lediglich im Aussehen beschrieben wurden, jedoch eine chemische Charakterisierung unterblieb. Angaben über die Toxizität der einzelnen Bestandteile von XAX-M-Präparaten und deren Oxydationsprodukte lagen ebenfalls bislang noch nicht vor, ebenso wenig welche über die Toxizität der Metabolite. Generell galt in Bezug auf den Toxizitätscharakter von Antioxydantien, dass sie sich an vielen metabolischen Prozessen beteiligten und von daher nicht unproblematisch erschienen.

Ein von der WHO bestätigter ADI-Wert (d.h. die lebenslang duldbare tägliche Aufnahme des Menschen) fehlte ebenfalls. In Auswertung dieser Untersuchungsergebnisse wurde wegen der hohen Rückstandsbelastung durch Eier nach positivem Verlauf mehrerer Großversuche bei Legehennen mit unterschiedlicher XAX-M- und Vitamin-E-Supplementation im Futter ab 1982 die XAX-M-Menge für Legehennenfutter auf 60 mg XAX-M/kg reduziert.

In der Diskussion um die hygienisch-toxikologische Bewertung der Rückstandsproblematik von XAX-M wurde in der DDR regelmäßig auf die Tatsache hingewiesen, dass dieses Präparat auch in der Humantherapie angewendet wurde. Diesem Argument musste man allerdings entgegenhalten, dass dies kein Grund für eine allgemeine Tolerierung sein konnte, denn das Risiko der oft nur vorübergehenden Anwendung eines Präparates als Therapeutikum zur Rettung oder Heilung Schwerkranker ist gegenüber seiner ständigen Verabreichung als Nahrungskomponente an Gesunde prinzipiell anders einzuschätzen.

Ich habe dieses Beispiel an dieser Stelle deshalb so ausführlich dargestellt, weil es darüber in der DDR keine offene Diskussion gab und auch nicht publiziert wurde. Dem ahnungslosen Konsumenten in der DDR wurden mit XAX-M belastete Lebensmittel angeboten, über deren Fremdstoffbelastung er weitestgehend im Unklaren belassen wurde. Was die gesundheitsschädliche Bewertung der Rückstandsbelastung von XAX-M anbetraf, blieben viele Fragen unbeantwortet. Nicht aus Erwägungen des Gesundheitsschutzes, sondern aufgrund der angespannten Devisenlage wurde dann seit 1984 XAX-M nicht mehr im Legehennenmischfutter eingesetzt, so dass die besonders hochbelasteten sog. »KIM-Eier« danach zumindest frei von diesen Rückständen waren.

Es war aber kein Erfolg der amtlichen Lebensmittelüberwachung, welche zu diesen Forschungsergebnissen und den sich daraus ableitenden Einsichten führte. Vielmehr war es das Ergebnis des persönlichen Engagements einer Einzelnen. Man wäre vielleicht auch heute noch nicht zu diesen Ergebnissen gelangt, wenn es diese Einzelne nicht auf sich genommen hätte, in ihrem Wohnhaus zu wissenschaftlichen Zwecken Hühner zu füttern, zu schlachten und zu präparieren.

Die DDR- Lebensmittelkontrolle stellt sich selbst infrage

Sich seiner Forderungen bewusst werden heißt, auch seine Möglichkeiten abschätzen zu lernen und zu erkennen, was veränderbar und was nicht veränderbar ist. In dieser Hinsicht ist man gut beraten, in vielen Lebenslagen sich bei allen Aktivitäten ein gutes und realistisches Augenmaß zu bewahren.

Für den Vollzug der Lebensmittelkontrolle bot sich in der Exekutive ein breites Instrumentarium von Maßnahmen an, lebensmittelrechtliche Normen durchzusetzen. Das Spektrum an Möglichkeiten umfasste nicht nur risikoorientierte Kontrollen mit umfassenden Sachverhaltsfeststellungen, sondern auch die Beratung, Schulung und Belehrung bis hin zur zwangsweisen und administrativen Durchsetzung in Form von Auflagen und Weisungen.

Ein weiteres und wichtiges Instrument bildeten auch kontinuierliche Berichterstattungen als Darstellung hygienischer Ist-Zustandsanalysen. Diese sollten vor allem dazu beitragen, die kommunalpolitischen Entscheidungsträger auf hygienische Missstände und Schwerpunkte aufmerksam zu machen. Damit verband sich die Hoffnung, auf wissenschaftlich basierter Grundlage Verständnis für die Beseitigung und Minimierung hygienischer Risiken zu erwecken und Unterstützung bei der Lösung von Hygieneproblemen zu erhalten.

Im Rahmen aller dieser Maßnahmen kam auch der administrativen Tätigkeit von Lebensmittelchemikern auf dieser Verwaltungsebene eine wichtige Rolle zu. Man konnte Ahrens (223) und einigen anderen Vertretern unseres Berufsstandes (224–228, 234, 261, 264, 266) eigentlich nur zustimmen, wenn sie meinten, dass gerade das naturwissenschaftliche Ausbildungsprofil des Lebensmittelchemikers ihn dazu befähigt,

Es waren im Wesentlichen diese Argumente, die ich Anfang der 70er Jahre ins Feld
führte, um in Abstimmung und letztlich auch mit Zustimmung des Ministeriums für
Gesundheitswesen für den Einsatz von Lebensmittelchemikern in der DDR auf der
unteren Verwaltungsebene zu plädieren. Man war letztendlich auch auf der höheren
Entscheidungsebene bereit, die generelle Unterscheidung der Überwachung vor Ort und
der Untersuchung im Labor zu akzeptieren und anzuerkennen, dass die administrative
Tätigkeit eine unverzichtbare Ergänzung darstellt. In der Frage, inwieweit es sinnvoll
erschien, den mit der betrieblichen Überprüfung beauftragten wissenschaftlichen Sachverständigen mit hoheitlicher Anordnungsbefugnis auszustatten, war man sich relativ
schnell einig, dass die gegebenen Strukturen geeignet seien, um dem Kontrollierenden
eine solche weiträumige Zuständigkeit einzuräumen.

In diesem Punkt unterschied man sich auch deutlich von Auffassungen Schiedemaiers in
der BRD (231), der dafür plädierte, die hoheitliche Anordnungsbefugnis einer anderen
Behörde zu übertragen. Schiedemaier äußerte seinerzeit die Befürchtung, dass ein mit
Anordnungsbefugnis ausgestatteter Vollzugsbeamter durch den Verdacht belastet sein
könnte, »als Quasipolizeibeamter oder Staatsanwalt sein Gutachten nur darauf auszurichten, die von ihm getroffene Entscheidung rechtfertigen zu wollen.«

Unter den gegebenen politischen Bedingungen in der DDR stellte sich bald heraus,
dass die Bewältigung des Aufgabenkomplexes in der Lebensmittelüberwachung nicht
nur hohe fachliche Kompetenz erforderte, sondern darüber hinaus auch hinreichend
integre Persönlichkeiten mit genügend Zivilcourage, die sich offen und kritisch zu den
Problemen und Schwierigkeiten äußern, mit denen sie tagtäglich konfrontiert wurden.
Diesem Anspruch wurden viele Führungskräfte nicht gerecht. In den Anfangsjahren
der DDR mag der eine oder andere Entscheidungsträger diesem Anspruch auch auf
höherer Verantwortungs- und Entscheidungsebene noch entsprochen haben. Der Verfasser des ostdeutschen Lebensmittelgesetzes – Thymian – gehörte noch zu denjenigen,
die versucht haben, auf einer Gratwanderung zwischen dem Auftrag der traditionellen
Lebensmittelkontrolle und den gegebenen politischen Gestaltungsabsichten zu vermitteln. Die Nachfolger – wie z.B. der spätere Haupthygieniker Paulenz – hatten sich

inzwischen den politisch-ideologischen Vorgaben so weit angepasst, dass sie kritische Äußerungen weitestgehend unterließen.

In der veterinärhygienischen Überwachung betrieben Tierärzte*innen schon seit eh und je die routinemäßige Inspektionstätigkeit vor Ort (229, 230). Da die Lebensmittel-chemiker*innen – soweit sie in der Lebensmittelkontrolle tätig waren – ihre Daseins-berechtigung vornehmlich in den analytischen Laborbereichen sahen, gingen sie der administrativen Tätigkeit weitgehend aus dem Wege. In der BRD waren es dann vor allem die Tierärzte, die in den unteren Verwaltungsbereichen dieses Tätigkeitsfeld für sich entdeckten und in dominierender Weise für sich in Beschlag nahmen.

Die Vielfältigkeit der Fragestellungen im Vollzugsdienst ging und geht auch heute noch weit über die Problematik der tierischen Lebensmittel hinaus. In der DDR war es ge-lungen – ganz im Gegenteil zu den gegenläufigen Entwicklungen in der alten Bundes-republik –, unsere Berufsgruppe in eine administrative Tätigkeitsebene einzubinden, wo sie vor Ort eigenverantwortlich und auf Augenhöhe mit den Tierärzt*innen einen analogen Inspektionsdienst durchführten. Zu meiner Überraschung war die in der Regel *ideologisch und politisch* sehr angepasste Tierärzteschaft in der DDR von Anfang an mehrheitlich dafür aufgeschlossen, auf dieser Verwaltungsebene mit unserer Berufs-gruppe kooperativ zusammenzuarbeiten.

Ich war ziemlich ernüchtert, als ich in den alten Bundesländern – aber insbesondere in Westberlin – 1986 auf administrative Strukturen traf, die ein starkes berufspoliti-sches Hegemonieverhalten der Tierärzteschaft im Hinblick auf ihre Tätigkeit in der Lebensmittelkontrolle zeigten. Darüber hinaus hatte sich bundesweit in den föderalen Strukturen ein anderes breites und sehr unterschiedliches Spektrum fest etablierter Überwachungsstrukturen etabliert, das sich zweifellos auch bewährt hatte. Und so über-raschte mich auch nicht das allgemeine Desinteresse, das mir seinerzeit entgegenschlug, als ich über die Situation der Lebensmittelüberwachung in der DDR berichten wollte. Ich gebe aber freimütig zu, dass mir der missionarische Eifer fehlte, über Dinge berichten zu wollen, die man gar nicht hören wollte.

Ich war dankbar, dass ich 1986 zunächst die Möglichkeit erhielt, am Landesuntersu-chungsinstitut Berlin (LAT) tätig sein zu können. Es galt damals als eines der moderns-ten Untersuchungsämter in der BRD. So konnte ich mir selbst einen Eindruck verschaf-fen, wie die Lebensmittelkontrolle in Westberlin und in den anderen Bundesländern organisiert war und wie sie funktionierte. Ich bekam bestätigt – was mir vorher schon ziemlich klar war –, dass die staatliche Lebensmittelkontrolle in der DDR hinsichtlich ihrer Leistungsstärke und ihres Engagements demgegenüber *weit hinterm Mond war*. So gesehen fand ich es auch für durchaus verständlich, dass die berufsständischen Institutionen und Fachgremien sich wenig geneigt zeigten, mir weder in der Fachgesellschaft noch in den einschlägigen Publikationsorganen ein Forum zu bieten, über die Lebensmittelkontrolle in der DDR berichten zu können.

Die Frage nach der Wirksamkeit der Lebensmittelüberwachung in der DDR beantwortete sich in gewisser Hinsicht schon allein dadurch, dass die zuständigen Ämter für ihre Routineanalytik nicht über den notwendigen apparativen Standard verfügten, eine solche Hochleistungsanalytik zu gewährleisten, wie sie in der Bundesrepublik vorhanden und auch nötig war, um wirksam zu sein (262, 263). Bei vergleichbaren Problemstellungen war man mit dem relativ einfachen und wenig kostenintensiven Überwachungsinstrumentarium in der DDR kaum in der Lage, Vollanalysen von Lebensmitteln zu erstellen, die beispielsweise bundesdeutschem Standard entsprochen hätten. Zudem wurden bei gegebener Messtechnik oftmals auch nicht hinreichend die Methoden beherrscht, eine sichere, d.h., auch transparente und nachvollziehbare Lebensmittelanalytik zu betreiben.

Retrospektiv betrachtet hatte sich das Untersuchungsniveau bei Lebensmitteln in der DDR sogar rückläufig entwickelt, indem anstelle von fundierten Vollanalysen in den letzten Jahren von manchen Ämtern nur noch Teilanalysen oder sensorische Gutachten erstellt wurden. Das hatte gerade im Bereich der Rückstandsregelungen zu einem unübersehbaren Vollzugsdefizit geführt.

Vielerorts fehlten in der DDR die apparativen, personellen und methodischen Grundlagen für die Durchführung solcher Untersuchungen, die im Umweltbereich bedeutsam waren.

So verwunderte es nicht, dass es bei den Feststellungen von Lebensmittelbelastungen auch noch erhebliche Wissenslücken gab, da viele Lebensmittel entweder gar nicht oder nur unzureichend kontrolliert wurden, weil es beispielsweise auch an geeigneten Messeräten fehlte, um bestimmte Schadstoffe überhaupt zu erfassen.

Der Bedarf an notwendigen Untersuchungen auf Umweltbiozide, Verunreinigungen, Kontaminanten etc. war angesichts der gegebenen Umweltproblematik entsprechend groß. Er konnte nicht bewältigt werden, weil in vielen Untersuchungseinrichtungen die simpelsten technischen Voraussetzungen fehlten.

Welche Finanzaufwendungen für Personal und Sachmittel der Lebensmittelüberwachung in der DDR erbracht oder vielmehr nicht erbracht wurden, entzog sich der öffentlichen Kenntnis. Es war bekannt, dass das Ministerium für Gesundheitswesen von 1971 bis 1988 Jahresberichte über die Belastung von Lebensmitteln erarbeitet und an die Bezirkshygieneinstitute in der DDR weiterleitete. Dort wurden diese unter Verschluss gehalten und nicht veröffentlicht. Immer wenn die Grenzwerte für Höchstmengen von bestimmten Schadstoffen heraufgesetzt wurden, war davon auszugehen, dass es gravierende Überschreitungen gab. So wurde z.B. 1989 der Grenzwert bei Hexachlorbenzol (HCB) heraufgesetzt, um die bei Fischen durch diesen Schadstoff verursachten Beanstandungen zu reduzieren.

Dass viele Lebensmittel in der DDR seinerzeit belastet waren, wurde z.T. erst öffentlich bekannt, als in der Nachwendezeit in der Tagespresse (233, 256) erste Veröffentlichungen erschienen, die darauf hinwiesen, dass einzelne Lebensmittel (Eier, Fisch, Obst und Gemüseerzeugnisse) in der DDR durch verschiedene Schadstoffe (DDT, Lindan, HCB, Quecksilber und Cadmium etc.) belastet waren. In dem vom Umweltbundesministerium im November 1991 herausgegebenen sog. Eckwertepapier (233) wurde nicht ohne Grund als Zielstellung für die Nachwendezeit die *»Erarbeitung einer regional differenzierten Übersicht über die Schadstoffbelastung der Lebensmittel in den fünf neuen Bundesländern mit den Schwerpunkten der Untersuchung der Lebensmittel auf Schwermetalle, PCB und Pflanzenschutzmittel vorgegeben«.* Damit verbunden war auch die Forderung, die Lebensmittelkontrolle auf dem Gebiet der ehemaligen DDR im personellen und apparativen Bereich zu verbessern und zu unterstützen. Das beinhaltete nichts anderes, als die Defizite und Versäumnisse der DDR- Lebensmittelkontrolle aufzuarbeiten.

Das Hauptproblem der Lebensmittelüberwachung in der DDR bestand aber vor allem darin, dass in dem durch ständige Mangelwirtschaft gekennzeichneten Planwirtschaftssystem im Spannungsfeld zwischen Politik, Wirtschaft und Behörden die ökonomischen Zwänge derart stark waren, dass die Lebensmittelkontrolle in der DDR in einem generellen Verzichtsklima agierte zwischen *»volkswirtschaftlichen Notwendigkeiten und gesundheitlichen Erfordernissen«,* wie es der § 1 des Lebensmittelgesetzes (LMG) in der DDR formulierte.

Auf der Seite der Überwachungsorgane herrschte gegenüber relevanten Hygieneproblemen ein generelles Verzichtsklima. Der Entscheidungsrahmen war durch politisch-ideologische und ökonomische Sachzwänge eng abgesteckt, in welchem sich fachbezogene Entscheidungen zu bewegen hatten. Als Konsequenz entwickelte sich bei vielen Kontrollbeauftragten ein Gefühl der Resignation und Störung des Selbstwertgefühls. Der Vollzug der Lebensmittelkontrolle kam einer Gratwanderung gleich. Die Zahl der Stolpersteine und der möglichen Fehltritte erschienen vielen Beteiligten unübersehbar groß. Für manchen Kontrollbeauftragten Gründe genug, den Weg zum »Corpus Delicti« erst gar nicht anzutreten, nicht hinzuschauen oder wenn es galt, etwas durchzusetzen, auf jegliche Forderung zu verzichten. In einer solchen Situation der »Scheuklappen-strategie« und des »Wegschauens« wurde Konzession an Konzession aneinandergereiht.

Vieles, was in der Vergangenheit eine funktionierende und eine dem Gemeinwohl verpflichtete Lebensmittelüberwachung bereits an Forderungen dem Handwerk, der Lebensmittelindustrie und dem Handel erfolgreich abgerungen worden war, wurde mit so manchem Zugeständnis wieder preisgegeben. Retrospektiv ist einzuschätzen, dass eine solche Kompromissbereitschaft, wie sie in autokratischen und diktatorischen Systemen an der Tagesordnung ist, sich weder im Interesse des Gesundheitsschutzes noch in anderer Hinsicht ausgezahlt hat. Eine Duldung hygienischer oder anderer le-bensmittelrelevanter Missstände und dazu noch eine Einstellung des Verschweigens und der Verschleierung gesundheitlich bedenklicher Fakten trugen mit dazu bei, die Glaubwürdigkeit der Lebensmittelkontrolle infrage zu stellen.

In einer Atmosphäre des gestörten Selbstwertgefühls der Kontrollbeauftragten ließ sich in zu nehmendem Maße auch beobachten, dass gegenüber hygienischen Bagatelldelikten eine z.T. überbetonte harte Reaktion der Kontrollierenden erfolgte und gefordert wurde. Ein konsequentes Vorgehen sollte dort eingefordert werden, wo am wenigsten Wider-stand zu erwarten war, d.h. bei den privaten Gewerbetreibenden, dem Kommissionär oder der untersten Hierarchieebene. Da halfen auch fundierte Rechtsbeschwerden der Betroffenen nicht (siehe Anlage 8).

Während einerseits die Nichterfüllung betriebshygienischer Minimalforderungen toleriert wurde, sollte andererseits der *fehlende Haarschutz* oder die nicht regelmäßig durchgeführte *Eigenkontrolle* unangemessen streng geahndet werden. Zu meinen be-drückendsten Erlebnissen gehörte die Erfahrung, wie sich Fachwissen mit Inhumanität verbanden.

Die Praxis offenbarte, dass es kaum möglich war, allen diesen desaströsen Erscheinun-gen wirksam entgegenzutreten. Eine vorherrschende Verhaltensweise zeigte sich darin, *»allen zu Munde zu reden«* im Sinne der von einer anonymen Obrigkeit erwarteten Posi-tivmeldungen. Das bedeutete, dass bei fachbezogenen Problemdarstellungen die Sache geringer stand, als die persönliche Unbill, die mit einer ungeschminkten Darstellung der Realität eventuell verbunden war. Davon konnte ich ein Lied singen.

Ich war bekannt dafür, in meinen Vorträgen, Schulungen oder bei den Meetings – wie man so schön sagt – *»kein Blatt vor den Mund zu nehmen«*. Meine Vortragsveranstaltungen im Rahmen der Urania-Vortragstätigkeit in Ostberlin zu solchen Themen wie z.B. *»Selbstmord mit Messer und Gabel«* oder *»Gift in unserer Nahrung«* waren zeitweilig so gut besucht, dass ich im Rahmen eines Auswertungsverfahrens der Urania-Vortragstätigkeit für die in einem Jahr höchste Anzahl von Zuhörern eine Auszeichnung des Magistrats von Berlin erhielt. Meinem Bestreben, meine Ansichten auch in Fachzeitschriften publizieren zu wollen, wurde dagegen schnell Grenzen gesetzt, weil ich nicht bereit war, Positivmeldungen dort zu verkünden, wo offensichtliche Missstände herrschten (Anlage 6). Die Unmöglichkeit der offenen und kritisch sachlichen Darstellung von Ergebnissen und Feststellungen im Bereich des Gesundheitsschutzes öffnete Tür und Tor für eine Verhaltensweise, hygienische Missstände zu verschweigen, sie zu verschleiern und alles zu unterlassen, vorhandene Defizite zu beseitigen. Wozu brauchte es dann noch eine Lebensmittelkontrolle in der DDR?

Die meisten Funktionsträger waren den Autoritäten der Staatsgewalt hörig und unterlagen auf Dauer einem Automatismus des Gehorsams. Hörigkeit aber bringt in psychologischer Hinsicht immer zwei Effekte mit sich: die Selbstständigkeit geht verloren oder wird nie erreicht. Angst vor der selbstständigen Entscheidung und mangelnde Eigeninitiative waren die prägenden Symptome dieser völlig auf Konformität und Unfreiheit eingestellten Atmosphäre.

Unfreiheit aber widerspricht dem Reifungsbedürfnis des Menschen. Die Neigung zur Intoleranz nimmt zu. Wer versucht, sich immer nur durchzulavieren, nicht aufzufallen oder anzuecken, verliert irgendwann auch die Fähigkeit, zwischen Recht und Unrecht zu unterscheiden. Die ständige Disziplinierung im Auge wird jede Kritik unterlassen, die geeignet sein könnte, Beschlüsse der Obrigkeit infrage zu stellen. Bevormundung und Reglementierung als vorherrschende Verhaltensweisen in einer Diktatur schränken das Gefühl für Selbstständigkeit ein. Man flüchtet sich in die sog. *»Nische«*, d.h. in seine Privatsphäre. Bei entscheidenden Fragestellungen offenbaren sich ein mangelnder Mut und Zivilcourage auch in eigener Sache.

Das in etwa waren die Prämissen, unter denen die Beteiligten in der DDR- Lebensmittelkontrolle agierten. Die Beschäftigten des Lebensmittelverkehrs – Geschäftsinhaber, Gewerbebetreibende und sonstiges Lebensmittelpersonal – befanden sich in einer faktisch rechtlosen Situation. Charakterschwache und übereifrige Kontrollbeauftragte verleitete das gerade dazu, leichtfertig und missbräuchlich zu handeln. Von einer funktionierenden Lebensmittelüberwachung konnte so gesehen bei der DDR- Lebensmittelkontrolle nicht mehr die Rede sein.

Altlasten der DDR- Lebensmittelkontrolle

Mit der Wiedervereinigung Deutschlands stellte sich auch die Frage nach der weiteren Existenzberechtigung der DDR-LMK. Es war nur verständlich, dass die seinerzeitigen Entscheidungsträger in der Nachwendezeit sich zunächst bemühten, im Kontext einer Selbstdarstellung die Lebensmittelüberwachung in der DDR in ihrer Organisation und ihren Verfahrensabläufen der bundesdeutschen Lebensmittelüberwachung als adäquat zu beschreiben (256, 296). Allerdings kam der eine oder andere nicht umhin, einzugestehen, dass angesichts der *vielen Unzulänglichkeiten und Disproportionen der Planwirtschaft in der DDR*« die Lebensmittelüberwachung davon nicht unberührt blieb.

Wörtlich führte dazu z.B. der damalige stellvertretende Inspektionsleiter des BHI Berlin Pfannschmidt im Jahre 1990 hierzu aus (296):

»Bei Kontrollen der hygienischen Verhältnisse in einem Lebensmittelbetrieb stand beispielsweise der Kontrollbeauftragte häufig vor der Frage, wie er eine notwendige Maßnahme durchsetzen kann, obwohl er erkennt, dass der Betrieb aufgrund fehlender materiell-technischer Voraussetzungen in dem Augenblick gar nicht in der Lage ist, der Forderung nachzukommen. Dem Leiter einer Kreishygieneinspektion oder eines Kontrollbereiches der Veterinärhygieneinspektion, der es verstanden hat, trotz dieser stets vorhandenen ökonomischen Probleme tragbare hygienische Verhältnisse in seinem Überwachungsbereich durchzusetzen, muss deshalb Anerkennung gezollt werden.«

Trotz gewisser Einschränkungen im Hinblick auf die Durchsetzbarkeit lebensmittelhygienischer Normen unter den Bedingungen einer Planwirtschaft, die der Autor eingesteht, bemühte er sich im Sinne einer Beschwichtigung und Verharmlosung der DDR- Lebensmittelkontrolle zu bescheinigen, dass es ihr trotz aller Schwierigkeiten dennoch gelungen sei, tragbare hygienische Verhältnisse zu gewährleisten. Und genau diese Behauptung hat sich als ein großer Irrtum herausgestellt. Von punktuellen Erfolgen einmal abgesehen, hat es die DDR- Lebensmittelkontrolle nie vermocht, auf breiter Basis lebensmittelhygienische Normative durchzusetzen, wie sie das Lebensmittelgesetz der DDR eigentlich vorgab. Mit der sich anbahnenden Wiedervereinigung wurden die Defizite der ostdeutschen Lebensmittelüberwachung immer mehr öffentlich thematisiert. Und so verwunderte es auch nicht, wenn die Tagespresse (293, 298) im April und November 1990 gelegentlich noch mit Notizen aufmerksam machte, wonach

»der größte Teil der von der DDR in die Bundesrepublik gelieferten Frischprodukte wie Fleisch- und Milcherzeugnisse nach bundesdeutschen Maßstäben nicht verkehrsfähig sei und diese Waren nicht den hygienischen und lebensmittelrechtlichen Anforderungen in der Bundesrepublik entsprächen. Zudem gäbe es in der DDR keinerlei Lebensmittelkontrollen.« (298)

»… das Gesundheitsministerium … zu dem Ergebnis gekommen war, dass jeder zweite Bewohner der früheren DDR mit unsauberem Trinkwasser leben muss. Rund eine Million Bürger erhielten nitratüberbelastetes Trinkwasser …« (293)

Im Zeitraum der bevorstehenden Wiedervereinigung war noch eine große Unkenntnis darüber vorhanden, wie die Lebensmittelkontrolle in der DDR eigentlich gearbeitet hatte. Das betraf nicht nur die Bundesbürger, sondern auch die ehemaligen ahnungslosen DDR-Bürger selbst, die z.B. über das tatsächliche Ausmaß der Schadstoffbelastung der Lebensmittel in der DDR nicht informiert waren und darüber im Unklaren gehalten wurden. Die Furcht schien nicht unbegründet, dass das tatsächliche Ausmaß der Schadstoffbelastung als besorgniserregend einzuschätzen war.

In einer Pressemitteilung vom 01.11.1990 veröffentlichte das Bundesministerium für Jugend, Familie, Frauen und Gesundheit (BMJFFG) (299) die ersten Ergebnisse eines bislang unter Verschluss gehaltenen Datenmaterials aus den DDR-Analysedaten der Jahre 1988 und 1989. Die in nachstehender Übersicht (Abbildungen 21 und 22) dargestellten Beanstandungsquoten der Schadstoffbelastung vermitteln einen Eindruck über die Schadstoffbelastung von ausgewählten Lebensmitteln in der DDR. In seiner Erläuterung zu den in den Abbildungen 21 und 22 aufgeführten Beanstandungsquoten führte das BMJFFG u.a. hierzu aus:

»Die Bevölkerung auf dem Gebiet der ehemaligen DDR ist in den ganzen Jahren über die Schadstoffbelastung der Lebensmittel nicht informiert worden. Es liegen auch über die Belastungssituation der Lebensmittel insbesondere in Bezug auf Rückstände von Pflanzenschutzmitteln, Nitrat und aus der Umwelt stammenden Schadstoffen keine ausreichenden Analysedaten vor. Schließlich kann die Qualität des bisher unter Verschluss gehaltenen Datenmaterials nicht zuverlässig im Hinblick darauf beurteilt werden, ob äußere Einflussnahmen auf die Auswahl der erfassten Daten vorgenommen worden sind.«

Abbildung 21
Schadstoffbelastung von DDR- Lebensmitteln in %
(Blei, Quecksilber, Cadmium, Nickel)
55,3
72,8
72,8
78,7
21,2
Spinat
Kartoffeln
Gemüse und Gemüseerzeugnisse Getreide und Getreideerzeugnisse
Wild

Abbildung 22
Nitratbelastung von DDR- Lebensmitteln pflanz. Herkunft
Beanstandungsquote (%)
100
90
80
70
60
50
40
30
20
10
0
30,8
76,2
91
Frischgemüse (z.B. Spinat)
Sprossgemüse
Kopfsalat

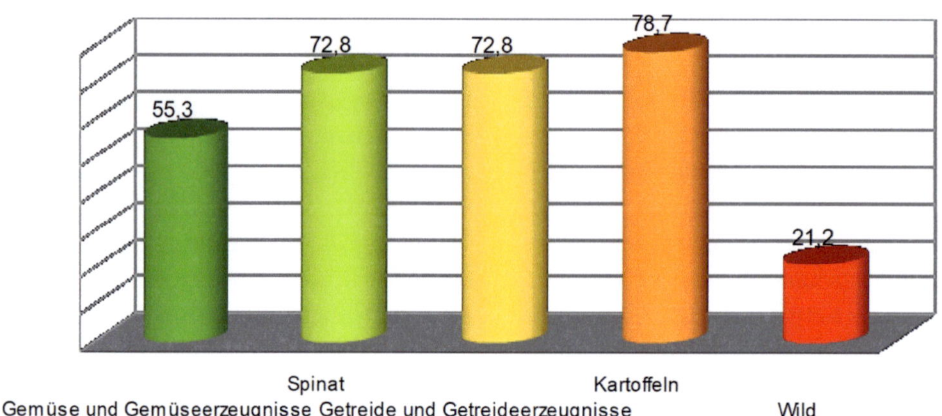

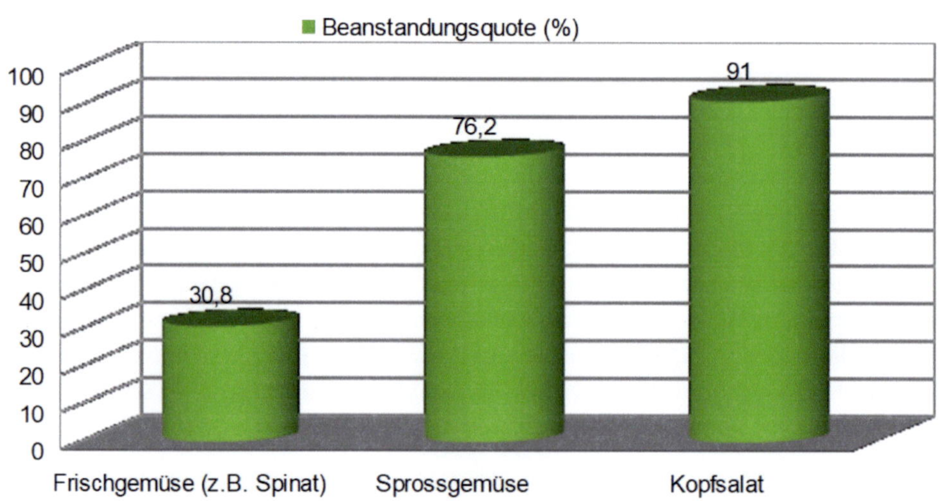

240

Im Vergleich zur Bundesrepublik lag die Nitratbelastung von Lebensmitteln pflanzlicher Herkunft auf dem Gebiet der ehemaligen DDR im Allgemeinen höher. Unter Berücksichtigung der teilweise zusätzlich hohen festgestellten Nitratbelastung des Trinkwassers in der DDR war die Feststellung berechtigt, dass es in der Summe zu erheblichen Überschreitungen der täglich duldbaren Aufnahmemengen für Nitrat gekommen war.

Sehr hohe Belastungen gab es auch bei Eiern mit DDT, Lindan und Hexachlorbenzol (HCB), die bis zum 03.10.1990 noch durch Agrarflugzeuge in der damaligen DDR weiträumig versprüht wurden. Eier gehörten in Bezug auf die Schwermetallbelastung zu den risikoreichsten Lebensmitteln in der DDR. Bei 61 % wurden teilweise hohe Belastungen mit Quecksilber festgestellt. Dieser Befund war vor allem dem Umstand geschuldet, dass insbesondere viele Kleinerzeuger illegal Saatgut verfütterten, welches mit Quecksilber gebeizt wurde.

Es ist nicht auszuschließen, dass die z.T. hohen Belastungen von in der DDR produzierten Lebensmitteln mit Pflanzenschutzmittelrückständen, Schwermetallen und Dioxinen auch zu nachteiligen Auswirkungen auf die Lebenserwartung der eigenen Bevölkerung beigetragen haben. Der schonungslose Umgang mit der Natur und der mangelhafte Gesundheitsschutz in der Arbeitswelt und auch im Bereich der Lebensmittelkontrolle mögen mit dazu geführt haben, dass die in der DDR lebenden Menschen früher starben als in der BRD und der gesamten europäischen Gemeinschaft. Die durchschnittliche Lebenserwartung in der damaligen DDR betrug bei Männern 69,5 Jahre und lag damit um zweieinhalb Jahre unter dem Durchschnitt in der BRD und der EG. Die Lebenserwartung der Frauen in der DDR lag im Vergleich zur BRD sogar um sieben Jahre niedriger und im EG-Durchschnitt um dreieinhalb Jahre kürzer.

Diese Befunde gehören mit zu den Altlasten der Lebensmittelkontrolle in der DDR.

Aus dieser Situationsanalyse ergab sich für das BMJFFG die Herausforderung, für die Überwindung des Altlastenproblems geeignete Lösungsvorschläge zu erarbeiten. Am 01.11.1990 verkündete der damalige Staatssekretär Anton Pfeifer (299) die nachfolgenden Lösungsvorschläge:

»Das bisherige methodische Vorgehen der Lebensmittelüberwachung in der DDR ist in Bezug auf die Auswahl von Lebensmitteln und der zu untersuchenden Stoffe völlig unzureichend und bedarf erheblicher Verbesserungen. Dies gilt insbesondere auch im Hinblick auf die Datenerfassung, Datenermittlung, Datenauswertung und Ergebnisdarstellung, die bisher wenig überschaubar ist. Angesichts der bestehenden massiven Umweltprobleme in den fünf neuen Bundesländern ist es geboten, die vorhandenen Wissenslücken schnellst-

möglich zu schließen und die Bevölkerung in aller Offenheit über das tatsächliche Ausmaß der Lebensmittelbelastungen anhand von gesicherten Erkenntnissen zu informieren. Zuverlässige wissenschaftliche Erkenntnisse über die vom Verbraucher über die Nahrung aufgenommene Schadstoffmengen sind eine unverzichtbare Voraussetzung, um sowohl im Durchschnitt als auch in bestimmten Problemgebieten … eventuell nachteilige Auswirkungen auf die menschliche Gesundheit richtig einzuschätzen und rechtzeitig gezielte Maßnahmen zur Erkennung und Beseitigung der dafür verantwortlichen Belastungsursachen in die Wege leiten zu können. Damit beim Gesundheitsschutz in den neuen Bundesländern keine Abstriche gemacht werden, ist es dringend erforderlich, auch in diesen Bundesländern baldmöglichst das seit April 1988 in der Bundesrepublik Deutschland durchgeführte Bund-Länder-**Lebensmittel-Monitoring**-System aufzubauen. …
Neben den unverzichtbaren Maßnahmen zur Verbesserung der Umweltsituation wird es für eine Übergangsphase notwendig sein, mit konkreten Anbau- und Verzehrsempfehlungen die Verbraucher auf den Ernst der Situation hinzuweisen. Dazu gehört auch eine Intensivierung der Überwachung der aus diesen besonderen Problemgebieten stammenden Lebensmittel. Hierfür sind die neuen Bundesländer verantwortlich. Als flankierende Maßnahme zur Sicherung der Lebensmittelüberwachung wurden seitens der Bundesregierung im Rahmen der Qualifizierungsprogramme praktische Fortbildungsveranstaltungen für die in der Lebensmittelüberwachung tätigen Lebensmittelchemiker und Veterinäre durchgeführt sowie Gesetzes- und Methodensammlungen für die Untersuchungsämter zur Verfügung gestellt. Bundesmittel in Höhe von 3,2 Mio. DM wurden für die neuen Länder zur Anschaffung fehlender empfindlicher Analysegeräte durch die Bundesregierung bereitgestellt und zur schwerpunktmäßigen Durchführung der Überwachung zugewiesen …«

Dem vorbeugenden gesundheitlichen Verbraucherschutz diente auch ein im Jahre 1989 eingeführtes Programm, welches unter dem Namen »**Nationaler Rückstandskontrollplan**« (NRKP) bezeichnet wurde und in dessen Rahmen Lebensmittel tierischen Ursprungs auf Rückstände unerwünschter Stoffe untersucht werden sollen (320). Ziel des NRKPs war und ist es, die illegale Anwendung verbotener oder nicht zugelassener Stoffe aufzudecken und den vorschriftsmäßigen Einsatz von zugelassenen Tierarzneimitteln zu kontrollieren. Zusätzlich wird auch die Belastung mit Umweltkontaminanten wie z.B. Schwermetalle, PCBs und anderen unerwünschten Stoffen erfasst. Die im Rahmen des NRKPs vorgesehene Probeentnahme ist allerdings so begrenzt, dass sie auf die Erzielung statistisch repräsentativer Daten nicht ausgerichtet ist. Allerdings vermittelt die systematische Erfassung bestimmter Rückstandsdaten einen ersten Eindruck auf mögliche und vorhandene Schadstoffe in den untersuchten Proben. Mit der Einführung des

NRKPs wurde es zudem ermöglicht, Tiere und tierische Erzeugnisse von Beginn des Produktionsprozesses an zu überwachen. Durch die Probenahme auf einer frühen Stufe der Produktionskette können so Produkte, die mit Rückständen belastet sind, leicht bis zum Ursprungsbetrieb zurückverfolgt werden.

Einen sehr wichtigen Beitrag für die gegenwärtige und zukünftige Lebensmittelsicherheit leistet vor allem das seit dem Jahr 1995 durchgeführte **Monitoring von Lebensmitteln** (318). Ziel des Monitorings ist es, anhand repräsentativer Daten einen Überblick über das Vorkommen von gesundheitlich nicht erwünschten Stoffen in Lebensmitteln, kosmetischen Mitteln und Bedarfsgegenständen zu erhalten, um Gefährdungspotenziale durch diese Stoffe frühzeitig zu erkennen. Auf der Grundlage dieser Daten erfolgt dann durch das Bundesinstitut für Risikobewertung (BfR) eine gesundheitliche Risikobewertung. Im Ergebnis einer solchen Expositionsabschätzung können dann ggf. EU-weit geltende zulässige Höchstgehalte für gesundheitlich nicht erwünschte Stoffe überprüft bzw. im Bedarfsfall festgelegt werden.

Zu den Erinnerungsspuren der DDR- Lebensmittelkontrolle gehört auch die Lebenswelt der vielen Dienstkräfte in der Lebensmittelüberwachung, die teilweise eine Mentalität pflegten, Banalitäten überhöht streng zu ahnden, aber bei gravierenden Problemen nicht so genau hinzuschauen und Missstände zu verschweigen oder zu verharmlosen. Viele dieser Mitwirkenden waren durch ein starkes Obrigkeitsdenken geprägt mit der Neigung zum Gehorsam und rigider Unterwerfung. Für diese Mitwirkenden sollte sich in der bundesdeutschen Gesellschaft vor allem erst dann ein Platz in der weiteren Lebensmittelüberwachung finden, wenn sie zu einem Einstellungswandel bereit sind und in einem notwendigen Besinnungsprozess die Vergangenheit aufarbeiten und Lehren daraus ziehen.

Aber es gab natürlich auch solche Mitwirkenden in der DDR-Lebensmittelkontrolle, die sich in ehrbarer Weise dem Gesundheitsschutz verpflichtet fühlten und sich engagiert bemühten, eine vernünftige Lebensmittelkontrolle durchzuführen, und die für ihr Engagement ständig gemaßregelt wurden. Sie waren besonders frustriert, als sie nach der Wiedervereinigung das Verbleiben ehemaliger »Spitzenkader« in hohen wirtschaftlichen und politischen Führungspositionen miterlebten. Sie sahen sich nun wieder jenen Kadern gegenüber, die ihnen schon zu DDR-Zeiten das Leben schwer gemacht hatten und die sich nun in den neuen Fachgremien etablierten und neue gut funktionierende Seilschaften aufbauten. Im Bereich der amtlichen Lebensmittelkontrolle in den neuen

Bundesländern übernahmen nun wieder jene »Kader« die Schirmherrschaft, wie ein betroffener Fachkollege (328) in einer Mitteilung an das Bundesministerium für Jugend, Familie, Frauen und Gesundheit (BMJFFG) im Dezember 1990 beklagte, »*die in der DDR- Lebensmittelkontrolle nachweislich und offenkundig die z.T. kriminelle Situation auf dem Gebiet der Lebensmittel- und Ernährungshygiene mitverschuldet haben.*«

Die Erfahrungen bei gesellschaftlichen Umbrüchen in Deutschland zeigten einmal mehr, wie ein Betroffener der Schattenseite der DDR-Wirklichkeit zutreffend ausführte, dass »*... belastete Eliten, wenn man ihnen gegenüber beide Augen fest zudrückt, stets die loyalsten Staatsbürger in der neuen Gesellschaft sind. Sie wechseln blitzschnell das Hemd und drehen den Hals ebenso rasch in den neuen Wind: Wendehälse eben!*« (324). Der Opportunismus als bloße Anpassung an neue gesellschaftliche Spielregeln ist eine in Deutschland historisch eingeübte Praxis. Und nicht immer führt eine solche Verhaltensweise auch zu einem Einstellungswandel im Sinne einer demokratischen Überzeugung.

Epilog

Von dem französischen Historiker Lucien Febvre ist der bemerkenswerte Ausspruch überliefert, wonach es keine Geschichte gibt, sondern nur Geschichtsschreiber. Hinter diesem Ausspruch verbirgt sich die Anforderung an die Geschichtsschreibung, im Umgang mit dem Quellenmaterial Wahrhaftigkeit anzustreben. Unter den Zeitgeschichtlern lautet ein Bonmot, wonach der größte Feind des Historikers der Zeitzeuge ist. Nach meinen Erfahrungen tendieren auch hierzulande gelegentlich einige Historiker dazu, die Geschichte interessengeleitet darzustellen.

In einer Retrospektive von über 30 Jahren ist zu konstatieren, dass die DDR-Vergangenheit mit unterschiedlichster Wahrnehmung reflektiert wird. Das ist auch durchaus nicht ungewöhnlich. Betrachtet man die Vielzahl an aktuellen Darstellungen und Veröffentlichungen zur DDR-Vergangenheit so dominieren oftmals alltagsgeprägte Beschreibungen, die die Ideale und die Normalität des »sozialistischen Alltags« im Sinne einer Verharmlosung und nostalgischen Verklärung in ihr Blickfeld rücken.

Im Hinblick auf eine historische Wahrheitsfindung und einer kritischen Aufarbeitung der DDR-Geschichte halte ich es für angemessen, die Deutungshoheit bestimmter Erscheinungen in der DDR nicht nur allein denjenigen zu überlassen, die in treuer Gefolgschaft sich mit dem SED-Staat arrangierten oder die DDR-Vergangenheit nur vom Hörensagen kennen. Auch ich bin ein Augenzeuge dieses Systems und berichte aus meiner Sicht, wie ich z.B. die Lebensmittelüberwachung in der DDR erlebt habe, wie sie organisiert war und mit welchen Schwierigkeiten sie konfrontiert wurde.

Der Mensch hat einen anerkannten Anspruch auf Gewährleistung körperlicher und geistiger Gesundheit. Diese sollte nicht dadurch eingeschränkt werden, dass ihm Nahrung vorgesetzt wird, nach deren Verzehr er wegen mangelnder Hygiene bei der Herstellung und Zubereitung von Lebensmitteln erkrankt. Auch sollten die Lebensmittel qualitativ so beschaffen sein, dass ihr Verzehr den Ausdruck »*Genuss*« noch rechtfertigt.

Die vorliegende Darstellung tangiert einige Aspekte der Lebensmittelkontrolle in der DDR aus der Sicht des administrativen Vollzugsdienstes. Meine Absicht ist es, über einige Erscheinungen in der Lebensmittelüberwachung der DDR zu berichten und auf Probleme aufmerksam zu machen, wie sie nur in autokratischen Ländern oder in Diktaturen möglich und typisch sind.

Um zu veranschaulichen, welche Denk- und Argumentationsweisen die Verantwortlichen in der DDR-Lebensmittelüberwachung praktizierten, habe ich mich bewusst auf ausgewählte Anekdoten und repräsentative Einzelfallbeispiele beschränkt, die einige Rückschlüsse auf die Lebensmittelüberwachung in Ostberlin und in der DDR erlauben. Ich habe bewusst hierbei auch auf wörtliche Zitate einiger Funktionsträger zurückgegriffen, um dem Leser einen Eindruck darüber zu vermitteln, wie verquast und ideologisch aufgeblasen die Funktionärssprache war. Es war eine Sprache, die sich dem klaren Denken verschließt.

Einige Anmerkungen offenbaren eine gewisse philanthropische Betrachtungsweise, zu der sich der Verfasser auch bekennt. Sie erklärt sich u.a. aus der Konfrontation mit einer Arbeitswelt, die manchmal eher noch an frühkapitalistische Produktionsweisen erinnerte als an Technologien des 20. Jahrhunderts. Die Menschen in dieser Arbeitswelt waren mir nicht gleichgültig.

Verfallserscheinungen auf dem Gebiet der Lebensmittelhygiene und der sonstigen Lebensmittelüberwachung waren unübersehbar. Hatte ich noch zu Beginn meiner Tätigkeit die naive Hoffnung, durch persönliches Engagement zu einer Verbesserung des Umwelt- und Gesundheitsschutzes in meinem Wirkungsbereich beitragen zu können, so haben sich diese Hoffnungen im Laufe der Jahre immer mehr verflüchtigt.

In einer Diktatur sind die Freiheitsgrade des Menschen sehr eingeschränkt. Herrschaft wird durch Furcht ausgeübt. Die Wahrheit eigenständig zu suchen, sich eine persönliche Meinung bilden zu wollen, sich dem Herdendenken zu entziehen – das alles sind Tugenden, die in einer solchen Herrschaftsform als verachtenswert gelten. Unter diesem Aspekt halte ich es für durchaus erwähnenswert, allen denjenigen Respekt zu erweisen, die – wie Julien Benda (326) es schon 1926 so treffend formulierte – »*unliebsame Wahrheiten kundzutun und dafür eine ruhige Existenz aufs Spiel zu setzen*«. Wenn sich wissenschaftlich gebildete Intellektuelle als Steigbügelhalter irgendwelcher Ideologen oder politisch fragwürdiger Gesellen hergeben, dann handeln sie ihrer wissenschaftlichen Berufung zuwider. Auf diese Problematik hatte schon 1870 der französische Schriftsteller Gaston Paris aufmerksam gemacht und das in die Worte gefasst:

»Wer sich erlaubt – aus welchen Gründen auch immer: patriotischen, politischen, religiösen und sogar moralischen – die Wahrheit im Geringsten zu verfälschen, dessen Name muss aus den Listen der Wissenschaft getilgt werden.« (327)

Die Defizite der Lebensmittelkontrolle in der DDR waren weniger auf ihre verwaltungsmäßigen Strukturen zurückzuführen als vielmehr auf die politisch-ideologischen Verhältnisse, mit denen sie kausal verknüpft waren. Es waren die politischen Vorgaben, die einer rationellen und effizienten Lebensmittelkontrolle im Wege standen. Eine Kritik daran musste zwangsläufig auch zu Konflikten mit dem Gesellschaftssystem führen.

»Wenn sich der Lebensmittelchemiker« – wie Schiedemaier (231) einmal treffend bemerkte, *»als ein dem Recht in besonderer Weise verbundener Naturwissenschaftler empfindet, wird er nicht umhinkommen, sich zu einer Position der Mitverantwortung zu bekennen. Er wird überall dort Widerspruch anmelden, wo seinem Wissen und Erkenntnissen nach zuwidergehandelt wird«.*

Cum grano salis bleibt festzustellen, dass die Glaubwürdigkeit der Lebensmittelkontrolle nur dort gewährleistet ist, wo festgestellte Probleme der Lebensmittelüberwachung schonungslos offengelegt und die Möglichkeiten für ihre Beseitigung auch kritisch diskutiert werden können. Das ist eigentlich nur in einer Demokratie möglich. Dem im Gesundheitsschutz tätigen Experten wird man immer dann eine lautere Absicht unterstellen, wenn er sich seiner Pflicht zur Kritik nicht entzieht und mit Engagement den Aufgaben in seinem Betätigungsfeld widmet.

»Der Lebensmittelchemikerberuf verkörpert«, wie Ahrens (223) es einmal so treffend formulierte, *»einen Berufsstand mit sozialkritischer Aufgabenstellung, der in allen totalitären Phasen deutscher Geschichte eine berufspolitische Eingrenzung seiner Entscheidungskompetenzen erfuhr«.* Auch die Lebensmittelkontrolle in der DDR blieb davon nicht verschont.

»Es ist ein Irrtum«, wie H. Maier (301) in seinem Vorwort zu seinem wissenschaftshistorischen Buch über die Rolle der Chemiker im Dritten Reich schreibt, *»zu glauben, dass man historische Ereignisse – und ganz besonders negative Ereignisse – auf irgendeinem Wege ‚wiedergutmachen‘ oder gar ‚bewältigen‘ kann. Aber man kann und muss sich ihrer möglichst detailliert erinnern.«* Es steht zu befürchten, dass das, worüber man nicht berichtet und was wir vergessen, auch irgendwann nicht mehr war.

Literaturverzeichnis

1. Maier, H.: Bemerkungen zur Situation der Lebensmittelüberwachung in Deutschland der letzten 100 Jahre. DLR 75, (1979), 295–299. Chemiker im »Dritten Reich«. Verlag GmbH & Co. KGaA Wiley-VCH 2015, 10, 16

2. BGBl. I/1974 Gesetz zur Gesamtreform des Lebensmittelrechts vom 15.08.1974

3. Amberger, K.: Lebensmittelüberwachung im Mittelalter. Chemiker-Ztg. 58, (1934), 829

4. Karaist von Karais, F.: Beiträge zur Geschichte des bürgerlichen Brauwesens um 1800, Berlin 1940, 236. Zit. n.: Sperlich, 100 Jahre chemische Lebensmittelüberwachung in Karlsruhe. 76, (1980), 87–91

5. Salzmann, F.: Weinbau und Weinhandel in der Reichsstadt Eßlingen bis zu deren Übergang an Würtemberg 1809. Stuttgart 1930, 171

6. Sperlich, H.: 100 Jahre chemische Lebensmittelüberwachung in Karlsruhe. DLR 76, (1980), 87–91

7. Zeller, J. und Weißmann, I.: Dosimasia, signa causae et noxae vinu lythargyro mangonisati varies experimentis illustrati. Diss. Tübingen 1707. Zit. n. Sperlich

8. Klencke, H.: Die Verfälschung der Nahrungsmittel und Getränke. Leipzig 1858, 714

9. Deutscher Reichstag: Stenografische Berichte über die Verhandlungen des Dt. Reichstages vom 14.03.1877: 1. Session, 9. Sitzung, 3. Legislaturperiode

10. GBl. I/1962 Nr. 12, 111, Gesetz vom 30.11.1962 über den Verkehr mit Lebensmitteln und Bedarfsgegenständen – Lebensmittelgesetz

11. Thymian, E.: Lebensmittelgesetz. Textausgabe. Staatsverlag der DDR, 1982

12. Snyder, O.P.: A modell food service quality assurance system. Food Techn. 35, (1981), 70–76

13. Baumgartner, E.: Die amtliche Lebensmittelüberwachung in der Schweiz. DLR 79, (1983), 251–257

14. Wicki, J.: Das Kantonale Laboratorium Luzern im Dienste der Öffentlichkeit. Chem. Rsd. 30, (1977), Nr. 25, 2/3

15. Talpay, B.: Aufgaben und Tätigkeitsbereich des Handelschemikers. Chem. Rsd. 25, (1972), Nr. 4, 87

16. Zipfel, W.: Die Entwicklung des Lebensmittel-Rechts in der BRD. DLR, 75, (1979), 7–11

17. Blanchfield, J.R.: The philosophie of food control. Food Techn. 38, (1981), 49–51

18. Blanchfield, J.R.: The masterfield in food control in the United Kingdom. Food Techn. 34, (1980), 56–61

19. Prändl, O.: Aufgabenbereich der Lebensmittelhygiene. Tierärztl. Nachr. 68, (1981), 225–231

20. GBl. II/1963 Nr. 106, 826 Anordnung über Lebensmittelfarbstoffe vom 18.10.1963

21. GBl. II/1967 Nr. 13, 80 Anordnung über den Verkehr mit Konservierungsmitteln – Konservierungsmittel-AO

22. Schulze, H.: Zum gesundheitlichen Schutz des Konsumenten nach dem Inkrafttreten des Lebensmittel- und Bedarfsgegenständegesetzes

23. Groebel, W.: Lebensmittelüberwachung, Anspruch und Wirklichkeit. Rhein-Ruhr-Druck Sander Dortmund 1976

24. Acker, L.: Deutsche Lebensmittelchemiker fordern mehr Geld für Personal und Analysentechnik. Chem. Rsd. 30, (1977), Nr. 41, 11

25. Trenkle, K.: ZLR 6, (1979), 307–308

26. GBl. I/1976 Nr. 2, 17 Verordnung über die Staatliche Hygieneinspektion vom 11.12.1975

27. Hui, Y.H.: Lebensmittelgesetze, Verordnungen und Standards in den Vereinigten Staaten (United food laws, regulations and standards). New York, Chichester, Brisbane, Toronto John Wiley & Sons 1979

28. Marey, G. u. W. Adam: Zum Problem der Bewertung bakteriologischer Befunde. DLR, 76, (1980), 225–227

29. Werbung DLR, 77, (1981), H. 9

30. Lange, E.: Probleme der Lebensmittelüberwachung. DLR, 71, (1975), 3–5

31. Griesinger, A.: Die Bedeutung der chemischen Lebensmittelüberwachung für den Schutz der Bevölkerung. DLR 76, (1980), 84–86

32. Zipfel, W.: 100 Jahre Lebensmittelrecht. DLR, 76, (1980), 84–86

33. Gspahn, H.: Die Lebensmittelüberwachung. Ernährungs-Umschau 20, (1973), 205–207

34. Gemmer, H.: Aktuelle Probleme der Lebensmittelüberwachung aus der Sicht eines Veterinärmediziners. Fleischwirtschaft 61, (1981), 870–876

35. Thurm, V.: Zur Notwendigkeit und Möglichkeiten der toxischen und chemischen Überwachung Fremdstoff kontaminierter Lebensmittel. Nahrung 17, (1973), 133–139

36. Klein, E.: Sichere Lebensmittel durch amtliche Lebensmittelkontrolle. BLL-Symposium, Bonn 19./20.04.1983

37. Scharleck, M.: Lebensmittelüberwachung – ein Dienst für den Bürger. Qualität und Zuverlässigkeit 20, (1975), 258–259

38. Ruf, F.: Standpunkt der Industrie zur Lebensmittelkontrolle. Z. Lebensmittelrecht 7, (1980), 443–462

39. Hauser, E.: Fleisch und Fleischwaren im Rahmen der Lebensmittelkontrolle. Chem. Rsd. 52, (1974), Nr. 6, 13

40. Prange, G.: Die Anwendung der Mikrobiologie in der Lebensmittelüberwachung. Die Nahrung 5, (1961), 334–345

41. Engst, R.: Bemerkungen zum neuen Lebensmittelgesetz I.-III Mitteilung. Die Lebensmittelindustrie 10, (1963),107–110,173–176, 210–213

42. Busse, M.: Verfallserscheinungen der Hygiene. Archiv für Lebensmittelhygiene, 34, (1983), 94

43. Terplan, G.: Gibt es Verfallserscheinungen der Hygiene? Archiv für Lebensmittelhygiene, 35, (1984), 64

44. Ruffy, J.: Die Lebensmittelkontrolle in internationaler Sicht. Chem. Rsd. 51, (1973), Nr. 47, 17

45. Autorenkollektiv: Die Durchführung der Lebensmittelkontrolle in der Schweiz im Jahre 1978–1983. Mitt. Gebiete Lebensm. Hyg. 75, (1984), 287–389

46. Fresenius, R.E.: Erfahrungen bei der mikrobiologischen Untersuchung von Feinkostsalaten, Tiefkühlkost und Kantinenessen. Mitt. Lebensmittelchem. Gerichtl. Chemie 29, (1975), 3–10

47. Autorenkollektiv: Symposium über Lebensmittelkontrolle. Kommission der Europäischen Gemeinschaft, Amt für Veröffentlichungen, Luxemburg 1980 ref. in: Milchwissenschaft 37, (1982), 430

48. Ripke, E.: Divergentien in den Intentionen von Gesetzgebung und Überwachung. Fleischwirtschaft 60, (1980), 216

49. Baumgarten, H.-J.: Sorgfaltspflicht und Verantwortlichkeit des Importeurs sowie Kontroll-Aufklärungstätigkeit der amtlichen Lebensmittelüberwachung. Fleischwirtschaft 61, (1981), 1676

50. Baumgartner, E.: Qualitätskontrolle des Herstellers aus der Sicht der Lebensmittelkontrolle. Swiss Food 2, (1980), 12

51. Thymian, E.: Lebensmittelgesetz und damit im Zusammenhang stehende weitere Rechtsvorschriften. Staatsverlag der DDR, Berlin 1982, 31/32

53. GBl. I/1976 Nr. 2, 17 Verordnung über die Staatliche Hygieneinspektion vom 11.12.1975

54. Pfannenschmidt,G.: Zur hygienischen Situation des Verkehrs mit Eiererzeugnissen. Z. Ges. Hyg. 17, (1971), 891

55. Ruf, F.: Lebensmittelchemische und -rechtliche Aspekte zum Mindesthaltbarkeitsdatum bei Lebensmitteln. ZLR 10, (1983), 121

56. Baumgartner, E.: Grundsätzliches zur Haltbarmachung von Lebensmitteln. Chem. Rsd. 30, (1977), Nr. 9, 6–7

57. Blumenthal, A.: Erfahrungen mit der Datierung von Lebensmitteln in der Praxis. Chem. Rsd. 31, (1978), Nr. 11, 4–5

58. Bärwald, G.: Haltbarkeit von Getränken. Chem. Rsd. 31, (1978), Nr. 7, 3–5

59. Stoll, K.: Mikrobiologische Aspekte der Haltbarkeit von Früchten und Gemüsen. Chem. Rsd. 31, (1978), Nr. 5, 7–9

60. Zschaler, R.: Haltbarkeit von pasteurisierten und chemisch konservierten Lebensmitteln. Chem. Rsd. 31, (1978), Nr. 8, 3–5

61. Puhan, Z.: Mikrobiologische Aspekte der Haltbarkeit von Milch und Milchprodukten. Chem. Rsd. 31, (1978), Nr. 8, 8–11

62. Schmidthofer, Th.: Haltbarkeit von Fleisch und Fleischwaren. Chem. Rsd. 30, (1977), Nr. 48, 45–49

63. Smolka, K.: Ein Schritt zur Harmonisierung der Datumskennzeichnung: FAO/WHO Codex Alimentarius Commission. Ernährung/Nutrition 5, (1981), 291

64. Heiss, R.: Zur Problematik der Datumskennzeichnung von Lebensmitteln. Ernährungs-Umschau 27, (1980), 212

65. Romann, E.: Zur Rückstandssituation aus der Sicht Lebensmittelkontrolle. Swiss Food 6, (1984), 23

66. Daffershofer, R.: Die Haltbarkeit von Aromen sowie rezeptur- und prozeßbedingter Geschmacksveränderungen. Kakao und Zucker, 33, (1981), 18–19

67. Hermann, H.: Die Haltbarkeit von Lebensmitteln als Wechselbeziehung zwischen Ausgangsqualität, Verpackung, Transport und Lagerungsbedingungen. Nahrung, 18, (1974), 409–424

68. Körner, W.: Die Haltbarkeit antarktischer Fische bei Gefrierlagerung. Lebensm.-Wiss. und Technolog. 13, (1980), 326–329

69. Norberg, D. und Akerstrand, K.: Zur Haltbarkeit von fertigverpackten Lebensmitteln (Salaten). Var föda 32, (1980), 25 ref. In: DLR Nr. 2 (1981)

70. Knaut, T.: Hygiene der Milchgewinnung und Milchverarbeitung als Basis der Qualität und Haltbarkeit der Milchprodukte. Milchwirtschaft Ber. Wolfpassing u. Rotholz 1980, Folge 63, 136–138

71. Bertling, L.: Zeitangaben bei verpackten Lebensmitteln. Verbraucherdienst, 24, (1979), 129–138

72. Fricker, A.: Einige grundsätzliche Überlegungen zum Problem des Verderbs von Lebensmitteln. Ernährung/Nutrition 3, (1979), 516–520

73. Partmann, W.: Zur Problematik der Verlängerung der Haltbarkeit von Frischfleisch in kontrollierten Atmosphären. SVZ 80, (1980), 305–309

74. Heiss, R.: Erhaltung der Lebensmittelqualität während des Vertriebs und Verbrauchs. Verbraucherdienst, 25, (1980), 75–80

75. Niederauer, Th.: Die Haltbarkeit von Lebensmitteln. Ernährungs-Umschau 26, (1979), 259–261

76. Jägerhuber, P.: Die Haltbarkeit von Lebensmitteln. ZLR, 9, (1982), 216

77. Büning-Pfaue, H.: Zur mikrobiologischen Bewertung von Konditoreiwaren. DLR 74, (1978), 38–40

78. Tilgner, D.J.: Einfluss der Lagerdauer auf die sensorische Qualität von Aroma- u. Flavoursubstanzen. Nahrung, 26, (1982), 633–639

79. Beerens, W.: Kontaminationen und Wechselwirkung von Mikroorganismen in Lebensmitteln.
Vortrag auf 12. Symposium in Budapest 12.–15.07.1983. Mitteilungen der Gesellschaft Allg. und Kommunale Hygiene der DDR, Heft 5/6 1983, 24

80. Grahneis, H.: Mikrobiologische Aspekte der umweltbedingten Kontamination von Lebensmitteln. Z. Ges. Hyg., 20, (1974), 291–293

81. Heuschkel, H.: Mitteilung der Gesellschaft Allgemeine und Kommunale Hygiene der DDR, 60

82. Jahresstatistik BHI Berlin, Kategorisierung 1981–1983

83. GBl. II/1963 Nr. 42 1. Durchführungsbestimmung vom 30.04.63 zum Lebensmittelgesetz – S. 278 Eigenkontrolle und ständige Verbesserung der Hygiene in den Lebensmittelbetrieben

84. VHI Treptow Mittteilung vom 14.02.1984 an den Rat des Stadtbezirks Abt. ÖVW

85. Schmidt-Lorenz, W.: Moderne Tendenzen bei der mikrobiologischen Untersuchung von Lebensmitteln. Chem. Rsd. 27, (1974), Nr. 13, 1–7

86. Empfehlungen der Arbeitsgruppe Mikrobiologie der Gesellschaft für Allgemeine und Kommunale Hygiene der DDR, vom 22.04.1981

87. Zietze, H.-J.: Erkrankungen nach Verzehr von Gemeinschaftsverpflegung durch Mischinfektion mit Proteusbakterien und ihre Ursachen. Z. Ges. Hyg., 30, (1984), 224

88. Mohs, H.-J.: Beitrag zur mikrobiologischen Beurteilung von Fertiggerichten in der Großküchenverpflegung. Chem. Rsd. 30, (1977), 37–38

89. Zeder, F.: Mikrobiologisch-hygienische Untersuchung von amtlich erhobenen Lebensmittelproben. Chem. Rsd., 30, (1977), Nr. 13, 14/15

90. Daras, G. u.a.: Studie zur bakteriologischen Beschaffenheit von Konditoreiwaren. ZLU 177, (1980), 78

91. Schreiben des Zentralinstitutes für Arbeitsmedizin (ZAM) vom 24.07.1984

92. Hacker, W.: Spezielle Arbeits- und Ingenieurpsychologie in Einzeldarstellung. Psychologische Bewertung von Arbeitsgestaltungsmaßnahmen. VEB Deutscher Verlag der Wissenschaften, Berlin 1980

93. Achtzehn, K. u. F. Kley: Bedeutung der Lebensmittelmikrobiologie und der mikrobiologischen Improzesskontrolle bei der hygienischen Sicherstellung der Lebensmittelversorgung. Z. Ges. Hyg. 26, (1980), 714–717

94. Ruschke, R.: Probleme der produktionshygienischen Qualitätssicherung von Lebensmitteln. Zbl. Bak. Hyg., I. Abt. Orig. B 162, (1976), 409–448

95. Krusen, F.: Stand und Entwicklung der Ernährungsforschung. Z. Lebensmitteltechnlog. Verfahrenstechn. (ZFL), 31, (1980), 189–192

96. Muhr, A.C.: Ungezieferbekämpfung im Lebensmittelbetrieb. Chem. Rsd. 25, (1972), Nr. 5, 107

97. Schuhmann, G. u. R. Levy: Lebensmittelhygienische und toxikologische Probleme der Schabenbekämpfung mit Dichlophos (DDVP). Z. Ges. Hyg., 26, (1980), 806–810

98. Hofmann, G.: Lebensmittelhygiene und Schädlingsbekämpfung in Räumen. Bundesgesundhbl. 24, (1981), 101

99. Iglisch, J.: Aktuelle Probleme der Bekämpfung und Abwehr von Ratten und Hausmäusen. Verlag Pentagon Publishing GmbH, Frankfurt am Main 1982

100. Mielke, U. u. Schuschke: Erfolge und Probleme bei der Bekämpfung von Gesundheitsschädlingen in der Stadt Magdeburg – eine Analyse. Z. Ges. Hyg., 16, (1970), 60–65

101. Hoppe, T.: Pheromonfallen im modernen Vorratsschutz. Süßwarentechnik, 24, (1980), 34–37

102. Wildholz, Th.: Pyrethroide – eine neue Gruppe synthetischer Insektizide. Schweiz. Z. Obst und Weinbau 115, (1970), 344–346

103. Seidel u. G. Muschter: Die bakteriellen Lebensmittelvergiftungen. Akademieverlag Berlin, 1953, 28/30

104. Kempter, G.: Chemie organischer Pflanzenschutz- und Schädlingsbekämpfungsmittel. VEB Deutscher Verlag der Wissenschaften, Berlin 1973

105. Wegler, R.: Chemie der Pflanzenschutz- und Schädlingsbekämpfungsmittel, Bd. 1 u. 2, Springer-Verlag Berlin/Heidelberg/New York 1970

106. Ackermann, R.: Schädlingsbekämpfung und Lebensmittelhygiene. Vortrag auf der Fachtagung über wissenschaftliche Fragen der Schädlingsbekämpfung, Berlin-Grünau 06.–05.05.1974

107. Bundesgesundhbl. 18, (1975) 174–188, 50 Jahre Prüfung von Mitteln zur Bekämpfung gesundheits- und hausschädlicher Gliedertiere

108. Schweiz. Gesellschaft f. Lebensmittelhygiene: Ungezieferbekämpfung – ein wichtiges Problem der Lebensmittelhygiene, Vortrag auf der 7. Arbeitstagung der Schweiz. Gesellschaft für Lebensmittelhygiene vom 08.05.1974

109. Mrozek, H.: Milchgewinnungsbedingungen und Mikroflora der Milch. Arch. Lebensmittelhyg., 23, (1972), 55–59

110. Kröber, H.: Zu neuen Ergebnissen von Untersuchungen über Schäden von Lebensmitteln. Ernährungsforschung, 29, (1984), 56–58

111. GBl. I/1977 Nr. 7, 58, Anordnung über die hygienischen Voraussetzungen für die Wiederverwendung von Verpackungsmitteln aus Wellpappe und Vollpappe im Lebensmittelverkehr vom 13.07.1977

112. Frank, K.: Das Mykotoxinproblem bei Lebensmitteln und Getränken. Zbl. Bakt. Hyg., I. Abt. Orig. B 159, (1974), 324–334

113. Kiermeier, F.: Einführung in die Mykotoxin-Problematik. Z. Lebenms. Unters. Forsch. 167, (1978), 115–127

114. Reiss, J.: Die biochemische Wirkungsweise der Aflatoxine. Zbl. Bakt. Hyg., I. Abt. Orig. B 167, (1978), 435–442

115. Schlatter, Ch.: Gesundheitsgefahr durch Aflatoxine in der Nahrung. Chem. Rsd. 31, (1978), Nr. 15, 25

116. Kiermeier, F.: Mykotoxine in Milch und Milchprodukten. Z. Lebensm. Unters. Forsch. 151, (1973), 237–240

117. Blaser, P.: Mykotoxine in Lebensmitteln. Chem. Rsd. 29, (1976), Nr. 9, 1–3

118. Kuhn, G.: Zum Vorkommen Aflatoxin-bildender Schimmelpilze in Lebensmitteln. Nahrung 26, (1982), 31–37

119. Krug, G. u. B. Kusche: Aspekte der Aflatoxinkontamination von Lebensmitteln als Aufgabe des vorbeugenden Gesundheitsschutzes. Z. Ges. Hyg., 19 (1973), 342–348

120. Friedmann, B.: Problems of evaluating the health significance of chemicals present in foods. Vth International Congress on Pharmacology, San Francisco 1972. Zit. n. H. Zucker: Moderne Tierfütterung und ihre Gefahren für die Tierfütterung. Zbl. Bakt. Hyg. I. Abt. Orig. B 163, (1976), 173–188

121. Lüthy, J.: Gesundheitsgefährdung durch Aflatoxine. Chem. Rsd. 31, (1978), Nr. 22, 3–9

122. Krug, G.: Mykotoxine. Wissenschaft und Fortschritt 23, (1973), 468–472

123. Kneist, S. U.P.A. Koch: I. Mitteilung zum Mykotoxinnachweis – der routinemäßige Aflatoxinnachweis. Z. ges. Hyg., 23, (1977), 417–419

124. Geiges, O.: Schimmelpilze und Hefen im Wein. Chem. Rsd. 30, (1977), Nr. 37, 1–5

125. Hadlok, R.: Schimmelpilze und Hefen bei Fleischwaren. Chem. Rsd. 30, (1977), Nr. 30, 11–12

126. Spicher, G.: Schimmelpilze und Hefen als Ursache des Verderbs von Backwaren. Chem. Rsd. 30, (1977), Nr. 42, 16–22

127. Schmidt-Lorenz, W.: Allgemeine Bedeutung von Pilzen und Hefen in Lebensmitteln. Chem. Rsd. 30, (1977), Nr. 27, 25

128. Franzke, Cl. Strohbach u. H.-J. Zietze: Untersuchungen über die Bildung von Aldehyde und Ketonen bei thermischen Oxydation von Sonnenblumenöl und Schweineschmalz. Die Nahrung, 17, 1973, 443–449

129. Hansen, E. u. G.: Hagedorn. Lebensm. Unters. Forsch. 141, (1969), 12

130. Hartgen, W.: Mikrobiologische Aspekte zum Keimstatus bei cremehaltigen Backwaren. Arch. Lebensmittelhyg. 34, (1983), 10–14

131. G. Krug u. P. Kusche in: WHO/FAO-Empfehlungen. Z. ges. Hyg. 19, (1973), 342–348

132. Achtzehn, M.K.: Zur Mikrobiologie von Konditoreiwaren. Lebensm. u. gerichtl. Chemie 24, (1970), 154–155

133. Rundschr. Nr. 4/84 Ministerium für Gesundheitswesen vom 05.09.1984. Ergebnisprotokoll der Arbeitsberatung der Leiter der Inspektionen Lebensmittel- und Ernährungshygiene am 05.07.1984 in Berlin, Pkt. 4

134. Mitteilung vom 08.08.1984 BHI Berlin an die Wirtschaftsvereinigung Obst, Gemüse u. Speisekartoffeln Berlin

135. Mitteilung vom 05.07.1984 BHI Berlin – Protokoll der DLC-Beratung vom 28.06.1984

136. Nikolin, P.O.: Salmonellenrisiken im Konditorei- und Bäckereigewerbe. Svens. Vetr.-tidn. Stockholm 23, (1971), 647–651

137. Allen, R.J.L. u.a.: Lebensmittelbedingte Erkrankungen. Arch. Lebensmittelhyg. 34, (1983), 86–89

138. Seeliger, P.R.: Der Mensch im Lebensmittelbetrieb – Probleme der Personalhygiene. Chem. Rsd. 30, (1977), Nr. 9, 2–4

139. Merten, D.: Risikoverhalten aus verfassungsrechtlicher, sozialrechtlicher und sozialpolitischer Sicht. Öff. Gesundh.wes. 45, (1983), 57–66

140. Kepler, H.: Verschiedene Verfahren zur Bestimmung der Oberflächenkontamination. Z. Ges. Hyg., 16 (1970), 323–346

141. Schuschke, F.: Ein Beitrag zur bakteriologischen Umgebungs-Untersuchung unter Verwendung einer neuartigen Abklatschkultur. Z. Ges. Hyg., 45, (1969), 375–378

142. Hofstätter, P.: Einführung in die Sozialpsychologie. Alfred Kröner Verlag, Stuttgart 1966, 185

143. GBl. I/1956 Nr. 86 AO Nr. 1 über die Behandlung von Lebensmitteln im Lebens-mittelverkehr § 12 (2)

144. Dietrich, W.: Wie vermittle ich dem Personal Hygienewissen? Chem. Rsd. 30, (1977), Nr. 3, 3–4

145. Bertling, L.: Zur Erfüllung der Sorgfaltspflicht bei der Herstellung von Lebens-mitteln. Fleischwirtschaft, 59, (1979), 1656

146. Groenewegen, D.: Personalhygiene im Backbetrieb. Getreide, Mehl und Brot 35, (1981), 162

147. Spicher, G.: Erfordernis der Hygiene bei der Herstellung von Backwaren. Getreide, Mehl und Brot 35, (1981), 158

148. Spicher, G.: Empfehlenswerte Methoden zur Überwachung der Betriebshygiene in Bäckereibetrieben. Getreide, Mehl und Brot 36, (1982), 189

149. Schulze, K.: Untersuchungen von Botulismustoxin und clostridium botulinum aus Anlass eines Erkrankungsgeschehens. Archiv für Lebensmittelhygiene 34, (1983), 102–104

150. Hemmeler, R.T.: Konservierungs- und Verteilsysteme. In: Wo steht die Gemein-schaftsverpflegung heute? Chem. Rsd. 32, (1979), Nr. 26, 8–11

151. Wildführ, G.: Medizinische Mikrobiologie, Systematik nach Bergey 1974. VEB Georg Thieme Verlag Leipzig 1977

152. Sinell, H.J. u. H. Kolb: Lebensmittelvergiftungen in der BRD im Spiegel der Lite-ratur. Fleischwirtschaft 61, (1981), Bundesgesundhbl. 23, (1980), 190

153. Lemme, H.: Bekämpfung und Verhütung von Lebensmittelinfektionen und -in-toxikationen. Fleischwirtschaft 60, (1980), 1160–1163

154. Lücke, F.: Botulismus-Lebensmittelvergiftung. Fleischwirtschaft, 62, (1982), 203–206

155. Schmidt-Lorenz, W.: Die Botulismus-Lebensmittelvergiftung. Ernährungs-Umschau Beilage 1971, 37–38

156. V.u.M. Nr. 2, 42 vom 10.01.1979 Richtlinie zum Gefrieren und Pasteurisieren von frischem Fleisch, Fisch, Obst und Gemüse in Gemeinschaftsküchen. Zit. n. Lebensmittelgesetz, Staatsverlag der DDR, Berlin 1982, 247–248

157. BGBl. I, 1002 Verordnung über die fachlichen Anforderungen an die in der Lebensmittelüberwachung tätigen nicht wissenschaftlich ausgebildeten Personen (Lebensmittel-VO) vom 16.06.1977

158. Fanddrey und Mitarb.: Zur Realisierung der VO über die Schülerspeisung in der Stadt Eisenach. Z. Ges. Hyg. 26, (1980), 615–618

159. Coduro, E.: Bildung von Botulismus-Toxin durch fehlerhafte Herstellung und Lagerung von Dosenblutwurst. Z. Lebensmittelrecht,8, (1981), 165–173

160. Skröder, P.: Strategie der Forschung und Entwicklung für die Großverpflegung in Schweden. Ernährungs-Umschau 28, (1981), 159–161

161. Pilnik, W. u. P. Folster: Entwicklungstendenzen in der Lebensmitteltechnologie. DLR, 75, (1979), 235–247

162. Teale, S.: Europe's new appettite for convenience foods (Der Trend in Europa zu Convenience-Nahrung). Food Eng. Int. 5, (1981), 28–51

163. Bauer, U.: Belastung des Menschen durch leicht flüchtige organische Halogenverbindungen in Wasser, Luft, Lebensmitteln und im menschlichen Gewebe. Zbl. Bakt. Hyg., I. Abt. Orig. B 174, (1981), 556–583

164. Cunningham, H.M. u.a.: Effect of chlorinated lipid and protein fractions of cake flour on growth rate and organ weigth of rats. Bull. Environ. Contam. Toxikol. 18, (1978), 73–79

165. Cunningham, H.M.: A comparison of the distribution and elimination of oleic and chlorinated aleic acids and their metabolites in rats. Food Cosmet. Toxikol. 14, (1976), 283–286

166. McConnell, G.: Halo organics in water supplies. Zit. n.: H. Bauer

167. Stevens, A.: Chlorination of organics in drinking water. J. Amer. Water Works Ass. 69, (1977), 258–263

168. Rook, J.J.: Formation of Haloforms during chlorination of natural waters. Water Treatm. Exam. 23, (1974), 234–243

169. GBl. II/1963 Nr. 106 AO über die hygienische Einrichtung und Überwachung von Gemeinschaftsküchen vom 18.10.1963

170. Zietze, H.-J.: Analyse der Berliner Schulspeisung 1976. VD Nr. 1–11/77

171. Gräfe, H.K.: Gegenüberstellung von optimaler und effektiver Ernährung von Schulkindern. Med. u. Ernähr. 2, (1961), 217–254

172. Gräfe, H.K.: Grundfragen für eine optimale Schulspeisung I.–IV. Mitteilung. Nahrung 2, (1958), 36–52, 2, (1958), 880–892, 3, (1959), 804–818, 5, (1961), 419–434

173. Uehleke, H.: Zur Toxikologie von Chloroform. Bundesgesundhbl. 21, (1978), 310–317

174. Hölzer, H.: Gedanken zur Schulspeisung – heute aus Berliner Perspektive. Nahrung 5, (1961), 690

175. Möhr, W.: Zu einigen Problemen der Schulspeisung. Die Nahrung 15, (1971), 771–779

176. Möhr, W.: Schüler- und Kinderspeisung in der DDR 1971–1976. Ernährungsforschung 5, (1976), 139–141

177. Brose, E. u.a.: Vergleichende Betrachtung der hygienischen Situation der Schülerspeisung eines Stadt- und Landkreises. Ernährungsforschung 5, (1976), 141–145

178. Scheunert, A.: Ernährung und Volksgesundheit. Wiss. Annalen 3, (1954), 65–78

179. Zobel, M. u.a.: Die Schulkinderspeisung in Berlin (demokratischer Sektor). Dt. Gesundheitswesen 14, (1959), 739–741

180. Johnson, D. u. A. Ketz: Komplexe Untersuchungen zur Ernährungssituation von Schülern der 6. Klasse. Ernährungsforschung 29, (1984), 93–107

181. Sachse, R.: Wege zur allseitig gesellschaftlichen Beköstigung. Z. Ges. Hyg. 14, (1968), 914–920

182. Paulenz, H.: Hygienische Probleme der gesellschaftlichen Speisenwirtschaft. Z. Ges. Hyg., 14, (1968), 920–923

183. Luhanova, Z.: Entwicklungsphasen und Fehlernährungsanzeichen bei Kindern. Ernährungsforschung 21, (1976), 7–8

184. Achtzehn, M.K.: Hygienische Probleme der gesellschaftlichen Speisenwirtschaft beim Aufbau neuer sozialistischer Wohngebiete. Z. Ges. Hyg., 14, (1968), 924–927

185. Wassermann, L.: Reinigung und Desinfektion. Swiss Food, 3, (1981), 5–12

186. Magistrat von Berlin: Standpunkt zum Problem der Verhütung und Bekämpfung akuter Magen-Darm-Erkrankungen (Ruhr, Salmonella-Enteritis, Coli-Enteritis u.a.) 1982

187. Bulkina und Pokrowski: Lehrbuch der Infektionskrankheiten. Medizina, Moskau 1979

188. Riemann, H.: Food Borne Infection and Intoxikation. New York and London: Academic Press

189. Budagjan, F.E.: Nahrungsmittelvergiftungen bakterieller Herkunft und ihre Prophylaxe. Moskau: Medizin Verlag 1965

190. Seidel, G. u.W. Muschter: Die bakteriellen Lebensmittelvergiftungen. Berlin: Akademie Verlag 1967

191. Untermann, F.: Neuere Entwicklungen in der Diagnostik bakterieller Lebensmittelintoxikationen. Zbl. Bakt. Hyg., I. Abt. Orig. B 159, (1974), 311–322

192. Karolcek, J.: Neuere Erkenntnisse und aktuelle Fragen zur Problematik von Darminfektionen. Z. ges. Hyg., 27, (1981), 755–761

193. Bott, G.: Epidemiologie und Prophylaxe bakt. Lebensmittelvergiftungen. Chem. Rsd. 25, (1359), 1972

194. Heldmann, D.R.: Factors influencing air-borne contamination of foods. J. Ffod Sci, 39, (1974), 962–969

195. BHI Berlin, Abt. Epidemiologie vom 02.05.1983 – Auswertung der Geschehen nach Gemeinschaftsverpflegung und der Erkrankungen nach Lebensmittelgenuss des Jahres 1982

196. Mayr, A.: Verbreitung von Infektionserregern über Abfälle von Haus-, Gemeinde- und Freilandungeziefer. Zbl. Bakt. Hyg., I. Abt. Orig. B 178, (1983), 53–60

197. Ministerium für Gesundheitswesen HA Hygiene und Staatliche Hygieneinspektion – Ergebnisprotokoll der Arbeitsberatung der Leiter der Inspektionen Lebensmittel- und Ernährungshygiene am 03./04.11.1982 in Halle, Pkt. 12.4

198. Mitscherlich, A. u. M.: Die Unfähigkeit zum Trauern. R. Piper & Co. Verlag München, Zürich 1977

199. Leisser, A.: Gruppenerkrankung durch Sal. Typhimurium. Öff. Gesundh. Wes. 47, (1985), 136

200. Beck, E.G. u. P. Schmidt: Risikoabschätzung in der Umwelthygiene. Zbl. Bakt. Hyg., I. Abt. Orig. B 177 (1983), 1–10

201. Mitscherlich, A.: Ein Leben für die Psychoanalyse. Suhrkamp Verlag, Frankfurt am Main 1984, 118

202. Deskusses, J.: Jahresbericht des amtl. Laboratoriums Genf. Mitt. Gebiete Lebensm. Hyg. 66 (1975), 316–317, 67 (1976), 306–398

203. Velimirivic, B.: Die Bedeutung der Enteritis infectiosa einschl. mikrobiell bedingter Lebensmittelintoxikationen weltweit und in der europäischen Region. Bundesgesundhbl. 26, (1983), 304–321

204. GBl. I/1956 Nr. 86, 788 AO (Nr. 1) über die Behandlung von Lebensmitteln im Lebensmittelverkehr

205. GBl. I/Nr. 44, 465 Arbeitsschutzanordnung 5 vom 09.08.1973 – Arbeitsschutz für Frauen und Kinder

206. GBl. I/Nr. 47 1975, 764 AO (Nr. 1) über die Kennzeichnung der Lebensmittel im Lebensmittelverkehr

207. Trenkle, K.: Die Bedeutung bestimmter Qualitätshinweise bei Lebensmitteln. Schriftenreihe Verbrauchsdienst, Hg.: Auswertungs- und Informationsdienst für Ernährung, Landwirtschaft und Forsten, Bonn-Bad Godesberg 1982

208. Dresselhaus-Schroebler, M.: Qualitätserwartung des Verbrauchers. Archiv für Lebensmittelhygiene 31, (1980), 88–91

209. Greuel, E.: Qualität von Lebensmitteln tierischer Herkunft – hygienische und mikrobiologische Aspekte. Hochschultagung, Landwirtschaftliche Fakultät der Rheinischen Friedrich-Wilhelm-Universität Bonn, 07./08.10.1980

210. Nikodemusz, I.: Mikrobiologische Lebensmittelstandards. Z. ges. Hyg. 13, (1967), 253–258

211. GBl. Sdr. Nr. 1072 vom 15.12.1981 AO über Fremdstoffe in Lebensmitteln vom 10.08.1981

212. Pöhler, W. u. W. Heiser: Arbeiter kontrollieren ihre Betriebe. Die Lebensmittelindustrie 11 (1964), 75–76

213. Ruf, F.: Empfehlungen der Industrie zur Lebensmittelkontrolle. ZLR 7, (1980), 443

214. Raeth, O.: Qualitätssicherung in der Lebensmittelindustrie,Organisation und Wirkungsweise. Ernährungswirtschaft/Lebensmitteltechnik 11, (1979), 47–49

215. Hauert, W.: Qualitätserwartung des Verbrauchers. Alimenta – Sonderausgabe 1982, BAG Brunner Verlag AG, Zürich 1983, 15–20

216. Aebi, H.: Qualitätskontrolle in der Lebensmittelindustrie. Swiss Food 2, (1980), 10

217. Schmidhofer, Th.: Lebensmittelqualität und Konsumentenschutz. Fleischwirtschaft 62, (1983), 1540

218. Rüschen, G.: Entwicklung und Perspektiven von Lebensmittelindustrie und Lebensmittelhandel. ZFL 34, (1), 33, (1983)

219. Reuter, H.: Entwicklungstendenzen in der Lebensmittelverarbeitung. ZFL 27, (4), 99, (1976)

220. Zipfel, W.: Zur Stellung des Sachverständigen. Lebensm. u. gerichtl. Chemie 33, (1979), 111

221. Stammer, L.: DDR-Standards konsequent einhalten. Die Lebensmittelindustrie 9, (1962), 194

222. Deckert, H.-J.: Zum Titel Betrieb der ausgezeichneten Qualitätsarbeit. Die Lebensmittelindustrie 9, (1962), 195–196

223. Ahrens, F.: Gedanken zum Beruf des Lebensmittelchemikers. Lebensmittelchem. u. gerichtl. Chemie 24, (1970), 180

224. Mankel, A.: Bericht über die Situation der amtlichen Lebensmittelüberwachung. Lebensmittelchem. u. gerichtl. Chemie 39, (1985), 145

225. Bertling, L.: Der Lebensmittelchemiker – eine kritische Standortbestimmung. Lebensmittelchem. u. gerichtl. Chemie 40, (1986), 101

226. Groebel, W.: Lebensmittelüberwachung – Anspruch undWirklichkeit, Rhein-Ruhr-Druck Sander Dortmund 1976, 6

227. Baltes, W.: Deutsche Apotheker-Ztg. 119, (1979), 1096

228. Berg, H.: Lebensmittelchem. u. gerichtl. Chemie 38, (1984), 133

229. Gemmer, H.: Aktuelle Probleme der Lebensmittelüberwachung aus der Sicht eines Veterinäruntersuchungsamtes. Fleischwirtschaft 61, (1981), 870–876

230. Schulze, H.: Zu den Aufgaben der tierärztlichen Sachverständigen. Archiv Lebensmittelhyg. 31, (1980), 48

231. Schiedemaier, H.: Lebensmittelüberwachung – zentralistisch oder föderalistisch. Das Erfrischungsgetränk, 32, (1979), 955–962

232. Nagel, G.: Die Lebensmittelüberwachung durch die Untersuchungsanstalten – Ergebnisse und Probleme. Ernährungs-Umschau 24, (1977), Beilage 9, 39

233. Töpfer, Kl.: Eckwerte der ökologischen Sanierung und Entwicklung in den neuen Bundesländern. Information des Umweltbundesministers von November 1991, Referat Öffentlichkeitsarbeit

234. Beyer, K.H.: Das Aufgabenspektrum des Lebensmittelchemikers. DLR, 80; (1984), 88

235. GBl. I/Nr. 14 (1980), 117 VO vom 17.04.1980 über die Entwicklung und Sicherung der Qualität der Erzeugnisse

236. Scheunemann, H.: Organisation und Durchführung der Lebensmittelüberwachung in Berlin. Archiv für Lebensmittelhygiene 244, Nr. 11 (1971)

237. Schär, M.: Das Hygieneverhalten des Schweizers. Chem. Rsd. 32, (1979), Nr. 49, 6

238. Hofstätter, P.R.: Ideologie der Unsauberkeit. Zbl. Bakt. Hyg. I. Abt. Orig. B 156, (1972), 252–255

239. Noelle-Neumann, E.: Sauberkeitsnormen 1964–1975. Zbl. Bakt. Hyg. I. Abt. Orig. B 163, (1976), 254–267

240. Bergler, R.: Psychologie der Sauberkeit: Ergebnis einer Vergleichsuntersuchung. Zbl. Bakt. Hyg. I. Abt. Orig. B 163, (1976), 268–310

241. Bergler, R.: Sauberkeit: Norm – Verhalten – Persönlichkeit. Zbl. Bakt. Hyg. I. Abt. Orig. B 159, (1974), 352–372

242. Bergler, R.: Analyse des Sauberkeitsverhaltens – Vorstellung und Realität. Arch. Hyg. Bakt. 154, (1970), 272–285

243. Pongratz, L.J.: Wohnen und Psyche. Öff. Gesundh. Wes. 44, (1982), 181–186

244. Gropius, W.: Architektur. Fischer Verlag, Frankfurt am Main 1959

245. Schorrmüller, J.: Lehrbuch der Lebensmittelchemie. Springer Verlag o.H.G. Berlin 1961, 331

246. Pfeifer, A.: Viele Lebensmittel aus der DDR sind stark belastet. Ztg. Der Tagesspiegel vom 02.11.1990

247. Anschriftenverzeichnis der Staatlichen Hygieneinspektionen in der DDR und der ihr nachgeordneten Einrichtungen, Hg.: Ministerium für Gesundheitsw. der DDR, HA Staatl. Hygieneinspektion, Bad Elster 1981

248. Zietze, H.-J.: Mit Salmonella thyhi murium kontaminierte Konditoreierzeugnisse als Ursachen einer Toxi-Infektion, KHI-Treptow, Sept. 1984

249. Mitteilung vom 25.05.1984 KHI Treptow an das BHI Berlin (Archiv H.-J. Zietze)

250. VEB Delicia Delitzsch, Delicia-Ratron-Compact (Wirkstoff: Warfarin), ein gebrauchsfertiger Köder zur Rattenbekämpfung

251. Schmauderes, E.: Kriterien der Lebensmittelqualität und Maßnahmen der Qualitätssicherung. Swiss Food, 4, (1982), 7–17

252. Zietze, H.-J.: Gelenkte Ernährung – Die DDR auf dem Weg zur gesellschaftlichen Ernährung. Peter Lang Verlag Bern, Frankfurt am Main/New York 1989, 133

253. V.u.M. Nr. 2 vom 10.01.1979 Richtlinie zum Gefrieren und Pasteurisieren von frischem Fleisch, Fisch, Obst und Gemüse in Gemeinschaftsküchen. Zit. n. LMG-Staatsverlag der DDR, Berlin 1982, 247–248

254. Paulus, K.: Verfahrenstechnik der Speisenproduktion und Konservierung in der Gemeinschaftsverpflegung, Erfahrungen und Anwendungen in der Praxis. Wiss. Verlagsgesellschaft mbH Stuttgart 1983, 111

255. Paulus, K. u. Novak, J.: Influence of heating and keeping warm on the quality of meals. Am. Nutr. Alim. 32, (1978), 447–458

256. Novak, J.: Zum Problem des Warmhaltens von Speisen. Lebensmittel. Wiss. u. Technol. 10, (1977), 61–72

257. Clemens, W.: Da wird ein Ding aufgeblasen. Berliner Tagesspiegel vom 17.11.1990 Nr. 13 727, 27

258. Magistratsinformation Standpunkt zum Problem und zur Verhütung und Bekämpfung akuter Magen-Darm-Erkrankungen, Bezirksarzt 1982

259. Schreiben des BHI Berlin vom 14.01.1983 an die SED-Bezirksparteileitung – Stand der Hygienesituation in der Hauptstadt

260. Mitteilung vom 06.12.1984 VEB Gaststättenbetrieb BT Treptow – Stand der Hygienekategorisierung 1984

261. Mahling, A.: Beiträge zur Rationalisierung der Lebensmittelüberwachung. Lebensmittel u. Gerichtl. Chem. 24, (1970), 213

262. Weissermehl, K.: Die Rolle der modernen Analytik. Chem. Rsd. 28, (1979), 3–4

263. Kelker, H.: Wege und Werkzeuge der Analytik. Chem. Rsd. 28, (1979), 3–4

264. Fricker, A.: Zusammenarbeit des Lebensmittelchemikers mit anderen Disziplinen bei der Beratung des Verbrauchers in Ernährungsfragen. Ernährungs-Umschau 24, (1977), 131–133

265. Ruf, F.: Quality assurance: A task for the present and challenge for the future. DLR, 81, (1985), 307–316

266. Bryan, F.: Hazard analysis of food service oprations (Risikoanalysen der Speisenversorgungsindustrie). Food Techn. 35, (1981), 78–87

267. De Figueiredo, M.P.: Quality assurance of food safety. Food Techn. 38, (1982), 58–59

268. Mitteilung vom 27.03.1984 KHL Treptow an das BHI Berlin (Archiv H.-J. Zietze)

269. Melnikow, N.N.: Chemistry of Pesticides. Res. Rev. Vol. 36 Springer Verlag, Berlin-Heidelberg, New York

270. Mitteilung vom 14.09.1984 KHI Treptow an das BHI Berlin (Archiv H.-J. Zietze)

271. National Institute of Health: National cancer report of carcinogene bioassy of chloroform Bethesda, 01.03.1976

272. Schroeder, Kl.: Was wir vergessen, das war nicht (Freie Universität Berlin). Der Tagesspiegel, 18.05.2006

273. Hodler, M.: Lebensmittelgesetzgebung und Lebensmittelkontrolle in der Schweiz. In: Probleme um neue Lebensmittel. Zit. n. Harmer, R.: W. Maudrich Verlag 1978, 224–228

274. OECD Guidlines for Testing Chemicals (Grundsätze der guten Laborpraxis – GLP) vom 04.02.1983. Pharm. Ind. 45, (1983), 338–345

275. Weisser, H.J.: Fortschritte in der Lebensmittelverfahrenstechnik. Z. Lebensmitteltechnol. Verfahrenstechnik 32, (1981), 41–46

276. Weisser, H.J.: Enteritis infectiosa. Öff. Gesundheitswes. 44, (1982), 605–609

277. Weuffen, W. u.a.: Stand und Entwicklungstendenzen der Desinfektion in der DDR. Z. ges. Hyg. 18 (1972), 633–638

278. Russel J.L. u.a.: Foodborne Desease, Food Hygiene and Consumer Education. Archiv Lebensmittelhyg., 34, (1983), 86–89

279. Pöhn, H.P.: Enteritis infectiosa. Bundesgesundhbl. 26 (1983), 313–316

280. Pohle, H.D.: Enteritis infectiosa – Klinik und Therapie. Bundesgesundhbl. 26, (1983), 323–325

281. Cornwell, P.B.: Pest control and Enviroment Pollution (Schädlingsbekämpfung und Umweltschutz). Archiv Lebensmittelhyg., 23, (1972), 21–24

282. Bundesgesundhbl. 24, (1981), 278 – Atypische Lungenerkrankung in Spanien

283. Classen, H.G.: Daten und Dokumente zum Umweltschutz. Archiv f. Lebensmittelhyg, 23, (1979), 187

284. Aigner-Dünzel, K.: Verbraucherschutz durch Lebensmittelkennzeichnung. Archiv f. Lebensmittelhyg, 34, (1983), 24–25

285. Winter, J.: Der Neubau des VEB Milchhof Groß-Berlin-Grünau. Die Lebensmittelindustrie 12, (1965), 305–307

286. Rödel, I.: Untersuchungen zum Antioxydans XAX-M, Analytik, Bestimmung von Rückständen in Lebensmitteln tierischer Herkunft – Untersuchung der Rückstände im Tierkörper nach Verfütterung von XAX-M am Broiler. Diss., Humboldt-Universität zu Berlin, 1984

287. Schiedermeier, H.H.: Der Lebensmittelchemiker, ein dem Recht verbundener Naturwissenschaftler. DLR 72, (1976), 265–270

288. Miethke, H.: Der Lebensmittelchemiker im Umweltschutz. DLR, 78, (1982), 1–5

289. Deckert, H.-J.: Aufgaben und Arbeitsweise des DAMW innerhalb des neuen ökonomischen Systems. Die Lebensmittelindustrie 12, (1965), 243

290. Deckert, H.-J.: Aufbau eines lückenlosen Gütekontrollsystems. Die Lebensmittelindustrie 12, (1965), 289

291. Deckert, H.-J.: Eine wirksame Gütekontrolle schaffen. Die Lebensmittelindustrie 11, (1964), 147

292. Ruf, F.: Standpunkt der Industrie zur Lebensmittelkontrolle. Z. Lebensmitteltechnolog. Verfahrenstechnik 32, (1981), 2, 58–60, 3,114–116. Z. Lebensmittelrecht, 7, (1980), 443–462

293. Süddeutsche Zeitung: Lebensmittel »besorgniserregend« belastet. Nr. 252, 5 vom 03./04.11.1990

294. Walter, S.: Probleme der Qualität und Gütekontrolle in der Betriebshygiene. Die Lebensmittelindustrie 12, (1965), 137

295. Ruf, F.: Empfehlungen der Industrie zur Lebensmittelkontrolle. ZLR, (1980), 443

296. Pfannschmidt, D.: Die Lebensmittelüberwachung in der DDR-Organisation, Verfahrensabläufe, Tendenzen. ZLR 4, (1990), 377–391

297. Hild, J.: Lebensmittelüberwachung in den Niederlanden. Lebensmittelchem. Gerichtl. Chemie 40, (1986), 105

298. Hartherz, Der Tagesspiegel vom 11.04.1990 – SPD-Politiker sieht Gefährdung durch Lebensmittel aus der DDR

299. Möbel, H.: Materialien zur Belastungssituation von Lebensmitteln aus dem Gebiet der ehemaligen DDR mit Rückständen von Pflanzenschutzmitteln, Nitrat und Umweltschadstoffen. Pressemitteilung des Bundesministeriums für Jugend, Familie, Frauen und Gesundheit, Außenstelle Berlin 01.11.1990

300. Arfert, H., Fiks u.a.: Planung der sytematischen Überwachung des Verkehrs mit Lebensmitteln und Bedarfsgegenständen. Z. ges. Hyg. 26 (1980), H. 11, 804–805

301. Maier, H.: Chemiker im »Dritten Reich« , Vorwort S. X, Verlag GmbH & Co. KGaA, Wiley-VCH, 2015, 16

302. Senatsverwaltung für Gesundheit, Umwelt und Verbraucherschutz Berlin: Lebensmittelsicherheitsbericht Berlin 2011, 12

303. https://www.verbraucherportal.de/Lde/Startseite/verbraucherschutz/Berichte+aus+der+Lebensmittelüberwachung 2009, 16/17

304. Maschke, M.: »Rund 30 % der amtlichen Regelkontrollen werden wegfallen«. www.Tagesspiegel.de/Verbraucher/ DER Tagesspiegel 19.10.2020, 15

305. EU-Futtermittelhygiene-VO (EG) Nr. 767/2009

306. https://www.berlin.de/sen/verbraucherschutz/aufgaben/lebensmittelüberwachung – Jahresbericht 2011 zur Lebensmittelsicherheit in Berlin, 14

307. Senatsverwaltung für Justiz, Verbraucherschutz und Antidiskriminierung Berlin: Lebensmittelsicherheitsbericht Berlin, Jahresbericht 2019, 7–10

308. Senatsverwaltung für Gesundheit, Umwelt und Verbraucherschutz Berlin: Beanstandungen bei Betriebskontrollen 2003–2010: Lebensmittelsicherheitsbericht Berlin 2011, 15

309: JB 2018 Lebensmittelkontrolle, 1–2 https://www.verbraucherportal-bw.de/Lde/Startseite/verbraucherschutz/Berichte+aus+der+Lebensmittelüberwachung

310: BVL-Report https://www.bvl.bund.de/DE/Aufgaben/aufgaben_node.de.html

311: VO (EG) Nr. 178/2002 zur Festlegung der allgemeinen Grundsätze und Anforderungen des Lebensmittelrechtes, zur Errichtung der Europäischen Behörde für Lebensmittelsicherheit und zur Festlegung von Verfahren zur Lebensmittelsicherheit (Europäisches Schnellwarnsystem für Lebensmittel, Bedarfsgegenstände und Futtermittel (AVV Schnellwarnsystem – AVV SWS))

312: Lebensmittelsicherheitsbericht Berlin, Jahresbericht vom 03.08.2020, 4

313: Lebensmittelsicherheitsbericht 2019, Bundesministerium Soziales, Gesundheit, Pflege und Konsumentenschutz (BMSGPK), AGES – Österreichische Agentur für Gesundheit und Ernährungssicherheit, 7

314: Mörsberger, F.: Jahresbericht der amtlichen Lebensmittelüberwachung vom 13.11.2019. In: https://www.agrolalab.com/de/aktuelles/lebensmittel-news/2436-jahresbericht-2018-amtliche-lebensmittelüberwachung.html

315: https://www.verbraucheportal-bw.de/site/pbs-bw-new/get/dokuments/MLR.Verbraucherportal/Dokumente/Dokumente%20pdfs/verbraucherschutz Jahresbericht 2009 des Ministeriums für ländlichen Raum, Ernährung und Verbraucherschutz, S.17

316: Anlage zur Pressemitteilung Nr. 199/2020 vom 03.08.2020 zum Jahresbericht Baden-Würtemberg 2019, 1

317: https://www.verbraucherportal-bw.de/site/pbs-bw-new/get7dokuments/MLR. Verbraucherportal/Dokumente/Dokumente%20pdfs/Verbraucherschutz Jahresbericht 2009 Baden-Würtemberg, 40/41

318: http://www.bvl.bund.de/monitoring

319: http://www.bvl.bund.de/buep

320: https://www.bvl.bund.de/nrkp

321: Rosner, B., Schewe, T.: (2016) Gemeinsamer nationaler Bericht des BVL und RKI zu lebensmittelbedingten Krankheitsausbrüchen in Deutschland, 2015. J. Consum Prot Food Saf (2017) 12:73–83. https://link.springer.com/article/10.1007/s00003-016-1060-2 (online veröffentlicht am 17.12.2016)

322: Gemeinsamer nationaler Bericht des BVL und RKI zu lebensmittelbedingten Krankheitsausbrüchen in Deutschland 2018 vom 25.10.2019

323: Antwortschreiben der Bundesstiftung zur Aufarbeitung der Deutschen Geschichte vom 11.12.2020 zum Förderantrag DR 031-2021

324: Stegemann, W.: Wegstationen, Metropol Verlag 2020, 178

325: Stenner, K. zit. n. Anne Applebaum »Die Verlockung des Autoritären – warum antidemokratische Herrschaft so populär geworden ist«. Siedler Verlag München 1921, 23

326: Benda, J.: Der Verrat der Intellketuellen, Verlag Andre Thiele, 2013, 137

327: Paris, G.: Lecon d'ouverture au College de France, Dezember 1870 zit. n. J. Benda, 76

328: Nauschütz, W.: Betrachtungen zur Lebensmittelüberwachung, Mitteilung an das Bundesmisterium für Jugend, Familie, Frauen und Gesundheit (BMJFFG) vom 31.12.1990, 2

Autorenregister

Achtzehn 93, 184
Acker 24
Ackermann 106, 132
Aebi 216
Ahrens 223
Allen 137
Amberger 3
Applebaum 325
Autorenkollektiv 45, 47
Baltes 227
Bauer 163
Baumgartner 13, 49, 50, 56
Bärwald 58
Beck 200
Beerens 79
Benda 326
Berg 228
Bergeler 240, 241, 242
Beyer 234
Bertling 71, 145, 225
BGBl. 2, 107, 157
BHI 195
Blanchfield 17, 18
Blaser 117
Blumenthal 57
Bott 193
Brose 117
Bryan 266
Bulkina 187
Busse 42
Budagjan 189
Büning-Pfaue 77
Coduro 159

Cunningham 164, 165
Daffershofer 66
Deckert 222, 289, 290, 291
De Figueiredo 267
Deskusses 202
Deutscher Reichstag 9
Dietrich 144
Dresselhaus-Schroebler 208
Drews/Hieke 29
Ehrenberg 247
Empfehlungen der AG Mikrobiologie 86
Engst 41
Fandrey 158
Febvre 300
Frank 112, 128
Fresenius 46
Friedemann 120
Fricker 72
GBl. I 10, 26, 53, 111, 143, 204, 206, 235
GBl. II 20, 21, 83, 169
Geiges 124
Gemmer 34
Grahneis 80
Gräfe 171, 172
Groebel 23
Greuel 209
Griesinger 31
Groenewegen 146
Gropius 244
Gspahn 33
Hacker 92
Hadlok 125
Hansen 129
Hartgen 130
Hauert 215
Hauser 39

Heiss 64, 74

Heldmann 194

Hemmeler 150

Hermann 67

Heuschkel 81

Hild 297

Hodler 273

Hodler 273

Hofmann 98

Hofstätter 142, 238

Hölzer 174

Hoppe 101

Hui 27

Iglisch 99

Johnson/Ketz 180

Jägerhuber 76

Kareist 4

Karolek 192

Kempter 104

Kepler 140

Kiermeier 113, 116

Klein 36

Klenke 8

Körner 68

Knaut 70

Kneist 123

Kuhn 118

Kröber 110

Krug 119, 122

Krusen 95

Lange 30

Leisser 199

Lemme 153

Luhanova 183

Lücke 154

Lüthy 121

Magistrat 186
Maier 1
Mankel 224
Marey/Adam 28
Mayr 196
McConnel 166
Melnikow 269
Merten 139
MfG 197
Mielke 100
Miethke 288
Mitscherlich 198, 201
Mohs 88
Möhr 175, 176
Mörsberger 137
Mrozek 109
Muhr 96
Nagel 232
Nauschütz 328
Niedermeier 75
Nikodemusz 210
Nikolin 136
Noelle-Neumann 239
Norberg/Akerstrand 69
Novak 255, 256
Partmann 73
Paulenz 182
Paulus 254
Pfannschmidt, G. 296
Pfannenschmidt 54
Pfeifer 246
Pilnik 161
Pohle 280
Pöhn 279
Pongratz 243
Prange 40

Prändl 19
Puhan 61
Raeth 214
Reiss 114
Reuter 219
Riemann 188
Ripke 48
Roedel 286
Rook 168
Romann 65
Ruf 265, 292, 295
Ruffy 44
Ruschke 94
Rüschen 218
Russel 278
Sachse 181
Salzmann 5
Scharleck 37
Schär 237
Scheunemann, H. 236
Scheunert 178
Schichtmann 97
Schiedemaier 231, 287
Schlatter 115
Schmauderer 251
Schuschke 141
Seidel/Muschter 103, 190
Schmidthofer 62, 217
Schmidt-Lorenz 85, 126, 155
Schulze 22, 149, 230
Schweiz 108
Seeliger 138
Sinell 152
Skröder 160
Smolla 63
Snyder 12

Spicher 126, 147, 148

Sperlich 6

Stammer 21

Stenner 325

Srevens 167

Stoll 59

Talpay 15

Teale 162

Terplan 43

Thymian 11, 51

Tilgner 78

Töpfer 233

Trenkle 25, 207

Ueleke 173

Untermann 191

Velimirivic 203

Walter 294

V. u. M. Nr. 156

Wassermann 185

Wegeler 105

Wegemann 324

Weise 276

Weisser 275

Weufen 277

Werbung 29

Wicki 14

Wildholz 102

Wildführ 151

Zeder 89

Zeller 7

Zietze 87, 128, 170, 248

Zipfel 16, 32, 220

Zobel 179

Zschaler 60

Glossar:

AAC-System: Administrative Assistance and Cooperation System (elektronisches Informationssystem der EU für Lebensmittelbetrug und Amtshilfe). Die nationale Kontaktstelle ist in Deutschland das BVL in Berlin.

ABI: Arbeiter- und Bauern-Inspektion (Institution der sog. Massenorganisationen)

ADI-Wert: Acceptable daily intake – gibt die tolerierbare Tagesdosis eines Stoffes an, die ein Mensch lebenslang ohne gesundheitliche Schädigung aufnehmen kann

ASMW: Amt für Messwesen und Warenprüfung in der DDR (staatliches Qualitätskontrollorgan)

AVV Rüb: Allgemeine Verwaltungsvorschrift zur Rahmenüberwachung bei Lebensmitteln (enthält die Grundsätze zur Durchführung der amtlichen Überwachung im Hinblick auf die Einhaltung lebensmittelrechtlicher, weinrechtlicher, futtermittelrechtlicher und tabakrechtlicher Vorschriften)

AVV SWS: Allgemeine Verwaltungsvorschrift für die Durchführung des Schnellwarnsystems für Lebensmittel, Lebensmittelbedarfsgegenstände und Futtermittel (lt. DurchführungsVO (EU) 2019/1715 v. 30.9.2019)

BT-Leitungen: Betriebsteilleitungen in den VEB Betrieben

BVL: Bundesamt für Verbraucherschutz und Lebensmittelsicherheit (eine Bundes oberbehörde, die zum Geschäftsbereich des Bundesministeriums für Ernährung und Landwirtschaft (BMEL) gehört)

CVUA ‚s: Chemische und Veterinäruntersuchungsämter

DAMW: Deutsches Amt für Messwesen und Warenprüfung , wurde später dann in ASMW umbenannt.

DDVP: Dichlorvos – Insektizid aus der Gruppe der Phosphorsäureester

EFSA: Europäische Behörde für Lebensmittelsicherheit (European Food Safety Authority)

Ergotropica: Mastfördernde Mittel i.S. einer Wachstumsförderung in der Tierzucht

FAO: Food and Agriculture Organisation (Ernährungs- und Landwirtschaftsorganisation der Vereinten Nationen)

FDJ: Freie deutsche Jugend (Jugendorganisation der SED in der DDR)

FDGB: Freier Deutscher Gewerkschaftsbund (ostdeutsche Einheitsgewerkschaftsorganisation)

Food Fraud: Lebensmittelbetrug i.S. einer Verbrauchertäuschung und -irreführung

GMP: Good Manufacturing Praktices – moderne Qualitätskontrollrichtlinien in
den Betrieben
HACCP: (Hazard analysis and critical control points) Konzept einer Gefahrenanalyse
und Prüfung der Produktionsabläufe im Hinblick auf kritische
Kontrollpunkte i.S. eines Qualitätsmanagements , das für die Produktion
und den Umgang mit Lebensmitteln konzipiert wurde.
HCB: Hexachlorbenzol – persistenter organischer Schadstoff , der in der Umwelt
ubiquitär verbreitet ist
Haloforme: Trichlormethane – die als Nebenprodukt bei der Desinfektion mit
chlorhaltigen Desinfektionsmitteln entstehen können
HOG: Gaststätte des staatlichen Gaststättenbetriebes
KbE: eine Kolonie bildende Einheit von Mikroorganismen als Kenngröße zur
Quantifizierung und Bewertung lebender Mikroorganismen
KIM: Kombinat Industrielle Mast – eine staatliche Betriebsform in der
Landwirtschaft und Tierproduktion in der DDR
Kokzidiostatica: Futtermittelzusatzstoffe unterschiedlichster Art
LAT Berlin: Landesuntersuchungsinstitut für Lebensmittel, Arznei- und Tierseuchen
Berlin
LFGB: Lebensmittel-, Bedarfsgegenstände- und Futtermittelgesetzbuch nach
VO(EG) Nr. 17/2002
LMBG: Gesetz über den Verkehr mit Lebensmitteln, Tabakerzeugnissen,
kosmetischen Mitteln und sonstigen Bedarfsgegenständen
LNO Berlin: Großhandelslager Nordost Berlin-Lichtenberg
LÜVIS: elektronisches Lebensmittelüberwachungs- und
Veterinäruntersuchungssystem
MZR-Wert: Maximal zulässiger Richtwert
NSW: Nicht sozialistisches Weltsystem (im allgemeinen Sprachgebrauch wurde damit
das westliche Ausland gemeint)
ÖVW: Örtliche Versorgungswirtschaft (Fachabteilung bei den Räten der Bezirke)
Pestizide: Engl. »pests«(= Schädlinge). Dazu gehören zahlreiche unterschiedliche che-
misch-synthetische Stoffe und Stoffkombinationen, die toxisch auf unerwünschte Orga-
nismen (Tiere oder Pflanzen) wirken. Nach ihrem Einsatzzweck unterscheidet man in
sog. Pflanzenschutzmittel im Agrar-, Forst- und Gartenbereich, in Biozide zur Bekämpfung unerwünschter Lebewesen im Haushalt (z.B. zur Schädlingsbekämpfung) oder
als Holzschutzmittel bzw. auch als Desinfektionsmittel. Außerdem werden diese Gifte
auch nach »Zielorganismen« eingeteilt. So gibt es u.a. Insektizide: chemische Präparate

gegen Insekten, Herbizide: chemische Präparate gegen Pflanzen, Fungizide: chemische Präparate gegen Pilze.

PGH: Staatliche genossenschaftliche Produktionsgemeinschaft von Handwerksbetrieben

P/S-Quotient: Verhältnis von mehrfach ungesättigten Fettsäuren zu den gesättigten Fettsäuren (empfohlener Richtwert: 1 bis 1,5)

RASFF: Rapid Alert System of Food and Feed (europäisches Schnellwarnsystem, das der schnellen und umfassenden Information und Reaktion innerhalb der EU dient)

RGW: Rat für gegenseitige Wirtschaftshilfe (Wirtschaftsbündnis aller Ostblockstaaten)

RIOP: Landesweites Konzept einer optimierten risikoorientierten Probenentnahme

SED: Sozialistische Einheitspartei Deutschlands (Staatspartei der DDR)

TKO: Technische Gütekontrollorganisation in den staatlichen VEB

VbE: Vollbeschäftigteneinheit (Vollzeitstelle)

VIG: Verbraucherinformationsgesetz (bundesweit seit 2008 in Kraft gesetzt)

VMI: Volksmasseninitiative i.S. sog. freiwilliger Arbeitsinitiativen

Weißbuch: Buch zur Lebensmittelsicherheit: Ein Maßnahmenpaket, welches das Lebensmittelrecht der EU ergänzt und die Grundlagen für die Lebensmittelpolitik der EU umreißt. Es wurde der EU-Kommission am 12.01.2000 vorgelegt (KOM (99) 0719).

Abkürzungen

ABI: Arbeiter-und-Bauern-Inspektion
ABl.: Amtsblatt
Abb.: Abbildung
Abs.: Absatz
AHI: Arbeitshygieneinspektion
AO: Anordnung
Anl.: Anlage
ASAO: Arbeitsschutz-Anordnung
ASMW: Amt für Messwesen und Warenprüfung
AVV: Allgemeine Verwaltungsvorschrift
AVV-DÜb: Allgemeine Verwaltungsvorschrift über die Übermittlung von Daten aus der amtlichen Lebensmittelüberwachung nach lebensmittel- und weinrechtlichen Vorschriften sowie aus dem Lebensmittel-Monitoring
AVV LM: Allgemeine Verwaltungsvorschrift zur Durchführung des Lebensmittel-Monitorings
AVV-RÜb: Allgemeine Verwaltungsvorschrift über Grundsätze zur Durchführung der amtlichen Überwachung der Einhaltung lebensmittelrechtlicher, weinrechtlicher, futtermittelrechtlicher und tabakrechtlicher Vorschriften
BELA: Bundesweites System zur Erfassung von Daten zu Lebensmitteln, die an lebensmittelbedingten Krankheitsausbrüchen beteiligt sind
BfR: Bundesinstitut für Risikobewertung
BGBl.: Bundesgesetzblatt
BHI: Bezirkshygieneinspektion
BMEL: Bundesministerium für Ernährung und Landwirtschaft
BMJFFG: Bundesministerium für Jugend, Familie, Frauen und Gesundheit
BÜp: Bundesweites Überwachungsprogramm
BVL: Bundesamt für Verbraucherschutz und Lebensmittelsicherheit
CVUA: Chemisches und Veterinäruntersuchungsamt
DAMW: Deutsches Amt für Messwesen und Warenprüfung
DB: Durchführungsbestimmung
DRK: Deutsches Rotes Kreuz
DIN: Deutsches Institut für Normung e.V.
EFSA: European Food Safety Authority

EG: Europäische Gemeinschaft

EN: Europäische Normen

EU: Europäische Union

EVP: Endverkaufspreis

EWG: Europäische Wirtschaftsgemeinschaft

FAO: Food and Agriculture Organisation

FDJ: Freie Deutsche Jugend (Jugendorganisation der SED in der DDR)

FDGB: Freier Deutscher Gewerkschaftsbund

GBl.: Gesetzblatt

ggf.: gegebenenfalls

GMBl.: Gemeinsames Ministerialblatt

GMP: Good Manufacturing Practices (Gute Herstellungspraxis)

HACCP: Hazard analysis and critical control points (Gefahrenanalyse kritischer Kontrollpunkte)

HI: Hygieneinspektion

HO: Staatliche Handesorganisation

HOG: Gaststätte des staatlichen Gaststättenbetriebes

IfSG: Infektionsschutzgesetz

KbE: Koloniebildende Einheit

KG: Körpergewicht

KHI: Kreishygieneinspektion

KIM: Kombinat Industrielle Mast

LAT: Landesuntersuchungsinstitut für Lebensmittel, Arznei- und Tierseuchen Berlin

LAV: Länderarbeitsgemeinschaft Verbraucherschutz

LFGB: Lebensmittel- und Futtergesetzbuch

LMBG: Gesetz über den Verkehr mit Lebensmitteln, Tabakerzeugnissen, kosmetischen Mitteln und sonstigen Bedarfsgegenständen

LMG: Lebensmittelgesetz der DDR

LNO: Großhandelslager Nordost Berlin-Lichtenberg

LVO: Landesverteidigungverordnung

MZR: Maximal zulässiger Richtwert

MRL: Maximum Residue Limit – Rückstandshöchstgehalt

NRKP: Nationaler Rückstandskontrollplan

NSW: Nichtsozialistisches Weltsystem

OGS: Obst- und Gemüseprodukte

OMR: Obermedizinalrat

ÖVW: Örtliche Versorgungswirtschaft
PGH: Genossenschaftliche Produktionsgemeinschaft
RGW: Rat für gegenseitige Wirtschaftshilfe
RKI: Robert Koch-Institut
RSAF: Rapid Alert System of Food and Feed (europäisches Schnellwarnsystem)
RÜb: Rahmenüberwachung
SED: Sozialistische Einheitspartei Deutschlands
TKO: Technische Gütekontrollorganisation
VbE: Vollbeschäftigteneinheit
VEB: Volkseigener Betrieb
VHI: Veterinärhygieneinspektion
VIG: Verbraucherinformationsgesetz
VMI: Volksmasseninitiative (sog. freiwilliger Arbeitseinsatz)
VO: Verordnung
WHO: World Health Organisation (Weltgesundheitsorganisation)
WtB: Waren des täglichen Bedarfs
ZAM: Zentralinstitut für Arbeitsmedizin
ZK: Zentralkomitee der SED

Bilddokumentation

<u>PGH B ä c k e r s t o l z</u>
1197 Berlin, Sterndamm 71

Betriebsteil IX   Produktionsleistung
Hygienekategorie III   (Umsatz TM/Jahr)$_2$ 598,4o
aufgenommen am: 11. 12. 81   Produktion je m^2 = 6.621,oo M

<u>Konditorraum</u>

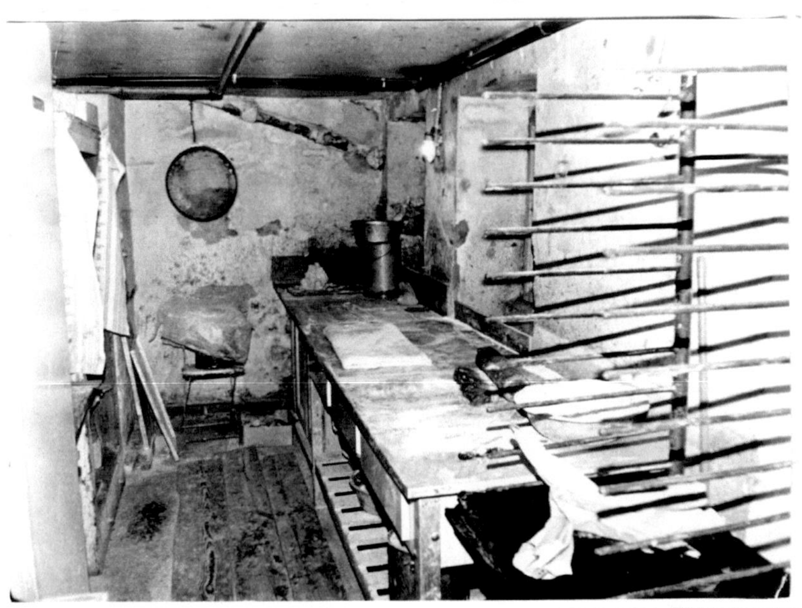

<u>Hygienemängel</u>

- baulicher und malermäßiger Zustand sehr schlecht;
- im Keller gelegen (massive Feuchtschäden);
- morsches z. T. undichtes Kellerfenster;
- defekter Fußboden, für Naßreinigung nicht geeignet;
- Handwaschbecken nicht vorhanden;
- Mobiliar z. T. defekt, überaltert, verschlissen;
- Wände ungefliest, kein Ölfarbanstrich;
- Beleuchtung unzureichend

Bild – Dok. Nr. 1/

<u>PGH B ä c k e r s t o l z</u>
1197 Berlin, Winkelmannstr. 43

Betriebsteil IV
Hygienekategorie III
aufgenommen am: 11. 12. 81

Produktionsleistung
$(\text{Umsatz TM/Jahr})_2 = 314,00$
Produktion je m^2 = 3.016,00 M

<u>Konditorraum</u>

<u>Hygienemängel:</u>
- baulicher und malermäßiger Zustand sehr schlecht;
- Mobiliar überaltert, z. T. defekt, verschlissen;
- Wände ungefliest;
- Handwaschbecken nicht in unmittelbarer Nähe des Arbeitsplatzes;
- Fußboden ungeeignet für eine Naßreinigung, z. T. defekt;
- morsche und defekte Fenster

Bild - Dok. Nr. 2/b'c

PGH B ä c k e r s t o l z
1195 Berlin, Baumschulenstr. 94

Betriebsteil X
Hygienekategorie III
aufgenommen am: 11. 12. 81

Produktionsleistung
(Umsatz TM/Jahr)   550,00
Produktion je m^2 = 10.584,00 M

Konditoreien und Backstuben

Hygienemängel:

- Konditorbereich und Backstube <u>nur</u> funktionell, nicht räumlich
  getrennt, sehr beengt;
- malermäßiger Zustand sehr schlecht;
- Mobiliar z. T. überaltert, verschlissen, verschmutzt;
- Hygienebekleidung des Personals <u>nicht</u> vorschriftsmäßig;
- kein separater Eiaufschlagplatz;
- Handwaschbecken <u>nicht</u> in unmittelbarer Nähe des Konditorarbeits-
  platzes

Bild - Dok. Nr. 3

290

<u>PGH B ä c k e r s t o l z</u>
1199 Berlin, Dörpfeldstr. 55

Betriebsteil VI   Produktionsleistung
Hygienekategorie III   (Umsatz TM/Jahr)$_2$ =   77o,5o
aufgenommen am: 11. 12. 81   Produktion je   m^2 = 3.993,oo M

<u>Konditorraum</u>

<u>Hygienemängel:</u>

- Einrichtungsgegenstände und Mobiliar überaltert, verschlissen
  z. T. provisorischer Natur;
- malermäßiger Zustand erneuerungsbedürftig
- Konditorei-Arbeitsplatz nicht gefliest;
- Türverkleidung provisorisch

Bild – Dok. Nr. 4/Zie

<u>PGH B ä c k e r s t o l z</u>
1195 Berlin, Baumschulenstr. 94

Betriebsteil X   Produktionsleistung (Soll)
Hygienekategorie III   (Umsatz TM/Jahr)   =   550,oo
aufgenommen am: 11. 12. 81   Steigerung (1976 - 81) =   356,8o %
                                  Planerfüllung '81   =   1o1,oo %
                                  Produktion je m^2 = 1o.584,oo M

Warenannahme/Lager

<u>Hygienemängel:</u>

- baulicher und malermäßiger Zustand sehr
  schlecht;
- Fenster defekt, morsch, notdürftig abgedichtet;
- Abwasserleitung durch Lebensmittellager;
- Fußbodendielung z. T. morsch, defekt;
- diverse Zutrittsmöglichkeiten für Ungeziefer

Bild - Dok. Nr. 5/Zie

<u>PGH B ä c k e r s t o l z</u>
1195 Berlin, Baumschulenstr. 94

Betriebsteil X
Hygienekategorie III
aufgenommen am: 11. 12. 81

Produktionsleistung
(Umsatz TM/Jahr)   =   876,40
Steigerung (1976 - 81) =   356,80 %
Planerfüllung '81   =   101,00 %
Produktion je m²   = 10.584,00 M

<u>Decke im Lagerraum</u>

<u>Hygienemängel:</u>

- Abflußleitung in hygienewidriger Weise in
  Lebensmittelbehandlungsraum verlegt;
- baulicher und allgemein instandsetzungs-
  mäßiger Zustand sehr schlecht;

Bild – Dok. Nr. 6/Zie

PGH B ä c k e r s t o l z
1197 Berlin, Winkelmannstr. 43

Betriebsteil IV   Produktionsleistung
Hygienekategorie III   (Umsatz TM/Jahr) 1968 =   92,60
aufgenommen am: 11. 12. 81   1981 =   38o,1o
                             Steigerung =   410,00 %
                  Produktion je m^2 = 3.016,00 M

Abwaschraum für Konditoreiarbeitsmittel

Hygienemängel:

- erhebliche bauliche, malermäßige und einrichtungstechnische
  Mängel (Putz- und Fliesenschäden, Durchfeuchtung, angeschim-
  melte Wände und Decken);
- stark verschmutzt;
- Mobiliar z. T. defekt, verschlissen, überaltert

Bild - Dok. N r. 7/Zie

<u>PGH B ä c k e r s t o l z</u>
1197 Berlin, Sterndamm 71

Betriebsteil IX
Hygienekategorie III
aufgenommen am: 11. 12. 81

Produktionsleistung
(Umsatz TM/Jahr)   1972 =   220,3o
                   1981 =   598,4o
        Steigerung =   271,6%
Produktion je m^2 = 6.621,-M

<u>Lagerraum</u>

<u>Hygienemängel:</u>
- baulicher und malermäßiger Zustand sehr schlecht;
- Abwasserleitung provisorisch durch die Mitte des Raumes verlegt;
- Einrichtungsgegenstände primitiv, z. T. unzweckmäßig, verschmutzt;
- im Keller gelegen, feucht,stockig

Bild – Dok. Nr. 8/Zie

<u>PGH B ä c k e r s t o l z</u>
1197 Berlin, Winkelmannstr. 43

Betriebsteil IV   Produktionsleistung
Hygienekategorie III   (Umsatz TM/Jahr)   1968 =   92,6o
aufgenommen am: 11. 12. 81   1981 =   38o,1o
                                       Steigerung 1968 - 81 =   41o,oo %
                                    Produktin je m²   = 3.o16,oo M

<u>Abstellraum</u>

Hygienemängel:

- bauliches Provisorium (feucht, stockig,
  angeschimmelt, ungeputzt - als Lebensmittel-
  lagerraum völlig ungeeignet!);
- Fußboden uneben, z. T. defekt nicht reinigungs-
  und desinfektionsfähig;
- Einrichtungsgegenstände verschlissen, primitiv,
  ungeeignet;
- hoher Verschmutzungsgrad

Bild - Dok. Nr. 9/Zie

<u>PGH B ä c k e r s t o l z</u>
1197 Berlin, Winkelmannstr. 43

Betriebsteil IV   Produktionsleistung
Hygienekategorie III   (Umsatz TM/Jahr)   = 380,10
aufgenommen am: 11. 12. 81   Steigerung (1968 - 81) = 410,00 %
                                 Planerfüllung - '81   = 97,20 %

<u>Abstellraum</u>

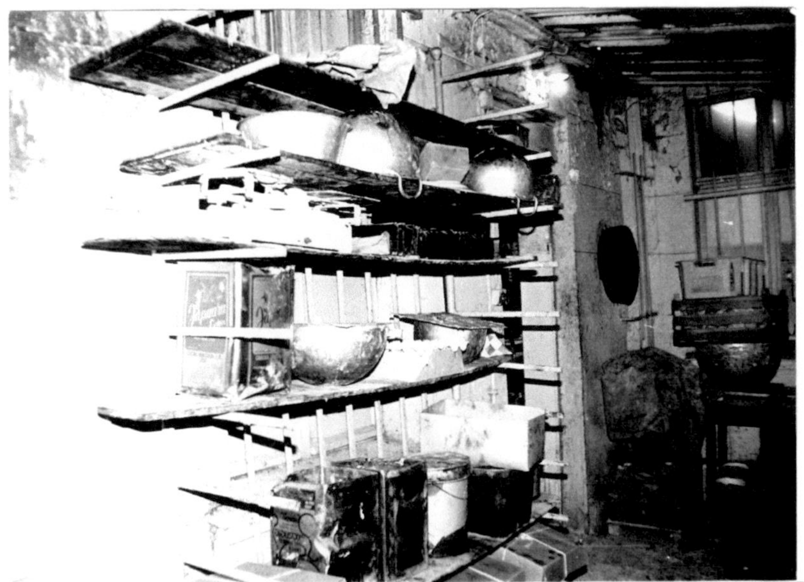

<u>Hygienemängel:</u>
- bauliches Provisorium (feucht, stockig,
  ungeputzt, angeschimmelt);
- Fußboden uneben z. t. defekt, nicht rei-
  nigungs- und desinfektionsfähig;
- Ausstattung primitiv, unzweckmäßig;
- hoher Verschmutzungsgrad

Bild - Dok. Nr. 1o/Zie

1197 Berlin, Winkelmannstr. 43

Betriebsteil IV	Produktionsleistung
Hygienekategorie III	(Umsatz TM/Jahr) = 380,10
aufgenommen am: 11. 12. 81	Steigerung (1968 - 81) = 410,00 %
	Planerfüllung '81 = 97,20 %
	Produktion je m^2 = 3.016,00 M

Mehllagerraum

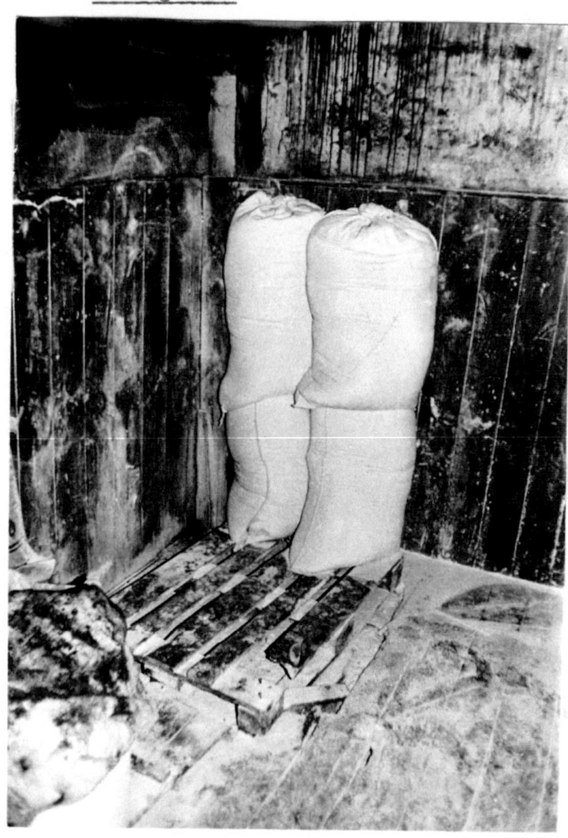

Hygienemängel:

- bauliches Provisorium (feucht, stockig mit
  diversen Zutrittmöglichkeiten für Ungeziefer);
- Fußboden defekt, morsch - nicht reinigungs-
  und desinfektionsfähig;
- hoher Verschmutzungsgrad;
- zur Mehllagerung völlig ungeeignet

Bild - Dok. Nr. 11/Zie

1197 Berlin, Sterndamm 71

Betriebsteil IX   Produktionsleistung (soll)
Hygienekategorie III   (Umsatz TM/Jahr)   =   598,40
aufgenommen am: 11. 12. 81   Steigerung (1974 - 81) =   271,00 %
                              Planerfüllung '81   =   95,70 %
                              Produktion je m²   = 6.621,00 M

Lagerraum

Hygienemängel:

- baulicher und malermäßiger Zustand sehr schlecht;
  (Putzschäden, durchfeuchtet, stockig)
- Fußboden defekt (nicht reinigungs- und desinfek-
  tionsfähig, verschmutzt);

Bild – Dok. Nr. 12/Zie

1195 Berlin, Baumschulenstr. 94

Betriebsteil X
Hygienekategorie III
aufgenommen am: 11. 12. 81

Produktionsleistung (Soll)
(Umsatz TM/Jahr)   =   876,40
Steigerung (1976 – 81) =   356,80 %
Planerfüllung '81   =   101,00 %
Produktion je m^2 = 10.584,00 M

Warenannahme/Lager

Hygienemängel:

- baulicher und malermäßiger Zustand sehr
  schlecht (Putzschäden);
- Fenster morsch, defekt - provisorisch abgedichtet;
- Fußboden z. TI defekt;
- diverse angerostete Rohrleitungen

Bild - Dok. Nr. 13/Zie

300

<u>PGH B ä c k e r s t o l z</u>

1199 Berlin, Dörpfeldstr. 55

Betriebsteil VI   Produktionsleistung (Soll)
Hygienekategorie III   (Umsatz TM/Jahr)   =   770,50
aufgenommen am: 11. 12. 81   Steigerung (1971 - 81) =   169,00 %
                              Planerfüllung '81   =   97,40 %
                              Produktion je m^2 = 3.993,00 M

<u>Lagerraum</u>

<u>Hygienemängel:</u>

- bauliche und malermäßige Mängel (Putzschäden an Wänden und Decken);
- diverse Rohrleitungen angerostet;
- Ordnung und Sauberkeit nicht zufrieden-
  stellend;
- Einrichtungsgegenstände z. T. überaltert,
  verschlissen

Bild - Dok. Nr. 14/Zie

<u>PGH B ä c k e r s t o l z</u>
1195 Berlin, Schraderstr. 11

Betriebsteil III   Produktionsleistung
Hygienekategorie III   (Umsatz TM/Jahr)   = 1. 221,80
aufgenommen am: 08. 02. 82   Planerfüllung 1981 =   104,00 %
                                    Beschäftigte (Zahl) =   2o

<u>Toilette</u>
(im Umkleide- und Aufenthaltsbereich)

<u>Hygienemängel:</u>

- baulicher und malermäßiger Zustand sehr
  schlecht (ungefliest);
- Fußboden uneben, stellenweise defekt,
  verschmutzt, nicht als Naßraum gestaltet;
- textiler Vorhang vor dem Kellerfenster
  nicht statthaft;
- Rohrleitungen angerostet, ohne Farbanstrich

Bild – Dok. Nr. 16/Zie

<u>PGH B ä c k e r s t o l z</u>
1197 Berlin, Sterndamm 71

Betriebsteil IX
Hygienekategorie III
aufgenommen am: 11. 12. 81

Produktionsleistung
(Umsatz TM/Jahr)   =   598,4o
Steigerung (1974 - 81) =   271,oo %
Planerfüllung '81   =   95,7o %
Produktion je m^2 = 6.621,oo M

<u>Lagerraum</u>

<u>Hygienemängel:</u>
- baulicher und malermäßiger Zustand sehr schlecht
  (stockig, feucht);
- Kellerfenster morsch, defekt, provisorisch abgedichtet;
- Mobiliar verschlissen, primitiv - ungeeignet

Bild - Dok. Nr. 17/Zie

<u>PGH B ä c k e r s t o l z</u>
1195 Berlin, Baumschulenstr. 94

Betriebsteil X   Produktionsleistung
Hygienekategorie III   (Umsatz TM/Jahr)$_2$ =   550,00
aufgenommen am: 11. 12. 81   Produktion je m^2 = 1o.584,oo M

<u>Produktionsraum</u>

<u>Hygienemängel:</u>

- Wände z. T. mit Putzschäden;
- malermäßiger Zustand schlecht;
- Ordnung und Sauberkeit unzureichend;
- Beleuchtung nicht ausreichend;
- Ausstattung z. T. verschlissen

Bild – Dok. Nr. 18/Zie

Bereich Medizin (Charité)
der Humboldt-Universität zu Berlin

HYGIENE-INSTITUT

Direktor: OMR Prof. Dr. K. Horn

108 Berlin, den 16. 7. 84
~~Otto-Grotewohl-Straße 1~~
Telefon 2 20 24 11
Bankverbindung: Staatsbank Berlin
Konto-Nr. 6636—27—27 202
Telex: 11-2888, chcbn dd

Rat des Stadtbezirkes Berlin-Treptow
Abt. Gesundheits- und Sozialwesen
– Kreishygiene-Inspektion
Dr. Rehde
komm. Kreishygienearzt

<u>1193 B e r l i n</u>
Karl-Kunger-Str. 6

Betreff   Manuskript H.-J. Zietze: Die Aufgaben des Lebensmittelchemikers in der Kreishygiene-Inspektion im Rahmen der
operativen Lebensmittelüberwachung

Sehr geehrter Herr Dr. Rehde,
als Anlage gebe ich Ihnen das o.a. Manuskript zurück, da es in
der vorliegenden Form zur Publikation nicht geeignet ist. Der
Verfasser beschreibt bekannte Dinge, zudem mit erheblicher Re-
dundanz; ich vermag nicht zu erkennen, inwieweit das Manuskript
unseren nationalen Erkenntnisstand bereichert. Es wäre besser
gewesen, das Manuskript vorher mit Gen. Paulenz durchzusprechen.
Ich könnte mir vorstellen, daß das Manuskript eine Würdigung der
Fortschritte und Ergebnisse der lebensmittelhygienischen Überwachung 1945 – 1985 auch aus der Sicht einer Kreishygiene-Inspektion bringen könnte und entsprechend qualifiziert abgefaßt
wird. Dazu gehört neben einer kritischen Verarbeitung der vom
Verf. angegebenen Literatur auch die Beachtung der in jedem Heft
von Z.ges.Hyg. abgedruckten Autorenhinweise.

Mit sozialistischem Gruß

Prof. Dr. K. Horn
– Chefredakteur –

<u>Anlage</u>

25. November 1983
Kü/Gr

Stellungnahme - Tetrachlorkohlenstoff als Ersatzstoff zur Mäusebekämpfung

Tetrachlorkohlenstoff ist ein giftiger Stoff (Gift der Abteilung 2) der Gefährlichkeitsklasse 2 (sehr gefährlicher Stoff nach TGL 32 600/01).

Die Schädigungspotenz von Tetrachlorkohlenstoff ist jedoch gegenüber anderen üblicherweise angewandten Schädlingsbekämpfungsmitteln, die ebenfalls toxisch sind, aus folgenden Gründen erhöht:

1. Erhöhtes Krebsrisiko

Von den Halogenkohlenwasserstoffen besitzt "Tetra" den niedrigsten MAK-Wert (MAK_K = 20 mg/m^3 lt.TGL 32 610/02). Im MAK-Wert ist berücksichtigt, daß der Stoff krebserregend oder wahrscheinlich krebserregend für den Menschen ist. Auch eine Einhaltung des MAK_K-Wertes schließt das Auftreten von Krebs bei Exponierten nicht aus. Gemäß Pkt.2.5. der TGL 32 610/01 ist eine Exposition von Werktätigen möglichst vollständig auszuschließen. Generell ist eine Substitution anzustreben, wie sie bekannterweise bereits bei Feuerlöschern und tetrahaltigen Fleckenmitteln gesetzlich vollzogen wurde.

Beim Versprühen von Tetrachlorkohlenstoff in schlecht belüfteten Räumen ist eine Überschreitung des MAK_K erfahrungsgemäß hochwahrscheinlich, so daß ein Gesundheitsrisiko für den Schädlingsbekämpfer besteht.

2. Unzureichende Schutzwirkung der verwendeten Atemschutzfiltergeräte

Ein ausreichender Schutz des Schädlingsbekämpfers vor Tetrachlorkohlenstoff-Aerosolen ist nur durch das Tragen von Vollmasken bzw. Isoliergeräten gegeben, die unseres Wissens nicht verwendet werden und überdies schwer beschaffbar sind. Halbmasken bieten wegen des mangelnden Dichtsitzes und auf Grund der Kanzerogenität der Substanz keine ausreichende Schutzwirkung.

3. Einhaltung von Karenzzeiten

Eine Passiv-Exposition Unbeteiligter nach Betreten der behandelten Räume ist nicht auszuschließen, wenn entsprechende Karenzzeiten nicht eingehalten werden. Eine sich auf Meßergebnissen stützende Karenzzeit, wie sie für die üblichen Schädlingsbekämpfungsmittel existiert, ist unseres Wissens für "Tetra" bisher nicht festgelegt. Ein Einsatz von "Tetra" ist daher aus arbeitshygienischer Sicht abzulehnen.

M. Zühr
Fachärztin für Arbeitshygiene
Ltr.d.Arbeitshygieneinspektion

Verteiler
KHI (Koll.Zietze)
AHI Mitte
AHI Köpenick
AHI (B)

Gabor, Hannelore   1197 Berlin, d. 5.12.85
                                             Trützschlerstr. 3

Generalstaatsanwaltschaft der DDR

1020 Berlin   Eingabe

Littenstr. 15/17

Betr.: Einleitung eines Rechtsnachprüfungsverfahren

Entsprechend dem Gesetz über die Staatsanwaltschaft der DDR
v. 7.4.77 (GBL.I/Nr. 10 S.93) beantrage ich hiermit, die Überprüfung eines Rechtsentscheides der Bezirks-Hygieneinspektion
und-Institut Berlin v. 21.11.85 (Anlage) zu veranlassen.
Begründung:
Von der KHI-Treptow wurde gegen mich am 17.9.85 eine Ordnungsstrafe in Höhe von 400,- M verhängt. Ich habe dagegen Beschwerde
eingelegt (Anlage), die in endgültiger Entscheidung vom BHI-
Berlin mit Rechtsentscheid v. 21.11.85 abgewiesen wurde.

Als rechtswidriger Tatbestand wurde das Inverkehrbringen eines
hygienewidrig beschaffenen Speiseeises gewertet. Der Verstoß,
den ich nicht in Abrede bringe, wurde nach § 7(3) der AO über den
Verkehr mit Speiseeis in Verbindung mit § 22 (2) Lebensmittelgesetz verfolgt. Grundlage der vorgenommenen Betrafung bildet
ein Gutachten des BHI-Berlin, wonach bei 2 entnommenen Speiseeis-
proben ein Gehalt an Coli-Keimen von über 300 KbE/g nachgewiesen
worden war.
Dieser Keimgehalt wurde bezüglich seiner Höhe so interpretiert,
daß „hierdurch ein größerer Schaden durch Erkrankungen von Bürgern
hätte verursacht werden können." Persönlich Rückfragen bei unabhängigen Gutachtern haben jedoch ergeben, daß dieser von einer
amtlichen Untersuchungsstelle erteilte Auskunft auf eine Fehlinterpretation beruht und es nicht rechtens ist, ein fehlinterpre-
tierten Untersuchungsbefund zur Grundlage eines überzogenen,d.h.
unangemessenen Strafmaßes zu machen.

Das Untersuchungsorgan ist seiner Beweispflicht nicht hinreichend
nachgekommen, durch differenzierte bakteriologische Untersuchungen
die Anwesenheit von pathogenen Keimen nachzuweisen. Die Tatsache
allein, daß Coli-Keime in der genannten Höhe nachgewiesen wurde,
erlaubt noch keine Aussage auf ein mögliches Erkrankungsrisiko.

                          - 2 -

Der nachgewiesene Coli-Gehalt dient lediglich als Hinweis auf
eine herstellungsbedingte hygienewidrige Beschaffenheit, d.h.
derartige hyg.-mikrobiologische Angaben erfüllen eine Indikatorfunktion für unsaubere Arbeitsweisen. Daraus aber auf ein mögliches oder gegebenes Erkrankungsrisiko zu schließen, ist nach
derzeitigem Erkenntnisstand fachlicher Unsinn. Dies wird auch
dem Laien verständlich, wenn er weiß, daß z.B. bei cremehaltigen
Backwaren - einer dem Speiseeis durchaus vergleichbaren Lebens-
mittelgruppe, ein Coli-Gehalt von 1000 gesetzlich toleriert wird.
Der niedrigere Normwert beim Speiseeis (max. 10/g) hat ausschließlich herstellungsbedingte Gründe, d.h. bei der Herstellung von
Speiseeis kann der niedrigere Normwert tatsächlich auch erfüllt
werden, während das bei der zumeist mittelständischen Produktion
von cremehaltigen Backwaren in der Regel nicht möglich ist.

Durch diese Fehlinterpretation wurde der § 22 (2) LMO in Anwendung
gebracht, der ein Strafmaß von über 300,-M vorsieht, wenn eine
Vorsatzhandlung (die ich energisch bestreite!), ein Wiederholungs-
fall (der auch nicht gegeben ist!) oder die Gefahr einer möglichen
Erkrankung vorliegen.

Dieser Sachverhalt begründet meine Beschwerde, nicht gegen die
Ordnungsstrafe an sich, sondern gegen das verhängte Strafmaß, das
mit 400,-M dem m.E. zulässigen Rahmen um 100,-M übersteigt. Es
geht mir hier einfach um's Prinzip. Ich respektiere und anerkenne
die Arbeit der Lebensmittelkontrolle. Sie muß aber korrekt und
unter sorgfältiger Beachtung der sozialistischen Gesetzlichkeit
sich vollziehen.
Ich habe begründete Veranlassung, daraufhinzuweisen, daß die genannten Überwachungsinstitutionen ihre eigene unkorrekte Arbeitsweise durch solche Strafmaßnahmen kaschieren wollen. Deshalb
wende ich mich an Sie und bitte um eine Nachprüfung dieses Rechts-
entscheids!

Mit sozialistischem Gruß!

(H. Tabor)

Anlagen

Abt. Gesundheits- und Sozialwesen
- Kreishygieneinspektion -
1193 Berlin, Karl-Kunger-Str. 6

VEB Einzelhandel (HO) WtB Berlin
Betriebsteil Treptow
Handelsbereichsleiter Obst und Gemüse
Frau P a n z r a m
Kaufhalle Nord

1197 Berlin
Sterndamm 29/33

                              Zie/Ho   11. 05. 84

Handel mit ausgeschnittenen Obst- und Gemüseprodukten

Werte Frau Panzram!

Am 07. 05. 84 haben Sie an unsere Dienststelle die Anfrage gerich-
tet, inwieweit das Aus- und Verschneiden von Obst- und Gemüseprodukten erlaubt ist und ob dem Handel mit solchen Waren hygienische Bedenken entgegen stehen. Sie haben desweiteren angedeutet, daß Ihnen
bekannt sei, Mitarbeiter des Obst- und Gemüsegroßhandels hätten wiederholt Vst-Leiter des VEB Einzelhandels aufgefordert, Obst- und Gemüseprodukte auszuschneiden und zu verkaufen. Derartige Verfahrensweisen seien mit dem Hinweis zur Senkung von volkswirtschaftlichen
Warenverlusten begründet worden. Im übrigen sei eine solche Praxis
durch übergeordnete Hygienedienststellen sanktioniert worden.

Zu dieser vielschichtigen Problematik nehmen wir wie folgt Stellung:

Das Aus- oder Verschneiden von Obst- und Gemüseprodukten - und im
weiteren Sinne auch von anderen Lebensmitteln - erfolgt in der Regel
mit der Absicht, vorhandene beginnende oder bereits ausgeprägte Verderbnisstellen zu entfernen. Bei diesen Verderbnisstellen handelt es
sich im überwiegenden Maße um Fäulniserscheinungen und Schimmelbil-
dung, nicht so sehr jedoch um harmlos zu bewertende Druckstellen.

Die lebensmittelhygienischen Bedenken resultieren aus der Tatsache,
daß grundsätzlich jeder Pilzbefall auf Lebensmitteln (ausgenommen
Blauschimmel und Edelschimmelarten auf Käse) die Möglichkeit poten-
zieller Giftbildung einschließt. Aus einem umfangreichen Fachwissen
ist bekannt, daß Schimmelpilze der Arten Penicillium, Aspergillus
und Fusarium Stoffwechselprodukte (sog. Mykotoxine) bilden können,
die für die Gesundheitsschädlichkeit pilzbefallener Lebens- und Futtermittel verantwortlich sind. Zur Zeit kennt man etwa 240 toxinogene
Pilzarten, die ca. 80 verschiedene Mykotoxine produzieren. Von diesen
sind den Aflatoxinen besondere lebensmittelhygienische Bedeutung beizumessen. Diese 1962 erstmals isolierten Toxine haben ihre Bezeichnung nach dem Schimmelpilz Aspergillus flavus.

Neben einer akut toxischen Wirkung auf den menschlichen und tierischen Organismus wurde bei einigen Mykotoxinen eine starke kanzerogene Wirkung beobachtet. So gehören die Aflatoxine zu den stärksten Kanzerogenen, die wir heute kennen. Die Wirkungen der Toxine auf den tierischen Organismus sind bereits weitgehend untersucht, und ein vergleichbarer Einfluß auf den Menschen muß angenommen werden.

Am genauesten wurden bisher die Aflatoxine untersucht, die von allen bekannten Toxinen die stärkste toxische und kanzerogene Wirkung haben. Die kanzerogene Wirkung von Aflatoxin ist rund 75 x stärker als die des Dimethylnitrosamins und 900 x stärker als die des künstlichen organischen Farbstoffes Dimethylaminoazobenzol, auch Buttergelb genannt, der wegen seiner krebserregenden Wirkung nicht mehr zum Färben von Lebensmitteln zugelassen ist. Wenn auch für den Menschen die Gefahr einer akuten Mykotoxinvergiftung normalerweise kaum besteht, muß doch mit der Möglichkeit der Gesundheitsschädigung (Karzinombildung) durch die wiederholte Aufnahme subletaler Dosen gerechnet werden.

Für die lebensmittelhygienische Beurteilung hat der Schimmelpilznachweis in Lebensmitteln daher eine ähnliche Indikatorfunktion wie die Feststellung der Zahl von Colibakterien hinsichtlich eventuell gleichzeitig vorhandener Salmonellen und Shigellen. Für die staatliche Überwachung bieten sich zwei funktionell verbundene Kontrollebenen an:
1. Vorhandensein und Feststellung eines Pilzbefalls in einer Probe;
2. Positiver Nachweis von Mykotoxinen in einer Probe.

Für die operative Lebensmittelüberwachung ist der ersten Kontrollebene aufgrund ihrer leicht durchführbaren und auch aussagekräftigen Prüfung bei der Beurteilung der mikrobiologischen Qualität eines Lebensmittels eine verstärkte Bedeutung beizumessen. Da ein Pilzbefall stets auf die - im einzelnen meist nicht überprüfbare Wahrscheinlichkeit einer gewissen Zahl von Toxinbildnern hinweist - gilt für die Probenahme und Bewertung derartiger Lebensmittel der Grundsatz,

<u>daß alle Lebensmittel, die augenscheinlich feststellbar verschimmelt sind, als verdorben im Sinne des § 6 Abs. 2 LMG gelten und abgelehnt werden.</u>

Eine spezielle Untersuchung z.B. auf Aflatoxinen erübrigt sich und wäre angesichts der aufwendigen Untersuchungsmethoden in der Routine auch nicht vertretbar.

In Auswertung unserer eigenen Kontrollfeststellungen ist davon auszugehen, daß beim Ausschneiden von Obst- und Gemüseerzeugnissen auch vorhandene Fäulnisstellen entfernt werden. Diese Praxis ist wenig kontrollierbar und verführt geradezu das Lebensmittelpersonal zu entsprechenden Mißbrauchsmöglichkeiten. Solange ein Lebensmittel offensichtlich, d.h. für jedermann feststellbar, verschimmelt ist, kann die Gefahr für den Verbraucher als relativ gering angesehen werden, da man durch gezielte Aufklärung erreichen kann, daß ein solches Lebensmittel abgelehnt wird.
Je nach dem Ausmaß der Verschimmelung sollte das Lebensmittel teilweise oder vollständig verworfen werden, <u>da die Toxine meist tief in das Lebensmittel eindringen.</u> Die Eindringtiefe ist bei wasserreichen Erzeugnissen besonders hoch. Demzufolge ist also bei aus- od. verschnittenen Lebensmitteln - welche vormals angeschimmelt waren - davon auszugehen, daß sie potentiell toxinhaltig sind. Da derartige Toxine weder geruchsmäßig noch geschmacklich wahrnehmbar sind und durch übliche Behandlungsmethoden nicht entgiftet werden, wird dem Verbraucher bei aus- od. verschnittenen Lebensmitteln die Möglichkeit vorenthalten, sich von der einwandfreien Beschaffenheit eines Lebensmittels zu vergewissern.
Die aus präventiver Sicht zu treffende Entscheidung - das Ausschneiden von Obst- und Gemüseprodukten im Einzelhandel zu untersagen, ist also erforderlich, um ein zusätzliches - und in diesem Falle durchaus ver-

meidbares - Risiko abzuwehren.

Im übrigen ist in lebensmittelrechtlicher Hinsicht im Hinblick auf
die Herkunft von Mykotoxinen zwischen dem unmittelbaren, durch die
Verschimmelung des Lebensmittels bedingten Vorkommen (dem primären)
und dem nach der Verarbeitung, durch die Verschimmelung des Rohstoffes
bedingten Auftreten (dem sekundären) zu unterscheiden. Das ist insofern bedeutungsvoll, als damit bei Mykotoxinbelastung eines Lebensmittels die Schuldfrage verknüpft ist.

Um das gesundheitliche Risiko des Verbrauchers so gering wie möglich
zu gestalten, ist im Hinblick auf eine vermeidbare Gefährdung des
Menschen durch Mykotoxine im Sinne des § 6 Abs. 1 unserer Lebensmittelgesetzgebung zu entscheiden, wonach Lebensmittel bei bestimmungs-
gemäßem Verzehr keine Schädigung der menschlichen Gesundheit hervor-
rufen dürfen. Das heißt, solange keine diesbezügliche spezielle Rechts-
bestimmung in Kraft ist, die duldbare Höchstmengen für Mykotoxine
erlaubt, ist für alle Lebensmittel hinsichtlich des Mykotoxingehaltes
Nulltoleranz zu fordern. Diese Forderung steht auch nicht im Widerspruch zu dem von der FAO/WHO vor etlichen Jahren global empfohlenen
duldbaren Limit von 3o ppb Aflatoxin.
Auch wenn offensichtlich ist, daß die Höhe des Risikos, das man der
Allgemeinheit zumutet, nicht nur von gesundheitlichen Aspekten allein
festgelegt werden kann, sondern auch unter Abwägung volkswirtschaftlicher Gesichtspunkte erfolgt, verbietet sich eine Tolerierung des
Aus- od. Verschneidens von Obst- und Gemüseprodukten im Einzelhandel.

Es ist schwer vorstellbar, daß - wie von Ihnen angedeutet - überbezirkliche Hygienedienststellen dieses anerkannte und gesicherte Fachwissen entscheidungsmäßig negieren. Bei der erörterten Problematik -
der Ausschaltung eines zusätzlichen und vermeidbaren Risikos - ist ein
Ermessungsspielraum, der bestimmte Entscheidungsfreiheiten zuläßt,
nicht gegeben. Im übrigen gilt, daß die Hygieneorgane einer gesund-
heitspolitischen Aufgabenstellung verpflichtet sind, welche sie anhält,
die Verbrauchersicherheit so hoch wie möglich zu gestalten.

Mit dieser ausführlichen Stellungnahme möchten wir unsere Orientierungen unterstreichen, wie wir sie in den Hygieneschulungen und anderen
Öffentlichkeitsveranstaltungen vertreten. Diese Weiterbildungsmaßnahmen tragen aufklärenden Charakter und werden in der Praxis durch
konsequente Entscheidungen abgestützt. Dabei ist es unser Anliegen,
das Lebensmittelpersonal nicht nur durch administrative Entscheidungen zur Einhaltung bestimmter Hygienenormen zu zwingen, sondern durch
glaubhaftes Auftreten die notwendige Einsicht für die Beachtung hygienischer Verhaltensweisen zu entwickeln.

Für Ihren Hinweis und Ihre Unterstützung auf dem Gebiet der Lebensmittelhygiene danken wir Ihnen.

Dr. R e h d e   Dipl. Leb.chemiker Z i e t z e
Komm. Kreishygieneärztin   Fachgebietsleiter

Verteiler:
1. BHI - OMR Dr. sc. med. Clemens
2. BHI - DLC Dietze/Dr. Kuhn
3. Abt. HuV - StBR Mauersberger
4. VEB Einzelhandel (HO) WtB Berlin, BT-Treptow
5. Konsumverband, BT-Treptow
6. z.d.A.

PGH BÄCKERSTOLZ

BÄCKEREI UND KONDITOREI

Vorstand

Buchhaltung

1195 BERLIN-BAUMSCHULENWEG, BAUMSCHULENSTRASSE 65b

PGH Bäckerstolz · 1195 Berlin, Baumschulenstraße 65 b

Rat des Stadtbezirks Treptow
Abt. Gesundheits- u. So-
zialwesen

Kreishygieneinspektion

1193   B e r l i n
Karl-Kunger-Str. 6

Ihr Zeichen	Ihre Nachricht vom	Unser Zeichen	Datum
		Kz/Kä	12.7.1982

Werte Frau Doktor Riedel!

Entsprechend Ihrem Schreiben vom 18.6.1982 und der darin aufge-
worfenen Probleme nehmen wir wie folgt Stellung:

1. Die von uns geforderte Unterstützung bei der Bereitstellung von
   Anstrichmaterialien speziell Latex-Farbe weiß ging dahin, daß
   dieses Farbmaterial nicht für Räume entsprechend der Hygieneord-
   nung genutzt wird, sondern nur für Neben- und Aufenthaltsräume.
   Selbstverständlich werden Produktionsräume und da speziell obere
   Wandteile und Decken mit einem Kalkanstrich versehen.

2. Die von Ihnen bestätigten Schwierigkeiten bei der Bereitstellung
   der für Lebensmittelräume erforderlichen Anstrichmaterialien gehen
   soweit, daß es uns nur unter äußerst extremen Bedingungen möglich
   war entsprechendes Farbmaterial für die malermäßige Instandsetzung
   des Bereichs Winkelmannstraße 43 zu beschaffen und somit der Auflage der ASI Lebensmittel beim FDGB Bundesvorstand nachzukommen.

3. Der schon angesprochene Bereich Winkelmannstraße 43 wird Ende
   Juli Anfang August malermäßig saniert. Zu einem entsprechenden
   Termin für eine Begehung Ihrerseits setzen wir uns telefonisch
   mit Ihnen in Verbindung.

PGH
Bäckerstolz

Produktionsleiter

Telefon Vors.: 6 32 87 09   Telefon Prod.-Ltr.: 6 32 89 07   Telefon Bestellannahme / Buchh.: 6 32 80 76
Bankkonto: Berliner Volksbank 6734—19—20

373 BwG 004-82-39 1

Dienststelle	entnommen bei	063691
Rat des Stadtbezirks Berlin-Treptow Abteilung Gesundheits- und Sozialwesen • Kreishygieneinspektion 1193 Berlin, Markgrafen-Straße 6 Telefon: 27 200 71 *[Unterschrift]* Stempel und Unterschrift	*HOb, Lenné* *1193, Berlin* *Alt - Treptow* Stempel und Unterschrift	Eing.-Nr. *041 305 - 307 184* Eing.-Dat. Plan-Verdachts-Auftrags-Beschwerdepr.

Probe-Nr. *1157/418* Dat. und Uhrzeit *12.9.84*   Verfolgspr. zu

Art und genaue Bezeichnung: *a) Schlagsahne (Spritz...) b) Bratfett*

Entnomm. Menge	VEP/Einheit	Lieferant	
ca 50g je Probe	— M	*siehe oben*	gelief. am/Menge
Bez. Betrag	Bestand	Hersteller	
— M	—		hergest. am/Menge

Bemerkungen *Abt. Fremdstoffe , auf DDVP*

Sicherstellung ja nein

An die
Hygiene-Inspektion des Kreises   *Treptow*

Beurteilung:

Bezirkshygieneinspektion
1055 Berlin, Schneeglöckchenstr. 36

Schlagsahne und das Bratfett waren weit über den MZR-Wert mit Dichlorvos kontaminiert.

Maßnahmen: Betriebsleitung ist darauf hinzuweisen, die bei künftigen Schädlingsbekämpfungsmaßnahmen zu treffen ist (z.B. keine offenen Plätze mit Lebensmittel im Raum stehen lassen).

Die eingereichte Probenmenge war zu gering!

[Unterschrift] 20.11.84
Dr. Barbara Wirthgen
Dipl.-Lebensmittelchem.

063691

Entnahmebescheinigung

Die Probe-Nr. _____ wurde am _____ 19__ zum Zwecke

der Untersuchung ohne/gegen Bezahlung von M _____ entnommen

Warenart

Stempel und Unterschrift des die Probe Abgebenden

Stempel und Unterschrift des Probenehmers

entnommen bei		69871 ▪
Vsbeaufsstelle Spätsfelde		12 Eing.-Nr. 041 ⊞, 11184
		Eing.-Dat. 19.12.83
Stempel und Unterschrift	Stempel und Unterschrift	Plan-Verdachts-Auftrags-Beschwerdepr.
Probe-Nr.	Dat. und Uhrzeit 15.12.83	Verfolgspr. zu 041 7 84

Art und genaue Bezeichnung: 2 Pakete Biskuitzwieback

Entnomm. Menge	VEP/Einheit	Lieferant	
	M		gelief. am/Menge
Bez. Betrag	Bestand	Hersteller	
M			hergest. am/Menge

Bemerkungen .... Untersuchung auf Dichlorvos

Sicherstellung
ja   nein

1 2 3 4 5 6 7 8 9 10 11 12 13 14 15 16 17 18 19 20

An die
Hygiene-Inspektion des Kreises

Beurteilung:

Beide Proben lösen hohe Dichlorvos – Rückstände
auf (> MZR).
Eine endgültige Beurteilung zu diesem Problem findet
im Januar 1984 statt.

Dr. Barbara Wirthgen
Dipl.-Lebensmittelchem.
19.12.83

...es Stadtbezirks Berlin-Treptow ...ung Gesundheits- und Sozialwesen - Kreishygieneinspektion - 1193 Berlin, Karl-Kunger-Straße 6 Telefon: 270 88 71 / Stempel und Unterschrift	entnommen bei uS - LM 1197 - Berlin Straße 13 Stempel und Unterschrift	060897 Eing.-Nr. 10 / 411 / 84 041 7 / 84 8.12.83 Eing.-Dat. Plan-Verdachts-Auftrags-Beschwerdepr.
Probe-Nr. 2251	Dat. und Uhrzeit 2. 12. 83	Verfolgspr. zu

Art und genaue Bezeichnung: Feines Röst- Biskuit

Entnomm. Menge	VEP/Einheit	Lieferant
1 Pk		
M		gelief. am/Menge
Bez. Betrag	Bestand	Hersteller VEB Wikana.
/ M	?	hergest. am/Menge 26. 9. 83

Bemerkungen Untersuchung auf Lösungsmittelrückstände

Sicherstellung	
ja nein	

An die

Hygiene-Inspektion des Kreises   Treptow

Beurteilung:

Die Probe wurde auf Dichlorvos-Rückstände untersucht.
Die Werte lagen über dem TZR.

Bezirks-Hygiene-Institut Berlin
1055 Berlin, Schneeglöckchenstr. 26

Dr. Barbara Wirthgen
Dipl.-Lebensmittelchem.
19.12.83

	entnommen bei		04/3,4/060898
(Unterschrift)	HS - LM 1197 - Berlin Straße 19		Eing.-Nr. 10/412 - 413184
			Eing.-Dat. 8.12.83
Stempel und Unterschrift	Stempel und Unterschrift		Plan-Verdachts-Auftrags-Beschwerdepr.
Probe-Nr. 2252	Dat. und Uhrzeit 2.12.83		Verfolgspr. zu

Art und genaue Bezeichnung: Rosinen Stolle   Sorte II

Entnomm. Menge	VEP/Einheit	Lieferant
2 Stück	___ M	Backo
		gelief. am/Menge
Bez. Betrag	Bestand	Hersteller
___ M		
		hergest. am/Menge

Bemerkungen   Untersuchung auf Lösungsmittelrückstände

Sicherstellung
ja   nein

An die
Hygiene-Inspektion des Kreises   Treptow

Beurteilung:

Die Proben wurden auf Dichlorvos-Rückstände untersucht.
Die Werte lagen über dem TZR.

Dr. Barbara Wirthgen
Dipl.-Lebensmittelchem.
19.12.83

Bezirkshygieneinspektion
1055 Berlin, Schneeglöckchenstr. 26

Berlin, den 5. 7. 1984
Kd/Ja

Protokoll der DLC-Beratung vom 28.6.1984

1. Planvorbereitung 1985

- Bezüglich der Vorbereitung des Planes 1985 wurden erste Informationen gegeben. Die KHI werden gebeten, ihre Vorstellungen über Probeentnahmen mit entsprechender Untersuchung im BHI bis 31.7.1984 schriftlich einzureichen.

- Die Zuarbeit bezüglich der Schwerpunktkontrollen in Risikobetrieben an die Abt. Lebensmittelhygiene ist bis 30.9.1984 erforderlich.

2. Planabarbeitung 1984

- Im 2. Halbjahr werden Proben konfektionierter Lebensmittel aus Berliner Produktionsbetrieben untersucht. Alle KHI werden aufgefordert, entsprechende Sortimentslisten zu beschaffen. T.: 26.7.1984

- Der Bericht über Sonderkontrollen in Lebensmittelbetrieben entsprechend unserer Mitteilung ist bis zum 30.8.1984 abzugeben.

3. Sonstige Hinweise und Festlegungen

3.1. Behandlung von verderbgefährdetem Obst und Gemüse im Einzelhandel (Auswertung des Schreibens der KHI Treptow an den Rat des Stadtbezirks).
Festlegung:
Das Schreiben wurde gegenüber der WV OGS als ungültig erklärt. Eine zentrale Festlegung über die zukünftige Verfahrensweise erfolgt durch die BHI in Verbindung mit dem MfGe.

3.2. Begutachtung von Lebensmitteln mit abgelaufener Verbrauchsfrist im Einzelhandel durch die KHI.
Diese Diskussion wurde auch mit den Hygieneärzten durchgeführt. Eine Einführung in die Praxis ist ab Sept. bzw. Okt. 1984 geplant.

3.3. Schädlingsbekämpfung in den Wäldern
Es sind die Hinweisschilder über Sammelverbot zu beachten. Bei Unklarheiten muß sich der Bürger an die zuständige Forstwirtschaft wenden.

3.4. Anlieferung von geschälten Kartoffeln
Ein ungeschütztes Abstellen von geschälten Kartoffeln vor den Objekten ist unzulässig (vgl. Vertrag).

3.5. Abkassierung an individuellen Ständen in Kaufhallen. Gem. Rahmenhygieneordnung (Beispiel Fleischverkauf) ist die Kassierung zentral vorzunehmen (gilt auch für Delikathandel).

3.6. Einzelhandelspackungen in Kühlmöbeln
Die Ware ist grundsätzlich ausgepackt anzubieten (Faltschachteln oftmals verschmutzt, Luftzirkulation).

Wie in den vergangenen Jahren ist durch die KHI eine ständige Kontrolle zu sichern.
Über Probleme ist die KHI, Abt. Ernährungshygiene zu informieren.

- Gaststättenkontrollen sollten gemeinsam mit der Fachabteilung des Magistrats erfolgen.

im Monat Juli   in Stadtbezirk Mitte
"   "   August   "   "   Marzahn
"   "   Dezember   "   "   Lichtenberg

Die nächste DLC-Beratung findet am 26.9.1984 in Hause statt.

Ludwig
Inspektionsleiter

VEB GETRÄNKEKOMBINAT BERLIN

Betrieb: Brauerei Bärenquell · 119 Berlin, Schnellerstr. 137 · Ruf 6352451

Kreishygieneinspektion
Berlin Treptow
Koll. Zietze

1193   B e r l i n
Karl-Kunger-Str. 6

Ihre Zeichen	Ihre Nachricht vom	Unsere Nachricht	Unser Zeichen	Datum
				14.1.1985

<u>Stellungnahme zur Eingabe über verschmutzte Bierflasche</u>

Am 10.1.1985 wurde uns von Ihnen eine durch eine Maus verunreinigte
Flasche Bier übergeben.
Von der TKO unseres Betriebes wurde ich beauftragt zu klären, wie
es zur Auslieferung dieser Flasche kommen konnte.
  Die effektive Stundenleistung unserer Abfüllinie einschließlich
Flaschenreinigungsmaschine beträgt 60.000 Flaschen. Die Wirksamkeit der Waschmaschine, d. h. der Reinigungseffekt, die Laugen-
konzentration, die Temperatur der Laugenbäder und die Funktion der
Spritzdüsen werden laufend durch Selbstprüfer im Rahmen des QSS
und durch die TKO kontrolliert.
Aus der Erfahrung heraus ist es möglich, daß trotz 0,9-1%iger
Natronlauge mit einer Temperatur von 72°C große Verunreinigungen
wie z. B. Mäuse sich nicht auflösen, d. h. in der Flasche verbleiben. Nach dem Reinigungsprozeß werden die ungefüllten Flaschen
zu 60% elektronisch und zu 40% manuell ausgeleuchtet. Die AK am
Arbeitsplatz "Ausleuchten" werden alle 30 min abgelöst.
Zum Zeitpunkt der Eingabe war der elektronische Flascheninspektor
wegen fehlender Importersatzteile nicht funktionstüchtig, so daß
diese Flasche mit durch den Füller laufen konnte.
Der Bürger Ziegeler wurde am 14. Januar von uns aufgesucht, ihm
der entstandene Schaden ersetzt und das beiliegende Schreiben
übergeben.

W e b e r
TKO-Leiter

Schwarzburg
Bereichsleiter
Flaschenabfüllung

Telegrammadresse : Berlinbräu
Telex : 11 2993 bbrau

Bankkonto: Berliner Stadtkontor, 1035 Berlin
Frankfurter Allee 21a, Kto-Nr. 6721-16-40

Postscheckkonto:
Berlin 49 31

I-12-15 T4 BT 447/79 408 5,0

PRODUKTIONSGENOSSENSCHAFT DES
SCHÄDLINGSBEKÄMPFERHANDWERKS

berliner bär

1040 BERLIN
WILHELM-PIECK-STRASSE 222

Rat d.Stadtbez.Treptow
Abt.Gesundheits- u.Sozialwesen
-Kreishygiene-Inspektion -

1193 Berlin

Karl-Kunger-Str. 6

29.11.1983

Sehr geehrte Frau Dr. Rehde !

Zu Ihrem Schreiben vom 15.d.Mts. - Zie/Schü - nehmen wir wie
folgt Stellung:

In der 1. Aussprache am 26. 10. wurde Kollege Zietze im
Beisein von Frau Dr. Dittmann über die Probleme in der
Schädlingsbekämpfung informiert. Dabei hatten wir festgelegt, dass wir in unserer nächsten Mitglieder-Versammlung
eine neue Arbeitstechnologie für die Bekämpfung der Mäuse
ausarbeiten werden. Durch die Krankheit von Frau Dr. Dittmann
konnten wir diesen Termin nicht einhalten.Als nächster Termin
für diese Aussprache ist der 6.12. - 8.30 Uhr - in unserer
PGH vorgesehen.

Bezüglich der Situation der Mäuse-Bekämpfung im Stadtteil
Baumschulenweg wurden wir vom Referanzlabor in Magdeburg
darüber informiert, dass hier eine überaus starke Resistenz-
erscheinung (d.h. 6-fach über LD 50) zu verzeichnen ist.
Am 6.11.wurde wiederum ein Versuch der Mäuse-Bekämpfung mit
einem neuen Präparat zusammen mit dem Referenzlabor Magdeburg
in den Objekten Scheiblerstr. und in der Schule Bouchéstr.
vorgenommen. Das Ergebnis dieser Aktion war unbefriedigend.

Das Referenzlabor Magdeburg wird in weiteren Versuchen ein
neues Präparat entwickeln, das wir dann zum Einsatz bringen
werden.

Ausserdem haben wir uns inzwischen mit Herrn Dr. Tannert
-(Biologe in der Humboldt-Universität)- in Verbindung gesetzt,
der eine neue Methode auf wissenschaftlicher Basis zur Bekämpfung der Mäuse erarbeitet hat. Herr Dr. Tannert hat uns
seine Mitarbeit zugesagt. Eine neue Befallstelle innerhalb
Ihres Stadtbezirks wird er zusammen mit uns versuchsweise
bearbeiten.

- 2 -

Fernsprecher: 2 82 91 61   Bankkonto: Berliner Volksbank Nr 6654-10-6   Postscheckkonto: 7199-50-435 53   Betr.Nr. 900 1864 6

MINISTERRAT DER DEUTSCHEN DEMOKRATISCHEN REPUBLIK
Ministerium für Gesundheitswesen
Fachkommission für die Erlangung der staatlichen Anerkennung
als Diplom-Lebensmittelchemiker im Hygiene-Dienst
- Der Vorsitzende -

Herrn
DLC Hans-Joachim Zietze

1197 Berlin   102 Berlin, d. 20. 5. 1976
Sterndamm 22   Rathausstr. 3

                                     HA III/4 Thy/Mi
                                     Tel.: 213 5808

Betr.: Staatliche Anerkennung als Diplom-Lebensmittelchemiker
       im Hygiene-Dienst

Sehr geehrter Herr Zietze!

Die gemäß § 6 der Anordnung vom 28. Mai 1962 über die Fachausbildung und staatliche Anerkennung als Diplom-Lebensmittelchemiker
im Hygienedienst (GBl. II S. 382) gebildete Fachkommission hat
Ihrem Antrag auf Erwerb der obigen staatlichen Anerkennung zugestimmt.

Termin für die Klausurarbeit ist

                 Mittwoch, d. 9. Juni 1976
                 8.00 Uhr

Das Thema für die Arbeit wird Ihnen zu diesem Zeitpunkt durch
den Bezirkshygieniker oder einem von ihm Beauftragten bekanntge-
geben. Die Arbeit ist an diesem Tage durchzuführen und das Ergebnis dieser Arbeit bis 20.00 Uhr desselben Tages bei der
Post als Einschreiben aufzugeben. Der Poststempel des genannten
Tages ist ausschlaggebend für die Anerkennung der Klausurarbeit.
Für die Durchführung können sämtliche Unterlagen benutzt werden
(wissenschaftliche Bücher, Gesetze, Standards usw.).

Die von Ihnen durchgeführte Ausarbeitung wollen Sie bitte in je
einer Ausfertigung als Einschreiben nachstehenden Mitgliedern
der Fachkommission zusenden:

1. Herrn Prof. Dr. U.   F r e i m u t h
   Sektion Chemie der TU Dresden, Forschungskollektiv Eiweiß-
   chemie
   80 Dresden, Mommsenstr. 13

2. Herrn Prof. Dr. Cl.   F r a n z k e
   Sektion Chemie der Humboldt-Universität Berlin
   Bereich Lebensmittelchemie
   112 Berlin-Weißensee, Goethestr. 57

3. Herrn Dr. A. K o h l s t r u n k
   Abt. Lebensmittel- und Ernährungshygiene der Bezirks-
   Hygieneinspektion Schwerin
   27 Schwerin, Schelfstr. 35

4. Herrn Dr. K. R o m m i n g e r
   Direktor der Zentralen lebensmittelhygienischen Untersuchungsstelle
   112 Berlin-Weißensee, Pistoriusstr. 139

5. Herrn E. T h y m i a n
   Abteilung und Hauptinspektion Lebensmittel- und Ernährungshygiene
   Ministerium für Gesundheitswesen
   102 Berlin, Rathausstr. 3

Das zum Erwerb der Fachanerkennung erforderliche Colloquium wird
am

Mittwoch, d. 30. Juni 1976

in der Bezirks-Hygieneinspektion des Magistrats von Groß-Berlin,
Inspektion Lebensmittel- und Ernährungshygiene, 104 Berlin, Chaussee-
strasse 48, durchgeführt.

Beginn: 10.30 Uhr

Sollte für die Anfertigung der Klausurarbeit und die Teilnahme
am Colloquium ein Hinderungsgrund eingetreten sein, bitten wir,
den unter Ziff. 5 Genannten unter Angabe des Grundes hiervon
umgehend zu unterrichten.

Mit vorzüglicher Hochachtung

Thymian

- A b s c h r i f t -   29. o3. 84

VVB Komb. Agrochemie
Erzeugnisgruppenleitung PSM
z. Hd. Herrn Dr. B a u m

4o2o   H a l l e
Hansering 15

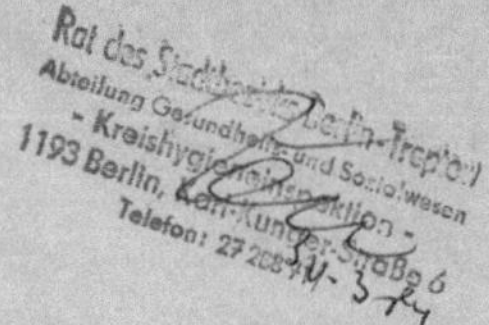

20. o2. 84

<u>Betr.: Materialbedarf 1984</u>

Durch den VEB Fettchemie wurden wir am o3. o2. 1984 davon in
Kenntnis gesetzt, daß die Zulassung für das Mittel "Flibol
Extra" ab 1984 für Schabenbekämpfungen nicht mehr verlängert
wurde.

Da wir dieses Mittel überwiegend in der Schabenbekämpfung
eingesetzt haben, würde uns die gesamte Lieferung an der
Materialdeckung für 1984 fehlen.

Neben "Flibol Extra" hatten wir für 1984 das Präparat "Flibol
PE 7o" in der Menge von 45 t geplant. Sie wurde jedoch vom
Betriebsteil VEB Leuna um 1o t reduziert.

Da wir zusätzliche Arbeitsgebiete übernommen haben, baten
wir mit Schreiben vom 3o. 1o. 1983 an VEB Fettchemie um Lieferung von weitern 2o t "Flibol PE 7o", die bei der Bilanzierung bis dahin nicht berücksichtig worden waren.

Über diese zusätzliche Nachbestellung erhielten wir bisher
vom VEB Fettchemie keinerlei Bestätigung.

Durch den Ausfall von nunmehr 25 t "Flibol Extra", die Strei-
chung von 1o t "PE 7o" (aus den bilanzierten 45 t) und das
Fehlen der nachbestellten 2o t "PE 7o" fehlen uns nunmehr
für 1984 insgesamt,

   55 t Schädlingsbekämpfungsmittel.

Es ist uns nicht bekannt, daß von seiten des VVB Komb. Agrochemie in Halle eine Koordinierung getroffen wurde zwischen
den Herstellungsbetrieben von Pflanzenschutzmitteln, um eine
Ausgleichlieferung für "Flibol Extra" zu veranlassen.

Nach Auskunft der Bezirkshygieneinspektion Berlin und Nachfra-
gen beim zuständigen Referenzlabor in Kleinmachnow erhielten
wir die Information, daß durch Herrn Dr. P. Müller trotz
mehrfacher Gespräche mit VVB Komb. Agrochemie - Erzeugnisgruppenleitung PSM - bisher keine konkreten Aussagen zu dieser Problematik vorliegen.

Wir bitten Sie daher um Ihre Unterstützung, uns behilflich zu
sein, daß uns die genannte Fehlmenge an Schädlingsbekämpfungsmitteln zugeteilt wird, da uns entsprechend unseren Aufgaben
zur Schädlingsbekämpfung in der Hauptstadt der DDR - Berlin -
von den für 1984 benötigten 9o t Spritzmitteln nur noch 35 t